Albrecht Fölsing

Wilhelm Conrad Röntgen

Aufbruch ins Innere der Materie

Carl Hanser Verlag

1 2 3 4 5 99 98 97 96 95

ISBN 3-446-18053-2

Satz: Fotosatz Reinhard Amann, Aichstetten
Druck und Bindung: Friedrich Pustet, Regensburg
Printed in Germany

Inhalt

Anhang 321

Vorwort

Die Moderne des 20. Jahrhunderts begann in der Physik etwas vorwitzig schon fünf Jahre vor der Jahrhundertwende. Am 8. November 1895 hatte Wilhelm Conrad Röntgen, Professor für Physik in Würzburg, erste Indizien für eine »neue Art von Strahlen« bemerkt. Als er am Neujahrstag 1896 eine zehnseitige Schrift über seine Entdeckung, begleitet von einigen spektakulären Photographien durchstrahlter Hände und anderer Gegenstände, an Kollegen in ganz Europa versandte, wußte er, daß nun »der Teufel losgehen würde«. Er hatte sich nicht geirrt.

Nie wurde eine Entdeckung so schnell zur weltweiten Sensation, wurde so rasch aufgegriffen und für so vielfältige Anwendungen erschlossen wie die der Röntgenstrahlen. Der medizinische Nutzen lag offensichtlich auf der Hand, und heute wird man in Europa und Amerika kaum noch einen Menschen finden, der nicht »geröntgt« worden wäre. Weniger populär, aber für die Entwicklung der Physik um so wichtiger war die wissenschaftliche Bedeutung der »neuen Strahlen«.

Galt die Physik gegen Ende des 19. Jahrhunderts als »abgeschlossene« Wissenschaft, in der mit prinzipiell Neuem nicht zu rechnen wäre, so erweist sich zumindest im Rückblick die Entdeckung der Röntgenstrahlen als Initialzündung für eine tiefgreifende Wandlung der Naturerkenntnis. Eine unmittelbare Folge war die Entdeckung der Radioaktivität durch Henri Becquerel schon im April 1896, und ein Jahr später gelang die Identifizierung des Elektrons als »Atom der Elektrizität«. Aus den intensiven Anstrengungen um die Aufklärung der Natur der Röntgenstrahlen und der Paradoxien der Wechselwirkung von Strahlung und Materie ging schließlich die moderne Quantentheorie der Strahlung und der Atome hervor, die die Physik des 20. Jahrhunderts ganz anders aussehen läßt als die »klassische«, in der Röntgen erzogen worden war.

Als Röntgen die alsbald nach ihm benannten Strahlen fand, war er ein fünfzigjähriger Professor von solider, aber keineswegs hervorragender Reputation. Was er als Ordinarius in Gießen und Würzburg betrieben hatte, war im Sinne von Thomas S. Kuhn »normale Wissenschaft«, sehr normale sogar. In der Begründung seiner Wahl zum Korrespondierenden Mitglied der Preußischen Akademie der Wissenschaften zu Berlin hieß es über seine experimentellen Untersuchungen: »Auffallende neue Beziehungen zwischen den Körpern haben diese Arbeiten nicht geliefert und großes Aufsehen haben sie daher nicht gemacht.« Gewählt wurde Röntgen im Februar 1896 natürlich nicht wegen dieser Arbeiten, sondern wegen seiner gerade erfolgten Entdeckung der neuen Strahlen. Sie war und blieb seine einzige große Leistung, aber sie allein war Grund genug, daß er mit Ehren und Auszeichnungen überhäuft wurde wie kaum ein anderer Wissenschaftler. Als er im Jahre 1901 den ersten Nobelpreis für Physik erhielt, trug das weniger zur Mehrung seines Ruhms bei als zur Etablierung des herausragenden Niveaus dieses damals neuen Preises.

Röntgen aber blieb der sprichwörtliche »Unzugängliche«. Nie hat er Kongresse besucht. Einen einzigen Vortrag hat er über die neuen Strahlen gehalten, und dies im heimatlichen Würzburger Hörsaal. Sogar der aus dem Nobelpreis resultierenden Pflicht, in einem Vortrag die prämierte Arbeit darzustellen, hat er sich entzogen. Während die seinen Namen tragenden Strahlen vieles Verborgene transparent machen konnten, hat er über seine Entdeckung einen undurchdringlichen Schleier gebreitet. Nie hat er über die Geschichte oder über die Hintergründe seiner Entdeckung berichtet. Aufzeichnungen und Laborbücher, die es mit Sicherheit gegeben hat, hat er zusammen mit vielen Briefen und anderem Material im Alter verbrannt oder nach seinem Tode von den Testamentsvollstreckern verbrennen lassen.

Einem derart »Unzugänglichen« in einer biographischen Darstellung gerecht zu werden ist mit Problemen verbunden. Diese Probleme werden dadurch nicht geringer, daß es zwar an Bemühungen um die Ehrung von Röntgens Andenken in Deutschland nicht fehlt, daß aber so etwas wie eine »Röntgenforschung« kaum über Ansätze hinausgekommen ist, sondern sich im Hagiographischen erschöpft hat. Bedingungslose Heldenverehrung ist aber ein schlechter Ersatz für die systematische Sammlung und kritische Aufarbeitung der erhalten gebliebenen Dokumente, und sie ist überhaupt kein Ersatz für die Aufgabe, Röntgens akademische Karriere und seine wissenschaftlichen Leistungen in die Entwicklung der Physik in der zweiten Hälfte des 19. Jahrhunderts einzuordnen.

Die wichtigste Grundlage bei der Beschäftigung mit einem Wissenschaftler ist immer das Studium seiner Veröffentlichungen und der seiner wichtigsten Kollegen, die oft genug auch Konkurrenten sind. Im Falle Röntgens war das oft mehr Mühe als Vergnügen. Daneben habe ich aus den Archiven von Zürich bis Stockholm zusammenzutragen versucht, was noch zu finden ist.

Das Ergebnis ist ein sich an Dokumenten orientierender Bericht über eine typische Physiker-Karriere in jener faszinierenden Phase, als diese Wissenschaft dem »Physicalischen Cabinet« entwuchs und in großen Instituten mit aufwendigem Forschungsbetrieb den produktiven institutionellen Rahmen fand. Es ist vor allem die Geschichte einer epochalen Entdeckung, ihrer Voraussetzungen, ihres Umfeldes und ihrer säkularen Bedeutung als Auftakt zum Aufstieg der Physik zur führenden Wissenschaft in der ersten Hälfte des 20. Jahrhunderts. Nicht zuletzt ist es auch die Beleuchtung der Rätsel, vor die der »Unzugänglichste« aller großen Entdecker seine Zeitgenossen und die Nachwelt gestellt hat.

I.

Die Praxis der Genauigkeit

1. »Glückliche Zeit« in Holland – nur in Physik »zeer slecht«

Er wurde 1845 in Preußen geboren, und er starb 1923 in München, aber aufgewachsen ist er in den Niederlanden, in jenem Land, das in seiner Geschichte immer wieder Europäer aufgenommen hat, die aus ihrer Heimat vertrieben wurden, aber auch solche, die wie sein Vater hier lediglich den wirtschaftlichen Erfolg suchten. Daß er als erwachsener Mann über die Schweiz wieder nach Deutschland zurückgekehrt ist, hat mit einigen Stolpersteinen und einem Glücksfall auf seinem Bildungsweg zu tun; hätte es die nicht gegeben, wäre er wohl in den Niederlanden begraben worden.

Niederländer zu sein ist freilich mehr als die Angabe einer Nationalität; es ist eine Lebensform, und die hing ihm an bis in die Art, wie er seine Wissenschaft betrieb. Fremden mag sich ein Wesenszug der Niederländer darin offenbaren, daß in ihrer Sprache »schoon« sowohl »schön« als auch »sauber« bedeutet, wodurch die Reinlichkeit in den Rang einer Tugend erhoben wird, der allmorgendlich durch emsiges Waschen und Putzen gehuldigt wird. Henry James reiste 1874 durch ein blankgescheuertes Land: keinen Schmutz auf den Straßen und nicht einmal einen Fleck an den Bäumen, »deren Stämme allem Anschein nach jeden Morgen sorgfältig abgewischt werden«. Ins Sinnieren geriet der amerikanische Schriftsteller beim Anblick eines Dienstmädchens, das in merkwürdiger Zwanghaftigkeit einen Vorplatz scheuerte, obwohl dort eigentlich nichts zu entfernen war, bis James schließlich aufging, daß für die gute Frau »die Prozedur mit dem Putzeimer, wie die Metaphysiker sagen würden, rein subjektiv ist. Sie ist eine Notwendigkeit nicht des Haushalts, sondern ihres eigenen Naturells wegen.«[1]

Die Schürze des Dienstmädchens mit dem Laborkittel vertauscht, huldigte der gleichen, im Naturell begründeten, Notwendigkeit Professor Röntgen in seiner Praxis der Physik. Was der Frau mit dem Putzeimer die Andeutung eines Schmutzflecks, war dem Physiker ein Hauch von Ungenauigkeit. Im ständigen Ringen um äußerste Präzision, im zähen Kampf um die blankgeputzte »letzte Dezimale« erschien er wie die Verkörperung niederländischer Reinlichkeitsperfektion in der Wissenschaft. In seinen Laboratorien in Gießen, Würzburg und München war er auf penible Ordnung bedacht und hegte und pflegte seine Instrumente, als hinge von ihrem verläßlichen Funktionieren sein Leben ab. Gingen Studenten oder Assistenten einmal weniger sorgsam mit ihren Gerätschaften um oder zerbrachen sie gar ein Glasröhrchen, dann war das keine reparable Kleinigkeit, sondern eine Sünde wider den Geist rechten wissenschaftlichen Arbeitens.[2]

Eine tiefere Begründung dieses Naturells mag darin liegen, daß der Knabe »niederländisch reformiert« erzogen worden war, also in jener auf Calvin zurückgehenden Ausprägung des Protestantismus, in der der einzelne – nach Max Weber – nur dann seines Gnadenstandes sicher sein konnte, »wenn er sich bewußt war, in seinem Gesamtverhalten, in dem ›methodischen‹ Prinzip seiner Lebensführung sich auf dem einzig rechten Wege zu befinden: zu Gottes Ruhm zu arbeiten«[3]. Auch wenn Röntgen sich später als konventioneller Protestant verhielt, sich kaum über Religion und überhaupt nicht über Beziehungen zwischen Religion und Naturwissenschaft äußerte, so scheint doch seine Auffassung von der Physik als vornehmlich experimenteller Wissenschaft, in der nur die höchste erreichbare Genauigkeit das mit nahezu religiöser Inbrunst anzustrebende Ziel sein konnte, der »rationalen Form der Askese« des holländischen Calvinismus mehr als nur zufällig verhaftet.

Die ersten drei Jahre seines Lebens, für Charakterbildung und Naturell noch nicht die empfänglichsten, verbrachte er allerdings in Deutschland.

Geboren wurde Röntgen am 25. März des Jahres 1845 in Lennep, einer alten Stadt in den preußischen Rheinprovinzen, an einem Donnerstagnachmittag um vier Uhr im Hause Poststraße 287.[4] Die Freude über dieses Ereignis dürfte das in solchen Fällen übliche Maß noch übertroffen haben, waren die Eltern doch schon reichlich fortgeschrittenen Alters – die Mutter zählte 39 Jahre und der Vater 44 –, als sie endlich im dritten

Jahr ihres Ehestandes ihr erstes Kind in den Armen halten durften. Zwei Tage später begab sich der Vater Friedrich Conrad Röntgen mit zwei Verwandten auf das Rathaus, um dort die Geburt seines Sohnes vom Bürgermeister beurkunden zu lassen. Die Amtspersonen von Lennep hatten sich erst wieder nach einem halben Jahrhundert mit diesem Wilhelm Conrad Röntgen zu befassen, als es darum ging, den urplötzlich als Entdecker einer »neuen Art von Strahlen« weltweit gefeierten Professor Röntgen zum Ehrenbürger auszurufen und dadurch ein wenig von dessen Ruhm auf seinen Geburtsort zu lenken.

Lennep war ein traditionsreiches Gemeinwesen, schon seit dem 13. Jahrhundert mit dem Stadtrecht ausgestattet und im Mittelalter ein nicht unbedeutender Handelsplatz im Verbund der Hanse, bis ihm in der Epoche der Industrialisierung benachbarte Orte wie Solingen oder Remscheid, in das Lennep 1929 schließlich eingemeindet wurde, den Rang abliefen. In der ersten Hälfte des 19. Jahrhunderts war Lennep Kreisstadt mit 4500 Einwohnern, denen ein zeitgenössisches Lexikon bescheinigte, daß sie »viel feine Tuche fabricieren«[5]. Es behauptete sich immer noch als ein kleineres Zentrum jenes Gewerbefleißes, der den Bewohnern des Bergischen Landes nachgesagt wird. Dieses Gebiet zwischen den Flüssen Rhein, Ruhr und Sieg könnte seinen Namen durchaus glaubhaft von der mittelgebirgigen Topographie herleiten, verdankt ihn tatsächlich aber den Grafen von Berg, die hier einst im Mittelalter ihre Herrschaft arrondiert hatten. Nach mancherlei dynastischen Umwegen und Verwicklungen gelangte das Bergische Land nach dem Wiener Kongreß an Preußen, das es 1824 in seine Rheinprovinzen eingliederte, so daß Wilhelm Conrad Röntgen als Untertan des preußischen Königs das Licht der Welt erblickte.

Am Hofe zu Berlin hatte der Name Röntgen schon länger einen guten Klang, waren doch die kostbarsten Möbel in den Schlössern von Abraham Röntgen und seinem Sohn David in Neuwied am Rhein gefertigt worden. Neben dem preußischen König waren Marie Antoinette in Paris und Katharina II. in St. Petersburg die eifrigsten Sammler der Erzeugnisse der wohl berühmtesten und teuersten Möbelmacher aller Zeiten, und als Goethe in »Wilhelm Meisters Wanderjahren« die Meisterschaft David Röntgens pries, kam das einer Nobilitierung bei jenen gebildeten Ständen gleich, die sich niemals ein exquisites Cabinet von Röntgen hätten leisten können.

Diese Virtuosen der Kunsttischlerei hätte der Physik-Professor gern zu seinen Vorfahren gerechnet, kokettierte wohl auch mal mit einer verwandtschaftlichen Beziehung, denn als er in Berlin einige Prachtstücke der Namensvettern in einem Museum gesehen hatte, erklärte er, wenn sich die Haushälterin richtig erinnerte: »Ja, ja, das ist ein Vetter von mir.«[6] Ganz abwegig war die Vorstellung nicht, denn Abraham Röntgen war in Mühlheim an der Ruhr geboren. Allerdings war im Bergischen Land und in den angrenzenden Regionen der Name Röntgen recht verbreitet, und keineswegs alle Träger dieses Namens waren miteinander verwandt. So verliefen denn auch alle Bemühungen ergebnislos im Sande, eine, sei es auch noch so entfernte, verwandtschaftliche Beziehung zwischen den Meistern der Tischlerei und dem Meister des physikalischen Experiments nachzuweisen.

Immerhin wissen wir dank lokalpatriotisch inspirierten Genealogenfleißes, daß die Vorfahren des Physikers schon seit vielen Generationen zu den angeseheneren Bürgern Lenneps zählten.[7] Wilhelm Conrads Urgroßvater, ein Tuchmacher und Kupferschläger Johann Heinrich Röntgen, hatte es im 18. Jahrhundert zum Gemeindevorsteher gebracht. Sein Sohn gleichen Namens und gleicher Professionen war Presbyter der evangelischen Gemeinde; 1812 hatte er jenes Haus in der Poststraße gekauft, das fortan zugleich als Geschäfts- und Familiensitz diente. Es war ein anspruchsloses Gebäude, nur etwas größer als üblich, gedeckt und verkleidet mit den in der Gegend typischen Schieferplatten, deren tristes Grauschwarz die Strenge protestantischer Lebensführung schon in der Fassade herausstreicht. Der Großvater war 1842 verstorben, hat die Geburt seines Enkels also nicht mehr erlebt. Sein Sohn Friedrich Conrad Röntgen hatte schon früher das Geschäft übernommen, sich ganz auf den Tuchhandel konzentriert und sich etwas vornehmer als seine Vorfahren als Kaufmann tituliert.

Bewegter als bei den seßhaften väterlichen Vorfahren Wilhelm Conrad Röntgens war es auf seiten seiner Mutter zugegangen, die als Charlotte Constanze Frowein in Amsterdam geboren und aufgewachsen war. Ihr Vater Johann Wilhelm Frowein stammte freilich aus einer der alteingesessenen Familien Lenneps, war sogar mit den dortigen Röntgens verwandt. Als junger Mann hatte er sein Glück in Amsterdam gesucht und gefunden und dort als Fünfundzwanzigjähriger eine Susanne Maria Moijet geheiratet, Tochter eines vermögenden Kaufmanns und wahrhaft internationaler Herkunft: Von ihren vier Großeltern war nur die Großmutter mütterlicherseits eine originäre Holländerin, während die drei anderen Großeltern aus Turin, aus Genf und aus London nach Amsterdam zugewandert waren. Johann Wilhelm Frowein paßte seine Vornamen der Landessprache an, nannte sich fortan Jan Willem und war angesehenes Mitglied der Amsterdamer Kaufmannschaft.

Seine zweite Tochter Charlotte Constanze dürfte gelegentlich die Großeltern in Lennep besucht und dort ihren Cousin ersten Grades, Friedrich Conrad Röntgen, kennengelernt

Röntgens Eltern.

haben. Da mit der Heirat wahrscheinlich gewartet wurde, bis Friedrich Conrad das väterliche Geschäft übernommen hatte, wurde es eine späte Ehe: Als Cousine und Cousin am 6. Mai 1842 in Amsterdam zum Traualtar schritten, war die Braut mit 36 Jahren schon im reiferen Alter, und der Bräutigam hatte bereits die Vierzig überschritten.

Mit einem profitablen Tuchhandel, in dem ein Dutzend Gehilfen zum Mehrwert beitrugen, mit einem gediegenen Haus, einer reputierlichen Gemahlin und sogar noch einem Stammhalter war Friedrich Wilhelm Röntgen auf dem besten Wege, zum kleinen Zirkel der gut betuchten, tonangebenden Bürger Lenneps zu gehören. Doch es kam anders: Sechs Jahre nach der Eheschließung und drei Jahre nach der Geburt des Sohnes verkauften die Röntgens ihr Haus in Lennep und zogen nach Apeldoorn in den Niederlanden – für immer. So wurde für den Sohn nicht die absolutistische Monarchie Preußens, sondern die republikanisch strukturierte Gesellschaft der Niederlande und deren konstitutionelle Monarchie die prägende Erfahrung.

Es ist nicht bekannt, was die Röntgens bewogen hat, im Mai 1848 nach den Niederlanden auszuwandern. Denkbar wäre Heimweh von Frau Charlotte, plausibler aber geschäftliche Gründe, die mit politischen Entwicklungen zusammenhingen. Die französische Februarrevolution hatte auch in Deutschland revolutionäre Funken geschlagen, zuerst im Rheinland, wo schon Anfang März radikale Forderungen nach einer Neugestaltung der Gesellschaft und der Besitzverhältnisse erhoben wurden. Bald kam es in Berlin zu Barrikadenkämpfen und in den Städten des Bergischen Landes immerhin zu Maschinenstürmereien. Solche Zeiten waren nicht gut fürs Geschäft, so daß die Sorge vor wirtschaftlichem Niedergang im Verein mit gutbürgerlichem Unbehagen vor revolutionären Umtrieben den Ausschlag gegeben haben mag, in die ruhig gebliebenen Niederlande überzusiedeln.

Vielleicht war aber alles viel einfacher, daß nämlich die Hoffnung auf schöne Gewinne im blühenden holländischen Tuchhandel den Gedanken an eine Ortsveränderung ganz unabhängig von der März-Revolution hatte reifen lassen. Jedenfalls waren die Röntgens damals nicht die einzigen Rheinländer aus der Textilbranche, die wegen der besseren wirtschaftlichen Aussichten rheinabwärts zogen; ihnen gleich taten es zum Beispiel die Brüder Clemens und August Brenninkmeyer, die in Holland den Grundstein für das Textilimperium ihrer Familie legen konnten.

Es bleibt aber zumindest vom Datum her bemerkenswert, daß sich im Mai 1848, als sich in der Frankfurter Paulskirche die Repräsentanten des deutschen liberalen Bürgertums zur verfassunggebenden Nationalversammlung einfanden, Friedrich Conrad Röntgen, der nach Vermögen und Beruf ein typischer Vertreter dieses Standes war, um seine Entlassung aus der preußischen Staatsbürgerschaft nachsuchte. Am 23. Mai 1848 wurde sie, nachdem alle Verpflichtungen gegenüber Staat und Gemeinde erfüllt waren, den Auswanderungsgesetzen entsprechend gewährt.

Wann die Röntgens die niederländische Staatsbürgerschaft erwarben und ob sie überhaupt im rechtlichen Sinne wirkliche Holländer wurden oder aber staatenlos blieben, war allerdings lange unklar. In einem für die Promotion an der Universität Zürich geschriebenen Curriculum vitae behauptete der vierundzwanzigjährige Wilhelm Conrad Röntgen, er »erhielt 1848 die holländischen Bürgerrechte«[8]. Das kommt aus erster Quelle und klingt so überzeugend, daß gefolgert werden könnte, beide Röntgens, Vater und Sohn, seien bald nach der Ankunft in Apeldoorn Staatsbürger ihrer neuen Heimat geworden.[9] Andererseits war in den Archiven keinerlei Bestätigung dafür zu finden, und auf Anfrage erklärte das Justizministerium in Den Haag 1961 kategorisch, daß die Familie Röntgen niemals die niederländische Staatsangehörigkeit besessen habe.[10]

Das muß kein Widerspruch sein, denn damals konnten nach dem Niederländischen Bürgerlichen Gesetzbuch Ausländer den Staatsbürgern gleichgestellt werden, wenn sie vom König die Erlaubnis zur Niederlassung erhalten hatten oder aber nach sechsjährigem Aufenthalt in einer Gemeinde den Behörden mitteilten, daß sie auch weiterhin im Königreich wohnen bleiben wollten.[11] Vermutlich war die Erfüllung der letzteren Bedingung der Grund dafür, daß die Röntgens »Gleichgestellte«

wurden, also mit Ausnahme des Wahlrechts die gleichen Rechte und Pflichten wie originäre Staatsbürger hatten und mit diesem Status durchaus so zufrieden waren, daß sie sich als Niederländer empfanden und auch als solche bezeichneten.

Die Wahl von Apeldoorn als nächster Wohnort der Röntgens war freilich naheliegend, denn dort gab es Verwandte, die beim Neubeginn helfen konnten: Charlottes Vater hatte sein Geschäft aus Amsterdam nach Apeldoorn verlegt, und ihr Bruder Charles August Frowein war Direktor der Rhein- und Issels-Dampfschiffgesellschaft. Zudem bot die 11 000 Einwohner zählende Stadt in der Provinz Geldern als Zentrum einer prosperierenden Textilindustrie ein günstiges Betätigungsfeld für einen Tuchhändler. Zwar liegt Apeldoorn in einer etwas öden, ebenen Landschaft, aber die dortige Lebensweise dürfte sich nur wenig von der im Bergischen Land unterschieden haben. In einem »Handbuch zur Verbreitung gemeinnütziger Kenntnisse« hätten die Röntgens über die Niederländer eine Einschätzung lesen können, der sie zweifellos zugestimmt, sie wohl auch auf sich selbst bezogen hätten: »Fleiß, Ausdauer, Ordnungsliebe (an die sich die berühmte holländische Reinlichkeit anschließt) und Sparsamkeit, welche mit dem zu einer gewissen geistigen und körperlichen Ruhe sich neigenden Temperamente häufig vereinigt sind, haben sie von jeher zu ausgezeichneten Kaufleuten gemacht.«[12]

Als ein solcher ausgezeichneter Kaufmann konnte sich alsbald auch Friedrich Conrad Röntgen etablieren. Seine Erwartungen an die dem Tuchhandel günstigen Verhältnisse müssen sich rasch bestätigt haben, denn nach zwei Jahren wurde ein Grundstück erworben und mit dem Bau eines großen, soliden Wohlstand demonstrierenden, Hauses in der Hoofdstraat 171 begonnen. Auf dem Grundstein sind die Initialen W. C. R. eingemeißelt, vermutlich zur Erinnerung daran, daß der fünfeinhalbjährige Sohn den zeremoniellen ersten Hammerschlag ausführen durfte.

Das Haus hat die Atmosphäre behaglicher Bürgerlichkeit und gediegenen Geschmacks verbreitet. Erbstücke aus Holland, die nach Röntgens Tod in München versteigert wurden, umfaßten alte holländische Bilder, feines Tafelsilber, ein Wedgewood- und ein Meißen-Service sowie kostbare Empire-Möbel, dazu chinesisches Porzellan, chinesische Malereien und mancherlei Exotika, die Urgroßvater Moijet von seinen Asien-Reisen mitgebracht hatte.[13]

Wenn auch die meisten dieser Pretiosen aus dem Besitz der Familie Frowein stammten, war der Tuchhändler Röntgen durchaus selbst zu kostspieligen Erwerbungen in der Lage. Während der drei Jahrzehnte, in denen er in Apeldoorn dem Tuchhandel nachging, hat er so viel Geld angehäuft und umsichtig in niederländischen und internationalen Wertpapieren angelegt, daß er als reicher Mann hätte auftreten können, hätten ihm nicht die Maximen eines ehrbaren Kaufmanns geboten, sich auf das Erscheinungsbild soliden Wohlstands zu beschränken. Sein Sohn, der neben diesem Verhaltensmuster schließlich auch die Wertpapiere vom Vater geerbt hatte, äußerte sich kaum über materielle Dinge, gestand aber im Alter einmal ein, daß allein die italienischen und amerikanischen Wertpapiere in seinem Depot an die zwei Millionen Mark hätten erbringen können.[14]

Der junge Wilhelm – oder Willem, wie er in der Landessprache gerufen wurde – wird in seinem Elternhaus also das verbracht haben, was man eine glückliche Kindheit zu nennen pflegt, bar ernsthafter Sorgen und voller Anregungen, freilich als einziges Kind auch behütet und vielleicht ein wenig beengt durch die nicht mehr junge, protektive Mutter. Auf Photographien, die um 1860 in Mode gekommen waren und deretwegen die Röntgens oft den örtlichen Lichtbildner aufgesucht oder zu sich ins Haus bestellt haben müssen, auf diesen Photographien also präsentiert sie sich als füllige Matrone mit einem Blick, der keinen Widerspruch duldet, im schwarzen Habit mit weißem Häubchen wie aus einer holländischen Genre-Malerei.

In der Familie wurde nur noch die Sprache der Mutter, also Holländisch, gesprochen, und ihr Sohn, der in Lennep »evangelisch« getauft worden war, wurde in Apeldoorn wie die Mutter als »niederländisch reformiert« registriert.

Die Familie Röntgen in Apeldoorn – Wilhelm Conrad in der Mitte stehend.

Zunächst aber war die Schule zu bewältigen, und wie es sich bei einem Sohn von Stand gehörte, besuchte Willem eine teure Privatschule, die ein Martinus Hermatus van Doorn auf dem weitläufigen Landsitz »de Paasch« ganz in der Nähe des Elternhauses betrieb. Das ist aber auch schon alles, was in Erfahrung zu bringen ist, denn weder Lehrpläne der Schule noch Zeugnisse des Schülers sind aus jener Zeit erhalten, nicht einmal Anekdotisches ist aus der Schulzeit in Apeldoorn überliefert. Das änderte sich erst mit dem nächsten Abschnitt des Bildungsganges, als Röntgen 17 Jahre zählte und ein auf 1,86 Meter aufgeschossener, schlacksiger Jüngling war.

Im August des Jahres 1862 wurde Wilhelm Conrad Röntgen von seinen Eltern ins siebzig Kilometer weiter westlich gelegene Utrecht gebracht, um seine Ausbildung an der dortigen Technischen Schule fortzusetzen.[15] Die Trennung von den Eltern wurde dadurch erleichtert, daß er im Haus des mit den Röntgens befreundeten Dr. Jan Willem Gunning aufgenommen wurde und hier so etwas wie eine zweite Familie fand.

Gunning war Chemiker, Lehrer an der Technischen Schule und Dozent an der Universität; mit Frau und drei Kindern lebte er in einem der schmalbrüstigen Grachtenhäuser in Verhältnissen, die dem Sohn eines reichen Kaufmanns ziemlich bescheiden vorgekommen sein müssen. Trotzdem hat sich Röntgen hier niemals beengt, sondern ausgesprochen wohl gefühlt. Dr. Gunning, der bei seinem Hausgast wohl das Interesse an den Naturwissenschaften weckte, hatte für den jungen Mann vermutlich eine Bedeutung, die zumindest zeitweise wesentlicher war als die des leiblichen Vaters. Für Röntgen war Dr. Gunning »ein tüchtiger Gelehrter, ein fester Charakter und überhaupt ein prächtiger Mensch, der es vorzüglich verstand, auch jungen Leuten den richtigen Weg auf verschiedenen Gebieten des Lebens zu zeigen«[16].

Auch zu den anderen Mitgliedern der Familie faßte Röntgen eine herzliche Zuneigung, so daß er sich an diese Phase seiner Jugend noch im hohen Alter in beinahe zärtlichen Worten erinnerte: »Die Mutter war eine feingebildete liebevolle Frau, die ausgezeichnet dafür sorgte, daß die Atmosphäre, in der wir lebten, sich heiter und gleichzeitig anregend gestaltete. Zur dummen einfältigen Tändelei war keine Zeit übrig, aber auch keine Stimmung vorhanden. Selbstverfertigte Stückchen wurden aufgeführt, bei Festlichkeiten fanden Darstellungen von fröhlichem Ulk statt; sonst aber wurde auch wieder fest und mit Liebe gearbeitet und gelernt. Das war eine glückliche und gleichzeitig fördernde Zeit.«[17]

Aber nicht nur das Leben in der Familie Gunning, auch die Stadt bot viele Anregungen, ungleich mehr als Apeldoorn. Utrecht, am Krummen Rhein gelegen, vom Kanal der Stads Buiten Gracht umschlossen und von vielen kleineren Grachten durchzogen, zählte damals knapp 60000 Einwohner. Es ist eine Stadt voller Geschichte und Tradition, in der durch die 1579 geschlossene Union der sieben Vereinigten Provinzen der Grundstein zum späteren Königreich gelegt wurde. 1713 hatten sich alle Herrscher Europas in Utrecht versammelt, um bei Entfaltung des größten je gesehenen Prunks im Frieden zu Utrecht die spanischen Erbfolgekriege zu beenden und die Landkarte Europas neu zu zeichnen. Die gotische Kathedrale mit ihrem über 100 Meter hohen Turm, viele Kirchen und Klöster sowie prächtige Patrizierhäuser zeugten von ruhmreicher Vergangenheit, geschäftige Märkte und Messen, emsiger Handel und eine wachsende Industrie von glänzender Gegenwart. Und dann gab es noch die 1632 gegründete Universität, mit der Röntgen später wohl etwas ambivalente Erinnerungen verbanden.

Die Technische Schule, in die Röntgen am 18. August 1862 eintrat, war keine akademische Institution wie die Universität, sondern eine Lehranstalt zur Vorbereitung auf gehobene praktische Tätigkeiten. An dieser 1850 gegründeten privaten Einrichtung sollten ausweislich einer die Schule und ihre Zielsetzungen beschreibenden Broschüre »die künftigen Leiter von Fabriken und Unternehmungen die nötigen technischen Kenntnisse erwerben.«[18] In einem zweijährigen Kurs wurden die Schüler für Aufnahmeprüfungen an Höheren Lehranstalten wie der Königlichen Akademie für Zivilingenieurwesen in Delft präpariert, während diejenigen, die es mit der Technischen Schule genug sein lassen wollten, in einem dreijährigen Kurs auf ihr Berufsleben vorbereitet wurden. Eine Abschlußprüfung mit formaler Qualifikation gab es nicht, aber immerhin wurden sehr oft Zeugnisse geschrieben, viermal im Jahr, und die sind alle erhalten.[19]

Es ist immer ein besonderes Vergnügen, in den Zeugnissen nachmals berühmter Männer zu stöbern, steht doch hier nicht der Schüler auf dem Prüfstand, sondern die Schule, ob sie nämlich Talent oder gar Genie zu erkennen und zu fördern vermochte oder aber bei einem außergewöhnlichen Schüler versagt hat. Wie bei vielen anderen Zelebritäten zeigt sich auch bei Röntgen, daß seine Leistungen zumindest gut, teilweise sogar ausgezeichnet waren, daß er mit dem Institut Schule aber durchaus seine Schwierigkeiten hatte.

Schon in dem ersten Zeugnis für den Abschnitt vom 18. August bis zum 2. November 1862 wird Röntgen in Geometrie und Mathematik ein »ausgezeichnet« bescheinigt und in den anderen Fächern meistens ein »sehr gut« oder ein schlichteres »gut«. Daß mit letzterer Note seine Leistungen nicht nur in

Französisch und Englisch, sondern auch in Deutsch bedacht wurden, zeigt, daß ihm seine deutsche Herkunft keinen Vorteil brachte, ihm seine »Vatersprache« also zur Fremdsprache geworden war. Holländisch konnte er offenbar besser: Er wurde mit »sehr gut« bewertet. In Chemie war er beim Hausherrn Dr. Gunning ebenfalls »sehr gut«, aber ausgerechnet in Physik erhielt er die einzigen schwachen Noten: Fleiß »mäßig« und Fortschritte »befriedigend«. Vielleicht mochte er den Lehrer nicht.

Dieses Muster setzte sich in den nächsten Zeugnissen mit geringen Schwankungen fort. Nur im Betragen trat ein steter Niedergang ein: Von »gut« über »befriedigend« zur Bemerkung »läßt zu wünschen übrig« vom 2. Mai 1863 und schließlich zur Rüge am 1. Februar des folgenden Jahres, daß er »bei mehreren Lehrern unbescheiden und unangenehm« aufgefallen sei. Das den Holländern nachgesagte, »zu einer gewissen geistigen und körperlichen Ruhe sich neigende Temperament« hatte Röntgen offenbar noch nicht völlig assimiliert, und auch Dr. Gunning, der es doch vorzüglich verstanden haben soll, »jungen Leuten den richtigen Weg auf verschiedenen Gebieten des Lebens zu zeigen«, hat wohl nur temporär zu mäßigen vermocht. Beim nächsten Zeugnis vom 2. Mai war das Betragen zwar »in der letzten Zeit besser«, aber dafür gab es in Physik für Fleiß und Fortschritte beide Male ein »zeer slecht«, und am Rande wurde vermerkt, er habe »seine Hausarbeiten nicht abgegeben«.

Danach muß es zu einem Eklat gekommen sein. Offenbar wurde der aufsässige Schüler der Schule verwiesen, da das vor den Sommerferien fällige letzte Zeugnis nicht mehr ausgestellt wurde. Über die Gründe schweigen sich die Schulakten jedoch aus.

Wenn man eine mehr als ein halbes Jahrhundert später, von dem Freund Ernst Wölfflin elf Tage nach Röntgens Tod veröffentlichte Geschichte[20] ihres offensichtlich falschen Beiwerks entkleidet, könnte ein Schülerstreich von der Art, daß die Karikatur eines Lehrers auf einen Ofenschirm im Klassenzimmer gezeichnet war, das Faß zum Überlaufen gebracht haben; vielleicht war sogar der auschlaggebende Grund ein an sich ehrenwerter, da Röntgen sich standhaft geweigert haben soll, die anderen Beteiligten preiszugeben. Wie dem auch gewesen sein mag, sicher ist nur, daß Röntgen im Frühjahr 1863, bevor das zweite Schuljahr zu Ende war, die Technische Schule in Utrecht vorzeitig verlassen hat.

Daß sich Röntgen in seinem sechs Jahre später abgefaßten Curriculum vitae über die Umstände seines Abgangs von der Technischen Schule ausschwieg, ist verständlich. Er kaschierte diese Ereignisse durch eine ehrenwerte Begründung: »Indem er zur weiteren theoretischen Ausbildung Lust hatte, widmete er das Jahr 1863/64 dem Privatstudium der lateinischen und griechischen Sprache ...«[21] Er hatte seine Ausbildungspläne also geändert, wollte nicht mehr ins praktische Leben, sondern auf die Universität und in die Wissenschaft. Vielleicht hat ihn dazu Dr. Gunning bewogen, der in dieser Zeit auf den Lehrstuhl für Chemie des Athenaeum, der nachmaligen Universität zu Amsterdam, berufen wurde und so seinem Hausgast vorführte, daß ein tüchtiger Mann es auch in der Wissenschaft zu etwas bringen kann und nicht nur zwischen Kontor und Tuchballen.

Allerdings war das Abitur die Voraussetzung fürs Studium, und Röntgen hatte nicht einmal ein Gymnasium besucht, geschweige denn abgeschlossen. Zwar bestand in den Niederlanden die Möglichkeit, das fehlende Abitur durch eine Zulassungsprüfung zu ersetzen, abzulegen vor Professoren der Universität, aber das traditionelle Gymnasialpensum, insbesondere die alten Sprachen, wurde auch hier verlangt. So blieb Röntgen nichts anderes übrig, als ein gutes halbes Jahr emsig Latein und Griechisch zu lernen.

Am 14. Januar 1865 fand er sich zum »examen admissionis« in der Universität ein. Da er offenbar Naturwissenschaften studieren wollte, die in der Philosophischen Fakultät gelehrt wurden, steht im Protokoll hinter seinem Namen »Philosoof«, und dann steht da noch am Rande »Afgewezen«, also durchgefallen.[22]

Trotz dieser Pleite konnte sich Röntgen freilich an der Universität immatrikulieren, als Gasthörer sozusagen, denn ein

Examen war ohne Abitur oder bestandene Zulassungsprüfung ausgeschlossen. Unverdrossen machte er von dieser Möglichkeit Gebrauch, schrieb sich vier Tage nach dem »Afgewezen« als Student ein und bezahlte die beträchtliche Summe von 241 Gulden als Studiengebühr. Er belegte Botanik und Zoologie, Stereometrie und Analytische Geometrie, Logik und Physik und sogar auch Latein und Griechisch, offenbar in der Absicht, noch einmal zum »examen admissionis« anzutreten.

In den ersten Tagen seines wenn auch provisorischen Studendaseins erreichte Röntgen aus Apeldoorn die Nachricht, daß sich das niederländische Militär für ihn interessiere. Der Dienstpflicht hatte er auch als »Gleichgestellter« zu genügen, da er schon länger als zehn Jahre in den Niederlanden lebte. Allerdings wurde ihm nach den nötigen bürokratischen Prozeduren vom Kommissar des Königs in der Provinz Gelderland schließlich mitgeteilt, daß er als einziger ehelicher Sohn seiner Eltern von der Dienstpflicht freigestellt sei[23], so daß von dieser Seite der Fortsetzung seiner Bildungsbemühungen nichts mehr im Wege stand.

Jedoch neigte sich das glückliche Leben bei den Gunnings dem Ende zu, weil der Hausherr zum 30. März 1865 seine Professur in Amsterdam anzutreten hatte und deshalb der Umzug vorbereitet wurde. Röntgen lebte fortan als Untermieter bei Utrechter Bürgersleuten.

In dieser Zeit der Trennung von den Gunnings erschien Röntgens erstes Buch, das schließlich sein einziges blieb. Als ergänzender Fragenkatalog und als Aufgabensammlung zu einem Lehrbuch Gunnings war es wohl eher als eine kleine Huldigung an den Mentor gedacht denn als eine Quelle des Gelderwerbs oder gar der wissenschaftlichen Qualifikation. Es trug den Titel »Fragen zum anorganischen Teil des Lehrbuchs der Chemie von Dr. J. W. Gunning von W. C. R.«.

Der Autor, der seinen Namen schüchtern hinter den drei Initialen verborgen hatte, schrieb im Vorwort von den Schwierigkeiten, denen er im Chemieunterricht begegnet sei und die ihn auf den Gedanken gebracht hätten, »ein kurzes und deutliches Schema aufzustellen, das zugleich als Repetitorium dienen kann ... Ich begann zunächst zum Zwecke der Übung für mich selbst, die Fragen aufzustellen. Später dachte ich jedoch, daß ich vielleicht anderen damit einen Dienst erweisen könnte, und ich beschloß, sie drucken zu lassen ... Möge ich mit diesem Buch weder Herrn Gunning noch dem Studium dieser schönen Wissenschaft einen schlechten Dienst erweisen, sondern vielmehr dazu beigetragen haben, daß man sie besser begreift und mehr schätzt.«[24] Über den Erfolg des 58 Seiten umfassenden Werkchens ist nichts mehr auszumachen. Ein Exemplar hat in der Amsterdamer Universitätsbibliothek überdauert. Es trägt die handschriftliche Zueignung: »Herrn Prof. J. W. Gunning hochachtungsvoll überreicht vom Verfasser.«

Im Mai 1865 erneuerte Röntgen seine Immatrikulation an der Universität, belegte die Höhere Mathematik der Analysis, auch Physik und Chemie und wieder Latein und Griechisch. Zwar wurde er Mitglied in der akademischen Vereinigung »Natura Dux Nobis et Auspex«[25], als wäre er ein ordentlicher Student der Naturwissenschaften, aber der unsichere Status eines nicht examensfähigen Studenten wird ihn bedrückt haben, wohl auch das Damoklesschwert eines zweiten und letzten Versuchs der Zulassungsprüfung mit den alten Sprachen. Dazu kamen zweifellos drängende Fragen der Eltern, die endlich wissen wollten, woran sie denn nun bei ihrem bereits zwanzigjährigen Sohn seien.

In dieser prekären Lage wurde Röntgens Freund Carl Ludwig Wilhelm Thormann, mit dem er die Bank in der Technischen Schule gedrückt hatte, zum Retter in der Not. Thormanns Vater war in Bern in der Schweiz geboren, und daher wußte er vom Eidgenössischen Polytechnikum in Zürich, einer hervorragenden Lehranstalt, die kein Abitur verlangte und sich in der Aufnahmeprüfung auf die sogenannten »Realien« beschränken würde, wozu die alten Sprachen mit Sicherheit nicht gehörten. Zwei Jahrzehnte später entdeckte übrigens ein junger Mann namens Albert Einstein schon im Alter von 16 Jahren gleichfalls das Polytechnikum in Zürich als Möglichkeit, auch ohne Abitur studieren zu können.

Die Aussicht, in Zürich ohne vorheriges Examen in den alten Sprachen studieren zu können, dürfte Röntgen gefallen haben. Er holte in Zürich Informationen ein, die offenbar günstig ausfielen, überzeugte seine Eltern davon, daß ein Studium in der Schweiz das richtige sei, meldete sich an der Utrechter Universität ab und traf Reisevorbereitungen. Eine Erkrankung hielt ihn noch auf, aber Ende November konnte er sich auf den Weg machen. Er kehrte nur noch zu kurzen Besuchen nach Holland zurück, und trotz der Mißgeschicke in Schule und Universität bewahrte er »dem Lande, dem ich so viel verdanke, und in dem ich eine glückliche Jugend verbracht habe«[26], zeitlebens eine schöne Erinnerung.

2. Student in Zürich – auf Umwegen zur Physik

Als Röntgen bei seiner Ankunft in Zürich Ende November 1865 auf den Bahnhofsplatz trat, wird er schon nach kurzer Orientierung zum Zürichberg hin ein mächtiges Gebäude oberhalb der Stadt erblickt haben. Was hier den architektonischen Anspruch erhob, die Türme des Münsters und die alten Patrizierhäuser in den Schatten zu stellen, war das Eidgenössische Polytechnikum. Gerade ein Jahr zuvor war es fertiggestellt worden nach Entwürfen von Gottfried Semper, dem bedeutendsten Baumeister des 19. Jahrhunderts und Vorstand der »Bauschule« am Polytechnikum.[1] Schon die der Stadt zugewandte Hauptfassade des einem Renaissance-Palast nachempfundenen Bauwerks dürfte ausgereicht haben, dem eben angekommenen Studenten einen gehörigen Respekt einzuflößen.

Der Unterricht am Polytechnikum war bereits in vollem Gange. Röntgen hätte besser zum Beginn des »Schuljahres« Anfang Oktober in Zürich sein sollen, aber wahrscheinlich hatte er erst irgendwann im Herbst schriftlich beim Polytechnikum angefragt, und dann war noch eine Krankheit dazwischengekommen. Von dem Schriftwechsel zwischen Apeldoorn und Zürich ist nur erhalten, was Röntgen am 16. November unter der Anrede »Euer Hochwohlgeboren!« dem Direktor des Polytechnikums in eigenwilliger Grammatik und Orthographie geschrieben hat[2]:

»Sehr verehrt durch Ihre günstige Antwort bin ich in Folge dessen gesonnen, in einigen Tagen mich bei Ihnen persönlich vorzustellen. Wie angenehm auch jetzt schon einfallen zu können, so haben verschiedene Umstände doch meine Abreise bis jetzt verschoben. Mein dann vorzulegendes Aezliches Attest, daß ich leider nicht zur rechten Zeit um Aufnahme ersuchen konnte, wird hoffentlich ausnahmsweise mein Versäum entschuldigen. Mich Ihrem Wohlwollen anempfehlend zeichne ich mit der größten Hochachtung Ihr ergebener
W. C. Röntgen«

Der Direktor wird aus diesem Schriftstück geschlossen haben, daß die Deutschkenntnisse des aus Holland sich ankündigenden Studenten nicht gerade die besten waren, sie aber zum Studium technischer Fächer allemal ausreichen durften. Allerdings hätte Vater Röntgen seinem Sohn als Korrekturleser zu einem weniger holprigen Brief verhelfen können; daß er es nicht getan hat, mag an der wegen der Bildungseskapaden des Sohnes getrübten Stimmung zwischen den beiden gelegen haben.

Mit Geld wurde der junge Herr aus gutem Hause trotzdem angemessen ausgestattet, so reichlich sogar, daß er nicht unbedingt auf Franken und Räppli zu achten brauchte. Während damals für 20 Franken im Monat eine akzeptable Unterkunft zu finden war, leistete sich Röntgen für 35 Franken ein helles und geräumiges, gut eingerichtetes Eckzimmer bei einer Witwe Barbara Hägi, wohl den schönsten Raum in deren Wohnung im Hause Seilergraben Nr. 48 am Fuße des Zürichbergs.[3] Offenbar gefiel es ihm bei der Witwe, denn mehr als vier Jahre blieb er hier wohnen, bis er Zürich wieder verließ. Die Lage war günstig, denn er brauchte nur einige steile Wege und Treppen durch schöne Gärten hindurch den Zürichberg hinaufzusteigen, und schon stand er vor der Freitreppe zum Hauptportal des Polytechnikums.

Das erste Mal ist Röntgen diesen Weg am 23. November 1865 zur Anmeldung gegangen. Er wollte sich in der III. Abteilung einschreiben, in der »mechanisch-technischen Schule« zur Ausbildung als Ingenieur. Auch das in Utrecht begonnene Studium der Naturwissenschaften hätte er fortsetzen können, aber vermutlich hatten die Eltern von einer so unsicheren Sache nichts wissen wollen und ihrem Sohn wegen der besseren Berufsaussichten das praxisorientierte Ingenieurwesen zur Auflage gemacht.

Professor Moritz Schröter, Vorstand der »mechanischtechnischen Schule«, wird Röntgen kaum alle Kalamitäten seiner bisherigen Bildungsbemühungen an der Technischen Schule und an der Universität zu Utrecht offenbart haben, sondern so ähnlich wie einige Jahre später in seinem Curriculum vitae argumentiert haben: »Nicht jedoch zufrieden mit dem Gang der Studien an genannter Universität, wurde er durch den Ruf, den die Zürcher Schule hat, bestimmt dahinzuziehen ...«[4]

Danach gestaltete sich die Aufnahmeprozedur leichter als erwartet, denn nach Vorlage der wichtigsten Zeugnisse und eines ärztlichen Attests über ein »Augenübel« zur Entschuldigung der nicht rechtzeitig erfolgten Anmeldung schrieb Schröter an den Direktor über den gleich mehrfach verspäteten Kandidaten – denn Röntgen hatte nicht nur die Anmeldefrist, sondern auch das Mindestalter von 17 Jahren beträchtlich überschritten: »Sein reiferes Alter von 20 Jahren, seine vortrefflichen Zeugnisse namentlich in den mathematischen Fächern der Technischen Schule in Utrecht und sein einjähriger Besuch der Universität daselbst rechtfertigen wohl vollkommen meinen Vorschlag, denselbigen als Schüler aufzunehmen und von der Aufnahmeprüfung zu dispensieren.«[5] Direktion und Präsident des die Aufsicht führenden Schulrates folgten umgehend dieser Empfehlung, und Röntgen war zweifellos erleichtert, ohne die befürchtete Prüfung von einer Lehranstalt aufgenommen worden zu sein, die nicht nur Schweizer damals für die beste in ganz Europa hielten.

Das Polytechnikum verdankt seine Entstehung den Verfassungsvätern des 1848 neu konstituierten Bundesstaates der

Schweiz. Während die Universitäten – die ehrwürdige zu Basel und die in den dreißiger Jahren des 19. Jahrhunderts gegründeten in Zürich und Bern – den Kantonen unterstanden und von diesen finanziert wurden, sollte der Bund auch durch Einrichtungen der höheren Bildung seine Wirksamkeit entfalten. Der Bau von Straßen und Eisenbahnen, von technisch immer anspruchsvoller werdenden Brücken und Tunneln und die wissenschaftliche Durchdringung von Gewerbe und Industrie ließen vorausschauende Schweizer an eine technische Lehranstalt denken, an der die dringend benötigten Fachleute ihre Ausbildung erhalten sollten, ganz nach dem Beispiel des seit 1825 in Karlsruhe bestehenden Polytechnikums oder gar nach dem der noch drei Jahrzehnte älteren École Polytechnique in Paris, der »Mutter aller technischen Schulen«, aber natürlich besser als die Vorbilder.

Gegen den zähen Widerstand einiger Kantone wurde nach langen Verhandlungen 1854 durch Bundesgesetz die Gründung des Eidgenössischen Polytechnikums beschlossen. Sitz der Anstalt wurde Zürich, die Hauptstadt des reichsten und einflußreichsten Kantons, der die nötigen Gebäude bereitzustellen und zu finanzieren hatte, während der laufende Etat aus der Bundeskasse bestritten werden sollte. Mit Kanonendonner und Glockengeläut wurde dann nach mehr als einjähriger Vorbereitung das Polytechnikum am 15. Oktober 1855 feierlich eröffnet, zwar in provisorischen Gebäuden, aber mit einer illustren Schar berühmter Professoren, die dem »Poly«, wie es schon damals in der Schweiz genannt wurde, zu einem aufsehenerregenden Start verhalfen. Den meisten von ihnen sollte nun der Student Röntgen begegnen.

Teils war es Pioniergeist, der hervorragende Gelehrte an die neue Anstalt gezogen hatte, teils spielten politische Gründe eine Rolle, insbesondere bei Deutschen, die wegen der restaurativen Tendenzen in Deutschland gern bereit waren, ihre Heimat zu verlassen – oder aber diese schon nach der gescheiterten Revolution von 1848 hatten verlassen müssen. So war im liberalen Zürich eine Fakultät berufen worden, von der gesagt wurde, daß seit der Gründung der Berliner Universität im Jahre 1810 keine höhere Unterrichtsanstalt mit einer solchen

Fülle ausgezeichneter Lehrkräfte eröffnet worden sei wie das Eidgenössische Polytechnikum.[6]

Der berühmteste unter den Poly-Professoren war zweifellos Gottfried Semper. In Dresden hatte er als Hofbaumeister mit Oper und Gemäldegalerie seinen Ruhm etabliert, sich aber auch als freiheitlich gesinnter Mann bei den revolutionären Aufständen vom Mai 1849 gemeinsam mit dem Hofkapellmeister Richard Wagner beim Barrikadenbau engagiert und anschließend fliehen müssen. Die Solidarität des Barrikadenkampfes und nachfolgender Emigration bewährte sich sechs Jahre später, als durch Vermittlung Wagners, der dank eines Mäzens in Zürich lebte, der in London wirkende Semper als Vorstand der »Bauschule« fürs Polytechnikum gewonnen werden konnte. Diese Berufung war auch insofern ein Glücksfall, als nach einigen Querelen Professor Semper den Entwurf des neuen Gebäudes selbst in die Hand nahm und einen Komplex von makellosen Proportionen schuf, mit Anklängen an Antike und Renaissance, aber zugleich von effizienter Zweckmäßigkeit, denn schließlich sollte inmitten all der historisierenden Pracht die Heraufkunft des technischen Zeitalters gestaltet werden.[7]

Die Säle im Semperschen Palast mit ihren Zeichentischen und Reißbrettern sollten nun für die nächsten drei Jahre die Welt des Wilhelm Conrad Röntgen werden, ebenso wie die Maschinenräume mit fauchenden Kolben und zischenden Zylindern, die Laboratorien und die Hörsäle. Mehr als dreißig Professoren unterrichteten etwa 550 Studenten; rund ein Drittel war wie Röntgen in der »mechanisch-technischen Schule« eingeschrieben, die anderen verteilten sich auf die »Bauschule«, die »Ingenieurschule«, die »chemisch-technische Schule« und kleinere Kontingente auf »Forstschule« und Naturwissenschaften. Nur knapp die Hälfte der Studenten waren Schweizer, die Mehrzahl kam aus aller Herren Länder einschließlich der Wachau und war damit noch kosmopolitischer als der Lehrkörper.[8]

Trotz des hohen wissenschaftlichen Anspruchs war aber von der viel gepriesenen akademischen Freiheit der Universitäten

W.C. Röntgen – rechts außen – im Kreise seiner Kommilitonen am Eidgenössischen Polytechnikum Zürich.

nichts zu spüren, denn das Polytechnikum bezeichnete sich als Schule und verstand sich auch so. Der Unterricht war in Jahreskursen straff organisiert, in denen die »Schüler« ein anstrengendes Pflichtpensum zu absolvieren hatten. Zur Hebung der Allgemeinbildung gab es »Freifächer« wie Literatur oder Geschichte, aber auch die Belegung mindestens eines »Freifaches« war Pflicht. Und wer dann noch wollte, konnte auch beliebige »nichtobligatorische« Vorlesungen hören, nicht nur am Polytechnikum, sondern auch an der Universität, die im Ostflügel des Poly-Gebäudes untergebracht worden war. Während »Freifächer« und »Nichtobligatorisches« nicht benotet wurden, mag Röntgen sich beim Pflichtpensum an die Technische Schule zu Utrecht erinnert haben, denn auch am Polytechnikum wurden während des zehnmonatigen Schuljahres viermal Zensuren erteilt – gerecht, streng und anspruchsvoll.

Im Spiegel der Zensuren präsentierte sich Röntgen im ersten Jahr als tüchtiger, aber keineswegs überragender Schüler.[9] Im Poly-System, bei dem in jedem Fach Fleiß und Fortschritte separat mit 6 als der besten und mit 1 als der schlechtesten

Note bewertet wurden, im Schnitt allerdings mindestens eine 4 erreicht werden mußte, – in diesem System also hätte er im Jahresmittel eine runde 5 erhalten, wäre nicht im letzten Quartal »Zivilbau mit Zeichnen« dazugekommen, wozu er offenbar keine Lust hatte: Er handelte sich in Fleiß eine skandalöse 2 und in Fortschritten eine nicht viel bessere 3 ein. Zwar wurde er »promoviert«, durfte also in den nächsten Jahreskurs vorrücken, aber, wie in der Matrikel festgehalten, erst »nach Ermahnung durch den Direktor«.

Nach den Propädeutika des ersten Jahres kam Röntgen im zweiten Schuljahr mit den anspruchsvolleren Aspekten der technischen Wissenschaften in Berührung und mit dem, was die vorderste Front damaliger Hochtechnologie ausmachte: die Theorie und Praxis der Dampfmaschinen. Dabei begegnete er Professoren, die schon wegen ihres eminenten Ranges auf den Studenten großen Eindruck machten, allen voran Rudolf Clausius, einer der größten Physiker nicht nur des 19. Jahrhunderts. Als Begründer und zugleich Vollender der klassischen Thermodynamik hatte Clausius ein Werk geschaffen, das in seiner Vollkommenheit und Endgültigkeit gleichermaßen bedeutsam ist für das theoretische Verständnis der Natur wie der Technik. Die Grundlage bilden zwei Hauptsätze, der erste von der Energieerhaltung und der zweite von der Entropiezunahme für abgeschlossene Systeme. Beide Sätze sind nichts anderes als präzise Fassungen der Einsicht von der Unmöglichkeit der »perpetua mobilia«, also der Energiegewinnung aus dem Nichts oder durch schlichte Abkühlung eines Energiereservoirs. Daher sind sie von universeller Allgemeinheit, so daß sie erstens für alle Zeiten richtig bleiben und zweitens bei allen physikalischen Prozessen relevant sind, also beim Nachdenken etwa über Struktur und zeitliches Schicksal des Kosmos ebenso wie bei der Konstruktion einer Dampfmaschine.[10]

Bei Clausius hörte Röntgen »Technische Physik«, zunächst nur mit einer mäßigen 4 bewertet, dann aber war er vom Vortrag des Meisters offenbar so beeindruckt, daß er es in diesem Pflichtkurs bis zum Jahresende sowohl in Fleiß wie in Fortschritten auf eine respektable 6 brachte. Im zweiten Semester tat er ein übriges und belegte bei diesem Professor eine Vorlesung über »Mechanische Wärmetheorie«, in der Clausius Auszüge aus seinem gerade erschienenen monumentalen zweibändigen Werk mit dem gleichen Titel vorgestellt haben dürfte, sowie einen Kurs über »Elastizität und elastische Schwingungen«, die als »nichtobligatorisch« jedoch beide nicht bewertet wurden.

Die Beziehung zu diesem herausragenden Forscher dauerte jedoch nur ein Schuljahr, denn im Sommer 1867 ging Clausius nach zwölfjähriger, überaus erfolgreicher Tätigkeit in Zürich wieder nach Deutschland, zunächst nach Würzburg und dann nach Bonn. Ein Vierteljahrhundert später, als Röntgen als Rektor in Würzburg die Festrede zum 300. Stiftungstag der Universität zu halten hatte, rühmte er seinen einstigen Lehrer und Vorgänger auf dem Würzburger Ordinariat als den Mann, dessen »Name unzertrennlich für alle Zeiten verbunden bleibt mit den Fortschritten auf dem Gebiet der Wärmelehre, die die gesamte Naturforschung in durchaus neue Bahnen geleitet haben«. Und in Erinnerung an alte Zeiten erklärte er, als wär's ein wissenschaftlicher Ritterschlag gewesen: »Ich selbst darf mich glücklich schätzen, seine Vorträge über mechanische Wärmetheorie in Zürich gehört zu haben.«[11]

Beständiger als zu Clausius gestaltete sich Röntgens Verhältnis zu Gustav Anton Zeuner, dem Professor für Mechanik und theoretische Maschinenlehre.[12] Zeuner hatte trotz hervorragender Qualifikationen und überragender Fähigkeiten im heimatlichen Sachsen keine Anstellung finden können, da er sich ebenso wie Semper im Mai 1849 an den Aufständen in Dresden beteiligt hatte. Bei der Gründung des Polytechnikums fand er in Zürich Zuflucht und Wirkungsstätte und wurde, obwohl mit 27 Jahren noch sehr jung, wie Clausius und Semper einer der Gründungsprofessoren.

Zeuner war ein angesehener Fachmann für Hydraulik und Wasserturbinen und insbesondere für Dampfmaschinen. Mit Untersuchungen über Ventil- oder Schiebersteuerungen zur Dampfeinspeisung und zur Eliminierung unerwünschter Schwingungen bei Lokomotiven hatte er seinen Ruf befestigt, aber zur weltweit anerkannten Autorität wurde er beim sozusagen angewandten Teil der Clausiusschen Wärmetheorie, indem er die Hauptsätze der Thermodynamik mit dem empirischen Wissen über die Eigenschaften des Dampfes und der Luft erstmals zu einer systematischen Theorie der Dampfmaschinen vereinte. Sein Buch über die »Grundzüge der mechanischen Wärmetheorie« wurde ebenso wie sein früheres Werk über »Die Schiebersteuerungen« als beinahe klassischer Text ins Französische und ins Englische übersetzt.

Bei diesem hervorragenden Manne, der von 1865 bis 1867 auch noch als Direktor des Polytechnikums amtierte und dem bei aller fachlichen Kompetenz zudem bescheinigt wurde, daß er ein begnadeter Lehrer gewesen sei, hörte Röntgen im ersten Semester des zweiten Jahreskurses »Technische Mechanik«, zunächst mit dem mäßigen Erfolg einer Durchschnittsnote von 4,5. Im zweiten Semester dann, bei »Theoretischem Maschinenbau« und bei »Praktischer Hydraulik«, gab ihm Zeuner bei einer Fleißnote von 5 für die Fortschritte die optimale 6, und es sah ganz so aus, als hätte Röntgen seinen Mentor und sein Spezialgebiet für das abschließende dritte Jahr gefunden.

Zwischendurch war es allerdings zu einer Krise gekommen, die seinen Verbleib am Polytechnikum wohl hätte in Frage stellen können. Er kollidierte mit dem Mathematiker Elwin Bruno Christoffel, gleichfalls einer Zierde seines Faches, bei dem Röntgen schon seit dem ersten Semester hörte. Nach Leistungen, die um die akzeptable 5 herum schwankten, kam es im zweiten Quartal des zweiten Jahres zum Absturz auf eine deplorable 3,5. Im dritten Quartal wurde Röntgen schließlich in Fleiß und Fortschritten mit einer 1 als der schlechtestmöglichen Note bedacht, was nur bei extremer Dummheit oder noch extremerer Faulheit und Aufsässigkeit geschah. Bei Röntgen wird es das letztere gewesen sein, denn nach der allfälligen, in der Matrikel notierten »Ermahnung durch den Direktor«, also durch seinen Mentor Zeuner, nahm sich Röntgen im letzten Quartal zusammen und beendete das zweite Schuljahr auch in Mathematik mit einer glorreichen 6.

Es wird wohl auf dem Höhepunkt der Mathematik-Krise gewesen sein, daß Professor Christoffel seinem eigenwilligen Studenten erklärt haben soll: »Mein lieber Röntgen, wenn sie so weiter machen, wird nicht viel aus Ihnen.«[13] Röntgen aber lebte in Zürich ohnehin so, als sei er schon jemand, was durch den üppigen Wechsel ermöglicht wurde, den der Vater aus Holland schickte.

Der junge, schlanke Mann, eine stattliche Erscheinung mit großen braunen Augen und einer lockigen schwarzen Haarpracht, fiel nicht nur durch elegante Anzüge aus feinstem Tuch auf, sondern manchmal auch durch Extravagantes. So wird berichtet, daß er und sein Freund Ernst Ludwig Albert sich beim Schneider strahlend weiße Anzüge nebst passenden Hüten anfertigen ließen, wie Dandys am Sonntag den Limmatquai herauf- und herunterstolzierten und sich sichtlich amüsierten, daß die braven Zürcher von dieser Aufmachung erwartungsgemäß irritiert waren.[14] Auch soll der Pferdefreund Röntgen, der schon in Holland gern und viel geritten war, sich manchmal eine Kutsche gemietet haben und vierspännig durch die Straßen und Gassen der Stadt gedonnert sein.

Sein Mittagsmahl pflegte Röntgen, als wäre er ein gut betuchter Bürger, in einem der Zunfthäuser einzunehmen, wo man sehr gut, aber nicht gerade billig speiste, für den normalen studentischen Geldbeutel jedenfalls zu teuer. Am Abend war er häufig am Stammtisch des »holländischen Verbandes« anzutreffen, dem er sich selbstverständlich angeschlossen hatte. Schließlich war er mit einem niederländischen »Paspoort«[15] in die Schweiz gekommen und hatte sich mit diesem Papier beim Polytechnikum und bei der Zürcher Einwohnerkontrolle ausgewiesen.

Daß sich die Niederländer in einer »Wirtschaft zum grünen Glas« trafen, nicht weit von Röntgens Wohnung in einer Straße namens Untere Zäune am Fuße des Zürichbergs, hatte für den jungen Mann Folgen, denn hier begegnete er seiner ersten großen Liebe, die seine einzige blieb. Sie war die Tochter des Gastwirts. Ihr Vater Johann Gottfried Ludwig war ein Deutscher, der in den zwanziger Jahren in Jena studiert hatte und wegen politischer Umtriebe relegiert worden war. In Zürich gestrandet, konnte er seine Studien nicht fortsetzen, unterrichtete statt dessen Jungakademiker der Universität im Fechten, damit sie auf dem Paukboden bestehen konnten, und half zugleich als Einpauker bei manchem Examen. So erwarb er sich zwar nicht den Titel, aber den Ruf eines »ganz außerordentlichen Professors«, zumal er auf charmante Weise den Typus des gelehrten Gastwirts verkörperte, der für Geistiges nicht nur durch das Ausschenken von Wein, Schnaps und Bier sorgte, sondern seine Gäste gern zu ausgiebigen Diskussionen animierte, von der Literatur bis zur Politik.

Dieser liebenswerte Mann war mit einer Schweizerin verheiratet, mit der er einen Sohn und drei Töchter hatte. Der Stammgast Röntgen scheint sich im »Grünen Glas« bald weniger für Getränke und Gespräche interessiert zu haben als für die zweitälteste Tochter Anna Bertha, genannt Bertheli, die ihrem politisierenden Vater wohl gelegentlich in der Wirtschaft zur Hand ging. Photographien stellen sie als eine hübsche, etwas dralle junge Dame dar. Daß sie sechs Jahre älter war als Röntgen, störte ihren Verehrer offenbar nicht; wahrscheinlich suchte er sogar die Lebensklugkeit der Gastwirtstochter als Hilfe. Vielleicht trug denn auch eher sein »Bertheli« als die Ermahnung durch den Direktor des Polytechnikums dazu bei,

Die Braut Bertha Ludwig.

daß er nach der Mathematik-Krise wieder auf den rechten Weg fand, denn fortan war das Examen Bestandteil einer ganz konkreten gemeinsamen Lebensplanung.

Das dritte und letzte Jahr an der »mechanisch-technischen Schule« war das einer gewissen Spezialisierung. Röntgen konzentrierte sich bei Professor Zeuner auf »Theoretische Maschinenlehre«, was im ersten Semester »Mechanische Wärmetheorie und Dampfmaschinen« beinhaltete und danach noch »Turbinen und Ventilatoren«. Der verehrte Mentor gab ihm durchgängig Höchstnoten. Beinahe-Höchstnoten erhielt er auch bei einem Professor Ludewig in Maschinenbaukunde, aber im Maschinenkonstruieren bei dem gleichen Lehrer unterschritt er mit einer 3 schon wieder die Grenze des Akzeptablen, bevor er zum Ende des Schuljahres mit einer 4 noch das sichere Ufer erreichte.

In der Mitte des dritten Studienjahres war im Februar 1868 als Voraussetzung für die Abschlußarbeit die sogenannte Übergangsprüfung fällig, in der noch einmal das gesamte Pflichtpensum von zweieinhalb Jahren abgefragt wurde. Röntgen bestand glänzend, überwiegend mit Höchstnoten und nur in Darstellender Geometrie mit einer mäßigen 4,5. In der anschließenden kleinen Diplomarbeit sollte er ein Konzept für die Ausstattung einer Fabrik mit neuen Dampfmaschinen erarbeiten. Das Thema war ihm etwas zu praktisch, so daß er nur eine 4,5 erhielt, im Mündlichen dafür mit 5,5 wieder nahezu die Höchstnote. Von den Prüfern wurden seine hervorragenden Fähigkeiten in den theoretischen Disziplinen gelobt und eine gewisse Schwäche in den konkreten Konstruktionsaufgaben bemängelt. Aber bestanden hatte er allemal, und am 6. August 1868 wurde laut Beschluß des schweizerischen Schulrates Herrn Wilhelm Conrad Röntgen aus Apeldoorn das Diplom als Maschineningenieur ausgehändigt.

Die rechte Freude über den erfolgreichen Abschluß des Studiums wollte sich bei Röntgen freilich nicht einstellen, denn er konnte sich »gar nicht entschließen, in die Technik zu gehen, was der ursprünglich beabsichtigte Plan war«[16]. Vielleicht waren schon die gelegentlich riskant schlechten Leistungen in einzelnen Kursen Rebellionen gegen eine Zukunft als Ingenieur gewesen. Er wußte aber auch nicht, was er sonst überhaupt tun sollte oder wollte, war ziel- und orientierungslos und kam allmählich nicht mehr um die Einsicht herum, daß »ich allen Grund hatte, wegen meiner ganz ungesicherten Position recht besorgt sein zu müssen«[17].

In dieser problematischen Situation riet ihm sein Freund Albert – der mit den weißen Anzügen –, sich doch einmal mit dem jungen Professor August Kundt zu besprechen,[18] der gerade als Nachfolger von Clausius ans Polytechnikum berufen worden war. Es muß eine komische Unterhaltung gewesen sein: Als Ratsuchender der hochaufgeschossene Niederländer, der sozusagen von ganz oben herab seine Worte zaghaft und mit starkem Akzent setzte, und dann der kleine, quirlige Professor, der zwar aus Mecklenburg stammte, aber wie ein echter Berliner schwadronierte, obwohl er in dieser scharfzüngigen Stadt nur studiert und ein wenig unterrichtet hatte. Jedenfalls war die Unterhaltung für Röntgens weiteren Lebensweg entscheidend, und unauslöschlich hat sie sich ihm eingeprägt:

»In dieser kritischen Zeit lernte ich einen jungen Professor der Physik – Kundt – kennen, der mich eines Tages fragte: ›Was wollen Sie eigentlich in Ihrem Leben?‹ Auf meine Antwort, daß ich das nicht wüßte, sagte er, ich solle es doch einmal mit der Physik versuchen, und als ich ihm bekennen mußte, daß ich mich damit so gut wie gar nicht beschäftigt hätte, meinte er, das ließe sich wohl noch nachholen. Kurz und gut, mit 24 Jahren und so halb und halb schon verlobt, fing ich dann an, Physik zu studieren und zu treiben. Ihr blieb ich treu.«[19]

Daß Röntgen sich mit Physik »so gut wie gar nicht beschäftigt hätte«, war freilich eine Übertreibung. Alles bei Clausius Studierte und das meiste des bei Zeuner Gelernten war Physik, sogar auf dem höchsten Stand der Forschung, und auch »Analytische Mechanik«, die er bei einem Professor Reye gehört hatte, wird man zur Physik rechnen. Aber ihm fehlte, was in der Tat den Dreh- und Angelpunkt der Ausbildung zum Physiker ausmacht, nämlich ein Einführungs- und Übersichtskurs in die Physik nebst den dazugehörigen Experimenten im Laboratorium. Also schrieb sich Röntgen nach den Sommerferien noch einmal als »Schüler« im Polytechnikum ein und belegte den Laborkurs »Physikalische Übungen«, den Kundt gerade mit großem Eifer am Polytechnikum eingerichtet hatte. Dieses Praktikum war nicht nur die experimentelle Begleitung einer Einführungsvorlesung, sondern eine systematische Einübung in die wichtigsten Meßmethoden durch insgesamt 23 Experimente aus allen Gebieten der Physik.[20] Daneben hörte er bei Kundt noch eine Vorlesung über die »Theorie des Lichts«.

So hatte sich der in seinen Zielen unsichere junge Mann noch einmal ein Moratorium vor dem Eintritt in den Ernst des Lebens verschafft. Der Vater mag gemurrt haben, aber er schickte weiterhin die reichlich bemessenen Wechsel, wahrscheinlich gütig gestimmt durch das Versprechen des Sohnes, sich an der Universität Zürich um den Doktorgrad zu bemühen. In den Familien der Röntgens und Froweins hatte es einen leibhaftigen Herrn Doktor noch nicht gegeben, und dieses Zeichen gesellschaftlichen Aufstiegs mochte sich der Tuchhändler getrost etwas kosten lassen. Sein Sohn dürfte die Promotion erstens als erfreulichen Zeitaufschub und zweitens als Voraussetzung einer eventuellen Karriere als Physiker betrachtet haben.

Seine Dissertation schrieb Röntgen unter der Anleitung seines Mentors Zeuner. Zwar konnte das Polytechnikum keine Doktorgrade verleihen – das wurde erst zu Anfang des 20. Jahrhunderts möglich, als das »Poly« zur Eidgenössischen Technischen Hochschule[21] aufgewertet wurde –, aber es bestanden enge Beziehungen zur Universität, nicht nur räumlich, sondern auch durch Gelehrte, die an beiden Institutionen zugleich Professuren versahen. Zeuner gehörte zwar nicht zu ihnen, wußte aber die Wege zu ebnen. Die Philosophische Fakultät der Universität hatte laut Promotionsordnung das Recht, »auf Grund einer Druckschrift über einen in ihre Wissenschaften einschlagenden Gegenstand dem Verfasser derselben die Würde eines Doktors der Philosophie zu erteilen, wenn die eingereichte Schrift genügend Beweise von gediegenen Kenntnissen und selbständiger Forschungsgabe enthält«[22]. Absolventen des Polytechnikums wurde die mündliche Prüfung, das Rigorosum, gnädig erlassen.

Die Schrift, die Röntgen also anzufertigen hatte, erwuchs aus den zentralen Forschungsinteressen Zeuners, nämlich der Verbindung von Thermodynamik und den Eigenschaften der Gase. Von der Thermodynamik oder der mechanischen Wärmetheorie, wie sie damals genannt wurde, schwärmte Röntgen in seiner Einleitung enthusiastisch, sie habe »Bahn gebrochen in die Gebiete der Physik, der Chemie und der Technik, um da auf einer mit wahrlich riesenhaft genialen Sprüngen erreichten Höhe Stand zu halten und um als Aufklärerin von manchen Geheimnissen und als Aushelferin bei manchen Schwierigkeiten dem Theoretiker sowohl als dem Experimentator wichtige Dienste zu leisten«. Diese Höhe der Wärmetheorie hatte er gewissermaßen als Zeitzeuge am Polytechnikum zu bewundern gelernt, aber im zeitgemäßen Fortschrittsglauben und in nicht mehr so zeitgemäßen Lyrismen fügte er hinzu, »daß auf dem Schatzboden der Naturwissenschaft die Wünschelrute der mechanischen Wärmetheorie erst die Wahrprobe abgelegt hat, damit man sich ihrer mit Vertrauen und Überzeugung bedienen könne, daß aber noch sehr viel Großes verborgen liegt, was sie uns einmal, durch eine geschickte Hand geführt, an's Tageslicht fördern wird«[23].

Was Röntgen ans Tageslicht fördern wollte, war das Verständnis von Anomalien im Verhalten der Gase, denn präzise Messungen hatten oft Abweichungen vom Idealfall der universellen Zustandsgleichung der Gase ergeben. Aus den beiden Hauptsätzen der Clausiusschen Wärmetheorie und einigen empirisch wohlbegründeten Annahmen deduzierte er eine Modifikation dieser Zustandsgleichung, die er mit dem endlichen Volumen der Atome identifizierte.[24] Das war nicht neu, denn der in Frankreich arbeitende Elsässer Gustav Adolf Hirn hatte schon vor ihm das »volume atomique« in die Gasgleichung eingeführt, was Röntgen auch korrekt erwähnte; neu aber war die theoretische Herleitung des Doktoranden. Im abschließenden Teil der Arbeit wurde dann das modifizierte Gesetz herangezogen, um die Daten, die der Franzose Henri Victor Regnault im Auftrag der französischen Regierung über

Gase bei Druck-, Volumen- und Temperaturänderungen ermittelt hatte, zu interpretieren und insbesondere das ungewöhnliche Verhalten des Wasserstoffs und einiger anderer Gase wenigstens in Ansätzen zu erklären.

Nachdem der »Doktorvater« Zeuner mit der Ausarbeitung zufrieden war, wird er sich mit dem Kollegen Albert Mousson, der neben dem Physikordinariat an der Universität zugleich eine Poly-Professur versah, ins Benehmen gesetzt haben, um die Annahme der Dissertation vor der Drucklegung sicherzustellen. Obwohl der Kandidat bei Mousson niemals gehört hatte, erklärte der sich zu einem positiven Gutachten bereit. Bevor Röntgen im Frühjahr 1869 seine »Studien über Gase« betitelte Arbeit zur Druckerei trug, formulierte er noch sein »Gefühl der aufrichtigen Dankbarkeit, welches ich für meinen hochverehrten Lehrer, Herrn Professor Zeuner, hege, nicht nur für die Freundlichkeit, womit er mir bei der Abfassung dieser Schrift an die Hand ging, sondern namentlich auch für die mir während der ganzen Zeit, welche ich hauptsächlich unter seiner Leitung am eidgenössischen Polytechnikum studierte, in vollem Maße bewiesene Bereitwilligkeit, meine Kenntnisse zu fördern, meine Absichten zu läutern«[25]. Der Verfasser mag bei der letzten Bemerkung, dem »Läutern der Absichten«, durchaus an die beiden offiziellen und vielleicht noch einige inoffizielle »Ermahnungen durch den Direktor« gedacht haben, die ihn davor bewahrt hatten, am Poly nicht »promoviert«, also nicht versetzt, oder gar relegiert zu werden.

Als Anfang Juni die knapp 50 Seiten umfassende Schrift aus der Druckerei kam, setzte Röntgen einen förmlichen Antrag an den »Hochgeehrten Herrn Dekan« auf, fügte dem Druckwerk ein Curriculum vitae bei sowie das Zeugnis des Polytechnikums und ein Zeugnis der Utrechter Universität, »auf Grund derer ich mich um die Würde eines Doktors der Philosophie bewerben möchte«. Er ersuchte »ergebenst, die dafür nötigen Schritte zu tun«[26].

Mousson verfaßte ein vier Seiten langes Gutachten, in dem er über weite Strecken die Arbeit lediglich referierte, bevor er feststellte, sie könne »als eine großenteils selbständige, wissenschaftlich durchgeführte und mit theoretisch sichergestellten Resultaten abschließende Arbeit bezeichnet werden, wenn auch der Hauptpunkt, die neue Formulierung des Mariotte-Gaylussac'schen Gesetzes noch nicht als hinlänglich erwiesen angesehen werden kann«[27]. Sein abschließendes Urteil zitiert unterstreichend die in der Promotionsordnung angeführten Voraussetzungen: »Jedenfalls enthält die eingereichte Schrift mehr als genügend Beweise *von gediegenen Kenntnissen und selbständiger Forschungsgabe* auf dem Gebiete der mathematischen Physik. Mein Antrag geht daher dahin, daß die Arbeit des Herrn W. Röntgen als eine vollkommen genügende Grundlage zur Promotion anerkannt werde.«[28]

Als vorschriftsmäßiger zweiter Gutachter war der Astronom Johann Rudolf Wolf verpflichtet worden, der sich zwar bei Sonnenflecken vorzüglich auskannte, nicht aber in der Gastheorie. Daher beschränkte er sich darauf, in zwei Zeilen dem Antrag des Kollegen Mousson zuzustimmen – »soweit ich im Stande bin, mir über eine Arbeit auf einem mir ziemlich fern liegenden Gebiet ein Urteil zu erlauben«. Der Dekan lud seine kleine Schar von fünf Kollegen zur »Behandlung dieser Angelegenheit und Vornahme der Promotion auf nächsten Dienstag (22ten Juni) 6 1/2 Uhr« ein. Mousson und Wolf bekräftigten laut Protokoll in der Sitzung noch einmal mündlich ihren Antrag, und dann wurde als erstes »Traktandum« abgehakt: »Herr Wilhelm Röntgen von Apeldoorn in Holland wurde ... einstimmig zum Dr. phil. promoviert.«[29] Es wurde ihm seine Urkunde ausgefertigt, und nach fünfmaligem kräftigen Händeschütteln war die Zeremonie beendet.

Als der »Herr Doktor« sein Diplom in Händen hatte, »rannte ich damit auf den Uetliberg – bei Zürich – hinauf, wo mein Schatz zur Kur verweilte, und wir waren dann recht stolz und fröhlich«[30]. Der Stolz auf den Doktorgrad hat zeitlebens angedauert. Als Röntgen längst Professor war, gar Geheimrat und Exzellenz, hat er stets und ständig nur als »Dr. W. C. Röntgen« unterzeichnet. – Gewidmet hatte er die Dissertation »Meinen Eltern in Dankbarkeit«, und ein Exemplar mit der zwar handschriftlichen, aber sparsamen Zueignung »van den

Schrijver« hat er an Professor Gunning geschickt, der auf diese Weise erfuhr, daß es sein einstiger eigenwilliger Hausgast doch noch zu etwas gebracht hatte.[31]

Den Lesern seiner Dissertation hatte Röntgen übrigens eröffnet, angesichts des hohen Standes der mechanischen Wärmetheorie »wird gewiß der Inhalt dieser Schrift als winzig klein und unbedeutend erscheinen«[32]. Was wohl als Bescheidenheitsfloskel gemeint war, hat sich als zutreffend erwiesen: Die »Studien über Gase« waren zwar eine ordentliche Dissertation, besser als die meisten Doktorarbeiten aus jener Zeit, aber wissenschaftlich war sie unergiebig und wurde zu Recht ignoriert.

Vier Jahre später gab es wieder eine Dissertation über das Verhalten von Gasen, vorgelegt von dem Holländer Johannes Diderik van der Waals an der Universität Leiden, in der einige der von Röntgen erörterten Probleme und dazu noch viele andere auf unvergleichlich höherem Niveau behandelt und gelöst wurden. Van der Waals hatte die Zustandsgleichung nicht nur durch ein endliches Molekülvolumen, sondern auch noch durch einen glücklich gewählten Ausdruck für die zwischen den Molekülen wirksamen Kräfte modifiziert.[33]

Mit seiner Gleichung konnte van der Waals auf einen Schlag das Verhalten von Gasen und Flüssigkeiten nicht nur erklären, sondern auch Voraussagen zum Beispiel über die Verflüssigung von Gasen deduzieren. Er wurde bald Professor in Amsterdam und dort Kollege von Röntgens einstigem Hausherrn Jan W. Gunning. Als van der Waals 1910 für seine Gleichung und eine Fülle darauf basierender Arbeiten den Nobelpreis für Physik erhielt, mag Röntgen sich noch einmal an seine eigenen bescheidenen Versuche auf diesem Gebiet erinnert haben und auch daran, wie sich seine Interessen schon während der Arbeit an der Dissertation gewandelt hatten: von der mathematischen Physik zum Experiment.

So erstrebenswert der Doktorgrad für Röntgen auch gewesen sein mochte, das wesentlich stärkere Erlebnis als die mathematische Physik war die parallel zur Dissertation betriebene Arbeit im Laboratorium. Sie hat in ihm erstmals jene Leiden-

Prof. August Kundt (1839 - 1894), Röntgens Lehrer und Mentor.

schaften erweckt, ohne die Wissenschaft nicht recht gedeihen kann. Dabei hatte er in Professor Kundt, der ihn aufgefordert hatte, er »solle es doch einmal mit der Physik versuchen«, ein leuchtendes und inspirierendes Vorbild.[34]

August Kundt war nur fünfeinhalb Jahre älter als der etwas verspätete Student im Praktikum. Er hatte in Berlin bei Gustav Magnus promoviert, sich dort habilitiert und insbesondere die reichhaltigen Möglichkeiten zum Experimentieren bei Magnus genutzt, der eines der wenigen Laboratorien eingerichtet hatte, die in den sechziger Jahren des 19. Jahrhunderts diesen Namen überhaupt verdienten. In dem berühmten Haus am Kupfergraben hatte Kundt eine Methode ersonnen und bis zur Perfektion ausgearbeitet, Schallschwingungen in Glasrohren mittels einer Beimengung von Staub durch akustische Anregung sichtbar zu machen. Derartig erzeugte »Staubfiguren« wurden attraktive Einlagen in Vorträgen und Vorlesungen, vor allem aber leistungsfähige Verfahren zur Ermittlung der Schallgeschwindigkeit in den verschiedenen Gasen. Mit ein bißchen Theorie konnten daraus die spezifischen Wärmen der Gase ermittelt werden, woran nicht nur Physiker, sondern vor allem Ingenieure brennend interessiert waren. Kundt war mit dem nach ihm benannten »Kundtschen Rohr«, den Staubfiguren und den damit gewonnenen Resultaten schon in jungen

Jahren berühmt geworden. In Zürich setzte er diese Arbeiten fort, erweiterte seine Forschungen aber zunehmend um Optik und Elektrizität.

Die Bekanntschaft mit Kundts Experimentierkunst muß Röntgen so tief beeindruckt haben, daß er nun endlich nach vielen Umwegen nicht nur sein Berufsziel, sondern auch so etwas wie seine Berufung gefunden hatte. Metaphysische Erschütterungen, das Bedürfnis zu erkennen, »was die Welt im Innersten zusammenhält«, oder die Hoffnung, in einer aufs Ganze gehenden Konzentration auf die Naturforschung die Nichtigkeiten menschlichen Treibens zu transzendieren – also jenes Motivgemenge, das die meisten der großen Physiker auf ihren Weg gebracht hat –, dürften bei Röntgen kaum eine Rolle gespielt haben. Ihm genügte schon die Präzision und die unbestechliche Sicherheit der experimentellen Methode, um sich voll und ganz der Physik zu verschreiben.

So attraktiv eine Karriere als experimentierender Physiker Röntgen auch erscheinen mochte, so war sie doch ein riskantes Unterfangen, denn leichter konnte man für die Physik leben als von ihr. In der Schweiz gab es damals ein halbes Dutzend Physikprofessuren, im heimatlichen Holland auch nicht mehr. Das große Deutschland brachte es immerhin auf zwei Dutzend Physiklehrstühle, und wenn man andere höhere Lehranstalten wie Polytechnika, Militär- und Bergakademien dazurechnete, vielleicht auf drei Dutzend. Eine dieser wenigen Stellen zu ergattern war mühsam, langwierig und von vielen Zufälligkeiten abhängig.

Zudem war die Möglichkeit, die Wartezeit mit dem mäßigen Gehalt eines Assistenten erträglich zu gestalten, noch sehr beschränkt, denn die Behörden standen der neumodischen Erfindung des Assistenten skeptisch gegenüber und hatten sie erst an wenigen Universitäten bewilligt. Am fortschrittlichen Eidgenössischen Polytechnikum gab es bei über dreißig Professoren nur acht Assistenten, einen immerhin für die Physik. Diese Stelle versah der Schweizer Heinrich Schneebeli, vier Jahre jünger als Röntgen, aber nach zügig absolviertem Studium schon publizistisch in den »Annalen der Physik« hervorgetreten[35] und kurz vor der Habilitation an der Universität Zürich.

Röntgen mochte von einer akademischen Karriere träumen, aber bei den unsicheren Zukunftsaussichten brauchte er auch eine Rückfallposition. Bei einem Besuch in Holland in den Osterferien 1869 bemühte er sich um behördliche Anerkennung des Polytechnikumdiploms in den Niederlanden. In einem Schreiben an den König gab der Antragsteller »mit Ehrerbietung« davon Kenntnis, »daß er auf Grund des Gesetzes vom 2. Mai 1863 zur Regelung des Unterrichts an höheren Schulen ... die Befugnis zu erhalten wünscht, Schulunterricht in den im oben erwähnten Diplom genannten Fächern zu geben«. Vielleicht war dieser Schritt durch die Besorgnis der Eltern veranlaßt, vielleicht auch durch die Erinnerung an den einstigen Utrechter Hausherrn Jan W. Gunning und dessen Aufstieg vom Lehrer an der Technischen Schule in Utrecht zum Professor in Amsterdam. Im Juni, als Röntgen wegen seiner Promotion längst wieder in Zürich war, erhielt er das gewünschte Dokument:

»Wir, Willem von Gottes Gnaden König der Niederlande, Prinz von Oranien Nassau, Großherzog von Luxemburg etc. etc. etc. ...
haben gutgeheißen und erklärt
dem W. C. Röntgen, wohnhaft in Zürich, der sich zur Zeit in Apeldoorn aufhält, dieselbe Befugnis zu verleihen wie die, welche verbunden ist mit dem Besitz der Akten A und B laut Artikel 70 des genannten Gesetzes.«[36]

Damit war Röntgen gemäß »Akte A« zum Unterricht in Mathematik und Naturkunde auf Schulniveau, laut »Akte B« auch zum Unterricht in Höherer Mathematik sowie in theoretischer und praktischer Mechanik berechtigt. König Willem hat diese Urkunde übrigens am 9. Juni 1869 in »Het Loo« unterzeichnet, seinem Schloß ganz in der Nähe von Apeldoorn.

Von seiner holländischen Lehrbefugnis hat Röntgen keinen Gebrauch gemacht, sondern weiterhin in Zürich bei Professor Kundt sein Glück versucht. Nach erfolgter Promotion und den offenbar hervorragend absolvierten »Physikalischen Übungen« wurde er in Kundts Laboratorium zur selbständigen Arbeit zugelassen, allerdings ohne Bezahlung und auf eigenes Risiko.[37] Die Eltern zahlten weiter, und auch sein »Schatz« mußte sich im vierten Jahr damit abfinden, daß der Zustand, »halb und halb verlobt« zu sein, so bald nicht zu Ende gehen würde.

Im September kamen die Eltern nach Zürich, um dort nach dem Rechten zu sehen, nach dem Fortgang der Studien und nach dem Mädchen, von dem der Sohn verschiedentlich erzählt und geschrieben hatte. Seine Fragen wegen einer Verlobung waren bisher immer ausweichend übergangen worden. Nach langem Zögern, schrieb nun der Vater, »rechneten wir es als elterliche Pflicht, uns damit zu bemühen, und hierdurch wurden wir durch persönliche Bekanntschaft nicht ungünstig gestimmt, und so waren wir 14 Tage in Zürich«. Damit nicht genug, luden die alten Röntgens ihren Sohn und Bertha Ludwig auf einige Tage nach Baden-Baden und auf zwei Wochen nach Wildbad im Schwarzwald ein, bis sie endlich beim Abschied ihre »Zustimmung zur Verlobung gern gaben, denn das Mädchen ist gut erzogen, von guter Familie, gesundem Verstand, festem Charakter und ist angenehm im Umgange«[38].

Wie lange aber die nunmehr offizielle Verlobungszeit für die immerhin schon dreißigjährige Bertha noch dauern würde, war völlig ungewiß.

Röntgen arbeitete im Laboratorium an einem Problem, aus dem seine erste Veröffentlichung hervorgehen sollte. Obwohl ihn Kundt dazu angeregt hatte,[39] entstammte es dem bei Zeuner studierten Problemkreis des Verhaltens der Gase, sollte nun aber nicht mathematisch, sondern experimentell angegangen werden. Es war ein altes Problem und eine aktuelle Kontroverse um das Verhältnis der spezifischen Wärmen von Luft, von denen es zwei Arten gibt – je nachdem, ob der Druck oder das Volumen des Gases konstant gehalten werden. Dieses Verhältnis, nicht zuletzt auch von Bedeutung für die rechnerische Behandlung von Dampfmaschinen, war schon seit den zwanziger Jahren des 19. Jahrhunderts immer wieder ermittelt worden und hatte sich schließlich bei einem Wert von $k = 1{,}41$

eingependelt. 1868 hatte Friedrich Kohlrausch, gleichen Alters mit Kundt, gleichfalls angesehener Experimentator und Extraordinarius in Göttingen, jedoch den wesentlich kleineren Wert von 1,302 erhalten.[40] Kundt hatte Röntgen wohl darauf aufmerksam gemacht, daß er sich mit der Aufklärung dieser Diskrepanz Verdienste erwerben könne.

Um eine verwickelte Geschichte kurz zu machen: Röntgen fand, daß Kohlrausch zu kleine Kavitäten benutzt hatte, so daß der Einfluß der Wände auf das Gas zu einem systematischen Fehler führte.[41] Durch präzise Untersuchungen konnte Röntgen nachweisen, daß trotz der von Kohlrausch angegebenen Korrekturen »der Einfluß der Wände nicht eliminiert werden kann«[42]. Einen selbst gemessenen richtigen Wert vermochte Röntgen jedoch nicht anzugeben, denn mitten in den umfangreichen Meßreihen überraschte ihn Kundt mit der Ankündigung, daß er als Nachfolger von Clausius, der nach Bonn gehen würde, einen Ruf nach Würzburg angenommen habe. Spätestens Ende April wollte er Zürich verlassen, damit er schon im Sommersemester in Würzburg mit den Vorlesungen beginnen könne. Dieser schlechten folgte bald die gute Nachricht, daß Kundt in Würzburg erstmals das Recht durchgesetzt hatte, einen Assistenten zu beschäftigen und daß er Röntgen dafür ins Auge gefaßt habe.

So schön dieses Angebot war, so bedauerlich empfand es Röntgen, daß er seine Arbeiten abbrechen mußte; mit großer Sorgfalt stellte er seine bisherigen Untersuchungen bis zum Nachweis des Fehlers von Kohlrausch zusammen und sandte sie an Gustav Wiedemann, den Herausgeber der »Annalen der Physik und Chemie«, der führenden Zeitschrift für die exakten Naturwissenschaften in Deutschland. Dort erschien alsbald der erste Artikel »Über die Bestimmung des Verhältnisses der spezifischen Wärmen der Luft; von Dr. W. C. Röntgen aus Holland«. – Zwei Jahre später gab es eine Fortsetzung.

Nach viereinhalbjährigem Aufenthalt in Zürich hieß es Abschied nehmen, vom Polytechnikum, von der Stadt und betrüblicherweise auch vom »Schatz«, aber die Offerte von Kundt hätte er unmöglich ausschlagen können. Sie war für ihn wie eine Erlösung. »Erinnerst Du Dich noch«, schrieb er im Alter seinem Freund Albert, »daß ich durch Dich die Bekanntschaft mit Kundt machte, der mich in die Physik einführte und mich aus der Unsicherheit über meine Zukunft herausriß?«[43] Auch wenn er niemals vergaß, daß für ihn das Studium nicht immer das reinste Vergnügen und zumindest zeitweise »die Zukunft sehr problematisch war«[44], erinnerte er sich gern der Jahre in Zürich. Als die Universität des fünfzigjährigen Doktor-Jubiläums mit der Übersendung einer schönen Urkunde gedachte, bedankte sich Röntgen »mit dem Gefühl großer Dankbarkeit für alles in meinem Leben Empfangene, daß es mir ermöglicht hat, ein wenig Nützliches zu leisten. Zu diesem gehört mit in erster Linie die vorzügliche Erziehung von Geist und Körper, die ich in glücklicher Jugendzeit in Zürich genießen durfte.«[45]

3. Ein Physiker ohne Latein – und doch noch Professor in Deutschland

Die Universität in Würzburg, an der Röntgen als Assistent die erste Sprosse der akademischen Karriereleiter betreten wollte, war zwar nicht eine der ältesten in deutschen Landen, aber verglichen mit dem Eidgenössischen Polytechnikum muß sie ihm als durchaus ehrwürdig erschienen sein. Für einen Physiker war sie jedoch nachgerade antiquiert, da alles noch unter dem einen Dach des bei der Gründung 1594 errichteten Gebäudes untergebracht war.[1] Ein zeitgemäßes Laboratorium war nicht vorhanden, und der Charme des Alten konnte diesen Mangel nicht aufwiegen. So erlebte Röntgen nach dem avancierten Stand von Forschung und Lehre in Zürich nun den Rückfall auf eine kümmerliche Stufe der Physik als einer Art Hilfswissenschaft bei der Ausbildung der Mediziner. Das war nicht nur in Würzburg so, sondern noch an vielen Universitäten, aber Röntgen wurde im Verlauf seiner Karriere Zeuge, wie diese Situation in den nächsten Jahrzehnten zügig überwunden wurde.

Das »Physicalische Cabinet«, das Clausius im Jahre 1867 in

dem schönen Würzburger Universitätsgebäude an der Domschulstraße vorgefunden hatte, war denn auch weniger ein Institut als eine Sammlung museal anmutender Gerätschaften zur Demonstration gar wundersamer Naturerscheinungen. Die Linsen und Lupen, die Magnete und Elektrisiermaschinen waren zur Forschung schon lange nicht mehr zu gebrauchen, sondern hatten allenfalls der Belehrung und dem Amüsement der vielen Medizinstudenten in der Vorlesung gedient. Ein Praktikum zur Einübung experimenteller Methoden existierte nicht einmal für Anfänger, geschweige denn für Fortgeschrittene.

Clausius hatte schon kräftig entrümpelt und den alten Plunder in drei Räume im obersten Stockwerk verbracht, bis einige Jahre später »das Nationalmuseum einen Eisenbahnwagen gefüllt übernahm«[2]. Im zweiten Stock hatte er sich um brauchbare Arbeitsbedingungen bemüht, aber den aus Zürich gewohnten Standard nicht annähernd erreicht. Gleichwohl hatte er noch den tüchtigen Mathematiker Friedrich Prym aus Zürich nach Würzburg gelockt, bei dem auch Röntgen gehört hatte. Prym wiederum, der selbst freilich kein Labor brauchte, sorgte dafür, daß August Kundt berufen wurde, als Clausius schon nach drei Semestern nach Bonn ging, wo die Preußen die Universität wesentlich besser ausstatteten als die Bayern in Würzburg und der Ordinarius im ehemals kurfürstlichen Schloß am Bonner Hofgarten schöne Diensträume nebst Wohnung beziehen konnte.

Nach seinem Weggang wurde Clausius vom Rektor bescheinigt, er habe in Würzburg »das Physicalische Cabinet reorganisiert und es auf einen den Anforderungen der Wissenschaft entsprechenden Standpunkt gebracht«[3]. Er selbst war da wohl anderer Meinung – und Kundt erst recht. Der setzte zusammen mit Röntgen die Reorganisation fort, verwandelte eine der Rumpelkammern in ein optisches Laboratorium und akquirierte weitere Räume für seine Arbeit und die seines Assistenten. Seine Lieblingsidee eines Praktikums konnte er allerdings nicht realisieren; das gelang erst 1876 Friedrich Kohlrausch, der Kundts Stelle in Zürich übernommen hatte und alsbald den gleichen Weg nach Würzburg ging.

Daß Poly-Professoren überhaupt bereit waren, ihre auf der Höhe der Zeit befindliche Forschungsstätte in Zürich aufzugeben und wie in einer Miniprozession sich den romantisch-altmodischen Verhältnissen in Würzburg auszusetzen, muß wohl an der herausgehobenen Stellung eines Ordinarius in Deutschland mit höherem Einkommen und größerem Prestige gelegen haben. Auch mag das Polytechnikum ohne Promotionsrecht als akademisch nicht ganz vollwertig bemängelt worden sein, und wahrscheinlich wurde der straff organisierte zehnmonatige Unterricht an der »Schule« in Zürich auf die Dauer doch lästig im Vergleich zu den zwei Semestern von insgesamt kaum sieben Monaten an einer deutschen Universität, so daß die minderen Forschungsmöglichkeiten wenigstens zeitweilig in Kauf genommen wurden.

Für Röntgen hatte Kundts Wechsel nach Würzburg jedenfalls den beachtlichen Vorteil, daß er im Alter von 25 Jahren erstmals Geld verdiente, auch wenn das Assistentengehalt von 1000 Mark im Jahr sich nur auf der Höhe eines Handwerkereinkommens bewegte, zur Gründung eines bürgerlichen Familienhaushalts nicht entfernt ausreichte und wahrscheinlich auch geringer war als die Beträge, die ihm der Vater nach Zürich geschickt hatte. Zum Vorteil kam auch ein Nachteil, und der war natürlich die Trennung vom »Schatz«. Aber die Heirat wurde mittlerweile umsichtig vorbereitet, sehr umsichtig sogar: Bertha Ludwig zog nach Apeldoorn zu Röntgens Eltern, »um dort die genaue und hohe Haushaltungs- und Kochkunst der Schwiegermutter zu erlernen«[4].

Mit ihrer experimentellen Arbeit mußten Professor Kundt und sein Assistent praktisch von Grund auf neu beginnen. Kundt nutzte das zur Erschließung eines neuen Forschungsgebietes in der Optik, insbesondere der sogenannten anomalen Dispersion, also die Verringerung des Brechungsindex gewisser Materialien bei zunehmender Wellenlänge. Röntgen wollte seine in Zürich abgebrochene Untersuchung über die spezifischen Wärmen der Luft zu Ende bringen; wegen des gegenüber Kohlrausch angeschlagenen, etwas triumphierend-belehrenden Tones mußte er das sogar, wollte er nicht seinen bescheidenen Anfängerruf riskieren. Dazu hatte er sich als Laboratorium einen der von Kundt beschafften Räume hergerichtet, an denen noch das Beste war, daß die Fenster auf der rückwärtigen Seite des Universitätsgebäudes lagen und somit auf die Neubaustraße gingen. Herr Professor und Herr Doktor »erfreuten sich gemeinsam an den vielen Nähmädchen in einer gegenüberliegenden Schneiderwerkstatt, die mit den Herren Physikern gern kokettierten«, wie es noch der alte Geheimrat Röntgen bei einem Spaziergang durch die Neubaustraße einem wiederum jungen Mädchen schmunzelnd erzählte.[5]

Während Kundt alsbald eine Folge schöner Veröffentlichungen vorlegen konnte,[6] gingen bei seinem Assistenten die Experimente nur langsam voran. Das lag nicht an den Nähmädchen, sondern an Röntgens gründlichem und bedächtigem Vorgehen mit vielen sogenannten Vorversuchen, die allein neun Monate in Anspruch nahmen.[7] Dabei war es nötig, die Apparate zum größeren Teil selbst zu bauen, denn nur in Ausnahmefällen sollte aus dem schmalen Etat des »Physicalischen Cabinets« etwas bei einem der tüchtigen Würzburger Instrumentenmacher bestellt werden. Das meiste wurde in einer kleinen Werkstatt selbst angefertigt.

Röntgen machte aus der Not eine Tugend und entwickelte sich zum geschickten Handwerker. Zwei Jahrzehnte später und zum Institutsdirektor aufgestiegen, war er immer noch stolz auf die demonstrierte Geschicklichkeit: »Daß mein ganzer Apparat überhaupt in möglichst einfacher Weise und fast vollständig ohne Hilfe eines Mechanikers hergestellt wurde, entsprach sowohl meinem Geschmack als auch den geringen mir damals zur Verfügung stehenden Mitteln. Ich glaube nicht, daß die Genauigkeit meiner Bestimmungen unter diesem Umstande gelitten hat.«[8]

Schlimmer als alle widrigen Arbeitsbedingungen war eine Entdeckung, die Röntgen auf nicht-physikalischem Gebiet machte. Die maßgeblichen Herren der Philosophischen Fakultät müssen ihn ziemlich bald dahingehend belehrt haben, daß ihm die Habilitation als nächste Stufe der akademischen Karriere und als Voraussetzung für eine Professur versagt werden müsse, da der Herr Doktor leider kein ordentliches Abitur vorweisen könne und insbesondere in den alten Sprachen der nötigen Bildung ermangele. Das war keine Würzburger Rückständigkeit, sondern gängige Übung an deutschen Universitäten, wo auch Physiker ihre Dissertation zum Teil noch in Latein einzureichen hatten.

Röntgens Anfrage wegen einer Habilitation dürfte mündlich unter Hinweis auf bewährte Traditionen abschlägig beschieden worden sein, so daß darüber nichts aktenkundig wurde. Daher sei erzählt, wie es noch zwei Jahrzehnte später Philipp Lenard in Bonn erging. Lenard hatte zwar Abitur, aber bedauerlicherweise von einer Realschule; in Heidelberg war er von Robert Bunsen promoviert worden, kam also aus der denkbar besten akademischen Schule, und in Bonn war er Assistent von Heinrich Hertz, der sich durch die Entdeckung der elektromagnetischen Wellen unsterblichen Ruhm erworben hatte. Das alles half nichts. Die in der Fakultät maßgeblichen Philologen waren fest entschlossen, bei dem Kandidaten aus den ungehobelten Naturwissenschaften »Latein zu prüfen, so viel sie nur konnten«. Damit nicht genug, wurde Lenard noch einmal das gesamte Gymnasialpensum abverlangt, und auf die Einlassung, daß das Fakultätsmitglied Hertz das nicht für sinnvoll halte, wurde Lenard vom Dekan bedeutet: »Hertz ist ein junger Mannn, er kann das nicht beurteilen.«[9]

Ob es nun Röntgen ebenso wie später Lenard davor grauste, sich noch einmal das Pensum eines Gymnasialabiturs aneignen zu müssen, um überhaupt weiterzukommen, oder ob er die Hoffnung auf eine Universitätskarriere in Deutschland schon begraben hatte, ist nicht bekannt. Jedenfalls kehrte er zwei Jahrzehnte nach dieser Ablehnung nach Würzburg zurück – als Ordinarius und ganz ohne Lateinprüfung.

Zunächst aber war der Assistent Röntgen während des Semesters vollauf damit beschäftigt, die Demonstrationsexperimente für die großen Vorlesungen vorzubereiten, die sein Ordinarius von montags bis freitags täglich einstündig hielt und die ihm so viele »Colleggelder« einbrachten, daß dadurch sein Jahresgehalt von 5000 Mark glatt verdoppelt wurde. Die mehr als 100 eingeschriebenen Hörer studierten hauptsächlich Medizin, das Fach, in dem Würzburg einen guten Ruf und entsprechend großen Zulauf hatte. Als Assistent hatte Röntgen vor allem sicherzustellen, daß in der Vorlesung auch alles auf Anhieb funktionierte, denn für die am leidigen Pflichtfach Physik nicht sonderlich interessierten Mediziner war die größte Freude die Schadenfreude, wenn ein Experiment mal anders ablief als angekündigt.

Diese Vorlesungen mußten unter abenteuerlichen Umständen abgehalten werden. Als ein der Genauigkeit verpflichteter Mann rechnete Kundts alsbaldiger Nachfolger Friedrich Kohlrausch aus, daß in dem viel zu kleinen Hörsaal auf jede Person höchsten 2,5 m^3 Luft kamen. Das war viel zuwenig: »Wenn hieraus schon bei geöffneten Fenstern und Türen ein sehr schlechter Zustand der Luft resultiert, so wird dieser im Winter unerträglich und hat ... bereits dahin geführt, daß Zuhörer auf den letzten Bänken das Lokal unwohl verlassen mussten. Auch für den Vortragenden, der am Ende der Stunde in Schweiß gebadet ist (wörtlich), werden diese Verhältnisse qualvoll und gesundheitsschädlich.«[10] Kein Wunder, daß Kundt nicht lange nach seiner Ankunft in Würzburg an Veränderung dachte, entweder des Hörsaals oder des Ortes seines Wirkens. Daß sich zu letzterem schon bald eine Möglichkeit bot, die zugleich auch Röntgens Habilitationsprobleme löste, hatte mit einem Krieg und mit einer Reichsgründung zu tun.

In den letzten Wochen von Kundts erstem Semester im Sommer 1870 und auch im folgenden Wintersemester wurde während der Vorlesung niemandem unwohl, denn im Hörsaal tauchten nur noch einige kurzsichtige Brillenträger oder sonst körperlich Beeinträchtigte auf, so daß die Luft ausreichte. Frankreich hatte am 19. Juli 1870 Preußen den Krieg erklärt, die süddeutschen Staaten waren mit Preußen solidarisch und die Mehrzahl der Studenten war freudig zu den Fahnen geeilt, um Frankreich zu schlagen.

Was Röntgen von dem Kriegsgeschrei hielt, ob ihn als Niederländer der Konflikt zwischen den Großen gleichgültig ließ oder ob er Loyalitätsgefühle für Deutschland entwickelt hatte, ist nicht bekannt. In Würzburg hielt er sich jedenfalls mit seinem niederländischen Paß auf, war auch an seinem Akzent als Ausländer zu erkennen. Noch Jahre später wurde über Röntgen berichtet, seine Sprache sei »nicht immer ohne einen fremdartigen Anklang, der Niederländer verleugnet sich nicht völlig«[11].

Da er als Assistent nicht Beamter, sondern so etwas wie ein Privatangestellter seines Professors war, auch wenn das Gehalt von der Universitätskasse kam, hatte sich niemals die Frage des Beamtenstatus und damit zusammenhängend die der bayrischen Staatsangehörigkeit gestellt.[12] Er war eben der Dr. Röntgen aus Apeldoorn in Holland, von dem weder patriotische Bekenntnisse erwartet wurden noch Jubel über militärische Triumphe. Gleichwohl hatte der durchschlagende Sieg Deutschlands in diesem Krieg auch für ihn Folgen.

Nach der Niederlage hatte Frankreich große Teile von Elsaß und Lothringen an das neu erstandene Deutsche Reich abtreten müssen, und zum Beweis der neuen Größe auch im Geistigen forderte der eben in Versailles gekrönte Kaiser Wilhelm: »In der wiedergewonnenen Westmark soll durch das Reich eine Hochschule geschaffen werden, wie einst für die von Preußen erworbenen rheinischen Gebiete die Universität Bonn gegründet worden war.«[13] Unter Anknüpfung an alte Traditionen wurde in Straßburg eine Universität geplant, die wie ein gen Westen gerichtetes Bollwerk den deutschen Geist repräsentieren und zugleich bei den Untertanen des neuen Reichslandes Elsaß-Lothringen Eindruck machen sollte. Der Reichstag beantragte schon am 25. Mai 1871, »mit Aufbietung grosser Mittel alle die wissenschaftlichen Capacitäten an diese Universität zu berufen, die irgendwie als Pioniere des deutschen Geistes dort wirken können«[14]. Geld war ausreichend vorhanden, denn die Staatsschatulle wurde durch 5 Milliarden Goldfrancs angereichert, die Frankreich als Reparation auferlegt worden waren.

Mit der Universitätsgründung beauftragte Reichskanzler Bismarck den ehemaligen badischen Ministerpräsidenten Franz Freiherr von Roggenbach. Die Exzellenz ging zügig zu Werke und ließ sich von den Berliner Kapazitäten beraten. Für die Physik waren das Helmholtz und Kirchhoff. Ende des Jahres versandte Roggenbach Dutzende von Berufungsschreiben. Eines davon ging am 29. Dezember 1871 nach Würzburg an den zweiunddreißigjährigen August Kundt.

Kundt erkannte sofort die Chance eines völligen Neubeginns, dazu noch unter den günstigen Umständen eines politischen Prestigeprojekts von nationaler Bedeutung, die einem gewiß langwierigen Kampf um die Verbesserung der Verhältnisse in Würzburg vorzuziehen war. Ohne längere Bedenkzeit bedankte er sich am 2. Januar 1872 bei Roggenbach mit seiner Zusage: »Es ist gewiß eine der schönsten und ehrenvollsten Lebensaufgaben für einen Gelehrten, an der Gründung und dem Aufbau der Universität in Straßburg mitzuwirken, und der Reiz, der in dieser Aufgabe liegt, übt auch auf mich seine Wirkung.«[15]

Tags darauf teilte er dem akademischen Senat in Würzburg und dem Ministerium in München mit, daß er den Ruf nach Straßburg angenommen habe und nach Ende des Semesters Würzburg verlassen werde.[16] Den allfälligen Versuch, ihn durch Bleibeverhandlungen in Würzburg zu halten, beschied er abschlägig, aus wissenschaftlichen und auch aus patriotischen Gründen: »Die mir gewährten Bedingungen und die Aussichten, die mir in Straßburg für meine Tätigkeit eröffnet wurden, sind derartig, daß ich nach meiner Kenntnis der Verhältnisse unserer Universität nicht annehmen kann, daß mir hier ein Äquivalent für dieselben geboten werden könnte. Abgesehen hiervon scheint mir die Annahme eines so ehrenvollen Rufes nach Straßburg eine Pflicht zu sein, der ich mich nach meinen individuellen Auffassungen kaum glaube entziehen zu dürfen.«[17]

In einem beinahe hektischen Briefwechsel mit Exzellenz Roggenbach, der sich von Anfang Januar bis in den März hinzog und teilweise durch Telegramme beschleunigt wurde, erläuterte Kundt seine Vorstellungen über das zu schaffende Straßburger Institut.[18] Schon in seinem Zusageschreiben war er auf die Apparatesammlung, das Laboratorium und die dafür benötigten Etats, den Hörsaal und die Anstellung eines als

Mechaniker ausgebildeten Dieners zu sprechen gekommen und auch darauf, daß »der Professor der Physik duchaus eines Assistenten bedarf«[19]. Alsbald forderte Kundt noch die Errichtung eines eigenen Gebäudes für das Physikalische Institut, wie es Helmholtz gerade bei seiner Berufung nach Berlin zugesagt worden war. Das konnte Roggenbach nicht allein entscheiden, erhielt aber binnen weniger Tage die Zustimmung des Reichskanzlers,[20] so daß er Kundt das eigene Institutsgebäude ebenso zusichern konnte wie ein Gehalt, das sogar das von Helmholtz auf dem Berliner Prestigelehrstuhl übertraf.[21]

Während Kundt an seiner Zukunft und damit auch ein wenig an der seines Assistenten arbeitete, den er nach Straßburg mitzunehmen gedachte, war Röntgen zunächst mit seinem ganz persönlichen Glück beschäftigt. Offenbar hatte sich sein »Schatz« Bertha Ludwig in Apeldoorn bei Mutter Charlotte deren »hohe Haushaltungs- und Kochkunst« so weit angeeignet, daß endlich geheiratet werden konnte. Die Trauung fand am 19. Januar 1872 statt, aber nicht wie üblich am Wohnsitz der Brauteltern in Zürich, sondern in Apeldoorn.

Die Hochzeit scheint eine exklusive Angelegenheit der Röntgens gewesen zu sein, denn die sehr umfangreiche Urkunde, die nach der Ziviltrauung vom Bürgermeister ausgefertigt wurde,[22] weist als Trauzeugen nur vier Angehörige der Familien Röntgen und Frowein auf, dazu noch einen Notar und den alten Schulfreund Thormann, der einst Röntgen mit dem Hinweis auf das Polytechnikum in Zürich einen lebensentscheidenden Rat gegeben hatte. Die Eltern der Braut, die Ludwigs aus Zürich, waren offenbar nicht erwünscht. Wahrscheinlich hatten sich die alten Röntgens mit der Braut abgefunden und mit ihrem schon etwas fortgeschrittenen Alter von mittlerweile 32 Jahren, nicht aber mit ihrer bescheidenen Mitgift und schon gar nicht mit der Herkunft aus einer Gastwirtschaft. So war auch bei der anschließenden kirchlichen Zeremonie in der niederländisch-reformierten Kirche zu Apeldoorn aus Berthas Familie niemand anwesend.

Als die Jungvermählten nach Würzburg zurückkehrten, wußten sie, daß sie sich nur noch für ein Provisorium von kaum einem Vierteljahr einzurichten hatten. So war es denn auch erträglich, daß sie sich nur eine bescheidene Unterkunft in einem kleinen Häuschen leisten konnten, denn der reiche alte Tuchhändler ließ nach der offenbar nur widerwillig geduldeten Eheschließung seinem Sohn keine oder allenfalls eine geringe finanzielle Unterstützung zukommen.[23]

Der junge Ehemann mußte zudem hart arbeiten, denn wegen des bevorstehenden Umzugs sollten die Untersuchungen über die spezifischen Wärmen der Luft unbedingt abgeschlossen werden. Obwohl die wesentlichen Messungen schon im Sommer 1871 duchgeführt worden waren, schaffte es Röntgen jedoch erst in Straßburg, die Publikation fertigzustellen.

Im April 1872 hatten sich die Röntgens in einer kleinen Wohnung in einer von Straßburgs engen Gassen in der Nähe der Thomas-Kirche wiederum sehr bescheiden eingerichtet. Am 1. Mai erlebte der Assistent in gebührlichem Abstand von den 46 berufenen Professoren die prunkvolle Eröffnung der Universität, deren Höhepunkt die Verlesung der Kaiserlichen Stiftungsurkunde bildete und die »unter Teilnahme der Deutschen aller Länder« gefeiert wurde.[24]

Der in Holland aufgewachsene Röntgen dürfte nur ungefähr geahnt haben, welchen Platz die einstige Freie Reichsstadt Straßburg mit ihrem alles überragenden Münster im gefühlsbeladenen Geschichtsbild der Deutschen einnahm. Immerhin hatte er am Polytechnikum als »Freifach« auch eine Vorlesung über Goethe bei dem eminenten Literaturästhetiker Friedrich Theodor Vischer gehört, den er noch im Alter »meinen verehrten Lehrer in Zürich« nannte.[25] In dieser Vorlesung hatte er zweifellos von Goethes Studium 1770 in Straßburg und der Begegnung mit Herder erfahren, was ihm als Aufbruch zur Periode des Sturm und Drang mit sehr deutschem Geniekult und Gefühlsüberschwang nahegebracht wurde. Aber bei Goethes Aufenthalt hundert Jahre zuvor hatte Straßburg schon zu Frankreich gehört; zuerst war es im Frieden zu Utrecht 1713 verloren gegangen und dann endgültig im Frieden zu Rijkswik 1763.

Nach der Revolution hatten die Franzosen die alte und einst

angesehene Universität als »Académie de Strasbourg« weitergeführt, praktisch eine Universität, aber administrativ eine Filiale der zentralen »Université de France« in Paris. Nach der Eroberung von Straßburg im Herbst 1870 wurde die »Académie« sofort geschlossen. Der neuen deutschen Universität wurde das Schloß, das schmucke »Chateau des Rohan«, als Hauptsitz zugewiesen und den Naturwissenschaftlern das benachbarte schlichtere Gebäude der ehemaligen »Académie«. Das sollte nur ein Provisorium sein, aber wie viele Provisorien dauerte es ziemlich lange, länger jedenfalls als Röntgens Aufenthalt in Straßburg, denn die großzügigen Neubauten draußen vor der Stadt wurden erst nach einem Jahrzehnt fertiggestellt.

Die akademische Lehre kann zunächst nicht sehr anstrengend gewesen sein, denn die gesamte Universität hatte im ersten Semester nur 200 Studenten. Kundt und sein Assistent Röntgen hatten ohnehin genug damit zu tun, Umbauten zu organisieren, Apparate zu beschaffen und ein Praktikum einzurichten. Das muß Spaß gemacht haben, denn Geld war genug vorhanden. Im September half ihnen dabei ein weiterer Physiker, ein Extraordinarius.

Kundt hatte schon bald nach seiner Zusage für Straßburg der Exzellenz Roggenbach verdeutlicht, daß er bei der zeitraubenden Aufbauarbeit und dem weiten Spektrum der Physik, insbesondere der immer anspruchsvoller werdenden Theorie, Entlastung brauche: »Wenn ich selbst ein Cabinet einzurichten habe, wird mir in den ersten Jahren wenig Zeit bleiben, Bedürfnisse nach dieser Seite zu befriedigen. Ich glaube, es wird sich daher bald die Notwendigkeit herausstellen, einen 2ten Physiker, nennen wir ihn ›theoretischen Physiker‹, zu berufen.«[26]

Einen zweiten Ordinarius für Physik wie in Berlin oder Göttingen wollten jedoch weder die Behörden noch der konkurrierende Mathematiker Christoffel, so daß höchstens ein nachgeordnetes Extraordinariat in Frage kam, wie es damals für hoffnungsvolle Nachwuchskräfte vereinzelt eingerichtet wurde. Auf diese schließlich bewilligte Stelle wurde von der Straßburger Fakultät mit Wirkung zum 13. September 1872

Emil Warburg berufen, den Kundt in Berlin als sehr tüchtigen Physiker kennen- und schätzen gelernt hatte. Damit war in Straßburg ein nachgerade jugendliches Triumvirat in der Physik versammelt, denn beim Antritt seiner Professur war Warburg erst 26 Jahre alt, also ein Jahr jünger als der Assistent Röntgen.

Kundt und Warburg fanden schnell zu produktiver Zusammenarbeit, insbesondere bei scharfsinnigen Experimenten zur kinetischen Gastheorie, also jener gleichfalls von Clausius mitbegründeten, aber damals noch höchst umstrittenen Vorstellung, daß Wärme nichts anderes als Bewegung der Moleküle sei. Die beiden Straßburger Professoren bereicherten die Physik, indem sie wichtige Argumente dafür lieferten, daß die kinetische Gastheorie der Wirklichkeit entspricht.[27] Albert Einstein, auch auf diesem Felde eine Autorität, schrieb ein halbes Jahrhundert später über Kundts und Warburgs Meisterstück: »Es war das erste Mal, daß auf Grund der molekularen Theorie der Wärme ein neues Phänomen vorausgesagt worden war...« Hätten die Zeitgenossen diese Arbeit nur genügend gewürdigt, »so hätten sie die tiefe Berechtigung der Molekulartheorie schwerlich ernsthaft in Zweifel ziehen können«[28].

Die wissenschaftliche Arbeit Röntgens ging indes nur langsam voran. Erst zum Ende des Jahres 1872 hatte er die Fortsetzung seiner schon in Zürich begonnenen Untersuchungen über das Verhältnis der spezifischen Wärmen fertiggestellt. Er brauchte sich jetzt nicht mehr auf den Nachweis zu beschränken, daß Kohlrauschs Messungen aus dem Jahre 1869 ein falsches Ergebnis geliefert hatten, sondern er konnte endlich selbst seinen richtigen Wert angeben.

Es wurde eine sehr lange Darstellung von 44 Seiten mit minutiösen Beschreibungen apparativer Probleme und mit akribischen Erörterungen aller nur denkbaren Fehlerquellen, wie Röntgen es in späteren Arbeiten noch des öfteren praktizierte. Sein Resultat von $k=1{,}405$ widerlegte Kohlrauschs Messung und bestätigte ziemlich gut das Mittel aller früheren Messungen von $k=1{,}41$; es hat auch heute noch einigermaßen Bestand. Allerdings zeugt die dritte Dezimale von einem Hang zu übertriebener Genauigkeit: Röntgen hatte den Wasserdampfgehalt der Luft nicht quantitativ berücksichtigt, so daß es aus diesem Grunde ohnehin nicht sinnvoll war, auf ein Tausendstel genau messen zu wollen.[29] Zum Schluß kündigte der Autor noch an, er werde eine in diesen Untersuchungen verwendete, sehr genaue Methode zur Druckmessung durch Aneroidbarometer mit Spiegelablesung weiterentwickeln und »später über die Leistung dieser Instrumente berichten«[30]. Das geschah freilich erst nach sechs Jahren.[31]

Anschließend untersuchte Röntgen die Einwirkung elektrischer Felder auf polarisiertes Licht, aber die kniffligen Experimente brachten keine Resultate, so daß er sie aufgab, ohne darüber zu publizieren.[32] Vergeblich waren sie deshalb nicht, denn sieben Jahre später, als mittlerweile dem Schotten John Kerr der Durchbruch gelungen war, konnte er an die dabei gemachten Erfahrungen wieder anknüpfen.

Als aber seit dem Abschluß der Abhandlung über die spezifischen Wärmen ein weiteres Jahr vergangen war, muß dem Assistenten die Notwendigkeit von Publikationen zur Beförderung seiner Karriere schlagartig bewußt geworden sein. Zwar hatte er mit dem Österreicher Franz Exner, den er schon in Zürich kennengelernt hatte und der später Professor im heimatlichen Wien wurde, eine gemeinsame Untersuchung über die Intensität der Sonnenstrahlung bei der Wiener Akademie eingereicht,[33] aber das war bei weitem nicht genug. So setzte er sich noch im Dezember 1873 hin und schrieb gleich drei Arbeiten, die im folgenden Jahr in den »Annalen« erschienen.

Die erste Veröffentlichung[34] war allerdings kurz und galt dem Löten platinierter Gläser; das war nicht eigentlich Wissenschaft, sondern die simple Beschreibung handwerklicher Tricks, wie sie in den »Annalen« des vergangenen Jahrhunderts noch oft zu finden waren. Es folgte eine gründliche, aber kaum Neues bietende Untersuchung über elektrostatische Entladungen an der Grenzschicht von festen Körpern und Gasen mittels elektrischer Staubfiguren,[35] einer von Kundt ersonnenen Methode, die auch schon dessen Züricher Assistent Heinrich Schneebeli angewendet hatte.

In der dritten Arbeit schließlich, einer Abwandlung eines bereits etablierten Verfahrens zur Messung der Wärmeleitfähigkeit in Kristallen, die entlang der verschiedenen Kristallachsen unterschiedlich ausfällt, bekannte der Autor: »Trotz mannigfacher Versuche gelangte ich jedoch zu keiner einwurfsfreien Methode und sehe mich somit genötigt, diese Frage vorläufig offen zu lassen.«[36] Diese Arbeit war denn auch weniger wichtig für die Wissenschaft als für Röntgen, denn sie war der Auftakt zu seiner lebenslangen, passionierten Beschäftigung mit den Eigenschaften der Kristalle. Und dann war die Veröffentlichung noch als akademische Annonce beachtenswert, weil sich der Autor bei Erscheinen im Mai 1874 als »Privatdocent für Physik an der Universität Straßburg« vorstellen konnte, er also mittlerweile habilitiert war und für Professuren in Betracht gezogen werden konnte.

Kundts Berufung nach Straßburg hatte sich für Röntgen auch insofern als ein Glücksfall herausgestellt, als die Deutschen dort nicht nur Großartiges, sondern auch Neues schaffen wollten. So wurde die Philosophische Fakultät – ähnlich wie in Zürich, aber erstmals und nahezu revolutionär für Deutschland – in zwei Sektionen geteilt, eine philosophische und eine mathematisch-naturwissenschaftliche. Nach dem provisorischen Statut vom 28. April 1872 besorgte jede Sektion selbständig »den Teil ihrer Geschäfte, der nicht allgemeiner Natur war«[37].

Die elf Ordinarien der mathematisch-naturwissenschaftlichen Sektion waren überwiegend die vom Reichstag gewünschten »Capacitäten«, allen voran der Chemiker Adolf Baeyer, der in der Farbstoffchemie und insbesondere durch die Indigosynthese bereits Bahnbrechendes geleistet hatte und der für sein Lebenswerk 1905 den Nobelpreis für Chemie erhielt. Zwei Sektionsmitglieder hatte Röntgen bereits in Zürich kennengelernt: Theodor Reye, bei dem er Analytische Mechanik gehört hatte, und den hervorragenden Mathematiker Elwin Bruno Christoffel, der ihm einmal die schlechteste Note gegeben hatte.

Diese progressiven Gelehrten hatten sich gemeinsam mit

Kundt darauf verständigt, daß man auch ohne ordentliches deutsches Abitur und alte Sprachen ein ordentlicher Physikdozent werden könne. Auch wenn Röntgens Publikationen nicht gerade herausragend waren, hielt Kundt auf seinen Assistenten doch »große Stücke« und räumte ihm große Freiheiten ein: »Im Laboratorium nimmt Röntgen bei der Leitung der physikalischen Arbeiten eine ganz selbständige Stellung ein; Kundt überließ ihm diese vollständig. Die Studenten sollen sehr an ihm hängen.«[38] Zudem war Röntgen ein angenehmer Mitarbeiter, wie Kundt bestätigt hatte: »Vom Charakter sei Röntgen nicht nur gutartig und verständig, sondern geradezu ›gentil‹, im Benehmen bescheiden und durchaus taktvoll.«[39]

Bei diesen Qualifikationen waren die Ordinarien der naturwissenschaftlichen Sektion durchaus damit einverstanden, daß Röntgen nach Vorlage einer Habilitationsschrift und nach einem Vortrag am 13. März 1874 die »venia legendi« erhielt.[40] Damit hatte er jene Ebene der akademischen Hierarchie erreicht, auf der ihn niemand mehr nach Abitur und Lateinkenntnissen fragen würde, auch nicht die traditionsbewußteste Fakultät.

Mit dem schönen Titel »Privatdozent« waren weder Amt noch bezahlte Stellung verbunden, sondern nur das Recht, an der Universität Vorlesungen halten zu dürfen. Leben mußten Röntgen und seine Frau weiterhin von dem Assistentengehalt; die Einnahmen aus den Hörgeldern blieben gering, denn ein junger Dozent war auf Spezialthemen für die wenigen fortgeschrittenen Hauptfachstudenten beschränkt, damit er dem Ordinarius nicht bei den hörgeldträchtigen Hauptvorlesungen ins Gehege kam.

Von seinem Recht zur akademischen Lehre hat Röntgen sogleich und ausgiebig Gebrauch gemacht. Im folgenden Wintersemester hielt er eine Vorlesung zur »Einleitung in die praktische Physik«, sehr wahrscheinlich anhand von Kohlrauschs 1870 erschienenem, pädagogisch instruktivem und wissenschaftlich ergiebigem »Leitfaden der praktischen Physik«. Außerdem trug er »Ausgewählte Kapitel aus der physikalischen Chemie, insbesondere gasometrische Methoden« vor, sehr speziell und im wesentlichen wohl seine eigenen Forschungen zur

Bestimmung der spezifischen Wärmen von Gasen. Damit nicht genug, betreute er auch noch »Übungen im physikalischen Laboratorium«, hatte sich also ein beachtliches Pensum zugemutet.[41]

In einer der Vorlesungen tauchte sogar einmal eine hochgestellte Persönlichkeit wie Karl Kappeler auf, der Präsident des schweizerischen Schulrats, der über das Eidgenössische Polytechnikum die Aufsicht führte. Der Herr Präsident soll nach der Hospitation bei Röntgen »aber nicht sehr entzückt von seinen Vorlesungen gewesen sein, ... Kundt dagegen hat Röntgen im Colloquium sehr häufig reden hören; er rühmt dessen Redegabe und klaren Ausdruck.«[42] Kappeler, der auf der Suche nach einem Physiker für das Polytechnikum durch Süddeutschland gereist war, entschied sich für Friedrich Weber, der die Professur an der Landwirtschaftlichen Akademie Hohenheim bei Stuttgart versah, nur gut ein Jahr älter war als Röntgen, aber schon wesentlich erfahrener.

Als Weber am 18. März 1875 in Hohenheim gekündigt hatte, machte sich der Direktor der Akademie in Hohenheim, Ludwig Rau, nach Straßburg auf, da er den dortigen Privatdozenten Röntgen als einen möglichen Kandidaten für die Nachfolge Webers ins Auge gefaßt hatte. Der Ordinarius stellte seinem Assistenten die allerbeste Empfehlung aus, wie Rau alsbald an sein vorgesetztes Ministerium berichtete: »Kundt jammerte sehr über die Verlegenheit, die ihm Röntgens Weggang bereiten würde, da er demselben unbedingt habe alle Geschäfte überlassen können, gleichwohl vermöge er ihm in Straßburg bei Mangel einer Vakanz keine bessere Stellung zu bieten; eine Assistententätigkeit vertrage sich auch nicht recht mit einer Professur, zu welcher Röntgen nunmehr reif und berechtigt sei. – Kundt verbürgt sich für Röntgens Tüchtigkeit und namentlich für dessen Befähigung, sich in praktischen Dingen nützlich zu machen.«[43]

Nach einem Gespräch mit dem Kandidaten, bei dem dieser als verständlichen Grund für seine Veränderungsabsichten angab, er »sehne sich nach einer selbständigeren und einträglicheren Stellung«, war Rau sicher, den richtigen Mann gefunden zu haben: »Dr. Röntgen ist ein bleicher, hochgewachsener Mann, der zu leben und sich zu bewegen weiß ... Mir machte er einen angenehmen Eindruck und nach meinen Wahrnehmungen sowohl als Erkundigungen würde er Hohenheim wohl anstehen.«[44]

Der Minister für das Kirchen- und Schul-Wesen des Königreichs Württemberg machte sich diesen Vorschlag zu eigen und trug ihn dem König vor. Am 11. April 1875 erging folgende Mitteilung an die Akademiedirektion: »Vermöge höchster Entschließung vom heutigen Tage haben Seine Königliche Majestät dem Dr. Röntgen ... die ordentliche Professur für Physik und Mathematik ... gnädigst übertragen«[45].

Mit dieser Ernennung wurde Röntgen im Alter von 30 Jahren zugleich wieder Deutscher. Er war königlich-württembergischer Beamter, damit automatisch Bürger des Königreichs Württemberg und somit auch Bürger des Deutschen Reiches.[46] Vor allem aber wurde Röntgen Professor, ordentlicher sogar, und an ihn gerichtete offizielle Schriftstücke begannen mit der Anrede »Ew. Hochwohlgeboren«.

Ende April machten sich die Röntgens auf den Weg, mit der Eisenbahn bis Stuttgart und dann mit einer Kutsche sechs Kilometer die Hügel hinauf nach Hohenheim. Beim ersten Anblick muß ihnen die neue Arbeitsstätte wie eine märchenhafte Idylle erschienen sein. Die Akademie residierte in einer großzügigen Anlage, die sich im 18. Jahrhundert der verschwenderische Landesherr Herzog Karl Eugen als eines seiner Lustschlösser hatte errichten lassen. Nachdem er hier 1793 gestorben war, hatte das Schloß leer gestanden, bis 1818 sein mehr um das Landeswohl besorgter Nachfolger König Wilhelm I. im Schloß und der umliegenden Domäne eine land- und forstwissenschaftliche Akademie zur Hebung von Landwirtschaft und Viehzucht auf wissenschaftlicher Grundlage einrichtete.[47]

Der Status der Akademie war vergleichbar dem des Zürcher Polytechnikums: Schüler konnten auch ohne Abitur nach bestandener Prüfung aufgenommen werden; trotz des wissenschaftlichen Anspruchs der dreijährigen Ausbildung hatte

Hohenheim aber kein Promotionsrecht. Gleichwohl waren die Professoren »ordentliche«, konnten also die akademische Autonomie beanspruchen ähnlich wie ihre Kollegen an der Universität in Tübingen. Mit einem etatmäßigen Gehalt von 3200 Mark, dem Dreifachen des Straßburger Assistentensalärs, und dazu einer mietfreien Familienwohnung[48] hatte Röntgen erreicht, wonach er sich in Straßburg gesehnt hatte: eine »selbständigere und einträglichere Stellung«.

Von den Nachteilen wird er schon durch seinen Vorgänger Weber, mit dem er sich besprochen hatte, unterrichtet worden sein. Die Legitimation der Akademie lag eindeutig in Forschung und Lehre zur Tier- und Pflanzenzucht sowie in den volks- und betriebswirtschaftlichen Aspekten zeitgemäßer Landwirtschaft. Pflanzenphysiologie zum Beispiel oder Tierheilkunde wurden als ernsthafte Disziplinen auf hohem Niveau betrieben, aber in propädeutischen Fächern wie Mathematik und Physik gab man sich mit eher Elementarem zufrieden. Entsprechend hatte Professor Röntgen »Niedere Algebra« zu lehren, was man am Polytechnikum vorausgesetzt hätte, ebenso wie die einfache »Geometrie des Raumes« oder »Trigonometrie«. Im Sommersemester unterrichtete er »Experimentalphysik« und »Meteorologie«, beides gewiß so simpel wie möglich.[49]

Röntgen hat denn auch kräftig gemurrt, daß man für diese Art der Unterweisung keinen habilitierten Professor brauche, sondern ein Schulmeister ausreichen würde, und damit hatte er wohl auch recht. Aber die Akademie, die nicht in den Ruch einer Anstalt nur für Borsten- und Hornvieh kommen wollte, hielt sich einiges darauf zugute, daß die propädeutischen Fächer wie Mathematik und Physik nur von habilitierten Lehrkräften unterrichtet würden.[50] Röntgen vergaß schnell, daß er schließlich der Nutznießer dieses etwas verqueren Anspruchs war.

Mehr als unter den Vorlesungen hat Röntgen darunter gelitten, daß es für den Physiker in Hohenheim kein brauchbares Laboratorium gab. Eugen Lommel, einer seiner Vorgänger, hatte die Klage zu den Akten gegeben, daß Demonstrationsmittel für den Unterricht nur ungenügend, für wissenschaftliche Arbeiten überhaupt nicht vorhanden seien. Der Akustik wurde mit einem »Sprachrohr« aus Pappe Genüge getan, und für die Elektrizität gab es gar nichts.[51] Für Röntgen wird es nicht viel besser ausgesehen haben, aber trotzdem hat er in Hohenheim eine Veröffentlichung zustande gebracht. Sie war den Umständen entsprechend etwas schlicht, aber nicht ohne Witz.[52] Durch die Messung der Änderung von Länge und Dicke eines Kautschukstabes bei Belastung konnte er mittels einer geistreichen Methode zeigen, daß das Volumen des Kautschuk bei Belastungen konstant ist, Kautschuk bei aller Elastizität also wie Wasser praktisch inkompressibel ist.

Schon zum Ende des zweiten Semesters durfte sich Röntgen damit trösten, daß er nicht mehr lange in Hohenheim bleiben würde. Emil Warburg war zum Herbst 1876 auf das Ordinariat in Freiburg berufen worden, und das dadurch in Straßburg freiwerdende Extraordinariat wollte Kundt mit seinem tüchtigen vormaligen Assistenten besetzen. Röntgen akzeptierte gern, und schon am 17. April unterzeichnete in Berlin Staatsminister Delbrück in Vertretung des Reichskanzlers Bismarck ein Schreiben nach Hohenheim: »Aus den Mitteilungen des Kuratoriums der Universität Straßburg habe ich mit Befriedigung entnommen, daß Ew. Hochwohlgeboren Sich bereit erklärt haben, in der mathematischen und naturwissenschaftlichen Fakultät dieser Universität eine außerordentliche Professur, welche besonders die Beteiligung an Vorträgen über theoretische Physik erfordert, vom 1. Oktober diesen Jahres ab zu übernehmen.«[53] Am gleichen Tage wurde die Bestallungsurkunde an den Kurator der Universität übersandt. Als Röntgen diese Urkunde erhalten hatte, erklärte er in Hohenheim am 10. Mai 1876 seinen Rücktritt zum 30. September.

Direktor Ludwig Rau, der Röntgen noch ein Jahr zuvor als »nicht nur gutartig und verständig, sondern geradezu ›gentil‹, im Benehmen bescheiden und durchaus taktvoll« geschildert hatte, machte nun die Erfahrung, daß Röntgen in seinem letzten Semester überaus reiz- und streitbar war und dazu auch sehr selbstbewußt. Dem Wunsche des Direktors, eine akademiegemäße »Agrikulturphysik« zu entwickeln, entzog er sich beharrlich, und dies wohl zu recht, denn für eine derartige Disziplin war weder Sinn noch Notwendigkeit zu erkennen. Auch lehnte er es rundweg ab, ein Programm für den zukünftigen Physikunterricht auszuarbeiten, da er nur wenig zu eigenen Arbeiten gekommen sei und es ihm nicht liege, auf Bestellung zu schreiben. In einer Sitzung des »Lehrerkonvents« schimpfte er über das ungebührliche Benehmen der Studierenden, das er von seiner Wohnung beobachten müsse; wäre er Vater, so würde er seinen Sohn nicht nach Hohenheim schicken.[54]

Schließlich beschwerte sich Röntgen in der Sitzung am 17. Juni, daß er vom Direktor nicht, wie sonst an der Akademie üblich, wegen seines Nachfolgers zu Rate gezogen worden sei. Als Rau, selbst eher ein Autokrat denn ein »primus inter pares«, sich darauf berief, Röntgen stehe doch allen Angelegenheiten der Akademie desinteressiert gegenüber, kam es zum regelrechten Eklat. Der Direktor fühlte sich von Professor Röntgen in »der amtlichen Würde als der persönlichen Ehre« getroffen und verlangte schriftlich Genugtuung. Die wurde ihm auf merkwürdige Weise zuteil: Röntgen rekapitulierte in einem sehr langen und sehr akribischen Brief den Verlauf der Sitzung, als wäre es das Protokoll eines komplizierten Experiments, beharrte auf seinen Einschätzungen und gab schließlich Rau die Schuld, »daß der Unterzeichnete sich hat hinreißen lassen, das übliche Maß von parlamentarischen Ausdrücken zu überschreiten«[55].

Die Idylle des vormaligen Lustschlosses zu Hohenheim verließ Röntgen in Unfrieden. Später wollte er über diese Zeit lieber schweigen und schrieb allenfalls: »Wir hatten in Hohenheim Ratten ...«[56]

Nach dreisemestriger Verbannung in der wissenschaftlichen Einöde kehrte Röntgen im Herbst 1876 wieder in das Straßburger Institut zurück. Assistent war jetzt der Pole Sigmund von Wroblewski, der sich bereits habilitiert hatte und später als Professor in Krakau ein berühmter Tieftemperaturphysiker wurde. Die mittlerweile eingerichtete Stelle eines »2ten Assistenten« versah Wilhelm Kohlrausch, der jüngere Bruder jenes Friedrich Kohlrausch,[57] dessen Messung der spezifischen Wärmen der Luft Röntgen korrigiert hatte. Dann gab es noch einen Mechaniker und einen Diener, so daß Kundt jetzt das nach Berlin am besten ausgestattete physikalische Institut in ganz Deutschland leitete.

Das etatmäßige Gehalt für den Extraordinarius betrug nur 2400 Mark, aber da Röntgen in Hohenheim mehr erhalten hatte, wurde ihm eine Zulage von 600 Mark gewährt,[58] so daß er sich kaum verschlechterte. So war der Umweg über Hohenheim wenigstens in finanzieller Hinsicht nicht vergeblich gewesen. Allerdings gab es in Straßburg keine mietfreie Wohnung. Aber der Herr Professor und seine Gemahlin lebten jetzt in einer großen Wohnung am Gutenbergplatz mit Blick auf das Münster, gemeinsam mit den alten Röntgens, die schon einige Jahre zuvor den Tuchhandel in Apeldoorn aufgegeben hatten und als »Rentiers« nach Straßburg gezogen waren, um ihrem Sohn nahe zu sein.

Aus den Fenstern ihrer Wohnung dürften die Eltern und natürlich auch Frau Bertha voller Stolz auf ihren »Willy« geblickt haben, als der am 2. Mai 1877 im Talar in einer akademischen Prozession zum Schloß zog. Es war der fünfte Stiftungstag der Universität, den Kaiser Wilhelm »durch seine Gegenwart verherrlichte«. Seinen Professoren, die nach einem programmatischen Versprechen des Berliner Physiologen Emil du Bois Reymond »das geistige Leibregiment der Hohenzollern« bildeten, nahm er bei dieser Gelegenheit gewissermaßen die Parade ab. Majestät hatten sich zudem in Gnaden bewogen gefunden, daß der Universität der Name »ihres erhabenen Stifters« verliehen werde, sie sich also fortan »Kaiser-Wilhelms-Universität« nennen durfte.[59]

Große Teile der elsässischen Bevölkerung, die lieber bei Frankreich geblieben wären und darauf hofften, daß die Annexion des Elsaß durch das Deutsche Reich nicht von Dauer sein würde, mochten diese Demonstrationen deutscher Herrschaft und deutschen Geistes überhaupt nicht. Röntgen wird sich in diesem schwelenden Konflikt ganz auf der Seite der Deutschen gesehen haben, und dies nicht nur, weil er dazu schon als Beamter des Deutschen Reiches verpflichtet gewesen wäre. In Briefen aus Straßburg waren ihm die Lobpreisungen von

»Deutscher Liebe und deutschem Fleiß, deutscher Treue und deutscher Sitte«[60] so geläufig geworden, als wäre er seit seiner Geburt niemals etwas anderes als ein Preuße gewesen.

An der Universität war mittlerweile die zuvor in zwei Sektionen gegliederte Philosophische Fakultät endgültig geteilt worden. Damit gab es erstmals in Deutschland eine selbständige Mathematisch-naturwissenschaftliche Fakultät.[61] Als außerordentlicher Professor hatte Röntgen in diesem Gremium weder Sitz noch Stimme, sondern er war gehalten, sich mit dem Ordinarius ins Benehmen zu setzen. Laut Bestallungsschreiben wurde von ihm »besonders die Beteiligung an Vorträgen über theoretische Physik« erwartet. Das schloß experimentelle Arbeit im Laboratorium keineswegs aus, im Gegenteil; ein Ordinariat war nur durch Qualifikationen als Experimentator zu erreichen, denn theoretische Physik war noch keine eigenständige Disziplin.

Wie vage und zugleich kontrovers die Vorstellungen über das Theoretische in der Physik waren, war schon bei der Gründung der Straßburger Universität deutlich geworden, als Kundt seinen Wunsch geäußert hatte, »einen 2ten Physiker, nennen wir ihn ›theoretischen Physiker‹, zu berufen«[62]. Der Mathematiker Christoffel wollte allenfalls »mathematische Physik« gelten lassen, und was er daran für sinnvoll hielt, machte er nach eigenem Bekunden selbst. Er plädierte dafür, lieber einen weiteren Mathematiker wie den ausgezeichneten Friedrich Prym aus Würzburg zu berufen; mit einem zweiten Physiker wäre er nur einverstanden, wenn es sich um eine »Celebrität wie Herrn Clausius« handelte. »Aber wenn von einem solchen Falle abgesehen wird, so weiß ich wirklich nicht, was für eine Rolle einem mathematischen Physiker übrig bleibt, wenn Herr Kundt im Hörsaale und im Laboratorium Physik lehrt, und ich selbst mit meinen Hilfsmitteln zeige, wie man physikalische und andere Probleme behandelt, die von partiellen Differentialgleichungen abhängen.«

Dieser Ablehnung ließ er noch eine süffisante Diffamierung der neuen Spezialität zwischen den Lehrstühlen folgen, die sich zwar inhaltlich in ihren Umrissen schon abzeichnete, die aber noch keine organisatorische Ausprägung gefunden hatte: »Von dem, was man für gewöhnlich mathematische Physik nennt, wollen sowohl die echten Physiker wie die Mathematiker durchaus nichts wissen, und mit vollem Rechte, denn Untersuchungen, die nur ungenau sind und von denen es am schwersten ist zu sagen, nach welcher Richtung sie am allerwenigsten genügen, machen den Studierenden zu oberflächlich für die Mathematik und zu hochmütig, um Beobachter werden zu können.«[63]

Nach längeren Debatten hatten sich die Ordinarien und die Behörden schließlich auf die Schaffung einer außerordentlichen Professur geeinigt. Das strittige Feld wurde gegenüber den etablierten Fächern pragmatisch durch einen Katalog abgegrenzt, nach dem der Extraordinarius Vorlesungen über Undulations-, also Wellentheorie, theoretische Akustik, Elektrostatik sowie Gastheorie und mechanische Wärmetheorie zu halten hatte.[64] Ebenso wie zuvor Warburg hat auch Röntgen als außerordentlicher Professor brav diesen Katalog abgearbeitet.

Bei seinem Dienstantritt im Wintersemester 1876 begann Röntgen mit einer Vorlesung zur »Theorie des Lichtes«, setzte sie in den nächsten beiden Semestern mit der »Theorie der elektromotorischen Kraft« sowie »Elektrodynamik und Magnetismus« fort und trug schließlich über die »Theorie der Wärme« und »Kinetische Gastheorie« vor. Die Vorlesungen und insbesondere ihre Vorbereitung erforderten erheblichen Aufwand, denn damals gab es für diese Themen noch keine Lehrbücher, und wenn mal eine zusammenfassende Monographie existierte wie »Die mechanische Wärmetheorie« von Clausius,[65] so war das ein Ausnahmefall.

Was Röntgen vortrug und was die wenigen Studenten – mehr als ein halbes Dutzend dürften es kaum gewesen sein – in seinen Vorlesungen lernten, ist nicht bekannt, aber der Dozent selbst hat sich gewiß einen guten Überblick über die aktuellen Entwicklungen der Physik und insbesondere über ihre theoretischen Grundlagen verschaffen können. Tiefer in die Materie eingedrungen ist er offenbar nicht, da er nach seiner Dissertation nie wieder etwas zur theoretischen Physik publiziert hat, sondern immer und ausschließlich Experimentelles.

Die erste Veröffentlichung des Extraordinarius Röntgen war insofern außerordentlich, als sie aus dem Kuriositätenkabinett eines eifrigen Bastlers hätte stammen können. Sie betraf die aktuelle Erfindung des Telefons, mit dem die Deutsche Reichspost gerade herumexperimentierte, freilich wie bei Graham Bell noch im Anfangsstadium einer direkten Leitung zwischen zwei festen Sprechstellen. Das Problem, wie der »Antelefonierte« zum Apparat gerufen werden könne, war durch eine Klingel lösbar, nur erforderte dieses Verfahren kostbaren Batteriestrom. Röntgen schlug als stromsparende Technik vor, daß der Anrufer eine in seinen Apparat eingebaute Stimmgabel mit einem Violinbogen in Schwingungen versetzen möge; die Übertragung dieser Schwingungen längs der Leitung zum Angerufenen würde eine dort ebenfalls eingebaute identische Stimmgabel in Resonanz ertönen lassen und so das zu erwartende Gespräch ankündigen.

Voller Stolz berichtete der Erfinder, daß er in einem großen Hörsaal vor etwa hundert Personen ein entsprechendes Experiment ausgeführt habe: »Alle konnten die Stimmgabel hören, die auf die beschriebene Weise von einem entfernten Raum her in Schwingungen versetzt worden war.«[66] Röntgen hat dieses Verfahren in der weithin beachteten englischen Zeitschrift »Nature« veröffentlicht, aber trotzdem haben Fiedelbogen und Stimmgabel bei der Entwicklung des Telefons keine Rolle gespielt.

Die folgenden Veröffentlichungen waren konventioneller Art, aber auch nicht belangvoller. Als erstes widerlegte Röntgen einige ältere Messungen zur Kapillarität des verdienstvollen Privatgelehrten Ludwig Wilhelmy.[67] Dann griff er frühere Untersuchungen zur Wärmeleitung in Kristallen wieder auf und ebenso die Kundtschen Staubfiguren auf Isolatoren.[68] Schließlich beschrieb er das schon bei der Messung der spezifischen Wärmen der Luft verwendete Aneroid-Barometer und insbesondere die Spiegelablesung zur Registrierung kleinster Luftdruckschwankungen. Während seiner Hohenheimer Zeit hatte er in den mechanischen Werkstätten eines Dr. Müller in Stuttgart das Gerät in handlicher und praktikabler Form bauen lassen. Er benutzte es nicht nur im Laboratorium, sondern auch beim Bergwandern, dem er seit Züricher Studententagen mit großer Leidenschaft nachging: »Die durchwegs solide Konstruktion, das sehr geringe Gewicht und die compendiöse Form machen den Apparat sehr transportfähig; folglich ist derselbe sehr geeignet zu Höhenbestimmungen. Ich habe ihn in der Tat auch öfters dazu verwendet, und immer mit überraschend gutem Erfolg.« Zur Aufstellung empfahl er in den »Annalen« das Verfahren des Wandersmannes: »Ich habe meistens ein kleines, mitgenommenes Brettchen auf meinen senkrecht in den Boden gesteckten Alpenstock geschraubt und auf dasselbe das Instrumentchen gestellt.«[69]

In der Hauptsache hatte Röntgen jedoch gemeinsam mit Kundt an einem Experiment gearbeitet, das schon von der Problemstellung her als »tour de force« angelegt war. Es schloß sich an eine Entdeckung von Michael Faraday aus dem Jahre 1845 über die Drehung der Polarisationsebene von Licht im magnetischen Feld an. Polarisiertes, also nur in einer Ebene schwingendes Licht kann man sich einfach durch Reflektion an ebenen Glasplatten oder beim Durchgang durch geeignete Kristalle oder Doppelprismen herstellen. Auf der Suche nach einer Wechselwirkung zwischen Licht und Magnetismus hatte Faraday entdeckt, daß die Polarisationsebene beim Durchgang durch Glas gedreht wird, wenn ein Magnetfeld in der Fortpflanzungsrichtung des Lichtes angelegt wird. Diese Entdeckung wurde für die weitere Entwicklung der Physik sehr bedeutend, weil erstmals eine Beziehung zwischen Licht und dem elektromagnetischen Feld nachgewiesen worden war. An praktische Anwendungen konnte allerdings erst mehr als ein Jahrhundert später im Rahmen der »Magnetooptik« gedacht werden.

Faraday hatte diesen wichtigen Effekt in festen Körpern wie Glas und Kochsalz sowie in Flüssigkeiten wie Wasser nachweisen können, nicht jedoch in Gasen. Kundt und Röntgen hatten sich vorgenommen, diese Lücke zu schließen. Sie konnten annehmen, daß die Drehung der Polarisationsebene in Gasen ebenfalls vorhanden sein müsse; nur wegen der geringeren Dichte der Gase würde sie sehr viel kleiner ausfallen, weshalb Faraday mit seinen damaligen Möglichkeiten gescheitert war.

In Straßburg wurde nun in mehrjähriger Arbeit eine komplizierte und raffinierte Apparatur zusammengebaut, mit der dieses Phänomen auch in Gasen herbeigezwungen werden sollte. Gasdrücke von mehreren hundert Atmosphären und starke Magnetfelder, die in Spulen erzeugt wurden, die aus 32 großen Batterien gespeist wurden, brachten schließlich den Erfolg, zuerst in verdampftem Schwefelkohlenstoff, dann auch in vielen anderen Gasen von Luft bis Äthylen.[70] Dabei zeigte sich, daß die Drehung der Polarisationsebene in Gasen tatsächlich weniger als ein Tausendstel von der in Glas ausmacht.

Eine befriedigende theoretische Deutung dieses Effekts konnten Kundt und Röntgen übrigens ebensowenig angeben wie Faraday; das wurde erst mit den Methoden der modernen Physik des 20. Jahrhunderts möglich. Aber sie versuchten, einfache Regelmäßigkeiten zum Beispiel zwischen Drehwinkel und Brechungsindex aufzufinden; nach anfänglichen Hoffnungen mußten sie jedoch enttäuscht aufgeben.[71] Gleichwohl war das Experiment von Kundt und Röntgen ein Meilenstein der Physik, was Aufwand und Präzision angeht.

Die große, zusammenfassende Darstellung dieses Experiments mußte im Frühjahr 1879 in großer Eile geschrieben werden, denn Röntgen war im Begriff, Straßburg zu verlassen. Damit hatte Kundt freilich immer rechnen müssen, hatte er doch niemals einen »extraordinarius perpetuus« gewollt, sondern in der außerordentlichen Professur nur eine Durchgangsstation zum Ordinariat gesehen. Daher hat er stets dafür gesorgt, daß diese Stelle nur »ordinariable« Physiker erhielten, deren Karriere er aus voller Überzeugung fördern konnte.

Dies tat Kundt auch, als Friedrich Althoff, als Hochschulreferent im Berliner Kultusministerium allmächtiger Herrscher über alle Lehrstühle an preußischen Universitäten, seinen Besuch in Straßburg ankündigte. Es hatte sich herumgesprochen, daß der gefürchtete Althoff bei solchen Gelegenheiten in den Vorlesungen jüngerer Gelehrter aufzutauchen pflegte, um sich wegen eventueller Berufungen einen eigenen Eindruck zu verschaffen. Daher hatte Kundt dafür gesorgt, daß der Hörsaal, in dem Röntgen gerade theoretische Physik dozierte, des guten Eindrucks wegen bis auf den letzten Platz besetzt war. Althoff erschien freilich inkognito, quetschte sich auf eine hintere Bank und erhielt auf seine Frage, ob es denn in der theoretischen Physik immer so zugehe, von einem Studenten die Aufklärung: »Oh nein; aber es soll heute jemand aus Berlin kommen, und da soll der Hörsaal möglichst voll sein.«[72] Röntgen wurde nicht an eine der vielen Universitäten des Königreichs Preußen berufen, sondern an die einzige des Großherzogtums Hessen-Darmstadt.

4. Von »Röntgenton« und »Röntgenstrom« – Ordinarius in Gießen

Mit der Berufung an die kleine Ludwigs-Universität des Großherzogtums Hessen in Gießen hatte Röntgen im Alter von 34 Jahren das wichtigste Ziel einer jeden akademischen Karriere erreicht. Hohes Einkommen und vielleicht noch höheres Ansehen in der säuberlich nach Rängen abgestuften deutschen Gesellschaft sicherte ihm die Zugehörigkeit zur Elite, und als Ordinarius konnte er in seinem Reich wie ein kleiner König herrschen. Allerdings machte das Röntgen angetragene Reich bei seinem ersten Besuch einen ärmlichen, sogar einen jämmerlichen Eindruck. Der Hörsaal befand sich im Wohnhaus seines verstorbenen Vorgängers und das Physikalische Kabinett in einem angebauten Schuppen, gleichsam ein Relikt aus der ersten Hälfte des 19. Jahrhunderts, als viele Professoren in ihren Wohnungen die Vorlesungen abhielten.

Unter diesen antiquierten Bedingungen hatte vier Jahrzehnte lang ein Mann namens Heinrich Buff unterrichtet, war dazu forschend als Experimentator immer bemüht gewesen, »das Tatsächliche der Erscheinungen festzustellen«, und hatte darüber fleißig in den »Annalen« publiziert.[1] Eine lokale Berühmtheit war er als Großneffe jener Charlotte Buff, in die sich einst Goethe im benachbarten Wetzlar so heftig verliebt hatte, daß daraus »Die Leiden des jungen Werther« hervorgegangen waren. Ob Buffs Ansehen als Physiker damit vergleichbar war, mag dahingestellt bleiben.

Nachdem Buff am Heiligen Abend des Jahres 1878 gestorben war, kam dem Mathematiker Richard Baltzer die Aufgabe zu, im Auftrag der Fakultät einen Nachfolger zu finden. Einen etablierten oder gar berühmten Forscher zu gewinnen war wegen der Gießener Verhältnisse so aussichtslos, daß er sich auf die jüngeren Extraordinarien konzentrierte. Da es von denen damals kaum ein halbes Dutzend gab[2] und nur zwei von ihnen eine gewisse Erfahrung vorzuweisen hatten, brauchte er nicht lange zu suchen. »Ich schätze mich glücklich«, berichtete er alsbald, »zwei Namen anzeigen zu können, welchen von kompetenter Seite, ich muß hinzusetzen von allen Seiten, volles Lob und nur Lob in aufrichtiger Weise, wie ich mich überzeugt hatte, gespendet wird: Herr Prof. Röntgen in Straßburg, früher in Hohenheim, jetzt als Spezialkollege des Herrn Prof. Kundt, wird von diesem als ein sehr guter Experimentator, tüchtiger Theoretiker, sehr guter Dozent empfohlen, und allen jungen Kräften vorangestellt ... Auch Kohlrausch in Würzburg würde an Röntgen zuerst gedacht haben. Auf der Liste des geschickten und glücklichen Professorenkundschafters Präsident Kappeler in Zürich, der zu fragen in vorzüglicher Weise gelernt hat, steht Röntgen obenan. Bei den Meistern Helmholtz und Kirchhoff haben seine Arbeiten alle Anerkennung gefunden. Wenn Sie Röntgen erhalten, machen Sie unter allen Umständen eine gute Akquisition, schreibt Kundt, dafür garantiere ich.«[3]

Ähnlich günstig lauteten die Urteile über Eduard Riecke, der in Göttingen den berühmten, aber alten und kranken Wilhelm Weber in der Leitung des Instituts vertrat. Aber nur Extraordinarien in Betracht zu ziehen war offenbar mit dem Selbstbewußtsein der schon seit dem Jahre 1607 bestehenden Universität nicht vereinbar. Daher erwog der Gutachter, »einen wirklich hervorragenden Professor aus den Kreisen der Polytechniken zur Berufung auf Buffs Lehrstelle vorzuschlagen. Die Meister Helmholtz und Kirchhoff raten entschieden zu dem Versuch und sehen denselben keineswegs als hoffnungslos an, weil Lehrer von wissenschaftlichem Geist doch lieber an eine Universität gehen.« Daß die Hessen den von Helmholtz favorisierten Adolph Wüllner gewinnen könnten, mochte Baltzer selbst so wenig glauben, daß er ihn gar nicht erst auf die Liste setzte: »Wüllner gebietet in Aachen über ein großes, neu erbautes, von ihm selbst eingerichtetes Institut; ihm zur Seite steht ein Assistent und ein Diener. In Gießen hätte er eine Erbschaft anzutreten, welche mit den Verhältnissen, aus denen er ausgetreten, einen annähernden Vergleich nicht zuläßt ...«

Noch illusorischer war freilich die Absicht, August Toepler für Gießen zu interessieren, »über dessen Tüchtigkeit es nur eine Stimme gibt.« Toepler hatte im östereichischem Graz das erste mustergültige Physikalische Institut im deutschen Sprachraum errichtet und war jetzt an der Technischen Hochschule in Dresden Hofrat mit hohem Gehalt. Daß er trotzdem die Berufungsliste anführen sollte, konnte nur mit universitärer Eitelkeit zu tun haben, die offenbar verbot, einen Extraordinarius an die erste Stelle zu setzen: »Ich meine«, empfahl der Gutachter daher, »die Fakultät sollte diesen Fall unter der Devise ›Das Beste ist für Gießen gut genug‹ vertrauensvoll großherzoglicher Regierung anheimgeben, und empfehle der Fakultät, zur Wiederbesetzung der Buffschen Lehrstelle die Herren Toepler, Röntgen, Riecke in dieser Ordnung vorzuschlagen.«[4]

Das Ministerium hat in seiner Weisheit mit Toepler gar nicht erst verhandelt, sondern die Professur sogleich Röntgen angeboten: eine zweite Wahl für eine nicht einmal zweitklassige Stelle. Aber eine Ablehnung dieses ersten Rufes hätte Röntgen nicht ernsthaft in Erwägung ziehen können, denn einem Extraordinarius wäre das als karriereschädigende Hochnäsigkeit so bald nicht verziehen worden. So wurde er vom Großherzog am 10. April 1879 zum Ordinarius ernannt; sein Gehalt wurde relativ großzügig auf 5000 Mark festgesetzt[5], und mit einem vergleichbaren Betrag an Hörgeldern konnte er mehr als das Dreifache des Straßburger Einkommens erwarten. Über seine Arbeitsbedingungen mochte ihn hinwegtrösten, daß der Bau eines Kollegiengebäudes in vollem

Gange war, in dem auch für den Physiker einige Räume vorgesehen waren. Die zu leistende Pionierarbeit wird ihn gereizt haben.

An Röntgens neuer Wirkungsstätte war bei weitem nicht alles so antiquiert wie das Physikalische Kabinett des Professor Buff. Die Philosophische Fakultät war mit 19 Ordinarien größer als die anderen drei Fakultäten zusammengenommen, und außerdem war sie in ihrer Zusammensetzung sehr ungewöhnlich. Nur zwei Ordinarien vertraten geisteswissenschaftliche Fächer und lasen alles von Platon bis Schiller; mit ebenfalls zwei Ordinarien war schon die Mathematik ebenso gut ausgestattet wie die gesamten Geisteswissenschaften, und fünf Ordinarien unterrichteten die Naturwissenschaften, von Physik, Chemie und Mineralogie bis Botanik und Zoologie. Die größte Gruppe bildeten die zehn Professoren für »Staats- und Cameralwissenschaften«, worunter man in Gießen Nationalökonomie sowie Land- und Forstwirtschaft verstand.[6]

In den Naturwissenschaften hatte Gießen sogar einmal Modellcharakter verkörpert, als Justus Liebig 1825 in einer ehemaligen, schon abbruchreifen Kaserne ein exzellentes chemisches Laboratorium einrichtete und erstmals Übungen in einem Ausbildungslabor, dem »Praktikum«, zum zentralen Bestandteil des Studiums gemacht hatte. Unter seiner Ägide sind in Gießen so viele ausgezeichnete Leistungen zustandegekommen, daß diesem Vorbild viele Universitäten nicht nur in Deutschland gefolgt sind. Daher erhielten dank Liebigs Pioniertat die Chemiker viel früher als die Physiker eigene Institutsgebäude, begünstigt wohl auch dadurch, daß ihre Wissenschaft als übelriechend und explosiv gefürchtet war.[7] Obwohl Buff ein enger Freund Liebigs war und dessen Nichte geheiratet hatte, ist ihm für die Physik in Gießen Vergleichbares nicht gelungen.

Noch bei Röntgens Berufung war die Ausbildung von Physikern ein zu vernachlässigender Nebenaspekt; im Vordergrund stand die Berücksichtigung der Interessen der verschiedensten Disziplinen, für die Physik eine Hilfswissenschaft darstellte. Diese Stellung als eine Art akademischer Dienstleister zwischen den Lehrstühlen hat der Mathematiker Richard Baltzer beschrieben, freilich mit der gebotenen kollegialen Höflichkeit: »Der Physiker hat Stellung zu nehmen zwischen den Mathematikern und Medizinern, zwischen den Vertretern der beschreibenden Naturwissenschaften und den Chemikern. Zwischen so verschiedenen Gruppen kann der Physiker nicht wohl bestehen ohne eine besondere persönliche Autorität, wie sie erworben wird durch wissenschaftliche Leistungen, welche den rechtschaffenen Gelehrten dokumentieren, durch hingebenden Fleiß und deutliche Energie in Erfassung des Gelehrtenberufs, durch Anziehung der studierenden Jugend zur Wissenschaft und durch erprobte Lehrtätigkeit.«[8]

Röntgens wichtigste Pflicht war daher das »Hauptcolleg« zur Experimentalphysik, das er von Montag bis Freitag in einer Vormittagsstunde hielt. Wie es an den meisten Universitäten Brauch war, behandelte er in wiederkehrendem Rhythmus im Sommersemester Mechanik, Akustik und Optik, im Winter dann Wärmelehre, Magnetismus und Elektrizität.[9] Da die meisten seiner etwa 70 Hörer Medizin oder Land- und Forstwissenschaften studierten, mußte er sich auf die Anfangsgründe bar jeder Mathematik beschränken und seinen Studenten durch instruktive Demonstrationsexperimente sein Fach nahebringen. Nur für das knappe Dutzend derer, die Physik oder Mathematik, Chemie oder Mineralogie als Hauptfach gewählt hatten, waren an zwei Nachmittagen in der Woche »Übungen im physikalischen Laboratorium« vorgesehen. Da Röntgen dieses Pensum nur mit einem Diener und ohne einen Assistenten zu bewältigen hatte, war es ihm genug; Vorlesungen zu Spezialthemen oder Seminare für Fortgeschrittene, die also die vielbeschworene Einheit von Forschung und Lehre ausgemacht hätten, kündigte er nicht an. Erst nach einigen Jahren begann er mit dem Brauch, regelmäßig zu einem Physikalischen Colloquium einzuladen – »privatissime et gratis« –, in dem mit den wenigen fortgeschrittenen Studenten die neuere Literatur, vornehmlich die in den »Annalen« publizierten Arbeiten, besprochen wurden.

Nach dem ersten, im Buffschen Provisorium verbrachten Semester kehrte Röntgen in den Herbstferien wieder nach Straßburg zurück. Hier konnte er sehen, wie vor der Stadt neben dem großen Hauptgebäude der Universität auch das neue Physikalische Institut Gestalt annahm, das von Kundt als ein wahrer Palast für Forschung und Lehre geplant worden war. Der Grund seines Besuchs war freilich die Fortsetzung der gemeinsamen Experimente zur Drehung der Polarisationsebene des Lichts in Gasen mit erheblich verbesserten Apparaturen. Die teilweise von Kundt im Winter allein weitergeführten, wesentlich umfangreicheren und genaueren Messungen wurden im nächsten Frühjahr, vermutlich bei einem weiteren Besuch Röntgens, zur gemeinsamen Publikation aufbereitet.[10]

Seinen Aufenthalt in Straßburg hat Röntgen auch dazu genutzt, sich bei der Jahresversammlung der Gesellschaft Deutscher Naturforscher und Ärzte Ende September den Kollegen als Ordinarius vorzustellen. Da dieses Treffen 1879 gerade in Baden-Baden stattfand, brauchte er von Straßburg nur einige Kilometer auf die andere Seite des Rheins zu fahren. Von den in der Sektion »Physik und Meteorologie« gehaltenen 24 Vorträgen war einer von dem neuen Gießener Ordinarius. Da Röntgen nichts Neues zu berichten wußte, beschrieb er ältere Versuche, die er bereits in Hohenheim bei seinen Untersuchungen zur Volumenkonstanz des Kautschuks angestellt hatte. Nun berichtete er von damals nicht publizierten Experimenten über den Einfluß elektrischer Ladungen auf die Ausdehnung eines Kautschukstabs, die sogenannte Elektrostriktion.[11]

Sein Vortrag kann nicht sehr beeindruckend gewesen sein, wie auch er von der Versammlung offenbar nicht sehr beeindruckt war. Seine wichtigste Erfahrung war anscheinend, daß er nicht der rechte Mann für Kongresse sei. Jedenfalls trat er weder der Gesellschaft Deutscher Naturforscher und Ärzte bei, in der damals die meisten Physiker in Ermangelung einer eigenen nationalen Vereinigung Mitglied waren, noch hat er in seiner langen Karriere jemals eine weitere von deren repräsentativen Jahrestagungen oder irgendeinen anderen Kongreß besucht.

Vor Beginn des nächsten Semesters waren in Gießen im Oktober zwei Umzüge zu bewältigen, der des physikalischen Kabinetts in das neue Universitätsgebäude und der private in eine schöne Wohnung. Nach einem ersten Provisorium hatte der Herr Professor in einer großen Villa in der Süd-Anlage Nr. 17 ein repräsentatives Hochparterre gefunden. Während Röntgen selbst die Jahresmiete für übliche Professorenwohnungen mit fünf bis sechs geräumigen Zimmern mit 1000 Mark angab, zahlte er für seine Wohnung »mit 9 Zimmern in schönster Lage und mit einem herrlichen Garten«[12] den stolzen Betrag von 1700 Mark. Das konnte er sich jetzt leisten, ebenso wie den aus seiner Jugend in Apeldoorn gewohnten gutbürgerlichen Lebensstil mit Hausmädchen und Dienstboten. Die Eltern lebten in einer ähnlichen Villa, deren Garten an den des Sohnes grenzte. Zu ihrem 38. Hochzeitstag am 6. Mai 1880 installierte der Physiker eine elektrische Signalanlage als Verbindung zwischen den beiden Familien – nicht mit Stimmgabeln, sondern mit normalen Klingeln.

Im Sommer 1880 wurde Röntgens Mutter schwerkrank. Sie mußte ins benachbarte Bad Nauheim in eine Klinik gebracht werden, erholte sich jedoch nicht mehr und starb dort am 8. August im Alter von 74 Jahren. In Röntgens Leben war sie wohl der wichtigste Mensch gewesen, »eine seit frühester Jugend innigst geliebte, hochverehrte und mir fast unentbehrlich vorkommende Mutter«. Noch zwölf Jahre später schrieb er von ihr in niemals erlöschender, affektiver Zuneigung: »Als sie lebte, habe ich sie geliebt und hoch geschätzt, und sie betrauert, als sie starb; was ich an ihr verlor, habe ich erst später erfahren und gefühlt. Wie häufig denke ich an sie, und wie weit reicht die mütterliche Liebe über das Grab hinaus ... Die Frage: Wie würde in diesem oder jenem mir schwer lösbaren Fall deine Mutter gehandelt oder gesprochen haben? hat mich schon oft auf den richtigen Weg geführt.«[13] Mit diesem schmerzlichen Verlust wurde auch die »Muttersprache« zu einer Erinnerung, »denn das Holländische ist bis zu dem Tode meiner Mutter in unserem Hause die Umgangssprache gewesen«[14].

Der Sohn ließ seine Mutter auf dem Friedhof von Gießen beisetzen. Die Familiengrabstätte verband ihn für immer mit dieser Stadt. Hier wurde vier Jahre später sein Vater bestattet, und schließlich fanden auch seine Frau und er selbst in diesem Grab ihre letzte Ruhestätte.

In der Universität hatte Röntgen zu Beginn des Wintersemesters 1879 die dem Physikalischen Institut zugewiesenen Räume in einem neuen Gebäude, der »Aula«, bezogen. Im Erdgeschoß neben Münz- und Antikenkabinett war jetzt akzeptabler Platz vorhanden, nur reichte der Institutsetat von 2250 Mark kaum aus, die von Buff übernommene Instrumentensammlung auf einen angemessenen Stand zu bringen, zumal Röntgen aus diesen Mitteln auch noch einen fortgeschrittenen Studenten zu bezahlen hatte, wenn er einen Gehilfen brauchte. In den »Annalen« machte er die Knauserei öffentlich und klagte, daß eine wünschenswerte Untersuchung »durch den Mangel an geeigneten Apparaten, deren Anschaffung aus den geringen dem hiesigen Institut zur Verfügung gestellten Mitteln auf einmal nicht möglich war, verhindert wurde«[15].

Als die größtenteils veralteten Bestände auf Geheiß des Großherzoglichen Ministeriums von Röntgen auch noch inventarisiert werden sollten, reagierte der »Großherzogliche Director des physikalischen Instituts« durchaus unwillig: »Dem Unterz. fehlt jedoch die Zeit zu dieser sehr zeitraubenden Arbeit, und derselbe kann diese Arbeit seinem Assistenten deshalb nicht übertragen, weil dieser infolge der sehr geringen Besoldung immer ein älterer, vor dem Examen stehender Studierender ist, dessen knapp bemessene Zeit nicht erlaubt, daß ihm noch andere Funktionen übertragen werden als die Hilfeleistung im Laboratorium und bei der Vorbereitung von Versuchen.« Wenn also die Regierung ein Inventar wolle, dann solle sie ihm einen »Gehülfen« bezahlen.[16]

Da das nicht geschah, vor allem aber die wohl nur unverbindlich zugesagte Einrichtung einer Stelle für einen vollausgebildeten Assistenten immer wieder auf die lange Bank geschoben wurde, drohte Röntgen gar mit Streik: Amtlich erklärte er, mit dem Praktikum so lange nicht anzufangen, bis die Mittel für den Assistenten bewilligt seien. Das Ministerium äußerte ob dieser Insubordination Befremden, aber Röntgen erhielt schließlich in seinem fünften Dienstjahr den geforderten Assistenten.[17] Derartige Mißhelligkeiten haben ihn jedoch nicht vom Experimentieren abhalten können.

Bald nach dem Einzug in das neue Laboratorium in der »Aula« begann Röntgen mit Untersuchungen zu jenem elektro-optischen Effekt des Auftretens von Doppelbrechung bei Anlegen eines elektrischen Feldes, den John Kerr 1875 entdeckt und in weiteren Publikationen ausführlich beschrieben hatte. Röntgens Veröffentlichung wurde eine umfangreiche Materialsammlung über den Kerr-Effekt in vielen Substanzen, von Schwefelkohlenstoff bis Lebertran, aber auch nicht viel mehr.[18]

Mit ähnlichen Apparaturen wandte sich Röntgen anschließend der Frage zu, welche Form- und Volumenänderungen durch elektrische Felder in sogenannten dielektrischen Substanzen, also in nichtleitenden Materialien bewirkt werden, was man heute den inversen piezoelektrischen Effekt nennt.[19] Seine Beschreibung dieses Phänomens in verschiedenen Glassorten und in Kautschuk geriet nicht zuletzt deshalb lang und umständlich, weil sie über weite Strecken eine Auseinandersetzung mit einer kurz zuvor erschienenen Arbeit des Heidelberger Ordinarius Georg Hermann Quincke darstellt, sowohl hinsichtlich einiger Meßresultate als auch des theoretischen Konzepts einer speziellen »elektrischen Kompression«. Interessanter als die Physik ist dabei der selbstbewußt polemische Ton, in dem Röntgen den berühmteren Kollegen in die Schranken weist.

Aufschlußreicher als bei Glas und Kautschuk versprachen derartige Untersuchungen aber bei Kristallen zu werden. 1881 hatten die Brüder Jacques und Pierre Curie in jugendlichem Alter – Jacques war 22, Pierre gar erst 18 – im mineralogischen Laboratorium der Sorbonne in Paris beim Quarz zuerst den piezoelektrischen Effekt entdeckt, also die Entstehung einer elektrischen Spannung durch mechanischen Druck auf den Kristall, und dann hatten sie auch noch als umgekehrtes Phänomen eine Formänderung durch Anlegen einer elektrischen Spannung nachgewiesen. Bis aufgrund dieser schönen Entdeckung Millionen elektrischer Uhren mit einer Präzision gesteuert werden konnten, die alle Bedürfnisse des Alltags weit

W.C. Röntgen als Professor in Gießen im Alter von etwa 40 Jahren.

übertrifft, verging noch ein knappes Jahrhundert, aber die Physiker waren sofort von dem Geniestreich der jugendlichen Brüder Curie elektrisiert. Das galt auch für Röntgen und Kundt.

Beide versuchten unabhängig voneinander, den inneren Mechanismen im Kristall bei diesen Erscheinungen auf die Spur zu kommen. Da der piezoelektrische Effekt wegen der ausgeprägten Kristallachsen richtungsabhängig ist und das gleiche für die optische Doppelbrechung gilt, untersuchte Röntgen überaus sorgfältig die Änderung der Doppelbrechung des Quarzes unter der Einwirkung elektrischer Felder. Als seine am 25. November 1882 fertiggestellte erste Abhandlung zu diesem Thema[20] im darauffolgenden Jahr in den »Annalen« erschien, folgte ihr ein Artikel von Kundt über ähnliche in Straßburg angestellte Untersuchungen.[21] Im wesentlichen hatten die in Gießen und Straßburg ausgeführten Arbeiten zu den gleichen Resultaten geführt, wie es bei ordentlich arbeitenden Physikern sein sollte. In einer Frage allerdings glaubte Kundt, seinem ehemaligen Assistenten in einem kleinen Nachhilfeunterricht erklären zu müssen, warum Röntgen bei einem speziellen Arrangement die Beobachtung einer Änderung der Doppelbrechung entgangen sein könnte.[22]

So etwas konnte der Genauigkeitsfanatiker Röntgen nicht auf sich sitzen lassen. Ebenso wie zuvor Quincke erlebte nun Kundt, daß mit seinem vormaligen Schüler in Fragen der Wissenschaft nicht gut Kirschen essen war. In einer »Bemerkung« warf Röntgen seinem Lehrer zwar zwischen den Zeilen, aber immer noch ziemlich deutlich vor, daß er erstens wohl nicht richtig lesen könne und zweitens einem Mißverständnis erlegen sei.[23]

Wenn es sich denn um ein Mißverständnis handelte, so war Röntgen daran freilich nicht unbeteiligt. Seine beiden Abhandlungen zu diesem Thema[24] umfassen mehr als dreißig Seiten und schwelgen derart in akribischen Beschreibungen experimenteller Details, daß auch der sachkundigste Leser leicht den darin verborgenen Faden verlieren kann. Kundts Abhandlung war mit fünf Seiten nicht nur wesentlich kürzer, sondern auch verständlicher. Neben dem sorgfältigen Experimentieren hätte der Meister seinem Schüler vielleicht ein wenig mehr von der Kunst der Darstellung beibringen sollen.

Kurz und knapp und dazu auch noch hübsch geschrieben war dagegen eine Arbeit über die Erzeugung von Tönen in Gasen durch pulsierendes Licht,[25] die aus einem Vorlesungsversuch und der Lektüre eines Artikels über eine Beobachtung von Graham Bell hervorgegangen war. Der Erfinder des Telefons hatte 1880 entdeckt, daß feste Substanzen durch pulsierende Lichteinstrahlungen zu akustischen Schwingungen angeregt werden, also zum Klingen gebracht werden können; auf dieser Grundlage hatte er ein sogenanntes Photophon konstruiert.[26] Als Röntgen davon las, erinnerte er sich sogleich eines Versuchs, mit dem er seinen Studenten in der Vorlesung zeigte, daß Licht von Gasen absorbiert wird; die unverzüglich mit der Beleuchtung einsetzende Erwärmung des in einem Glasrohr eingeschlossenen Gases wurde als Druckanstieg mit einem angeschlossenen Manometer sichtbar gemacht.

Diesen Versuch variierte Röntgen erstens durch eine in den Lichtstrahl eingebrachte, mit Ausschnitten versehene Pappscheibe, die bei Drehung für pulsierendes Licht sorgte; zweitens wurde das Manometer durch einen Gummischlauch ersetzt, dessen eines Ende die Druckschwankungen im Glasrohr aufnahm und dessen anderes Ende »zum Ohr des Beobachters führte und möglichst tief in dasselbe hineingesetzt wurde«[27]. Bei Luft im Glasrohr war nichts zu hören, auch nicht bei Wasserstoff oder Sauerstoff. »Ganz anders gestaltete sich dagegen die Sache, als die Luft durch Leuchtgas ersetzt war; der Ton war außerordentlich deutlich vernehmbar und etwa mit dem Sausen eines nicht zu starken Windes zu vergleichen.« Auch Ammoniak war auf diese Weise zum Sausen zu bringen. Durch geeignete Absorber im Lichtweg konnte Röntgen abschließend noch zeigen, was allerdings schon lange bekannt war: daß langwelliges Licht am wirksamsten ist, also stärker absorbiert wird als kurzwelliges.

Bells Entdeckung hatte nicht nur Röntgen, sondern auch die berühmten englischen Physiker John Tyndall und Lord Rayleigh zu Experimenten mit dem photoakustischen Effekt veranlaßt. Wegen des verbreiteten Interesses an diesem Phänomen wurde Röntgen die Ehre zuteil, daß seine kleine Abhandlung nicht nur in den »Annalen«, sondern auch in der Zeitschrift der Royal Society in London gedruckt wurde.[28] Die nette Kleinigkeit des Sausens im Glasrohr nennt man in Gießen »Röntgenton« – aber wohl nur dort.[29]

Die in Gießen entstandenen Veröffentlichungen Röntgens sind meistens in den von Gustav Wiedemann herausgegebenen »Annalen der Physik und Chemie« erschienen, aber oft nur als Nachdruck, sozusagen für die deutschsprachige und auch die internationale Gemeinschaft der Physiker. Da Röntgen bald nach seiner Berufung nach Gießen der dortigen »Oberhessischen Gesellschaft für Natur- und Heilkunde« beigetreten war, überließ er als loyales Mitglied den »Berichten« dieser Gesellschaft die Erstveröffentlichung. Er schätzte den Vorteil der im Vergleich zu den »Annalen« schnelleren Drucklegung dieser »Berichte« und die zügige Versorgung mit Separatdrucken, die ihm die unverzügliche Versendung seiner Arbeiten an die Kollegen ermöglichte.

In seiner Mitgliedschaft in der »Oberhessichen Gesellschaft« sah Röntgen nicht nur publikationsstrategische Vorteile. Diese 1833 gegründete Vereinigung, in der sich neben Professoren auch Gymnasiallehrer, interessierte Laien und die unvermeidlichen Honoratioren aus dem Ärzte- und Apothekerstand zu Vorträgen aus den Naturwissenschaften und der Medizin versammelten, bot ihm eine angenehme Möglichkeit zur Erweiterung seines Gesichtskreises. 1881 übernahm er für einige Jahre sogar das Amt des Vorsitzenden, hielt selbst des öfteren Vorträge und gewann in dem Professor für Augenheilkunde Arthur von Hippel einen vertrauten Freund.

Nicht ganz so angenehm gestalteten sich die Beziehungen zu den Kollegen in der Fakultät. Zwar wurde Röntgen als einer von sechs Ordinarien für insgesamt drei Jahre in den »engeren Senat« der Universität gewählt, war turnusmäßig auch ein Jahr lang Dekan, hat sich in diesen Ämtern und auch sonst aber nicht gerade beliebt gemacht. »Freunde«, schrieb er im Rückblick auf seine Situation in Gießen, »habe ich dort nach dem Weggang Hippels nicht hinterlassen, im Gegenteil eher mir nicht wohlgesinnte Leute.«[30] Offenbar war er als rechtschaffener, manchmal auch rechthaberischer Charakter nicht der geeignete Mann für die holprige Diplomatie akademischer Ränkespiele.

Wann immer er wollte, konnte sich Röntgen in das kleine Königreich seines Instituts zurückziehen, wo ihm niemand seinen Rang streitig machte. Die übereinstimmende Erinnerung damaliger Studenten war die einer bescheidenen Ausstattung bei penibelster Ordnung.[31] Penibel waren auch die Vorlesungen vorbereitet; als trotzdem ein einziges Mal etwas schiefging, erlebten die Hörer einen völlig konsternierten Professor: »Meine Herren, das ist etwas, was mir seit langen Jahren nicht passiert ist, ein mißlungenes Experiment.«[32] Nicht so übereinstimmend sind die Berichte über das Verhalten Röntgens gegenüber seinen Studenten. Manche hatten ihn »schroff« erlebt, andere wieder freundlich und zugänglich. Das hing wahrscheinlich vom Fleiß der jungen Herren ab: »Wenn Röntgen den Hörsaal betrat, so schweiften seine Blicke zuerst über alle Bänke, und man hatte den Eindruck, er merke, daß da oder dort ein Hörer wieder einmal schwänzt. Wer die Übungen nicht ganz regelmäßig besuchte, erregte seinen Unwillen.«[33] – Als Professor hatte Röntgen offenbar vergessen, daß er als Student selbst die akademische Freiheit etwas großzügig beansprucht hatte.

Im fünften Dienstjahr 1884 konnte Röntgen endlich der hartnäckig erstrittene Assistent bei der Vorlesung, im Praktikum und beim Experimentieren zur Hand gehen. Er hatte einen aus der Nähe Gießens stammenden Jakob Schneider angestellt, der bei ihm studiert und promoviert hatte. Dank dieser Hilfe differenzierte er das Praktikum in die routinemäßige Veranstaltung und in ganztägige »Arbeiten für Geübtere« als Vorbereitung auf die selbständige Dissertation.

Der Ordinarius Röntgen scheint allerdings ignoriert zu haben, daß es in Gießen auch einen außerordentlichen Professor für Theoretische Physik gab. Dabei war dieser Carl Fromme in Göttingen, also an bester Adresse, habilitiert worden und ein Jahr nach Röntgens Berufung nach Gießen gekommen. Vor wahrscheinlich sehr kleinem Kreis las er Theoretische Mechanik, Theorie der Elektrizität oder Neuere Gastheorie, daneben auch praktische und hörgeldträchtige Dinge für die Land- und Forstwirte wie Meteorologie oder Feldmeßkunde. Er publizierte auch fleißig in den »Annalen«, meistens über Probleme des Magnetismus. Anders als Röntgen zuvor in Straßburg genoß Fromme in Gießen sogar eine gewisse Selbständigkeit. Er war Direktor des mathematisch-physikalischen Kabinetts und des geodätischen Instituts, verfügte über einen kleinen Etat von 600 Mark und hatte einen eigenen Raum in der »Aula« ganz in der Nähe des Physikalischen Instituts.[34] Vielleicht war es diese Selbständigkeit Frommes, die es Röntgen geboten erscheinen ließ, diesen Extraordinarius außerhalb seines Herrschaftsbereichs gar nicht erst wahrzunehmen.

Mit dem Einkommen eines Ordinarius konnte sich Röntgen jederzeit einen gehobenen Lebensstil leisten; nach dem Tod seines Vaters am 12. Juni 1884 wurde er als dessen alleiniger Erbe dazu auch noch vermögend, sehr vermögend sogar. Diesen Reichtum in seiner Lebensführung zur Schau zu stellen hätte freilich seiner calvinistischen Erziehung widersprochen. In Gelddingen war er immer sehr zugeknöpft; wenn aber Freunde daraus den Schluß zogen, daß ihm »finanzielle Vorteile ganz egal« seien, so wies er sie freundlich zurecht: Das sei »durchaus nicht richtig. Da haben Sie mich wieder einmal überschätzt.«[35] In Gießen leistete er sich als die einzige wohl nicht ganz billige Abwechslung das Waidwerk und entwickelte sich zu einem ebenso passionierten wie treffsicheren Jäger. Viele Stunden konnte er auf dem Anstand verbringen in der Absicht, das zu tun, was er in der Wissenschaft als schandbar empfunden hätte: Böcke zu schießen.

Eine andere, gewiß kostspielige Angelegenheit wurden lange Reisen und ausgedehnte Ferienaufenthalte, begünstigt durch die fünf vorlesungsfreien Monate an deutschen Universitäten. Die zweimonatigen Frühjahrsferien im März und April wurden regelmäßig in Italien verbracht, in Como oder an der Riviera, in Florenz, Rom oder Sorrent, einmal auch auf Korfu, und das immer in den besten Hotels.

Nach den drei Monaten des Sommersemesters brachen Röntgen und seine Frau Anfang August wieder gen Süden auf, schauten vielleicht beim Kollegen Warburg in Freiburg vorbei und reisten weiter nach Zürich zu einem kurzen Besuch der Verwandten von Frau Bertha. Anschließend ging es dann für viele Wochen in die Schweizer Alpen, ins Engadin nach Pontresina. Hier stiegen sie im »Weißen Kreuz« ab, einem Gasthof von eher bescheidenem, für die sonst auf Reisen den Luxus bevorzugenden Röntgens beinahe untypischem Zuschnitt. Der passionierte Wanderer Röntgen schätzte das »Weiße Kreuz« hauptsächlich wegen des Wirts, einem ehemaligen Lehrer, der bei ausgiebigen Bergtouren ein ebenso guter Führer wie Gesprächspartner war. Alsbald bildeten das Ehepaar Röntgen mit Arthur von Hippel und anderen Freunden in Pontresina eine regelmäßig wiederkehrende kleine Ferienkolonie. Im Oktober, als es in der Höhenluft von Pontresina schon kalt wurde, rundeten dann einige Wochen in den Grand Hotels von Davos oder Baden-Baden die langen Semesterferien ab.

Man hat nicht den Eindruck, daß Röntgen ein vom Erkenntnisdrang derart umgetriebener Forscher war, daß er sich nur mit schlechtem Gewissen von seinem Laboratorium hätte losreißen können und auch auf Reisen noch am liebsten über Physik gesprochen hätte. Die lange vorlesungsfreie Zeit genoß er sehr; sie war ihm so wichtig, daß er später, als er einmal eine Berufung nach Freiburg in Erwägung zog, sich sogleich nach der dortigen Ferienordnung erkundigte.[36] Seine Abneigung gegen die Teilnahme an den Naturforscher-Versammlungen mag auch dadurch befestigt worden sein, daß sie regelmäßig Ende September stattfanden und er sich die geheiligten Ferien nicht beeinträchtigen lassen mochte. Der Universität und der Forschung wollte er nur die unverzichtbaren sieben Monate des Jahres zubilligen, die aber voll und ganz.

Nach längerem Ansparen der Institutsmittel hatte sich Röntgen im Jahre 1884 ein Produkt damaliger Hochtechnologie angeschafft: eine Pumpe, die einen Druck von über 1000 Atmosphären erzeugen konnte. Aus der Existenz dieses Geräts ging ein ganzes Forschungsprogramm hervor, das er zunächst allein, dann mit dem Assistenten Schneider gemeinsam bearbeitete. Kompressibilität, Viskosität und Kapillarität von Wasser und wässrigen Lösungen sowie die Kompressibilität von Kristallen wurden in den nächsten Jahren in langen Versuchsreihen bei hohen Drücken gemessen.[37]

Mit diesem Programm verband Röntgen die Hoffnung, daß es »in nicht unerheblicher Weise dazu beitragen kann, um unsere Kenntnis über den flüssigen Zustand der Körper zu erweitern«[38]. Diese auf tiefer liegende Erkenntnisse gerichtete Erwartung ließ sich allenfalls in Ansätzen einlösen. Immerhin gelang ihm die bemerkenswerte Beobachtung, daß das Wasser, diese physikalisch sonderbarste aller Flüssigkeiten, bei zunehmendem Druck leichtflüssiger wird und sich somit auch in der Druckabhängigkeit der Viskosität von allen anderen Flüssigkeiten unterscheidet.[39] Im übrigen wurden es aber mühsame Fleißarbeiten, wegen der hohen Drücke nicht ganz ungefährlich, aber uninspiriert und wenig inspirierend. Freilich ergaben sich ganze Sätze präzise ermittelter Daten, geeignet für die von Hans Landolt und Richard Börnstein seit 1883 herausgegebenen »Physikalisch-Chemischen Tabellen«, in denen der in

Zahlen faßbare solide Bodensatz des Forscherfleißes zum jederzeitigen Nachschlagen aufbewahrt wird.

Eine andere Untersuchung betraf die Entscheidung einer alten Kontroverse, die in den sechziger Jahren mit beträchtlicher Heftigkeit zwischen John Tyndall in London und Gustav Magnus in Berlin ausgefochten worden war. Während Tyndall eine hohe Wärmeabsorption des Wasserdampfes im Vergleich zur Luft gemessen hatte und darauf meteorologische Erklärungen über das Entstehen und Vergehen von Wolken gründete, hatte Magnus ziemlich genau das Gegenteil gemessen und die ganze Tyndallsche Meteorologie zu einem Wolkenkuckucksheim erklärt.

Nun, zwanzig Jahre später, nachdem einer der Kontrahenten schon lange tot war, nahm sich Röntgen der Sache an und produzierte zwei Abhandlungen von zusammen beinahe hundert Seiten. Nach der Präsentation seiner Resultate resümierte er, man könne sich »nicht länger der Ansicht verschließen, daß Wasserdampf die Fähigkeit besitzt, ultrarote Strahlen (Wärme) in bedeutend höherem Maße zu absorbieren, als dies bei den Gasen Sauerstoff, Stickstoff und Wasserstoff der Fall ist; man wird vielmehr die Absorption von Wärme durch Wasserdampf für erwiesen halten müssen.«[40] Tyndall also, der ohnehin nie etwas anderes behauptet hatte, war bestätigt, und dabei ist es geblieben.

Röntgens wichtigste Arbeit, die ihn die meisten seiner Jahre in Gießen intensiv beschäftigt hat, betraf die Lösung einer Preisaufgabe. Sie war 1879, also im Jahr seiner Berufung, von der Preußischen Akademie der Wissenschaften zu Berlin auf Veranlassung von Hermann Helmholtz gestellt worden. Nach Ablauf der dreijährigen Frist wurde in den Akten der Akademie lakonisch vermerkt: »Die Aufgabe wurde nicht bearbeitet.« Wenn auch erheblich verspätet und daher ohne Aussicht auf den ausgelobten Preis, nahm Röntgen schließlich die Herausforderung an. Sie betraf, wie andere damals von Helmholtz gestellten Preisaufgaben, die experimentelle Klärung der Grundlagen der Elektrodynamik. Ihre Bearbeitung führte Röntgen an die äußerste Grenze des Beobachtbaren. Über

Helmholtz hinausgehend, veranlaßte sie ihn sogar, die Frage nach der Bewegung der Körper durch den »Äther« aufzuwerfen. So wurde Röntgen durch diese Aufgabe zum ersten Mal mit Problemen konfrontiert, die die Fundamente der Physik berührten. Ihre Lösung trug ihm bei den Zeitgenossen eine gewisse Beachtung ein – und bei den Nachgeborenen eine dauerhafte Fußnote.

Zunächst aber zu dem, was Helmholtz hatte wissen wollen: »Die Akademie verlangt, daß entweder für oder gegen die Existenz der elektromagnetischen Wirkungen entstehender oder vergehender dielektrischer Polarisation in isolierenden Medien durch magnetisch oder elektrodynamisch induzierte elektromotorische Kräfte entscheidende experimentelle Beweise gegeben werden.«[41] Es ging also darum, ob unter gewissen Bedingungen auch nichtleitende Substanzen, wenn sie bewegt werden, zum elektrischen Strom beitragen. Damit waren weitere Fragen eng verknüpft, wie die nach dem vollständigen Ausdruck für den Strom in der vierten der Maxwellschen Gleichungen oder nach dem Aufbau der Materie aus elektrisch geladenen Partikeln.

Seit Faraday war bekannt, daß der elektrische Strom in wässrigen Lösungen, in sogenannten Elektrolyten, nichts anderes ist als der Transport von Trägern elektrischer Ladung, der »Ionen«, die man sich, wenn man wollte, als geladene Atome oder Moleküle denken konnte. Die wichtige Frage, ob es in metallischen elektrischen Leitern ähnlich zugeht, wurde durch ein Experiment des Amerikaners Henry Rowland geklärt. Die schnelle Rotation eines ringförmigen Metalls erzeugte magnetische Wirkungen, die denen eines elektrischen Stroms in dem ruhenden Ring entsprechen. Daraus war zu folgern, daß elektrischer Strom in einem Draht mechanischer Transport von Ladungen ist und daß die mechanische Bewegung eines Leiters einen sogenannten »Konvektionsstrom« erzeugt. Rowland hatte sein grundlegendes Experiment 1876 in Berlin im Laboratorium von Helmholtz ausgeführt, der die Resultate der Preußischen Akademie vorlegte; anschließend hat Rowland den nach ihm benannten Effekt an der Johns Hopkins University in Baltimore weiter verfolgt und verfeinert.[42] Über die Art der Ladungsträger war natürlich – zwei Jahrzehnte vor der Entdeckung des Elektrons – keine klare Auskunft möglich.

In seinem Gießener Laboratorium baute Röntgen zunächst eine Variation des Versuchs von Rowland nach.[43] Für die Beantwortung der Akademie-Aufgabe war dann der wesentliche Unterschied, daß Röntgen nicht einen Ring aus Metall, sondern eine Scheibe aus isolierendem Material wie Glas oder Hartgummi rotieren ließ. Dies geschah in dem elektrischen Feld eines Plattenkondensators, wodurch die sonst elektrisch neutralen Moleküle zu Gebilden mit positiven und negativen Polen auseinandergezogen werden, das »Dielektrikum« also polarisiert wird.

Die so entstehenden Flächenladungen sollten bei Rotation elektrischen Strömen äquivalent sein, deren magnetische Wirkung mit einer Magnetnadel nachzuweisen war. Dabei kam ein weiterer, nicht minder wesentlicher Unterschied zu dem klassischen Experiment von Rowland ins Spiel, daß nämlich in Röntgens Version die Ströme sehr schwach und die Ausschläge der Magnetnadeln entsprechend gering waren. Viel Geduld, höchste Präzision und gründliche Skepsis zur Ausschaltung aller Fehlerquellen waren nötig, um zu entscheiden, ob die Bewegung von Isolatoren im elektrischen Feld tatsächlich einen elektrischen Strom erzeugt.

Die wichtigsten Komponenten des experimentellen Aufbaus ließ Röntgen von der Frankfurter Firma Hartmann und Braun nach seinen Angaben anfertigen, wobei ihm das am Polytechnikum in Zürich nur widerwillig gelernte technische Zeichnen zugute kam. Beim Zusammenbau der Apparate half der Institutsdiener, ein Herr Weiss, dem der Ordinarius ein ehrendes Andenken bewahrte: »Durch seine Pflichttreue und stete Bereitwilligkeit hat er mir im Institut große Dienste geleistet, und persönlich habe ich ihn gern gewonnen«[44]. Gar zwei Gehilfen mußten bei den konkreten Beobachtungen assistieren, um für die Aufladung des Kondensators, die Betätigung eines Wechselschalters und die gleichmäßige Rotation der Glasscheibe bei hundert Umdrehungen pro Sekunde zu sorgen, wozu übrigens »die Arbeitskraft eines kräftigen Mannes nötig war«[45]. Derweil gab Röntgen die Kommandos und beobachtete durch ein in drei Metern Entfernung aufgestelltes Fernrohr die kleinen Ausschläge der Magnetnadel.

Bei aller Geschäftigkeit im Laboratorium wußte jedoch nur Röntgen, worum es ging. Wie immer, wenn ihm eine Sache wichtig war, sprach er mit niemandem über Ziel und Zweck seiner Bemühungen, auch nicht mit dem Assistenten oder den Doktoranden. Deren Unkenntnis machte er sich dann bei »Blindversuchen« zunutze, durch die er sich selbst und seine Wahrnehmungen kontrollierte. Ludwig Zehnder, den Röntgen in Pontresina kennengelernt hatte und der als Doktorand nach Gießen gekommen war, hat beschrieben, wie er eines Tages herbeigeholt wurde, um durch ein Fernrohr auf die Magnetnadel zu blicken, sonst aber nichts von dem Experiment wußte oder auch nur zu sehen bekam: »Ich sah in der Tat einen minimalen Ausschlag, z. B. nach links, etwa um ein paar Zehntelskalenteile. Bei einem zweiten Versuch sah ich ungefähr denselben Ausschlag nach rechts. Solche Ablesungen hatte ich mehrere zu machen, ohne daß ich wissen durfte, was Röntgen dabei vornahm, ob der Ausschlag nach links oder rechts zu erwarten war... Erst durch seine Veröffentlichung in den Akademieschriften erfuhr ich dann von dieser Röntgenschen Entdeckung.«[46]

In den Wintersemestern 1885/86 und 1886/87 hatte Röntgen auf das Sorgfältigste experimentiert und beobachtet. »Bei meinen Versuchen geht mir von Zeit zu Zeit die Geduld aus«, schrieb er schließlich einem Kollegen, »und ich muß dann jedesmal wieder einen neuen Anlauf nehmen. Eine ausführliche Mitteilung muß noch aufgeschrieben werden, und habe ich daher wieder einen kurzen Bericht über die elektrische Wirkung bewegter Dielektrika erstattet, den ich Ihnen hiermit übersende.«[47] Seinen »kurzen Bericht« hatte Röntgen nach einem knappen Jahr Bedenkzeit an Helmholtz gesandt, der ihn der Preußischen Akademie, die bei dieser Arbeit durch ihre Preisaufgabe Pate gestanden hatte, zur Erstveröffentlichung vorlegte. Damit war zehn Jahre nach dem von Rowland demonstrierten Konvektionsstrom der Beweis für die Existenz eines weiteren Stroms erbracht: der »dielektrischen Konvektion«. Die gelegentlich anzutreffende Überzeugung, Röntgen habe die Existenz des für die Elektrodynamik fundamentalen Maxwellschen Verschiebungsstroms bewiesen, ist allerdings ein Irrtum.[48]

Während Röntgen die winzigen Ausschläge seiner Magnetnadel fixierte, hatte Helmholtz' Meister- und Lieblingsschüler Heinrich Hertz am Karlsruher Polytechnikum durch die Beobachtung von eben noch sichtbaren Funken die aus der Maxwellschen Theorie ableitbare Konsequenz der elektromagnetischen Wellen nachgewiesen. Röntgen sandte dem zwölf Jahre jüngeren Kollegen »meine aufrichtigen Glückwünsche zu den famosen Arbeiten, die Sie geliefert haben. Ich halte dieselben für die besten, welche in den letzten Jahren auf physikalischem Gebiet ausgeführt wurden.«[49]

Neben dieser epochalen Entdeckung verblaßt Röntgens Resultat, aber es wurde trotzdem ein wichtiger Aspekt beim Ausbau der Maxwellschen Elektrodynamik für bewegte Körper. Insbesondere wurde sie 1895 von dem großen holländischen Theoretiker Hendrik Antoon Lorentz in seine fundamentale »Elektronentheorie« integriert, in welcher der von Röntgen aufgezeigte Strom einen Beitrag zum Gesamtstrom liefert. Der französische Mathematiker Henri Poincaré prägte in einer Erörterung der Lorentzschen Elektrodynamik die Bezeichnung »le courant de Röntgen«,[50] und Lorentz selbst erklärte in seinem monumentalen Beitrag zur »Encyclopädie der mathematischen Wissenschaften« im Jahre 1904 ebenso apodiktisch wie lakonisch, es möge dieser Strom »der Röntgenstrom heißen«[51]. Diese Terminologie, die den aus anderen Gründen berühmt gewordenen Mann ehren sollte, gehört jedoch nicht zu den dauerhaften Bestandteilen seines Enzyklopädie-Artikels.

Zum Triumph gehörte auch eine Prise Enttäuschung. Alsbald meldeten sich die Amerikaner Rowland und Hutchinson mit der unfreundlichen Vermutung, daß Röntgens Apparat ihm etwas vorgegaukelt und er nur den längst von Rowland nachgewiesenen Konvektionsstrom wahrgenommen habe.[52] Gegen diesen Vorwurf setzte sich Röntgen erfolgreich in der lange aufgeschobenen »ausführlichen Mitteilung« zur Wehr.[53] Die Verteidigung, die mehr als doppelt so lang ausfiel wie seine Originalarbeit, beschrieb alle experimentellen Prozeduren zur Ausschaltung von Fehlerquellen in der von ihm gewohnten minutiösen Weise.

Aber es gab auch eine Enttäuschung, die in der Sache lag. Vermutlich hatte Röntgen mit der Veröffentlichung beinahe ein Jahr lang gezögert, weil er auf bessere Resultate hoffte. »Die erhaltenen Ausschläge waren immer klein: 2 bis 3 Skalenteile; vergeblich bemühte ich mich, dieselben zu vergrößern.«[54] Mit diesen kleinen Ausschlägen war nur der qualitative Nachweis über die Existenz des Stroms erbracht, aber eine der von Röntgen sonst so gern publizierten Tabellen, etwa über die Abhängigkeit des Ausschlags von der Feldstärke, war nicht möglich. »Der Grund, weshalb ich viel Wert darauf legte, größere Ablenkungen zu bekommen, ist nicht etwa darin zu suchen, daß ich noch im Zweifel bin über die Existenz oder über die Ursache derselben, sondern vielmehr darin, daß ich dann vielleicht im Stande gewesen wäre, die Versuchsresultate besser quantitativ zu verwerten.«[55] Er schaffte es jedoch nicht und konnte daher kein Zahlenmaterial liefern, etwa für eine quantitative Beziehung zwischen Stromstärke und Dielektrizitätskonstante.

Es mag Röntgen getröstet haben, daß sich 15 Jahre lang niemand an eine Verbesserung seines Experiments heranwagte. Dann aber gelang 1903 Alexander Eichenwald an der Moskauer Ingenieurhochschule ein gewaltiger Schritt zu quantitativen Ergebnissen.[56] Erst durch die Messungen Eichenwalds erhielten die Experimente von Rowland und Röntgen einen zwingend beweiskräftigen Charakter für die Gestaltung der elektrodynamischen Theorie. Eichenwald hatte bei seinen Präzisionsversuchen aber hauptsächlich eine Frage im Blick, die nicht in der Helmholtzschen Preisaufgabe formuliert worden war, die jedoch schon Röntgen aufgeworfen hatte, ohne sie entscheiden zu können: die Frage nach den Wirkungen des »Äthers« auf bewegte Körper.

Der Äther der Physiker mag aus der Perspektive der Nachgeborenen als eine kuriose Phantasmagorie erscheinen, als ein mit Nachsicht zu betrachtender Irrtum in einem verworrenen Durchgangsstadium einer Wissenschaft zu ihrer begrifflichen Läuterung, bis Albert Einstein in seiner epochalen Relativitätstheorie von 1905 den Äther schließlich für überflüssig erklärte. Für die Forscher des 19. Jahrhunderts war der Äther jedoch so real und so gegenwärtig wie sonst irgendein Objekt ihrer Wissenschaft, etwa so wie Wasser oder Luft. Sie konnten sich die Ausbreitung des Lichts nur in einem schwingungsfähigen Substrat, eben dem Äther, vorstellen, ähnlich der Tatsache, daß Schallwellen sich nur durch ein Medium wie Luft ausbreiten können, während im Vakuum absolute Stille herrscht. Dieser ursprünglich für die Optik ersonnene Äther hatte sich auch als der Träger für die räumliche Ausbreitung elektromagnetischer Erscheinungen angeboten.

Von den mannigfachen dem Äther zugeschriebenen Eigenschaften war wohl die wesentlichste, daß er das ganze Weltall ausfüllt und dies in majestätischer Ruhe, also ohne an den Bewegungen der Körper teilzunehmen. Da aber die Erde auf ihrer Bahn um die Sonne mit einer Geschwindigkeit von 30 Kilometern in der Sekunde umläuft, also immerhin einem Zehntausendstel der Lichtgeschwindigkeit, sollten Auswirkungen der Bewegung der Erde durch den stationären Äther feststellbar sein. In einem wunderbar ausgedachten optischen Experiment versuchte dies der Amerikaner Albert Abraham Michelson im Jahre 1881, als er sich mit einem Stipendium der amerikanischen Marine bei Helmholtz in Berlin aufhielt; zur eigenen und aller Physiker Verwunderung fand er jedoch keinerlei nachweisbare Auswirkung der Bewegung der Erde durch den Äther – und dies mit extrem hoher Verläßlichkeit.[57]

Von den in einer amerikanischen Zeitschrift veröffentlichten Arbeiten Michelsons hat Röntgen wahrscheinlich durch die »Beiblätter« der »Annalen der Physik und Chemie« erfahren, in denen die gesamte wissenschaftliche Literatur in Kurzfassungen referiert wurde. Röntgen erkannte, daß sein Apparat ebenfalls zur Klärung der von Michelsons Experiment aufgeworfenen Frage, ob der Äther nun in Ruhe sei oder von den

Körpern mitgeführt werde, geeignet war: »In der Tat sind die sich nach dieser Richtung hin eröffnenden Perspektiven zu verlockend, um nicht alles zu versuchen, was zu einem entscheidenden Resultat führen könnte.«[58] Dazu war es nicht einmal nötig, daß ein kräftiger Mann eine Glasscheibe in Schwung hielt, sondern simple Luft oder ein anderer ruhender Isolator zwischen den geladenen Kondensatorplatten waren in diesem Falle völlig ausreichend.

Aus prinzipiellen Gründen konnte Röntgen die extreme Genauigkeit von Michelson zwar nicht erreichen, dafür aber erstmals den Einfluß der Bewegung der Erde durch den Äther bei elektromagnetischen Erscheinungen überprüfen, deren Identität mit den optischen damals noch nicht über jeden Zweifel erhaben war: »Wenn nun eine Bewegung des Lichtäthers in Bezug auf die Körper auf der Erdoberfläche wirklich vorhanden wäre, so würde derselbe auch zwischen den geladenen Kondensatorplatten durchstreichen, und zwar nach der erwähnten Annahme von der Identität des Licht- und des Elektrizitätsäthers in einem dielektrisch polarisierten Zustand.«[59] Die Magnetnadel sollte nach gängigen Vorstellungen durch ihre Ausschläge vom durchstreichenden Ätherwind Kunde geben, aber nichts dergleichen geschah: »Leider muß ich mitteilen, daß meine Versuche in dieser Beziehung negative und daher nicht beweiskräftige Resultate ergeben haben. Es war nämlich niemals auch nur die geringste Ablenkung der Nadel zu beobachten, wiewohl ich zu sehr verschiedenen Jahres- und Tageszeiten und bei verschiedenen Stellungen der Nadel zum Meridian experimentierte.«[60]

Die »negativen« Resultate hätten durchaus als beweiskräftig gelten können, wäre Röntgen nicht in der Vorstellung befangen gewesen, daß nur ein Nachweis der Bewegung gegen den Äther überhaupt ein Resultat darstellen könne. Mit etwas mehr Phantasie und Selbstvertrauen hätte er auch den negativen Ausgang des Experiments zu einem wichtigen Ergebnis erklären können – und damit sogar recht behalten.

An seiner Stelle tat das zehn Jahre später Wilhelm Wien auf der Versammlung deutscher Naturforscher und Ärzte in Düsseldorf im September 1898. In seinem Grundsatzreferat für die Sektion Physik »Über die Fragen, welche die translatorische Bewegung des Lichtäthers betreffen« diskutierte er zehn »Versuche mit negativem Ergebnis«, also solche, die gegen die Annahme eines ruhenden Äthers sprachen. Unter Nr. 8 erwähnte Wien den Versuch von Röntgen, »ob durch die Bewegung der Erde von einem geladenen Kondensator magnetische Kräfte erzeugt werden«.[61] Während der Experimentator selbst an der Beweiskraft gezweifelt hatte, stellte Wien jetzt ohne Wenn und Aber fest: »Das negative Ergebnis dieses Versuches ist mit der Annahme ruhenden Äthers nicht vereinbar.« Abschließend erklärte Wien, es sei »dringend erwünscht«, einige Experimente, darunter auch das von Röntgen, »zu wiederholen oder neu anzustellen.«

Röntgen war, wie immer im September, in den Ferien in Pontresina. Wiens Ausführungen hatte er, da sie als Grundsatzreferat schon vorab gedruckt worden waren, zuvor in den »Annalen« studieren und später auch das Koreferat von H. A. Lorentz lesen können. Dem Vorschlag zur Präzisierung seines zehn Jahre alten Experiments vermochte Röntgen jedoch nichts abzugewinnen. Statt dessen griff der bereits erwähnte Alexander Eichenwald in Moskau diese Anregung auf und brachte die von Rowland begonnene und von Röntgen fortgeführte Serie von Grundlagenexperimenten zur Elektrodynamik bewegter Körper 1903 zu einem krönenden Abschluß.

Ein Jahr nach der Düsseldorfer Versammlung hatte ein Student des Zürcher Polytechnikums namens Albert Einstein in den Ferien »viel büchergewurmt & sehr viel ausgetüftelt« und sich dabei auch in die »sehr interessante Abhandlung« von Wien vertieft.[62] Im Jahre 1905, als Experte III. Klasse am schweizerischen Patentamt in Bern angestellt, zog er aus der Vergeblichkeit aller Bemühungen, eine Bewegung gegenüber dem Äther festzustellen, einen als revolutionär empfundenen Schluß: es gibt überhaupt keinen Äther.

Der Dreh- und Angelpunkt der Karriere eines Ordinarius war neben der wissenschaftlichen Leistung das Berufungskarussell. Nur durch einen Ruf an eine andere Universität konnte er, entweder durch Annahme oder durch »Bleibeverhandlungen«, bessere Arbeitsbedingungen und höheres Einkommen erreichen. Röntgen mußte ziemlich lange auf eine solche Gelegenheit warten. Das lag vermutlich an seiner etwas enigmatischen Existenz abseits des wissenschaftlichen Kongreßbetriebs, so daß ihn nur wenige Kollegen überhaupt einmal gesehen hatten, und gewiß spielte auch die mäßige Reputation der Ludwigs-Universität zu Gießen eine Rolle. Die Darstellung im »Baedeker«, Gießen sei der »Sitz einer Universität mit althergebrachten Instituten und Sammlungen«, wurmte Röntgen: »So liegt die Sache denn doch nicht.«[63] Daß aber in seiner Einschätzung »die Stellung des Physikers und die Institutsverhältnisse hier besser sind als ihr Ruf«,[64] durfte er sich als eigenes Verdienst anrechnen.

Der erste Ruf erreichte Röntgen im Frühjahr 1886 nach sieben Dienstjahren und kam von der Universität in Jena. Die hatte bei Physikern Aufsehen erregt, als 1880 das dortige physikalische Laboratorium wegen Altersschwäche zusammenbrach, nur weil Ernst Haeckel bei einem Besuch mit einer zufällig herumliegenden Eisenstange gegen eine Wand der baufälligen Hütte gestoßen war. Zwar hatte man mittlerweile einen Neubau errichtet, aber trotz des Engagements von Ernst Abbé in sehr bescheidenen Ausmaßen. Obwohl dieser Ruf also keine Verlockung für einen Wechsel war, brachte er Röntgen in Gießen immerhin eine Erhöhung seines Gehalts um 500 Mark sowie die einmalige Bewilligung von 4000 Mark für die Anschaffung einer von einem Gasmotor angetriebenen Dynamomaschine.[65]

Während der Montage in einem Kellerraum war Röntgen jede Minute, die er erübrigen konnte, dabei und ließ sich auf das genaueste über die Behandlung des Gasmotors durch die Monteure unterrichten. Zwar war der Dynamo eine aktuelle und wichtige Investition in jener Zeit, als der elektrische Strom noch nicht aus der Steckdose kam, aber die anderen Stromquellen konnte er nicht ersetzen. Hohe Stromstärken wurden nach wie vor aus Batterien sogenannter Bunsenscher Elemente bezogen, die ständiger und aufwendiger Wartung bedurften, und wenn es bei hohen Spannungen auf deren verläßliche Konstanz ankam wie bei dem Experiment zur dielektrischen Konvektion, wurden Elektrisiermaschinen und Leidener Flaschen bevorzugt.

Der fürchterliche Krach des Gasmotors war übrigens der akademischen Ruhe abträglich. Die Kollegen beschwerten sich über den Lärm so nachdrücklich, daß es in der Universität zu ständigem Streit und im Großherzoglichen Ministerium zu einem voluminösen Aktenfaszikel kam, so daß ein Gutachter nach Gießen beordert wurde, den Störenfried zu inspizieren. Die Einsicht, daß nicht nur den Physikern, sondern auch dem akademischen Frieden mit einem eigenen Institutsgebäude besser gedient wäre, reifte indes in Hessen so langsam, daß Röntgen nicht mehr davon profitieren konnte.[66]

Das nächste Angebot kam im Frühjahr 1888 von der Universität in Utrecht. Daß Röntgen einst von dieser Universität im »examen admissionis« abgewiesen worden war, hatte er zwar nicht vergessen, aber längst vergeben, und so antwortete er, daß ihm der Ruf »große Freude bereitet hat und ich mich durch denselben hochgeehrt fühle«[67]. Da er sich in den Ferien wie üblich in Italien aufhielt, bat er um Bedenkzeit, bis »ich Gelegenheit gehabt haben werde, einen genauen Einblick in die dortigen Verhältnisse zu gewinnen«.

Als Röntgen Ende April wieder in Gießen war, wurde er durch Briefe des Kuratoriums, des Dekans und auch des Professors Christoph Buys-Ballot, dessen Nachfolge er antreten sollte, regelrecht bestürmt, den Ruf anzunehmen. Röntgen zögerte jedoch und ließ die Holländer lange warten. Zwar war das Gehalt in Utrecht höher, aber die Hörgelder waren dort abgeschafft, so daß das Gesamteinkommen geringer ausfallen würde. Er fuhr auch nicht zur Orts- und Institutsbesichtigung nach Utrecht, sondern verhandelte mit dem Ministerium in Darmstadt, das ihm zwar Sondermittel in Höhe von 1800 Mark für die elektrische Ausstattung bewilligte, jedoch nicht schon wieder eine Gehaltserhöhung. Daß er am 26. Mai 1888 in Utrecht schließlich ablehnte, hatte freilich noch einen Grund, von dem er niemandem etwas gesagt oder geschrieben hat.

1887 hatte Helmholtz als der unumstrittene »praeceptor physicae« das Präsidentenamt der neuen Physikalisch-Technischen Reichsanstalt in Charlottenburg bei Berlin angetreten. Mittlerweile war er in den erblichen Adelsstand erhoben und durch Franz von Lenbach mit dem scharfen Blick des Porträtisten, dem auch Bismarck gesessen hatte, zum »Reichskanzler der Wissenschaft« ausgerufen worden. Zu seinem Nachfolger auf Deutschlands prestigeträchtigstem Lehrstuhl an der Berliner Universität wurde Röntgens einstiger Lehrer August Kundt berufen, und dessen schönes Institut in Straßburg übernahm Friedrich Kohlrausch. Dadurch war das Würzburger Ordinariat zu besetzen, und Röntgen muß irgendwann im Mai gemerkt haben, vielleicht durch den Besuch eines hohen bayrischen Beamten, daß er für Würzburg in Betracht gezogen wurde, was attraktiver war als Utrecht und als Gießen sowieso.[68]

Die von der Würzburger Fakultät erarbeitete Berufungsliste wurde von dem Göttinger Ordinarius Eduard Riecke angeführt; an zweiter Stelle wurde Ferdinand Braun genannt, der einmal Röntgen auf dem Straßburger Extraordinariat gefolgt war, und erst an dritter Stelle wurde Röntgen vorgeschlagen.[69] Es dauerte einige Monate, bis sich herausgestellt hatte, daß Riecke lieber in Göttingen und Braun lieber in Tübingen bleiben wollten, so daß schließlich Röntgen zum Zuge kommen konnte. Ohne erneute Bleibeverhandlungen in Gießen teilte er am 19. Juli dem Dekan mit, er habe den Ruf nach Würzburg angenommen. So kehrte er im Oktober 1888 als Ordinarius an diejenige Universität zurück, die ihm einst wegen mangelnder Lateinkenntnisse die Habilitation verweigert hatte.

5. »dankbar und glücklich« – im Würzburger Institut

Seit Röntgens Assistentenzeit hatte sich in Würzburg für die Physiker so viel zum Besseren gewendet, daß er die Berufung an die Julius-Maximilians-Universität als Glücksfall und schönen Karrieresprung empfinden konnte. Die damit verbundene

Gehaltserhöhung auf 6000 Mark[1] war nicht unwillkommen, aber vernachlässigbar gegenüber der im Vergleich zu Gießen mehr als doppelt so großen Zahl der Studenten, was zu einer entsprechenden Verdoppelung der Kolleggelder und Examensgebühren auf mehr als 10000 Mark führte.[2] Und dazu war er nun der unumschränkte Herr in einem eigenen Gebäude.

Das Physikalische Institut verdankte seine Existenz der Initiative und dem Geschick von Röntgens Vorgänger Kohlrausch – und seine Lage den Folgen des preußisch-österreichischen Kriegs von 1866, in dem die Festung Würzburg von den Preußen kräftig beschossen worden war. Der Friedensschluß wurde als so endgültig empfunden, daß Würzburg seine Festungseigenschaft verlor. Die alten Wälle wurden geschleift und an ihrer Stelle der großzügige Ringpark angelegt. Das Gelände am Pleicherring hatten Professoren, die in der Universität gar zu kümmerlich untergebracht waren, für ihre überfälligen Institutsbauten ins Auge gefaßt. Dazu gehörte auch der Physiker Georg Hermann Quincke, der als Nachfolger Kundts für drei Jahre nach Würzburg gekommen war. Aber erst Kohlrausch konnte 1878 durch geschicktes Antichambrieren unter Einschaltung der Hohen Geistlichkeit bei Regierung und Kammer des Königreichs Bayern den Bau des Instituts durchsetzen.

Auf weiten Reisen hatte Kohlrausch, teilweise zusammen mit dem Architekten, beinahe alle in Deutschland und Österreich bestehenden Institute besichtigt und dazu Planungen für Neubauten wie in Straßburg gründlich studiert, nicht nur auf der Suche nach Vorbildern, sondern auch um herauszufinden, wie man es nicht machen sollte. Dadurch war er in der Lage, in manchmal zähem Kleinkrieg in Würzburg ein Bauwerk durchzusetzen, das zeitgemäßen Ansprüchen gerecht wurde.[3]

Vor allem aus dem Bedürfnis nach Präzisionsmessungen resultierte die Forderung nach weitestgehender Ausschaltung aller störenden Einflüsse wie mechanischer Erschütterungen, Temperaturschwankungen, Magnetfelder durch Eisen und ähnlicher Übel.[4] Dazu reichte es nicht aus, daß der rückwärtige Hörsaal und das Praktikum durch Seiteneingänge zu erreichen waren, um das Fußgetrappel fernzuhalten. Durch sorgfältige Fundamentierung, teilweise unter Einbeziehung der alten Festungswerke, sowie durch mechanische Isolierung einzelner Pfeiler entstanden in einigen der Straße abgewandten Räumen nahezu erschütterungsfreie Meßplätze. Die Wasser- und Gasleitungen waren aus nichtmagnetischem Blei, und beheizt wurde das Gebäude mittels Warmluft, die durch gemauerte Kanäle strich.

Im Souterrain, das hoch, hell und trocken war, befanden sich Wohnungen für Hausmeister und Mechaniker sowie Assistenten, daneben die Werkstatt und einige Räume für das Praktikum. Das Hauptgeschoß war den Instrumentensammlungen und den wissenschaftlichen Laboratorien vorbehalten, natürlich auch dem Privatlabor und dem Dienstzimmer des Direktors. Alle Räume wurden durch Gas beleuchtet, das vom Gaswerk bezogen wurde, und Gas war auch der Treibstoff für den Motor eines im Keller aufgestellten Generators, dessen Strom die Batterien auflud und mancherlei Annehmlichkeiten wie die maschinelle Verdunkelung des Hörsaals ermöglichte. Gekrönt wurde das Ganze durch die repräsentative Direktoren-

Das 1878 errichtete Physikalische Institut der Universität Würzburg. Die Wohnung des Direktors nahm das obere Stockwerk ein; sein Privatlaboratorium war in der Beletage links.

wohnung im Obergeschoß, für die allerdings eine Jahresmiete von 1600 Mark zu zahlen war.

Als Röntgen im Oktober 1888 das Erbe von Kohlrausch übernahm, konnte es immer noch als modernes Institut gelten, freilich eines von der kleineren Art, nicht zu vergleichen mit Kundts Straßburger Palast der Physik, dem gerade im Bau befindlichen Institut des Eidgenössischen Polytechnikums oder gar mit dem in Berlin für Helmholtz errichteten »Reichskanzleramt der Wissenschaft«.[5] Aber für Röntgen muß es die Erfüllung eines Wunschtraums gewesen sein, und von Semester zu Semester bestätigte sich das, so daß er bilanzieren konnte: »Wir freuen uns immer mehr über den Tausch von Gießen mit Würzburg.«[6]

Die vornehmste und zugleich einträglichste Pflicht des Ordinarius war auch in Würzburg der zweisemestrige Zyklus der großen Vorlesung zur Experimentalphysik, die Röntgen von montags bis freitags hielt. Seine Hörerschar, deren Zahl rasch von 120 auf 180 stieg, bestand zu etwa zwei Dritteln aus angehenden Medizinern; neben einem kräftigen Kontingent an Pharmazeuten gab es noch ein gutes Dutzend Chemiker und nur ein knappes Dutzend sonstiger Naturwissenschaftler, die Mathematiker und Physiker eingeschlossen.[7] Für diese kleine Minderheit hatte Kohlrausch immer »Mathematische Ergänzungen zur Experimentalphysik« unterrichtet, aber zur Fortsetzung dieses schönen Brauchs hatte sein Nachfolger weder Lust noch Neigung. In den ersten Jahren kündigte er auch nicht ein Physikalisches Kolloquium an.[8]

Von Kohlrauschs Pionierarbeit konnte Röntgen bei den exzellenten Vorlesungsversuchen profitieren und beim vorzüglich eingerichteten, stets auf dem neuesten Stand gehaltenen Praktikum, das freilich nur von den Studenten der exakten Naturwissenschaften besucht wurde. Als dabei einmal die Zahl von zwei Dutzend überschritten wurde und sich auch noch zwei Studenten durch »selbständige Arbeiten« auf eine physikalische Dissertation vorbereiteten, freute sich Röntgen über »für Würzburg gute Verhältnisse!«[9]

Den Zuwachs an experimentellen Methoden dokumentierte

eindrucksvoll die deutsche »Praktikumsbibel« von Kohlrausch. War sein »Leitfaden der Praktischen Physik« bei der Erstveröffentlichung im Jahre 1870 ganze 123 Seiten dünn, so war er gegen Ende seiner Würzburger Dienstzeit mit 364 Seiten auf das Dreifache angeschwollen, und des Wachstums war kein Ende: Bis 1910 verdoppelte sich die Seitenzahl des nunmehr »Lehrbuch der Praktischen Physik« betitelten Werks noch einmal auf 736 Seiten. Den Assistenten, der unter Aufsicht des Ordinarius für die Betreuung des Praktikums zuständig war, hatte sich Röntgen aus Gießen mitgebracht. Es war Ludwig Zehnder, ein Schweizer mit ungewöhnlicher Biographie.

Zehnder hatte wie Röntgen ohne Abitur am Polytechnikum in Zürich studiert und das Diplom als Ingenieur für Maschinenbau erworben. Anders als Röntgen folgte er erst nach langjähriger Berufstätigkeit, die ihm eine gewisse ökonomische Unabhängigkeit eingebracht hatte, seiner Neigung zur Physik. Er hängte seinen Beruf an den Nagel und studierte in Berlin bei Helmholtz, allerdings in Ermangelung eines Abiturs und daher ohne Aussicht auf die Promotion. Diesen bei einem Alter von 32 Jahren reichlich verspäteten Studenten hatte Röntgen 1886 während der Ferien in Pontresina kennengelernt.

Professor Röntgen hatte Sympathien für Zehnder und seine Probleme empfunden, nicht zuletzt auch deshalb, weil er selbst einmal mit ähnlichen Stolpersteinen konfrontiert gewesen war. Zehnder studierte fortan in Gießen, und Röntgen konnte in der Philosophischen Fakultät, in der die klassischen Philologen eine kleine Minderheit waren, sogar die Promotion ohne Abitur durchsetzen. Nachdem der Assistent Jakob Schneider in den Schuldienst gewechselt war, bot Röntgen im Oktober 1887 die Assistentenstelle Zehnder an, der dankbar akzeptierte.

Daraus entstand eine lebenslange Freundschaft zwischen den beiden, in die auch die Ehefrauen einbezogen wurden. Zwar war das Verhältnis zwischen Röntgen und Zehnder wegen manchmal unterschiedlicher Interessen und divergierender wissenschaftlicher Anschauungen nicht ohne Widerhaken, aber das macht ihren lebenslangen Briefwechsel nur umso wertvoller als eine der wenigen erhaltenen Quellen, in denen der sonst eher verschlossene Röntgen nicht nur seine Auffassung von ordentlicher Physik, sondern auch Persönliches offenbarte.[10]

In Gießen war Zehnder sogleich in das Forschungsprogramm über die Eigenschaften von Flüssigkeiten bei hohen Drücken einbezogen und 1887 mit einer Arbeit »Über den Einfluß des Druckes auf den Brechungsindex von Wasser für Natriumlicht« promoviert worden. Gewissermaßen als Abschiedsgabe hinterließ Röntgen der Oberhessischen Gesellschaft für Natur- und Heilkunde in Gießen eine gemeinsam mit Zehnder verfaßte knappe Notiz über die Druckabhängigkeit des Brechungsindex bei Wasser und Schwefelkohlenstoff.[11] In Würzburg wurden diese Untersuchungen fortgesetzt und auch auf andere Substanzen wie Benzol und einige Alkohole ausgedehnt.[12] Die gesuchten Effekte waren sehr gering und konnten nur mit scharfsinnig ausgetüftelten Präzisionsmethoden unter großen Mühen gemessen werden, wobei nicht immer offensichtlich war, ob der Aufwand dem Ertrag korrespondierte.

Von einer wissenschaftlichen Laufbahn hatte Zehnder jedoch mehr erwartet als nur akribische experimentelle Untersuchungen, die wegen ihrer langen Dauer zudem nur wenige Publikationen einbrachten. Professor wollte er werden, so schnell wie möglich, und das nicht wegen äußerer Würden, sondern aus Bekenntnisdrang, wie er Röntgen nach dem ersten Würzburger Semester gestand. Die nötige Zahl an Publikationen gedachte er dadurch zu erzeugen, daß er einem starken Bedürfnis nachgebend über alles schreiben wollte, »was mich im Innersten erfüllt, was ich als Wahrheit erkannt habe und wofür ich einstehen zu können glaube«[13]. Für Röntgen war das ein Mißbrauch der Physik, vor dem ihm grauste: »Hätte ich freilich gewußt, daß Sie an einem unheilbaren Spekulations- und Publikationsfieber leiden, so hätte ich gewiß anders gehandelt, und zwar in Ihrem eigenen Interesse.«[14] Nur in einer »soliden experimentellen Arbeit« sah Röntgen noch die Hoffnung für »eine heilsame Wirkung auf ihre Krankheit«.

Die extrem unterschiedlichen Auffassungen von Professor und Assistent brauchten allerdings nicht lange auf die Probe gestellt zu werden. Zehnder sah sich alsbald mit dem gleichen Problem konfrontiert wie Röntgen zwanzig Jahre zuvor: ohne ordentliches Abitur keine Habilitation in Würzburg. Deshalb verließ er nach drei Semestern Würzburg, um in Basel die akademische Lehrbefähigung zu erlangen. Nach erfolgter Habilitation fügte Röntgen der Gratulation als Mahnung für den weiteren Lebensweg noch hinzu: »Bei Ihrem festgewurzelten und verderblichen Hang zur Spekulation ohne gesunde Grundlage ist für Sie eine harte Schule notwendig und kann Ihr ›Leiden‹ nicht in kurzer Zeit geheilt werden.«[15]

Röntgens Hoffnung hat sich nicht erfüllt: Zwar wurde Zehnder ein tüchtiger Experimentator mit einigem Geschick als Erfinder, er wurde auch Professor, wenn auch nur außerplanmäßiger, aber er konnte das ungezügelte Spekulieren niemals lassen und schrieb eine Menge krauser Traktate. Die freundschaftliche Beziehung zu Röntgen wurde durch dieses »Leiden« jedoch nicht belastet, und Zehnders waren fortan gern gesehene Gäste der ständigen Ferienkolonie in Pontresina.

Nachdem Zehnder sich entschlossen hatte, Würzburg zu verlassen, offerierte Röntgen einem Rudolf Cohen die Assistentenstelle: »Das Einkommen beträgt circa 1000 Mk. und freie Wohnung mit Mobiliar (ausser Bett), oder circa 1200 Mark ohne freie Wohnung.«[16] Cohen hatte in Berlin promoviert und wurde von Röntgen alsbald als »sehr tüchtig und brauchbar« gelobt. Obwohl Cohen die akademische Laufbahn aufgab und nach einigen Jahren in die Industrie ging, verband Röntgen auch mit diesem Assistenten eine lebenslange Freundschaft, so daß er ihn am Ende zu einem seiner Testamentsvollstrecker bestimmte. Alsbald gab es noch einen zweiten Assistenten, dessen Stelle er bei den Behörden durchgesetzt hatte. Von diesem Dr. von Kowalski meinte Röntgen, er sei »ein tüchtiger Theoretiker, aber es fehlt ihm noch die Experimentierkunst«[17]. Schließlich war dem Institut noch der Gymnasiallehrer Rudolf Geigel locker attachiert, der sich in Röntgens erstem Dienstjahr habilitiert hatte und als Privatdozent das Lehrangebot um zweistündige Vorlesungen zur »Mechanischen Wärmetheorie« oder zur »Theoretischen Optik« ergänzte.

Nach zwei kolloquiumslosen Jahren lud Röntgen schließlich wieder zur abendlichen Vortrags- und Diskussionsrunde ein, bei der immerhin acht Physiker zusammenkamen. Einige Wochen lang sprach von Kowalski über fortgeschrittene Konzepte der Elektrodynamik, Cohen referierte über Kapillarität und Privatdozent Rudolf Geigel über Osmose.[18] Damit war in Würzburg das etabliert, was sich als Standard eines voll entwickelten Institutsbetriebs in Deutschland herausgebildet hatte.

Merkwürdig blieb freilich der Status der Theoretischen Physik. Röntgen wurde es zur Gewohnheit, das Fehlen einer derartigen Professur in Würzburg zu kritisieren und beim Ministerium in München die Errichtung eines entsprechenden Extraordinariats zu fordern.[19] Dabei wurde Theorie von einem Professor Eduard Selling ständig in vierstündigen Vorlesungen unterrichtet, von der Analytischen Mechanik bis zu Maxwells Theorie der Elektrizität.[20] Aber Selling war außerplanmäßiger Professor der Mathematik und genoß eine akademische Sinekure als Konservator der Universitätssternwarte, und das war für Röntgen Grund genug, den Kollegen und seine Vorlesungen zu ignorieren. Als Physik konnte offenbar nur gelten, was im Institut am Pleicherring unter der Oberhoheit des Direktors stattfand. Das war aber nicht nur in Würzburg so, sondern an beinahe allen deutschen Universitäten.

»Im Laboratorium arbeiten wir fleißig«[21], berichtete der Ordinarius, aber der Ertrag war, so weit er sich in Publikationen niederschlug, nicht überwältigend. Das lag vor allem an Röntgens Beschränkung auf sein Programm, die Variation aller möglichen Größen in ihrer Abhängigkeit vom Druck zu untersuchen.[22] Kohlrausch hatte in seinen Forschungsinteressen ein wesentlich breiteres Spektrum verfolgt und eine entsprechend vielseitige Instrumentierung hinterlassen, aber Röntgen konzentrierte sich beharrlich auf seine »Hochdruck-Physik«, obwohl sie nur langsam vorankam und nicht viel hergab.

Zudem tat sich Röntgen mit der Fertigstellung der druckreifen Fassung von Veröffentlichungen sehr schwer. Er schrieb offenbar schon viele seiner Briefe im Entwurf, bevor er eine

Reinschrift zur Post gab, und bei wissenschaftlichen Abhandlungen wird es mehr als nur einen Entwurf gegeben haben. Bei Zehnder, der auf Publikationen als Qualifikationsnachweise angewiesen war, mußte sich Röntgen entschuldigen, weil die gemeinsamen Arbeiten noch nach einem Jahr der Fassung letzter Hand harrten, die natürlich dem Ordinarius Röntgen vorbehalten war: »Sie wissen, wie es bei mir geht: ist eine Arbeit fertig, so habe ich das eigentliche Interesse daran verloren; an der Publikation ist mir häufig sehr wenig gelegen.«[23]

Neben den Resultaten der »Hochdruck-Physik« veröffentlichte Röntgen noch einige mehr der Pädagogik als der Wissenschaft verpflichtete Vorlesungsversuche.[24] Nicht viel schwieriger, aber dafür ergebnisträchtiger war die Beschreibung von hübschen Experimenten, für die man kein Institut, sondern nur eine Präzisionswaage gebraucht hätte, denn trotz ihrer Einfachheit konnten diese Experimente einen Aufschluß über die Molekülgröße geben.[25] Zu diesem Zweck brachte Röntgen eine kleine Menge Öl oder Fett auf der Oberfläche sauberen Wassers aus. Darüber »ausgegossener« gasförmiger Äther sorgte, da er schwerer ist als Luft, für die Ausbreitung des Ölflecks zu maximaler Größe, bis die kohärente Ölschicht zerriß. Aus dem Gewicht der Öltröpfchen – es waren weniger als ein tausendstel Gramm – und dem Durchmesser des maximalen Kreises des »Ölteppichs« von einigen Zentimetern ergab sich mit simpler Arithmetik »die Dicke der Schicht, die noch als kohärent erkannt werden konnte, zu $5{,}6 \times 10^{-8}$ cm«[26].

Unter der Annahme, daß diese dünnstmögliche Schicht monomolekular sei, hätte dieser Betrag von einigen hundertmillionstel Zentimetern als brauchbares Maß für die Größe der Ölmoleküle gelten können. Eine Waage, ein Ölfleck und ein Zollstock als eine Art Supermikroskop in den Mikrokosmos der Moleküle – das war schon ein geistreicher Einfall. Aber Röntgen beschränkte sich auf die Versuchsbeschreibung und die Zahlenangabe; allfällige Schlußfolgerungen über die Molekülgröße mochte der Leser selbst und vor allem auf eigenes Risiko ziehen. – Röntgens Wert war übrigens nicht neu, sondern paßte ziemlich gut in den Rahmen, der ohnehin schon seit vielen Jahren von Loschmidt, Maxwell oder van der Waals vorgegeben worden war.[27] Röntgens »Ölteppich«-Methode hat in der anhaltenden Diskussion über Realität und Größe der Moleküle auch keine Rolle gespielt.

»Die Stellung, die ich innehabe, macht mich dankbar und glücklich«, hatte Röntgen nach dem ersten Jahr in Würzburg entfernten Verwandten berichtet. »Oft wünsche ich, daß meine Eltern hier sein und sich an den Ergebnissen ihrer Mühen und Sorgen erfreuen könnten. Wer von uns hätte vor 25 Jahren gedacht, daß ich eine Professur in einer größeren deutschen Universität innehaben würde. Ich hatte wahrlich Glück in meinem Leben.«[28] In der Direktorenwohnung wurde großbürgerlicher Lebensstil kultiviert, mit zwei ständigen Hausangestellten und zusätzlichen Lohnkräften fürs Grobe. In einigen Kilometern Entfernung nördlich der Stadt hatte sich Röntgen alsbald eine Hütte am Rande des ergiebigen Jagdreviers des Gramschatzer Waldes gekauft, und im Institut legte er einen kundig und liebevoll gepflegten Weinkeller an.

Das eheliche Glück der Röntgens war allerdings durch Kinderlosigkeit getrübt, ein im 19. Jahrhundert oft als tragisch empfundener Mangel. Als Frau Bertha schon auf die Fünfzig zuging und eine Änderung dieses Umstandes nicht mehr zu erwarten war, hatten sich die Röntgens in Gießen im Jahre 1877 entschlossen, eine sechsjährige Nichte, die gleichfalls Bertha Ludwig hieß, bei sich aufzunehmen. Während Frau Bertha ihre Nichte wie eine eigene Tochter behandeln wollte und dem »Bertheli« mütterliche Liebe angedeihen ließ, entpuppte sich Röntgen als gestrenger Ziehvater, der auf Ordnung und fleißiges Lernen achtete. Nach dreijähriger Erfahrung mit der kleinen Verwandten seiner Frau kündigte er lakonisch an: »Es wird vom Erfolg ihrer Erziehung abhängen, ob wir sie behalten oder nicht.«[29] Die Erziehung dieses Mädchens wurde denn auch »der einzige Punkt, über den sich die Ehegatten niemals recht einigen konnten«[30]. Röntgen brachte später auch keinerlei Verständnis für die aufs Amüsement gerichteten Interessen junger Damen auf. Erst im Alter von 21 Jahren, was wie eine lange Bewährungsprobe wirken mochte und wohl auch so gemeint war, wurde die Nichte schließlich adoptiert.

Ungleich verständnisvoller, sogar bis zur Selbstaufopferung rücksichtsvoll, verhielt sich Röntgen jedoch gegenüber seiner Frau. Daß deren Temperament schon in jüngeren Jahren als »ein wenig aufbrausend«[31] empfunden wurde, war gewiß weniger belastend als ihre Neigung, sich für »leidend« zu erklären und der Schonung zu bedürfen. Schon in Zürich während der Verlobungszeit hatte sie Kuren in Anspruch genommen, und später war Frau Professor öfter leidend als gesund. Es waren nicht eigentlich Krankheiten, die sie plagten, sondern diffuse Befindlichkeitsstörungen, wie sie von den Matronen der höheren Stände gepflegt wurden, den Ärzten und den Badeorten große Vermögen einbrachten und doch nie gebessert werden konnten.

Röntgen, dessen Briefe oft ein kleines Bulletin über den Gesundheitszustand seiner Frau enthielten, war immer rührend besorgt und hielt mit außergewöhnlicher Sensibilität alles irgend Belastende von ihr fern, wenn er zum Beispiel dem Freunde Zehnder allein zum Tode seiner Mutter kondolierte, »da ich meiner Frau, die ... noch sehr schwach ist, nichts von der traurigen Nachricht habe mitteilen dürfen«[32]. Schon gar nichts wissen durfte Bertha von einer sich abzeichnenden Ehescheidung einer ihrer Nichten. Röntgen war in heller Aufregung und befürchtete das Schlimmste für seine Frau, wenn sie davon erführe, und inständig bat er Frau Zehnder um einen Besuch, damit sie Frau Bertha beistehen könne, wenn ihr das Schreckliche offenbart werden müsse.[33] Nachdem sich die Ehe der Nichte wieder eingerenkt hatte und von Scheidung nicht länger die Rede war, hielt es Röntgen immer noch für erforderlich, daß seine Frau niemals etwas von diesem Vorfall wissen dürfe.

In das soziale Leben der höheren Stände Würzburgs waren die Röntgens gleich nach ihrer Ankunft integriert. Der Ordinarius wurde von jener besseren Gesellschaft aus Adel, hoher Beamtenschaft und Militär akzeptiert, die sich im ständigen Kreislauf kleinerer und größerer Festlichkeiten ihrer Bedeutung versicherte: beim Empfang des kommandierenden Generals oder des Bischofs, beim Maximiliansball in der barocken Residenz mit Balthasar Neumanns schönem Treppenhaus und den prächtigen Ausmalungen Tiepolos oder beim nicht ganz so prunkvollen Rektorenball. Manches mag dem calvinistisch erzogenen Protestanten von sündhafter Üppigkeit erschienen sein, und der Notwendigkeit, bei offiziellen Anlässen eine Uniform mit Epauletten und Tressen zu tragen, wird er sich nur in ironischer Distanzierung gebeugt haben, obwohl er mit seinem Gardemaß zweifellos gute Figur machte. Gegenüber dem Dünkel des Adels bewahrte er sich durchaus seinen Bürgerstolz und riskierte sogar gewisse Eigenwilligkeiten in Fragen der Etikette, wenn er zum Beispiel eine ihm als Tischdame zugewiesene leibhaftige Gräfin stehen- oder sitzenließ und lieber mit seiner Frau Bertha zur Tafel schritt.[34] Aber was das Selbstverständnis der Oberschicht anging, so empfand sich Röntgen selbstredend als dazugehörig.

Die Professoren hatten daneben noch ihre eigenen Gepflogenheiten, mal gelehrte Kränzchen der Herren, mal opulente Einladungen mit Damen und die allfälligen Gegeneinladungen nach einem komplizierten Ritual. An manchen Sonntagen fuhr man mit Kutsche und Lohndiener eine sorgfältig zusammengestellte Liste der Einzuladenden ab und mußte sich genau überlegen, wann der Diener die Karte abzugeben hatte und wann eigenes Aussteigen und Klingeln geboten war. Bei Röntgens waren manchmal alle Vorbereitungen für große Feste vergebens, wenn Bertha wieder leidend wurde; der verhinderte Gastgeber hatte dann den Schaden zu begrenzen: »Gestern habe ich fast den ganzen Tag Absagebriefe geschrieben.«[35] Da viele Professoren im Pleicherviertel wohnten und man sich dort ständig auf die Füße trat, war für Klatsch und Tratsch und die liebevolle Pflege mancher kollegialen Intimfeindschaft reichlich Gelegenheit, »und Röntgens waren nicht ungeneigt, hie und da einige Bosheiten über die lieben Nachbarn zu hören«[36].

Der Gelehrsamkeit vorbehalten war die Geselligkeit in der »Physikalisch-Medicinischen Gesellschaft«, die Rudolf Virchow am 2. Dezember 1849 unmittelbar nach seiner Berufung nach Würzburg aus der Taufe gehoben hatte zum Zwecke der »Förderung der gesamten Medizin und Naturwissenschaften und Erforschung der naturhistorisch-medizinischen Verhältnisse in Franken«. Durch die Zuwahl auswärtiger korrespondierender Mitglieder war die Gesellschaft in den Rang einer kleinen Akademie hineingewachsen, und wie zu Virchows Zeiten trafen sich die Mitglieder während des Semesters alle zwei Wochen zu wissenschaftlichen, hauptsächlich medizinischen Vorträgen und zur Organisation der regen Publikationstätigkeit. Hier lernte Röntgen den berühmten Anatomen Albert von Kölliker kennen und schätzen, der schon zu den Gründungsmitgliedern gezählt hatte, und hier gewann er in dem 1893 nach Würzburg berufenen Zoologen Theodor Boveri, der sich vor allem als Entwicklungsbiologe weltweiten Ruhm erwarb, den wohl vertrautesten Freund seines Lebens.

Im Sommer 1893 wurde Röntgen für das kommende akademische Jahr zum Rektor gewählt; das war ein schöner Vertrauensbeweis der Kollegen, aber neben den weiterhin zu haltenden Vorlesungen und dem Institutsbetrieb eine erhebliche zeitliche Bürde. Dieses Amt nötigte ihn zu seinem einzigen gedruckten Text allgemeineren Charakters, der Festrede zum 312. Stiftungstag der Julius-Maximilians-Universität am 2. Januar 1894, aber auch die blieb noch seinem Fach verhaftet. Er sprach »Zur Geschichte der Physik an der Universität Würzburg« und hier vor allem über Athanasius Kircher, den barocken Universalgelehrten aus dem Jesuitenorden, der um 1630 zwei Jahre als Professor in Würzburg verbracht hatte, bevor er nach Rom ans Collegio Romano ging.

Beifällig zitierte Röntgen eine Stelle aus der »Ars magnetica« des Polyhistors, die ihm sein eigenes Fach vorwegzunehmen schien: »Die Natur läßt oft staunenswerte Wunder selbst an den gewöhnlichsten Dingen hervortreten, welche jedoch nur von Leuten erkannt werden, die mit Scharfsinn und zum Forschen geschaffenen Sinne bei der Erfahrung, der Lehrmeisterin aller Dinge, sich Rat holen.«[37] Ebenso beifällig wie liebevoll analysierte er einige Einfälle Kirchers, die man als Naturwissenschaft gelten lassen mag. Zur aktuellen Problematik erinnerte er an seine Forderung nach einem Extraordinariat für Theoretische Physik und schloß mit seinem Appell, die Universität sei eine »Pflanzschule wissenschaftlicher Forschung und geistiger Bildung, eine Pflegestelle idealer Bestrebungen für die Studierenden sowohl als für die Lehrer. Ihre Bedeutung ist weit höher als ihr praktischer Nutzen, ... indem jeder ächte Forscher, auf welchem Gebiete es auch sei, der es nur Ernst nimmt mit seiner Aufgabe, im Grunde genommen rein ideale Ziele verfolgt und ein Idealist ist im guten Sinne des Wortes.«[38]

Zum Abschluß seines Rektorats wurde Röntgen vom Prinzregenten Luitpold, der den rechtmäßigen, aber leider nicht zurechnungsfähigen König als Verweser zu vertreten hatte, wie bei solchen Gelegenheiten üblich, mit dem Verdienstorden vom Heiligen Michael ausgezeichnet – mit der IV. Klasse, der untersten.

Seine Rede aber enthielt etwas viel Idealismus für jemanden, der die Wandlung seiner Wissenschaft vom bescheidenen »Cabinet« zum großen Institut in seiner eigenen Karriere in einer Art Springprozession erlebt hatte. Es war auch mehr Idealismus, als im Kaiserreich bei Festreden üblich war. Den führenden Physikern war damals völlig klar, daß die institutionellen Veränderungen ihrer Disziplin weniger ihrem Erkenntnisdrang zu verdanken waren als den Interessen von Staat und Wirtschaft. Emil Warburg hatte bei der Einweihung seines Freiburger Instituts erklärt, »daß der sogenannte Aufschwung der Naturwissenschaften, welcher die Neuzeit kennzeichnet, soweit es die Physik betrifft, nicht in der Größe und Tragweite der Entdeckungen oder Forschungsprinzipien gelegen ist. Er besteht vielmehr in der hochgesteigerten Wirkung, welche diese Wissenschaft auf das bürgerliche Leben und die von ihr abhängigen Zweige der Technik ausübt.«[39] Noch nüchterner diagnostizierte Friedrich Kohlrausch, es werde bei einer Analyse der »Triebfedern, welche die Regierungen und Volksvertretungen zu der Bewilligung der vielen Millionen für physikalische Institute geneigt gemacht haben, ... der Zusammenhang mit dem Leben, mit der Technik ... sich als wirksames Motiv erweisen. Die Physik ist zu ihren reichen Mitteln durch die Wechselwirkung mit der Kulturentwicklung gelangt, nach dem modernen Grundsatze, daß man bei einem Nutzen versprechenden Unternehmen ein Kapital wagen muß.«[40]

Im Talar des Rektors der Universität Würzburg, 1894.

Das Jahr 1894, in dessen erster Hälfte Röntgen als Rektor amtierte, wurde für die Physiker zum »schwarzen Jahr«, in dem sie drei ihrer führenden Köpfe verloren. Am Neujahrstag starb in Bonn der geniale Heinrich Hertz im Alter von nur 36 Jahren. August Kundt erlag am 21. Mai erst vierundfünfzigjährig einem Herzleiden, und schließlich starb am 8. September kurz nach seinem 73. Geburtstag der »praeceptor physicae« Hermann von Helmholtz. Um seinem vormaligen Lehrer Kundt die letzte Ehre zu erweisen, fuhr Röntgen nach Berlin, »jedoch nur auf die paar Stunden, die ich zur Kondolation und zur Beerdigung brauchte. Ich habe niemand von den dortigen Größen besucht oder gesprochen.«[41] Worüber zu sprechen er sich gleichsam verboten hatte, aber woran er im geheimen doch immer dachte, wurde im Laufe des Jahres offenbar, als das durch die drei Todesfälle ausgelöste Berufungskarussell in vollem Gange war: »Daß mich diese Fragen lebhaft interessieren, mehr als ich es meiner Umgebung sage, können Sie sich ja wohl denken«[42], gestand er dem vertrauten Zehnder unter dem Gebot absoluter Verschwiegenheit.

Auf den Prestigelehrstuhl der Berliner Universität wurde

Emil Warburg berufen, und Kohlrausch wurde zum Nachfolger von Helmholtz als Präsident der Physikalisch-Technischen Reichsanstalt ernannt. Daß Röntgen für die Berliner Positionen nicht in Frage kam, war ihm klar, aber die durch Kohlrauschs Beförderung zum Herrn Präsidenten frei gewordene Straßburger Professur war etwas anderes: »Wie wird nun der Hase in Straßburg laufen? Diese Frage hat für mich persönlich ein viel größeres Interesse als die Berliner Stelle.«[43]

Für Röntgen wäre es die Erfüllung eines Wunschtraums gewesen, das von Kundt errichtete große Institut in derjenigen Stadt zu übernehmen, in der zwei Jahrzehnte zuvor seine Karriere als Professor begonnen hatte. Schon 1888 hatte er geglaubt, »daß, wenn Kohlrausch abgelehnt hätte, nach S. zu kommen, ich berufen worden wäre«[44]. Die Akten geben für Röntgens Vermutung jedoch nichts her.[45] Aber er fragte sich jetzt trotzdem, »ob Ansichten und Stimmungen dort noch dieselben sind wie damals«.

Bei allem Interesse an Straßburg verbot er sich in dem akademischen Stühlerücken jegliche Aktivität in eigener Sache. Ein akademischer Ruf sollte ergehen wie ein göttlicher Gnadenerweis gemäß der calvinistischen Prädestinationslehre: »Ich weiß absolut nichts darüber und werde mich auch wohl hüten, nur das Geringste zu tun, was meine Neugierde verraten könnte. Denn wenn ein Ruf nach S. kommt, so soll er kommen, wie die früheren auch, d.h. ohne daß ich einen Finger dafür gerührt hätte.«[46]

Er hoffte jedoch vergeblich. Die Professur an der Kaiser-Wilhelm-Universität erhielt Ferdinand Braun, der einst sein Nachfolger auf dem Straßburger Extraordinariat gewesen war und schon auf der Würzburger Berufungsliste vor ihm gestanden hatte. Röntgen war in Straßburg nicht einmal als Reservekandidat auf der Berufungsliste zu finden gewesen.[47]

Aber einen Ruf erhielt Röntgen schließlich doch noch, und zwar aus Freiburg, wofür Warburg gesorgt hatte. Natürlich mußte Röntgen nach sechs Jahren in Würzburg jeder Ruf angenehm sein, schon wegen des Renommees bei den Kollegen und mehr noch beim Ministerium in München. Das in Freiburg unter Warburgs Leitung errichtete Institut war zwar neu, aber auch nicht größer als sein eigenes,[48] doch Röntgen betrachtete diesen Ruf nicht nur als willkommene Gelegenheit für Bleibeverhandlungen. »Das gesundere Klima, die schöne Lage Freiburgs, die Nähe der Schweiz und des Südens usw. sind Faktoren, die anfangen, bei mir eine Rolle zu spielen ...«[49]

Anfang Februar 1895 erhielt Röntgen von der Regierung des Großherzogtums Baden die offizielle Bestätigung: »Fakultät und Senat legen, wie auch die Großherzogliche Regierung, den größten Wert darauf, Ihre so hervorragende Kunst für die Freiburger Hochschule zu gewinnen und dürfen Ew. Hochwohlgeboren deshalb davon überzeugt sein, daß wir alles dazu beizutragen bestrebt sein werden, Ihnen die akademische Wirksamkeit in Freiburg so angenehm wie erfolgreich zu machen.«[50] Am 11. Februar war er in Karlsruhe zu Verhandlungen mit dem badischen Ministerium, und am 15. Februar teilte er in Würzburg mit, daß man ihm mit 7600 Mark ein deutlich höheres Gehalt geboten habe, er aber »einen Entschluß für die Annahme noch nicht gefaßt« habe.

Die Fakultät, in der in Angelegenheiten der exakten Naturwissenschaften immer noch Friedrich Prym den Ton angab, empfahl dem Senat und dieser wiederum dem bayrischen Ministerium, Röntgen durch Erfüllung seiner Wünsche zum Verbleib in Würzburg zu bewegen. Zuerst wurde das immer wieder beantragte Extraordinariat angeführt, das zwar die Regierung, aber nicht der Landtag bewilligt hatte. An zweiter Stelle stand die Behebung eines Mangels, den Kohlrausch vorhergesehen hatte, aber nicht verhindern konnte. Mindestens zehn Meter Abstand zwischen Straße und Institut hatte er für nötig gehalten, aber wegen der behördlich durchgesetzten einheitlichen Fluchtlinie waren es nur drei Meter geworden. Daher forderte Röntgen die »Herstellung eines Anbaus an das physikalische Institut ... zur Gewinnung von Arbeitsräumen, welche von Erschütterungen des seit der Eröffnung der Luitpoldbrücke äußerst regen Wagenverkehrs auf der Pleicherringstraße möglichst unberührt bleiben und die Vornahme feinerer Messungen, welche derzeit nur zur Nachtzeit ausführbar seien, ermöglichen sollen«[51]. Abschließend ging es noch um 500 Mark jährlich für die Anstellung eines Hilfsdieners, »da der derzeitige schon in vorgerücktem Alter«.

Derweil hatten die Bürokraten die Federn gespitzt, die Studentenzahlen in Würzburg und Freiburg verglichen und festgestellt, daß Röntgen in Freiburg wegen der kleineren Hörerschaft trotz Gehaltserhöhung ein geringeres Gesamteinkommen in Kauf nehmen müsse. [52] Entgegen der Einschätzung der Ministerialbeamten war Röntgen durchaus bereit, »auf ein paar Tausend Mark Einnahme im Jahr zu verzichten«. Aber es gab neben anderen Unklarheiten hauptsächlich das Problem, daß die badische Regierung nicht einmalige 11000 Mark für die Aufbesserung der Instrumentensammlung in Freiburg bewilligen mochte. Röntgen hatte für die Finanznöte des kleinen Großherzogtums Verständnis, konnte sich aber nicht entschließen, »in bezug auf das nötige Handwerkszeug einen bedeutenden Schritt rückwärts zu machen«[53]. Also sagte er in Freiburg ab, bevor er etwas aus München gehört hatte, und fuhr nach Italien in die Ferien.

Auf der Reise erreichte ihn die Nachricht aus Würzburg, daß ihm nur die Stelle für einen Hilfsdiener bewilligt worden war, während die beiden wichtigeren Wünsche, die das Ministerium freilich nicht ohne den Landtag erfüllen konnte, wieder vertagt wurden. Auftragsgemäß teilte Röntgen nun offiziell mit, er habe den Ruf nach Freiburg abgelehnt, so daß in Würzburg alles beim alten blieb. Von einer Gehaltserhöhung, um die zwar nicht er selbst, aber die Fakultät gebeten hatte, war überhaupt nicht mehr die Rede. Statt dessen geruhte nach einigen Monaten der Prinzregent dem Professor Röntgen »anläßlich seiner Ablehnung eines Rufes an die Universität Freiburg im Breisgau den K. Verdienstorden vom heiligen Michael III. Klasse allergnädigst zu verleihen«[54]. – Das kam billiger.

Den schon in Gießen zur Gewohnheit gewordenen Brauch langer Ferienreisen hatten die Röntgens auch in Würzburg fortgesetzt. Im Frühjahr waren sie regelmäßig südlich der Alpen, im Sommer in Pontresina und anschließend noch in einem Badeort. Als 1891 Röntgen alleine gereist war – wegen Unpäßlichkeit von Frau Bertha – kam er sogar bis Kairo, hatte

Die Ferienkolonie in Pontresina mit den Ehepaaren von Hippel, Zehnder und von Haller, von Röntgen mit Zeitverzögerung selbst photographiert. W.C. Röntgen stehend links, Frau Bertha Röntgen rechts außen, vor ihr ihre Nichte Bertha Ludwig.

dort »viel Interessantes gesehen«, mußte nach zehn Tagen aber vorzeitig zurückkehren – ebenfalls wegen Unpäßlichkeit seiner Frau.[55] Dieses Mal ging es gemeinsam über Genua nach Sorrent am Golf von Neapel, wo Röntgen am 27. März nur mit seiner Frau seinen 50. Geburtstag feierte.

Wenn er an diesem Tage über sein bisheriges Leben Bilanz gezogen haben sollte, wozu ein solcher Tag ja einlädt, so durfte er einerseits mit dem Erreichten durchaus zufrieden sein, mußte sich andererseits aber auch mit dem Gedanken vertraut machen, daß mehr nicht zu erreichen sein würde.

Nach den Orientierungsschwierigkeiten der Jugend war es ein schöner Erfolg, daß er es zum Professor und Institutsdirektor an einer der mittleren deutschen Universitäten gebracht hatte. Noch schöner aber war gewiß die Befriedigung, die er in der Experimentalphysik gefunden hatte. Sie entsprang seinem unbedingten Glauben, »daß das Experiment der mächtigste und zuverlässigste Hebel ist, durch den wir der Natur ihre Geheimnisse abringen können, und daß dasselbe die höchste Instanz bilden muß für die Entscheidung der Frage, ob eine Hypothese beizubehalten oder zu verwerfen sei«[56]. Das war freilich etwas kurz gedachte, gängige Experimentatorenpropaganda und vernachlässigte das delikate Wechselspiel zwischen Theorie und Experiment, das nicht erst beim Prüfen von Hypothesen, sondern schon bei der Konzeption eines Experiments zum Zuge kommt. Während für Röntgen Theorien aber als schwankende Gedankenkonstruktionen nachgerade verdächtig waren, entsprach der Primat des Experimentellen einem stark ausgeprägten psychischen Bedürfnis, wenn er begeistert erklärte, nur das Experiment gebe »dem experimentierenden Naturforscher die erforderliche Sicherheit«[57].

Die Beschränkung aufs präzise Messen, die zahlenmäßige Erfassung der Phänomene, der tüftlerische Umgang mit den Apparaten, die Detektivarbeit zur Ausschaltung aller Fehlerquellen und schließlich das nüchterne Berichten über experimentelle Prozeduren und Resultate in den »Annalen« war ihm mehr als nur ein Broterwerb, sondern eine Lebensweise. Als er zu seinem vom Spekulationsfieber gefährdeten Freund Zehnder einmal von der Hoffnung sprach, er werde aus der harten Schule der Experimentalphysik »gereinigt hervorgehen«[58], da hatte Röntgen zugleich offenbart, was ihm seine Wissenschaft als identitätsstiftende Tugend bedeutete: das präzise Messen als methodisches Prinzip nicht nur der Physik, sondern als Läuterung der Seele in der calvinistisch grundierten, rationalen Askese der Lebensführung.

Bis zu seinem 50. Geburtstag war Röntgen den Kollegen freilich kaum aufgefallen. Er galt als solider Experimentator, der verläßliche Zahlenkolonnen mitteilte. Wenn seine Resultate einmal angezweifelt wurden, was auch ihm nicht erspart blieb, dann verteidigte er sich nicht ohne Schärfe, aber erfolgreich, und niemals hatte er eine Veröffentlichung zurückziehen müssen.

Allerdings wird man jenen gewissen Hauch Kreativität, der den großen Physiker ausgemacht hätte, auch schon damals an ihm vermißt haben. Das hatte mit seiner Theorieabstinenz zu tun und auch damit, daß er sich zunehmend auf wenige Forschungsgebiete wie die »Hochdruck-Physik« der Flüssigkeiten und Kristalle beschränkte. Wärmestrahlung und Spektroskopie zum Beispiel oder auch die faszinierende Physik der Gasentladungen, in denen sich im Rückblick die neue Physik des 20. Jahrhunderts ankündigten, hatte er kein Interesse abgewinnen können, jedenfalls nichts darüber veröffentlicht. Nur einmal, bei dem Experiment zur »dielektrischen Konvektion«, hatte er fundamentale Probleme der Physik berührt, aber daß sein Scheitern bei der Feststellung des »Ätherwindes« zehn Jahre später zu einem Resultat erklärt wurde, dürfte ihn weniger gefreut als verwundert haben.

Zudem führte Röntgen eine etwas sonderbare Randexistenz abseits des wissenschaftlichen Betriebs. Nie hatte man ihn auf einem Kongreß gesehen, nie hatte er auf Reisen im In- und Ausland Institute besichtigt und in Gesprächen mit Kollegen seinen Gesichtskreis zu erweitern gesucht, sondern er war immer nur in die Ferien gefahren. Einen größeren programmatischen Übersichtsartikel, ein Lehrbuch oder eine Monographie hatte er nicht geschrieben und würde das wohl auch niemals tun. Nur in der Königlichen Gesellschaft der Wissenschaften zu Göttingen war er seit 1883 korrespondierendes Mitglied der mathematischen Klasse, aber Ehrendoktorate, Mitgliedschaften in den großen Akademien zu Berlin, Paris oder London, Preise oder Medaillen, die manche Kollegen mit den Leistungen und den Jahren ansammelten, waren ausgeblieben.

Wenn Ausländer wegen der Physik nach Deutschland kamen, dann gingen sie nach Berlin, nach Göttingen oder Straßburg, auch nach Heidelberg oder Leipzig, aber nicht zu Röntgen nach Würzburg. Anders war das im benachbarten Institut seines Freundes Theodor Boveri, wo unter den Ausländern sogar die junge Marcella O'Grady aus Boston auftauchte, die von dem berühmten amerikanischen Zellbiologen Edmund Wilson ausdrücklich nach Würzburg geschickt worden war und die »Physikalisch-Medicinische Gesellschaft« vor das Problem stellte, wie sie es mit der Aufnahme von Frauen halten sollte.

In den letzten Monaten hatte Röntgen zudem die Erfahrung machen müssen, daß er offenbar an Karrieregrenzen gestoßen war, denn der ersehnte Ruf aus Straßburg war ausgeblieben. Daß er im Berufungskarussell des Jahres 1894 nicht einmal als Reservekandidat auf den Vorschlagslisten von Berlin, Bonn oder Straßburg gestanden hatte, war ein deutliches Indiz, daß er nicht zu den führenden Physikern Deutschlands zählte, sondern eher zum soliden Mittelmaß. Zudem hatte ihm in der Freiburger Angelegenheit das nicht sehr entgegenkommende Verhalten der badischen und das beinahe schon schnöde der bayrischen Regierung gezeigt, daß man sich um ihn nicht reißen würde. Er konnte sich darauf einrichten, den Rest seiner Jahre in Würzburg zu bleiben, als Professor mittleren Ansehens an einer Univerität mittleren Ranges. – Aber schon übers Jahr hatte sich das dramatisch verändert.

II.

Eine neue Art von Strahlen

1. Im »Schattenreich« – die Physik der Gasentladungen

Röntgens große Entdeckung einer »neuen Art von Strahlen« kam Ende des Jahres 1895 plötzlich und unerwartet wie ein Blitz aus heiterem Himmel, aber doch nicht ohne Vorbedingungen. Sie war eine Folge der Beschäftigung mit Gasentladungsröhren. Das waren in irisierenden Farben geheimnisvoll leuchtende gläserne Gebilde, die im späten 19. Jahrhundert vor allem das Publikum der Varietés faszinierten, einigen Physikern aber ein ergiebiges Forschungsfeld erschlossen. Einer von ihnen, der Engländer Sir William Crookes, hatte 1879 in einer brillanten Vorführung vor einer gelehrten Versammlung die rätselhaften Phänomene als ein »Schattenreich zwischen dem Bekannten und dem Unbekannten« präsentiert und seine Überzeugung verkündet, »daß die größten wissenschaftlichen Probleme der Zukunft in diesem Grenzlande ihre Lösung finden werden und selbst noch darüber hinaus; hier, so scheint mir's, liegen letzte Realitäten«[1].

Crookes' Vortrag wurde gedruckt und in viele Sprachen übersetzt; auch in Deutschland erregte die Broschüre großes Aufsehen. Nach zwei Jahrzehnten war zudem klar, daß Sir William mit seiner Prognose ins Schwarze getroffen hatte. Die filigranen Glaskörper mit eingeschmolzenen Elektroden wurden in den Händen von Physikern zu denjenigen Instrumenten, mit denen nicht nur eine völlig »neue Art von Strahlen« erzeugt wurde, sondern die zugleich einen ersten und auch schon ziemlich tiefen Blick in die Welt der Atome und Elektronen eröffneten. Zudem ging von ihnen eine fruchtbare technische Entwicklung aus, die weit über die mit der »neuen Art von Strahlen« zusammenhängenden Verfahren hinausreichte. Sie wurden, natürlich in vielfachen Abwandlungen und Verbesserungen, zur Grundlage der Radiotechnik, und die von Ferdinand Braun 1897 konstruierte und nach ihm benannte Elektronenstrahlröhre zeitigte viele andere nützlichen Anwendungen – und auch das Fernsehen.

Das »Schattenreich« der Gasentladung war aus einer Kombination von Vakuumtechnologie, Glasbläserkunst und Elektrizität hervorgegangen. Wenn man so will, kann man daher als den Urvater dieser Entwicklung den tüchtigen Magdeburger Bürgermeister Otto von Guericke sehen, wie er nach dem Dreißigjährigen Krieg in unübertrefflich spektakulärer Weise durch leergepumpte Metallkugeln die Existenz des Vakuums demonstrierte. Guerickes und alle anderen, später wesentlich besseren Vakua waren und sind freilich nicht »Nichts«, sondern nur stark verdünnte Luft. Übrigens erfolgte die erste Beschreibung der von Guericke erfundenen Luftpumpe durch den Jesuiten Kaspar Schott in seiner »Mechanica hydraulico-pneumatica«, die 1657 in Würzburg gedruckt worden war; darauf mit einem gebührenden Anstrich von Lokalpatriotismus hinzuweisen hat sich Röntgen in seiner Rektoratsrede vom 2. Januar 1894 nicht entgehen lassen.[2]

Einen anderen Weg zum »Nichts« hatten die Galilei-Schüler in der Florentiner »Accademia del cimento« gefunden, indem sie Quecksilber in kleinen geschlossenen Glasgefäßen absinken ließen, so daß über dem Quecksilber ein Vakuum entstand. Die Verbindung mit der Elektrizität stellte schließlich der Engländer Francis Hauksbee durch elektrische Aufladung der Glaswände her, wobei er ein »merkurisches Leuchten«, ein Glimmlicht beobachtete. In normaler Luft dagegen knatterten zwischen den Polen von Funkenstrecken kleine Blitze, wenn die von Elektrisiermaschinen durch Reibung erzeugte Spannung nur hoch genug war. Beides, Glimmlichter im Vakuum und Funken in normaler Luft, waren unverstandene Kuriositäten, die freilich niemals ganz aus den Augen verloren wurden.

Die systematische Erforschung der Elektrizitätsleitung in Gasen begann aber wie so vieles andere mit Michael Faraday, der 1838 in einen an eine Pumpe angeschlossenen Glaskolben Metalldrähte als Elektroden eingeschmolzen hatte. Mit diesem Arrangement konnte er bei verschiedenen Gasfüllungen und abnehmendem Druck den Durchgang der Elektrizität durch das Gas beobachten und insbesondere den Übergang von der Funken- zur Glimmentladung bei niedrigem Druck studieren, günstigstenfalls aber nur bei einem Hundertstel des Atmosphärendrucks, denn mehr konnten Pumpen zu seiner Zeit nicht leisten.

Die nächsten Schritte erwuchsen aus gleich mehreren Erfindungen. 1851 baute in Paris der aus Deutschland stammende Mechaniker Daniel Rühmkorff den ersten Transformator, den man damals als konkrete Realisation des Faradayschen Induktionsgesetzes ein Induktorium nannte oder schlicht einen »Rühmkorff«. Dadurch ließ sich der starke Strom einer Batterie, nachdem er durch einen »Unterbrecher« in pulsierende Stromstöße zerhackt war, auf Spannungen von vielen Tausend Volt bringen.

Der hohen Spannung folgte sechs Jahre später das hohe Vakuum. Der Glasbläser Heinrich Geissler hatte in seiner Werkstatt in Bonn die Quecksilberpumpe erfunden und konnte damit den Druck in einer Gasentladungsröhre auf nur noch ein Millionstel des Atmosphärendrucks vermindern. Zudem war der exzellente Glasbläser Geissler durch den gerade erfundenen Bunsenbrenner in die Lage versetzt worden, größere Glaskolben herzustellen und dabei besser als zuvor die Platinelektroden zuverlässig und luftdicht in das Glas einzuschmelzen.[3] Und schließlich gab es an der Bonner Universität noch den Professor Julius Plücker, einen Mathematiker mit weitläufigen Interessen in der Physik, darunter auch an der Gasentladung. Glasbläser und Professor ernteten bei ihrer engen und freundschaftlichen Zusammenarbeit reiche Früchte.

Plücker hielt am 9. Juli 1857 vor der »Niederrheinischen Gesellschaft für Natur- und Heilkunde zu Bonn« einen Vortrag, bei dem er durch spektakuläre Vorführungen mit hochevakuierten Geisslerschen Röhren sein Publikum in höchstes Erstaunen versetzte. Während findige Nachahmer mit bizarr geformten und gefärbten Röhren die Jahrmärkte und die Varietébühnen eroberten, hatte Plücker ein faszinierendes Forschungsfeld gefunden. In den nächsten vier Jahren schrieb er für die »Annalen« eine Folge von Artikeln mit 294 durchnumerierten Kapiteln auf insgesamt mehr als 200 Seiten.[4]

Schon in dem Auftakt zu der langen Folge beschrieb er, daß Teile der gläsernen Wand phosphoreszierten und der Lichtstrom durch magnetische Kräfte abgelenkt werden konnte. Zur Analyse des Lichts ließ er sich von Geissler Röhren herstellen, die in der Mitte zu einer hauchdünnen Kapillare eingeschnürt waren; damit entdeckte er die ersten drei Linien des Wasserstoffspektrums, noch bevor Bunsen und Kirchhoff in Heidelberg die Spektralanalyse des Lichts begründet hatten. Und als fairer Mann sorgte Plücker dafür, daß beim fünfzigjährigen Stiftungsfest der Universität Bonn am 4. August 1868 der Glasbläser Heinrich Geissler zum Ehrendoktor promoviert wurde.

Plückers Schüler Johann Wilhelm Hittorf konnte bei verbessertem Vakuum unter anderem beobachten, daß in den Lichtstrom eingebrachte Metallfolien Schatten warfen, als ob sich innerhalb der Röhre so etwas wie Strahlen geradlinig ausbreiteten. Da die Strahlen von der negativ geladenen Elektrode auszugehen schienen, prägte der in Berlin und Potsdam arbeitende Astrophysiker Eugen Goldstein 1876 den Begriff »Kathodenstrahlen«. Goldstein entdeckte noch eine andere Strahlenart, die er »Kanalstrahlen« nannte, von denen er vermutete, daß sie von elektrisch geladenen Atomen gebildet werden. Niemand aber wußte befriedigende Gründe für Entstehung und Verhalten der Kathodenstrahlen anzugeben. Die naheliegendste und sich in Deutschland allmählich durchsetzende Meinung war die, daß es sich bei den Kathodenstrahlen um Erscheinungen im »Äther« handeln müsse, wodurch freilich ein Rätsel nur auf ein anderes zurückgeführt wurde.

Ganz anders dachte der Engländer William Crookes, der die Gasentladungen nicht dem »Äther«, sondern der Materie zuschrieb, und zwar einem neuen, dem »vierten Aggregatzustand«. Crookes betrieb Physik nicht als Professor, sondern als gelehrter Amateur mit eigenem Laboratorium, was im Lande der »gentlemen« so ungewöhnlich nicht war. Von seinen vielen Erfindungen wird das »Radiometer« heute wieder als »Lichtmühle« verkauft, meistens als dekorative Spielerei in Geschäften für mäßig angehobene Wohnkultur und bar jeder Ahnung bei Käufern und Verkäufern, daß die Lichtmühle als glänzende Demonstration der kinetischen Gastheorie ersonnen wurde, in

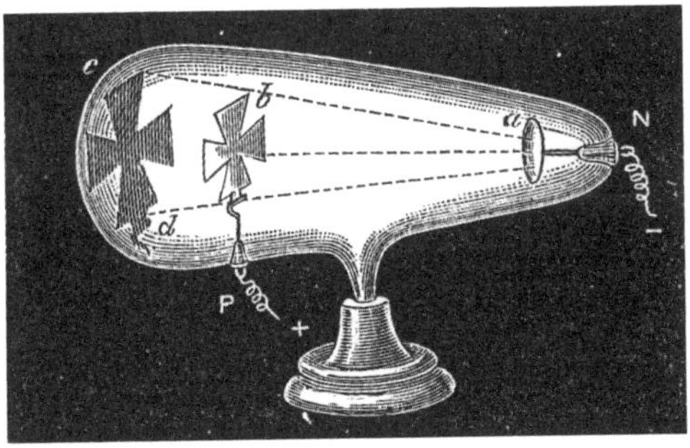

Klassisches Experiment von William Crookes zur Gasentladung: Die von der Kathode ausgehende »strahlende Materie« (Elektronen) wird von Metallen absorbiert, so daß auf der Glaswand ein Schatten entsteht.

der die Eigenschaften der Gase als Folge mechanischer Wechselwirkungen der Atome oder Moleküle aufgefaßt werden.

Daher mag es für Crookes nahegelegen haben, auch die bei wesentlich geringerem Druck auftretenden Gasentladungen elektrisch geladenen Materieteilchen zuzuschreiben. Mit verbesserten Pumpen, die er selbst entwickelt hatte, konnte er das Gas auf ein Millionstel des Atmosphärendrucks ausdünnen und als geschickter Experimentator die wundersamsten Erscheinungen demonstrieren. Das elektrisch geladene Gas-Residuum im elektrischen Feld war für ihn »strahlende Materie«, womit er eine schon von Faraday geprägte Terminologie aufgriff. Aber über Faraday hinausgehend war er der Überzeugung, »wir stehen hier der Materie in einem vierten Aggregatzustand gegenüber, einem Zustande, der ebenso fern vom gasförmigen, als dieser vom flüssigen ist«[5]. – Im 20. Jahrhundert wird man diesen Zustand als »Plasma« bezeichnen.[6]

Daß es sich bei den Kathodenstrahlen um Materie handeln müsse, zeigte Crookes mit einem der Lichtmühle nachempfundenen Arrangement, das ihm sein geschickter Mechaniker gebaut hatte. In einer hochevakuierten Röhre konnte sich ein Schaufelrad auf einer gläsernen Schienenbahn drehend bewegen. »An jedem Ende der Röhre, etwas oberhalb der Mitte, befindet sich ein Aluminiumpol, so daß der Strom strahlender Materie, ... indem er die oberen Flügel des kleinen Schaufel-

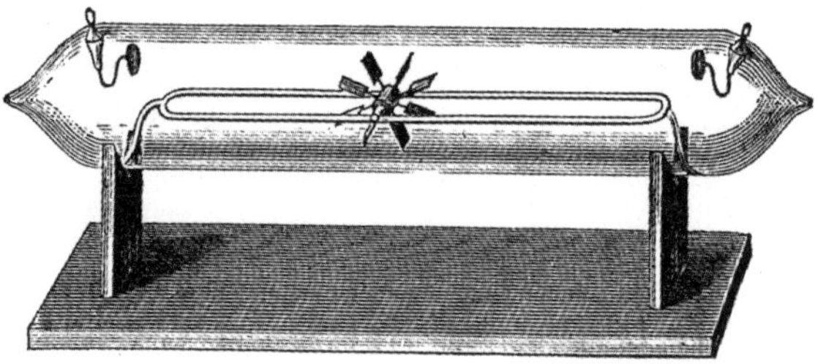

»Strahlende Materie« (Elektronen) setzt ein Schaufelrad in Bewegung.

rades trifft, dieses nötigt zu rotieren und längs des Schienenweges hinzulaufen. Wenn ich die Pole umkehre, kann ich das Rad aufhalten und wieder auf demselben Wege zurückgehen lassen, und wenn ich die Röhre sanft neige, so beobachtet man, daß die Kraft des Stoßes hinreichend ist, das Rad bergan zu treiben.«[7]

Da nun die meisten englischen Physiker der materiell-korpuskularen Konzeption von Crookes folgten,[8] die deutschen aber Vorgänge im Äther wahrzunehmen glaubten, zeigte sich der Kanal wieder einmal als tiefer, auch wissenschaftlich trennender Wassergraben, ähnlich wie schon einmal in der ersten Hälfte des 18. Jahrhunderts, als auf der Insel die Newtonsche Mechanik ihre Triumphe feierte, während auf dem Kontinent noch alle Naturerscheinungen durch die von Descartes postulierten Wirbel ihre Erklärung finden sollten. »Ein Franzose findet in London eine völlig andere Philosophie vor«, belehrte damals Voltaire seine Landsleute. »Er verließ eine ausgefüllte Welt und findet sie hier leer. In Paris besteht das Universum aus lauter Wirbeln feinstverteilter Materie, in London sieht man davon überhaupt nichts. Unsere Cartesianer führen alles auf Zusammenstöße zurück, die keiner versteht, während es sich beim Herrn Newton um eine Anziehungskraft handelt, deren Ursachen keineswegs besser bekannt sind.«[9] 150 Jahre später sahen die Engländer bei den Gasentladungen »strahlende Materie« am Werk und die Deutschen den »Äther«. Experimentiert aber wurde sowohl auf der Insel als auch auf dem Kontinent.

»Ich beschäftige mich den Tag über bis zum Abend mit den Lichterscheinungen in verdünnten Gasen, den sogenannten Geisslerschen Röhren«, berichtete im Sommer des Jahres 1882 Heinrich Hertz, der fünfundzwanzigjährige Assistent von Helmholtz in Berlin. »Ich habe Lust, einmal auf einem etwas mehr experimentellen Gebiet zu arbeiten und die exakten Messungen beiseite zu lassen; außerdem ist das besagte Gebiet sehr dunkel und unerforscht, und seine Erforschung ist wahrscheinlich von großem theoretischen Interesse. So möchte ich mir auf demselben Stoff für eine neue Arbeit suchen, einstweilen aber tummle ich mich auf demselben ohne feste Methode herum; ... dies gewährt großes Vergnügen, da die Erscheinungen meist wunderschön und außerordentlich mannigfaltig sind.«[10] Um bei seinem Vater, dem Hamburger Senator Gustav Hertz, Zweifel an der wissenschaftlichen Seriosität gar nicht erst aufkommen zu lassen, bat er ihn, er möge bei den Röhren des Sohnes »nicht gerade an die als Schaustücke gezeigten denken«.

Im heimatlichen Hamburg konnte der Senator die Leistungsfähigkeit der Firma des aus Thüringen zugewanderten Carl Heinrich Florenz Müller bewundern. Für die Ernsthafteren unter den Zeitgenossen produzierte der »Glaskünstler« Müller das Repertoire der von Crookes in seiner Broschüre beschriebenen Demonstrationsgeräte und dazu medizinisch Nützliches wie Röhren zur Ausleuchtung des Kehlkopfes oder der Nase. Am attraktivsten aber war in seinem Angebot ein ganzes Arsenal aufwendig gestalteter, effektvoll fluoreszierender Leuchtkörper, die das Publikum auf Rainvilles' Terrassen an der Elbe oder in manchem Vaudeville auf St. Pauli mit ihrem magischen Licht in Entzückung versetzten. Dem Neuen aufgeschlossene Bürger, so sie genug Geld in Batterie und »Rühmkorff« investiert hatten, konnten sich auch privat in ihren Villen an Alster und Elbe an dem Licht aus dem Gas erfreuen. Für 15 Mark gab es ein leuchtendes Diadem, für 30 Mark eine Krone »in natürlicher und brillanter Ausführung« oder zum gleichen Preis »Aschenbrödels Schuh«, von dem der Katalog versicherte, er sei »sehr schön«.

Unterdes plagte sich Heinrich Hertz in Berlin mit der Erforschung der Gasentladung. Schon die Betätigung der Pumpen bereitete so »gehörige Anstrengung auf die Dauer«, daß er manche Versuche wegen körperlicher Erschöpfung abbrechen mußte, und dazu kam noch weiteres Ungemach: »Es ist auch im übrigen kein Vergnügen, im völlig verdunkelten Zimmer zu sitzen, während die Sonne auf die Läden brennt und eine recht hohe Temperatur erzeugt und im Zimmer allerlei Drähte herumlaufen, die bei unvorsichtiger Berührung recht empfindliche Schläge versetzen.« Aber zur Entschädigung konnte er sich daran erfreuen, wie »die Gase unter dem Einfluß der Entladungen sich wie verrückt gebärden und die sonderbarsten, mannigfaltigsten und buntfarbigsten Erscheinungen veranstalten. Es sieht jetzt wirklich bei mir recht sehr wie in einer Hexenküche aus.«[11] Mit ungewohntem experimentellem Aufwand und Scharfsinn ging aus der Hexenküche eine Veröffentlichung hervor, in der Hertz beschrieb, wie er sowohl durch einen die Strahlung auffangenden Käfig als auch durch eine Magnetnadel nachgewiesen hatte, daß die Strahlung Elektrizität transportiert.[12]

Wie aber die Elektrizitätsleitung in Gasen vonstatten geht, blieb weiterhin im Dunkeln, ebenso wie die Natur der Kathodenstrahlen. Während die Physiker mit ihren Vorstellungen über die Stromleitung in Metallen und in Flüssigkeiten schon recht weit gediehen waren, wurde noch kurz vor der Jahrhundertwende in einem weit verbreiteten Lehrbuch über Elektrizität lebhaft geklagt: »Die Gase bilden in Bezug auf ihre elektrischen Eigenschaften auch heute noch ein schweres Kreuz für die Erkenntnis.«[13]

Bei den Kathodenstrahlen gelang Heinrich Hertz immerhin ein wesentlicher Fortschritt, allerdings erst ein Jahrzehnt nach seinen Berliner Versuchen. Inzwischen hatte er sich 1887 als Professor in Karlsruhe durch die Entdeckung der elektromagnetischen Wellen ewigen Ruhm erworben. In Bonn, wo er der Nachfolger von Clausius geworden war,[14] beschäftigte er sich wieder mit Gasentladungen. 1892 wollte er wissen, was passiert, wenn innerhalb einer Röhre kleine Stücke aus Uranglas mit dünnen Aluminiumblättchen abgedeckt werden. Bei hauchdünnen Folien mit einer Stärke von weniger als einem

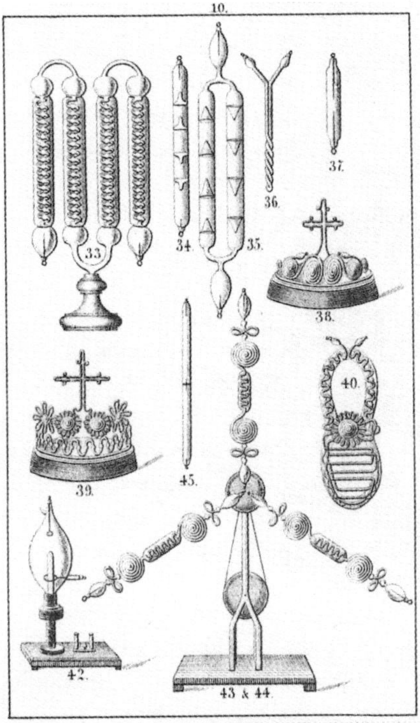

Katalog des Hamburger »Glaskünstlers« C. H. F. Müller über von ihm hergestellte Gasentladungsröhren.

tausendstel Millimeter, wie sie für die Buchkunst durch Hämmern hergestellt wurden, sah er eine interessante Neuigkeit. Trafen Kathodenstrahlen von oben auf das Metall, so leuchtete das darunter liegende verdeckte Uranglas: ein sicheres Indiz dafür, daß Kathodenstrahlen anders als Licht das Blattmetall durchdringen.[15]

Da Hertz sich ganz auf ein großes Buch über Mechanik konzentrieren und darin der Physik eine völlig neue theoretisch-begriffliche Grundlage geben wollte, überließ er im Juli 1892 seinem Assistenten Philipp Lenard die weitere Verfolgung dieses neu erschlossenen Themas. Während Hertz gemeint hatte, daß Experimente mit dem zarten Blattmetall nur im Innern einer Röhre möglich wären, erreichte Lenard alsbald den Einbau einer Blattmetallfolie von etwa zwei tausendstel Millimetern Stärke in die Glaswand der Röhre, luftdicht eingekittet und dem Druckunterschied zwischen Innen- und Außenraum standhaltend. Durch dieses »Lenard-Fenster« wurden die Kathodenstrahlen erstmals aus dem Innern der Glaskörper befreit und konnten so isoliert und ungestört von den Gasentladungen, die sie hervorgebracht hatten, außerhalb der Röhre untersucht werden.

In Luft kamen die Strahlen allerdings nicht weit, nur etwa 2 Zentimeter. Luft wirkte wie ein trübes, die Strahlen diffus zerstreuendes Medium, ähnlich wie Milch für normales Licht. Also schmolz Lenard ein zweites Glasgefäß an die Fensterwandung und erhielt so einen »Beobachtungsraum«, der mit unterschiedlichen Gasen bei beliebigem Druck gefüllt oder mit Hindernissen für die Strahlen versehen werden konnte. Während er auf diese Weise die Wechselwirkung der Strahlen mit Materie studierte, war es bei hoher Evakuierung möglich, die Strahlen selbst in reiner Form zu untersuchen.

Lenard fand eine Fülle neuer Tatsachen, und bereits Bekanntes konnte er in ein schärferes Licht rücken. Im Vakuum breiten sich die Strahlen exakt geradlinig aus, begrenzt nur durch die Länge des Beobachtungsrohrs von etwa einem Meter. Von elektrischen und magnetischen Feldern werden sie abgelenkt. Die Absorption in Materie läßt sich durch das einfache Gesetz der Massenproportionalität beschreiben, was bedeutet, daß die Absorption durch keine andere Eigenschaft als nur die Dichte der Materie bestimmt ist. Lenard konnte auch eindeutig Crookes' Behauptung widerlegen, daß es sich bei den Kathodenstrahlen um den »vierten Aggregatzustand« der Materie, also um elektrisch geladene Moleküle handle. Die konnten nämlich das Fenster nicht passieren und blieben im Innern des Gasentladungsraums eingeschlossen. Aber was waren die Kathodenstrahlen dann? »Sie geben sich somit als Vorgänge im Äther zu erkennen«, schloß Lenard in Übereinstimmung mit Hertz. »Bei dem wenigen, was vom Äther bekannt ist, haben sie dadurch an Interesse gewiß nur gewonnen.«[16]

Als Lenards großer, über vierzig Seiten langer Artikel im Frühjahr 1894 in den »Annalen« erschienen war, erregten seine Experimente mit den aus dem gläsernen Gefängnis befreiten Kathodenstrahlen sofort das Interesse der Physiker.[17] Auch dem Würzburger Ordinarius Wilhelm Conrad Röntgen ist diese Abhandlung sogleich aufgefallen, als er aus den Ferien in Italien, wo er sich in Bordighera und in Rom aufgehalten hatte, zurückgekehrt war. Auf Gasentladungsröhren war er in seinen Veröffentlichungen nur ein einziges Mal zu sprechen gekommen und dies auch nur am Rande, als er 1879 in Gießen vergeblich nach optischer Doppelbrechung in einer »Geissler'-schen Vacuumröhre« gesucht hatte.[18] Obwohl also Röhren und »Rühmkorff« schon in den ersten Gießener Jahren verfügbar waren, hatte Röntgen sich mit diesem Gebiet nicht weiter beschäftigt, weil es ihm vermutlich zu konfus und für in Zahlen darstellbare Resultate nicht geeignet schien. Aber in seinen Vorlesungen wird er die Gasentladungen gewiß vorgeführt haben, denn solche Spektakel machten bei den Studenten gehörigen Eindruck bei zugleich großem Unterhaltungswert.

Auch wenn Röntgen also kein Fachmann war, hat er die Arbeit von Lenard nicht bloß durchgeblättert. Besonders hatte es ihm eine Fußnote gleich zu Anfang angetan, in der Lenard das häufige Durchschlagen der Glasumhüllung des Kathodendrahtes und eine von ihm ersonnene Abhilfe erwähnte: »Diese Gefahr ist bedeutend vermindert bei einer Röhre, welche Hr. Glastechniker Müller-Unkel in Braunschweig kürzlich verfertigte. Die Glashülle der Kathode ist hier in das Entladungsrohr eingeschmolzen, ausserdem sitzt das Fenster an einem eingeschmolzenen Platinröhrchen, so dass jede weitere Kittung vermieden ist.«[19]

Mit dieser Röhre hatte es nach Lenards Erinnerung eine merkwürdige Bewandtnis. Im Sommer 1893 hatte er versucht, die von ihm entworfene Röhre von der Geisslerschen Firma in Bonn anfertigen zu lassen, allerdings vergeblich, denn der Nachfolger des 1879 verstorbenen Ehrendoktors Geissler hatte an solch delikater, aber nicht rentabler Einzelfertigung kein Interesse. »Nur eine kleinere, auswärtige Firma, Müller-Unkel in Brauschweig, ließ sich nach längerem Briefwechsel und sehr ausführlichen Angaben darauf ein, das Platinröhrchen bei Heraeus machen zu lassen und einzusetzen.«[20]

Ende Oktober 1893 erhielt Lenard ein erstes Exemplar seiner Röhre, fand sie beim Experimentieren zwar sehr leistungsfähig, aber in einer Hinsicht verbesserungsbedürftig und sandte sie daher wieder zurück nach Braunschweig. Für die Einfügung der Fußnote über diese, für die in seinem Artikel beschriebenen Experimente noch gar nicht verwendete Konstruktion, gab er später gute Gründe an: »Einerseits weil ich nichts versäumen wollte um Anderen zu helfen, andererseits mit dem kleinen Hintergedanken, daß der Glasbläser, wenn er mehrere Bestellungen auf die Röhre erhält, von Neuem mit deren besserer Herstellung sich bemühen und mir vielleicht dann auch ein Stück ohne weiteres abgeben würde.«[21]

Nachdem Heinrich Hertz am 1. Januar 1894 gestorben war, mußte Lenard die Herausgabe der von Hertz im Manuskript fertiggestellten »Mechanik« betreuen und provisorisch die Institutsarbeit weiterführen. Zum Experimentieren hatte er keine Zeit und in Breslau, wo er zum Wintersemester 1894 Extraordinarius für Theoretische Physik wurde, wegen der ungünstigen Verhältnisse keine Gelegenheit. Müller-Unkel hatte gezögert, ihm eine Röhre kostenlos zu überlassen, aber eine zu bezahlende hatte Lenard auch nicht bestellt, obwohl sie mit 36,50 Mark für jeden Institutsetat erschwinglich und sogar für den privaten Geldbeutel eines Assistenten nicht völlig außer Reichweite gewesen wäre.[22] Vermutlich hatte Lenard das in seiner Röhre verborgene Potential gar nicht erkannt und, was er später nicht wahrhaben wollte, die Sache ein wenig aus den Augen verloren. Aber durch seine Fußnote hatte er das Interesse anderer Physiker an seiner Konstruktion geweckt.

Eine der ersten Bestellungen, aus Deutschland wahrscheinlich die allererste,[23] die Müller-Unkel erhielt, kam am 4. Mai 1894 von Professor Röntgen aus Würzburg: »In der Arbeit des Herrn Dr. Lenard finde ich eine Notiz, daß sich ein von Ihnen konstruierter Entladungsapparat gut bewährt hat. (Wied. Ann., p. 228.) Ich ersuche Sie deshalb, mir einen solchen baldmöglichst zu liefern.«[24] Am gleichen Tage schrieb Röntgen auch an

Lenard, daß er dessen »wichtigen Versuch über Kathodenstrahlen in der freien Atmosphäre etc. sehen« möchte und sich zu diesem Zweck einen »bewährten« Entladungsapparat bei Müller-Unkel bestellt habe. »Für den Bezug der Fensterblättchen fehlt mir aber eine zuverlässige Quelle; vielleicht haben Sie die Freundlichkeit, mir eine solche per Postkarte aufzugeben.«[25] Weil das in der Buchkunst verwendete Material zu dünn und porös war, hatte Lenard nach langem Suchen in den Hinterhöfen von Nürnberger Metallschlägern Halbfabrikate der geeigneten Stärke ausfindig gemacht. Er zögerte nicht, aus seinem Vorrat prompt einige Blättchen nach Würzburg zu schicken, deren Erhalt Röntgen am 8. Mai 1894 bestätigte: »Empfangen Sie für die liebenswürdige Zusendung der Aluminiumblättchen meinen verbindlichsten Dank.«[26]

Sechs Wochen später schrieb Röntgen seinem Freund Zehnder, »daß ich mit einem von Müller-Unkel in Braunschweig bezogenen Apparat die Kathodenstrahlen in Luft und in Wasserstoff von normaler Dichte gesehen habe und von dem schönen Versuch ganz begeistert bin«[27]. Dies ist für eineinhalb Jahre die letzte Nachricht über Kathodenstrahlen aus Würzburg. Lange werden wir nichts mehr über Versuche mit Gasentladungsröhren hören, weder von Lenard noch von Röntgen, aber dann gibt es einen Paukenschlag.

2. »Ich dachte nicht; ich untersuchte.« – Die Entdeckung einer »neuen Art von Strahlen«

Am Abend des 8. November 1895 fand Frau Professor Röntgen das Verhalten ihres Mannes wieder einmal sonderbar, ziemlich genauso, wie es einem sprichwörtlich zerstreuten Professor zugeschrieben wird. Geistesabwesend verzehrte er an diesem Freitag das Abendbrot und verschwand, ohne ein Wort zu sagen, wieder in seinem Labor. Sie kannte diese von intensiver

Arbeit herrührende Anspannung und nahm wohl aufgrund früherer Erfahrungen an, daß sie bald vorübergehen werde. Sie ging aber nicht vorüber, sondern dauerte an und wurde sogar noch schlimmer, so daß seine Frau »einige Wochen lang eine schreckliche Zeit durchlebte. Ihr Mann kam zu spät und schlecht gelaunt zu Tisch, aß wenig und sprach nichts und rannte sofort nach dem Essen wieder ins Institut. Auf Fragen, was denn los sei, gab er keine Antwort.«[1]

Die Assistenten und Studenten werden den Ordinarius noch einige Grade »schroffer« erlebt haben als üblich, aber einen Grund erfuhren auch sie nicht, sondern konnten ihn allenfalls in Vorgängen im Privatlabor vermuten, da Röntgen in jeder freien Minute dort verschwand. Als alles vorüber war, berichtete er einem Freund: »Ich hatte von meiner Arbeit niemand etwas gesagt; meiner Frau teilte ich nur mit, daß ich etwas mache, von dem die Leute, wenn sie es erfahren, sagen würden: ›Der Röntgen ist wohl verrückt geworden‹.«[2]

Natürlich gab es in Röntgens Laboratorium nicht das Durcheinander, das einst Heinrich Hertz von seinem Arbeitszimmer im Berliner Institut geschildert hatte, aber trotz Röntgens penibler Ordnung dürfte die Stimmung auch im Würzburger Institut am Pleicherring wie in einer »Hexenküche« gewesen sein. Totale Verdunkelung, in der Stille das regelmäßige Rattern des Unterbrechers, der wie ein viel zu lautes und viel zu schnell eingestelltes Metronom klang, während er viele Male in der Sekunde den Batteriestrom zerhackte, dazu nicht ganz so regelmäßig zuckende, knatternde Blitze einer dem »Rühmkorff« parallel geschalteten Funkenstrecke zur Spannungskontrolle – das war als Ausgangssituation schon geheimnisvoll genug. Wenn dann noch die Entladungsröhren ihr magisches Licht erzeugten und von Fluoreszenzschirmen fahle Flecken wie Katzenaugen ins Dunkel blinzelten, dann hätte ein braver Würzburger Bürger beim Blick durch einen Spalt des Vorhanges während der Nacht durchaus den Eindruck bekommen können, als seien die Hexen vom Gramschatzer Wald durch die Herbstnebel ins Maintal hinabgestiegen, um im Physikalischen Institut ihren Spuk zu treiben.

Es war aber nur der Ordinarius, der keine Zeit mehr für seine

Jagdhütte droben im Gramschatzer Wald hatte, weil er eine große Entdeckung dingfest machen wollte. Er wußte, daß diese Entdeckung ihm ewigen Ruhm einbringen würde. Er muß auch bald gewußt haben, daß die neuen Strahlen schon immer bei Gasentladungen entstanden waren, wenn nur die Spannung hoch und das Vakuum gut genug waren. Nach allem, was er aus der Literatur kannte, war er der erste, der eine neue Art von Strahlen bemerkt hatte, aber keineswegs war ausgeschlossen, daß ihm ein Kollege mit einer Veröffentlichung zuvorkommen konnte. Das war ihm keineswegs gleichgültig, und das war neben der Entdeckerfreude der wesentlichste Grund für seinen Eifer. Obwohl er sich vom Streben nach Anerkennung und Ruhm nie etwas hatte anmerken lassen, hätte er einen guten Freund, der ihm in dieser Hinsicht in durchaus lobender Absicht Gleichgültigkeit nachgesagt hätte, wie bei anderer Gelegenheit beschieden, daß er ihn da »wieder einmal überschätzt« habe.[3]

Rätselhafter noch als die Vorgänge im Laboratorium blieb die Geschichte dieser Entdeckung, denn Röntgen hat niemals beschrieben, wie er das gefunden hat, was er »eine neue Art von Strahlen« oder »X-Strahlen« nannte, was aber bald zumindest in Deutschland nur noch »Röntgenstrahlen« hieß. Weder in einem veröffentlichten Artikel noch in einem Brief oder in einem Tagebuch hat er je das Geheimnis gelüftet. Mit Sicherheit hat er ein »Beobachtungsjournal« geführt, denn er berief sich in seiner »Dritten Mitteilung« aus dem Jahre 1897 auf eine Eintragung aus »dem Anfang des Monats November 1895«[4]. Dieses Beobachtungsjournal dürfte aber, zusammen mit vielem anderen Material über die Entdeckung, von Röntgen selbst während seiner letzten Lebensjahre im Ofen seiner Münchner Wohnung verbrannt worden sein oder aber gemäß seiner »Letztwilligen Wünsche« nach seinem Tod von den Testamentsvollstreckern.[5]

In seiner Veröffentlichung beschrieb Röntgen nur Erzeugung und Eigenschaften der neuen Strahlen, verlor aber kein Wort über die Entdeckungsgeschichte: »Lässt man durch eine Hittorf'sche Vacuumröhre, oder einen genügend evacuierten

Lenard'schen, Crookes'schen oder ähnlichen Apparat die Entladung eines grösseren Rühmkorff gehen ...« – so spröde ließ Röntgen seine Veröffentlichung beginnen,[6] und dieser spröde Auftakt ist vielleicht brauchbar als Handlungsanleitung für alle, die es nachmachen wollten, läßt aber völlig außer acht, wie es dazu kam.

Seine wenigen engeren Freunde wie Ludwig Zehnder oder Theodor Boveri hatten offenbar niemals ihre Hemmungen überwinden können, ihm später eine präzise Auskunft abzuverlangen, oder wenn sie es doch getan haben sollten, dürfte seine Reaktion so ausweichend oder so »schroff« gewesen sein, daß nichts Überliefernswertes daraus hervorging, nicht einmal ein Bericht über die Vergeblichkeit des Versuchs. Walther Gerlach, der zweite Nachfolger Röntgens auf dem Münchner Lehrstuhl und gewiß ein Verehrer seines Vorgängers, hat zehn Jahre nach Röntgens Tod in einem Vortrag in Würzburg resignierend festgestellt: »Doch ewiges Dunkel ist und bleibt ausgebreitet über die Art, wie er sie fand, über das spezielle Rohr, über die Apparatur, mit der er seine Strahlen zum ersten Male beobachtete.«[7]

Natürlich war eine so epochale Entdeckung wie die der Röntgenstrahlen bald von Anekdoten umrankt, fast immer fragwürdigen und oft falschen. Es gibt auch einige Berichte aus zweiter oder dritter Hand, meistens von unbedingtem Verehrungswillen inspiriert und manchmal auch vom Gegenteil, aber alle sind nach Röntgens Tod geschrieben, in sich widersprüchlich und einander widersprechend. Zur Erhellung der Entdeckungsgeschichte tragen sie nichts bei.

Mit Sicherheit wissen wir nur, daß Röntgen im Juni 1894 die von Lenard veröffentlichten Experimente über Kathodenstrahlen mit einer neuen, vom Glastechniker Müller-Unkel nach Lenards Spezifikationen gefertigten Röhre zum Teil nachgemacht hatte und »von dem schönen Versuch ganz begeistert« war.[8] Dann wissen wir noch, daß am 8. November 1895 bei ähnlichen Versuchen Röntgen etwas sehr Ungewöhnliches aufgefallen war. Wir wissen aber nichts über die Zeit von mehr als einem Jahr zwischen diesen beiden Ereignissen, nichts über die Intensität seiner Beschäftigung mit Gasent-

Röntgens Laboratorium in Würzburg, wie es 1924 als Gedächtnisstätte eingerichtet wurde.

ladungen und nichts über eventuell verfolgte Absichten. Und wir wissen auch nur wenig über die experimentelle Situation, die zu seiner Entdeckung geführt hat.

Der Versuch einer Rekonstruktion wird sich daher auf die spärlichen zuverlässigen Dokumente, auf physikalische Plausibilität und wenige brauchbare Mitteilungen stützen müssen. Zu letzteren gehört auch der Bericht des englischen Journalisten H. J. W. Dam, den Röntgen wenige Wochen nach seiner Entdeckung empfangen hat, freilich erst nach hartnäckiger Belagerung. Es blieb Röntgens einziges Interview.[9]

Auf die Frage nach der Geschichte der Entdeckung erhielt Mr. Dam zunächst nur die Antwort: »Es gibt keine Geschichte.« Aber trotzdem kam ein Gespräch zustande, in dem Röntgen einiges erzählte:

»Ich war schon längere Zeit an den Problemen der von einer Vakuumröhre ausgehenden Kathodenstrahlen interessiert, wie sie Hertz und Lenard untersucht hatten. Ich verfolgte ihre und andere Forschungen mit großem Interesse und war entschlossen, sobald ich die Zeit dafür hatte, einige eigene Untersuchungen anzustellen. Diese Zeit fand ich Ende Oktober. Ich hatte einige Tage gearbeitet, als ich etwas Neues fand.«

»Was war das Datum?«

»Der achte November.«

»Und was war die Entdeckung?«

»Ich habe mit einer Crookes'schen Röhre gearbeitet, die mit schwarzem Karton eingehüllt war. Ein Stück mit Bariumplatincyanür bestrichenes Papier lag auf dem Tisch hier. Als ich einen Strom durch die Röhre gehen ließ, bemerkte ich einen sonderbaren schwarzen Strich auf dem Papier.«

»Und was dann?«

»Der Effekt konnte nur, in der üblichen Ausdrucksweise, vom Durchgang von Licht herrühren. Aber Licht konnte nicht von der Röhre kommen, weil die Abschirmung für alles Licht undurchdringlich war, sogar für das einer Bogenlampe.«

»Und was dachten Sie da?«

»Ich dachte nicht; ich untersuchte.«[10]

Das ist, von einigen Einzelheiten und dem Datum des 8. November 1895 abgesehen, auch nicht mehr, als Röntgen bereits im ersten Absatz seiner Veröffentlichung mitgeteilt hatte:

»Lässt man durch eine Hittorf'sche Vacuumröhre, oder einen genügend evacuierten Lenard'schen, Crookes'schen oder ähnlichen Apparat die Entladung eines größeren Rühmkorff gehen, und bedeckt man die Röhre mit einem ziemlich eng anliegenden Mantel aus dünnem, schwarzem Carton, so sieht man in dem vollständig abgedunkelten Zimmer einen in die Nähe des Apparates gebrachten, mit Bariumplatincyanür angestrichenen Papierschirm bei jeder Entladung hell aufleuchten, fluorescieren, gleichgültig ob die ungestrichene oder die andere Seite des Schirmes dem Entladungsapparat zugewendet ist. Die Fluoreszenz ist noch in 2 m Entfernung von dem Apparat bemerkbar.«[11]

Aus diesen Berichten, dem Interview und Röntgens eigener Veröffentlichung, darf man schließen, daß die Entdeckung nicht mit irgendeiner, sondern mit der Lenardschen Röhre gemacht wurde, die Röntgen im Frühjahr 1894 von Müller-Unkel in Braunschweig bezogen hatte. Der englische Journalist H. J. W. Dam hatte von einer Crookesschen Röhre vielleicht aus Patriotismus geschrieben, vielleicht wegen eines Mißverständnisses oder einfach nur als Sammelbezeichnung für alle Gasentladungsröhren.[12] Eine Untersuchung von Kathodenstrahlen war aber nur mit der von Lenard konstruierten, mit einem »Fenster« versehenen Röhre möglich. Zudem machte die Umhüllung der Röhre mit schwarzem Karton nur bei der Nachahmung von Lenards Experimenten überhaupt einen Sinn.[13] Bei allen anderen Röhren hätte Röntgen nur die Gasentladung im Innern des Glaskörpers beobachten können, und die Abschirmung mit lichtundurchlässigem Karton wäre einem Schildbürgerstreich nahegekommen. Freilich erst im Nachhinein wurde auch verständlich, daß die Lenard-Röhre für die Entdeckung geradezu prädestiniert war, weil die Röntgenstrahlen bei Abbremsung der Kathodenstrahlen in Materie entstehen und dies im Platinansatz der Lenard-Röhre viel effizienter geschieht als im Glas aller anderen Typen.

Zur Beobachtung der Kathodenstrahlen benutzte Röntgen Papier- oder Pappschirme, die mit Bariumplatincyanür[14] bestrichen waren, einem in Wasser löslichen kristallinen Material, das von ultraviolettem Licht und auch von Kathodenstrahlen zu grünlichem Fluoreszenzlicht angeregt wird. Am 8. November muß der penible Röntgen ein wenig nachlässig gewesen sein, denn ein Hauch von Unordnung war der Anfang seines Entdeckerglücks. Ein Stück Fluoreszenzpapier muß dort gelegen haben, wo es nicht hingehörte: auf dem Tisch unter der abgeschirmten Röhre. Als Röntgen es dort aufleuchten sah, war das wider alle Erwartung und wider alle Vernunft. Licht konnte die Fluoreszenz wegen der Abschirmung nicht angeregt haben, Kathodenstrahlen aber auch nicht, denn die konnten die Röhre nur am vorne angebrachten Fenster verlassen und nicht durch die untere Glaswand. Außerdem reichten sie, wie Lenard festgestellt und Röntgen längst bestätigt gefunden hatte, in Luft nur wenige Zentimeter weit.

Einmal auf das Unerwartete aufmerksam geworden, wird Röntgen das Papier Schritt für Schritt weiter von der Röhre entfernt haben. Als er in einer Entfernung von zwanzig oder dreißig Zentimetern, ja von einem halben und schließlich von mehr als einem ganzen Meter von der Röhre immer noch Fluoreszenz sah, da spätestens muß die anfängliche Irritation in die Vermutung umgeschlagen sein, daß er Neuem auf der Spur war.

Was dann geschah, kann man aus dem zweiten Abschnitt seiner Veröffentlichung unschwer erraten. Röntgen wird zügig ein festes Arrangement aus Röhre und Schirm aufgebaut und alles dazwischengehalten haben, was irgendwie griffbereit war. Ein Blatt Papier, ein tausend Seiten dickes Buch, ein Whistspiel, mal eine einzelne Karte, dann den ganzen Stapel – alles war für die neuen Strahlen, wenn es denn welche waren, transparent. Zwei bis drei Zentimeter dicke Holzbretter absorbierten nur wenig, und selbst dicke Holzblöcke waren noch durchlässig.

Irgendwann hielt er seine Hand zwischen den Entladungsapparat und den Schirm und sah »die dunkleren Schatten der Handknochen in dem nur wenig dunklen Schattenbild der Hand«[15]. Beim allerersten Anblick eines »durchleuchteten« menschlichen Körperteils muß selbst einem so kontrollierten Charakter wie Röntgen ein Schauer über den Rücken gelaufen sein. Um so bedauerlicher ist es, daß er sich auch über diese Empfindungen ausgeschwiegen hat.

So weit etwa mochte Röntgen in jener Nacht des 8. November 1895 schon gekommen sein, als die Leidenszeit seiner Frau begann. Zweifellos hätte er sich jetzt am liebsten nur noch um die neuen Strahlen gekümmert. Aber der Institutsbetrieb lief weiter und die Vorlesungsstunde an jedem Vormittag war unabänderlich. Im Praktikum wird er allerdings nur noch selten erschienen sein und dort die Betreuung dem Assistenten Otto Stern und dem Privatdozenten Max Wien, einem Neffen von Wilhelm Wien, überlassen haben. Aber der Gedanke, einen der beiden jungen Leute zu seiner Arbeit heranzuziehen, wird ihm niemals gekommen sein. Ordinarien arbeiteten damals vorwiegend allein, vor allem, wenn es um Wichtiges ging. Nur die Dienste der »Unterbeamten«, der Institutsdiener oder Mechaniker, wurden beansprucht, nicht aber die jüngerer Physiker.[16] Röntgen hat nicht einmal seinen Herrn Marstaller herbeigeholt, sondern einsam weiter gearbeitet, hektisch und bis an die Grenze der Erschöpfung angespannt.

Während der nächsten Tage wird Röntgen einige der im Institut vorhandenen Röhren an eine Pumpe angeschlossen haben, um das für Kathodenstrahlen nötige Hochvakuum zu erreichen. Er brauchte nicht mehr, wie einst Hertz in Berlin, mit körperlichem Einsatz durch Drehen einer Kurbel das Quecksilber zu heben und zu senken, da er über die segensreiche Erfindung eines Doktor August Raps verfügte, der übrigens bei August Kundt studiert hatte. Diese Pumpe wurde an die Wasserleitung angeschlossen, und das Wasser sorgte durch einen komplizierten Mechanismus für das rhythmische Auf und Ab des Quecksilbers. Das konnte freilich dauern: »Mein Apparat, der an der Raps'schen Pumpe sitzen bleibt, braucht einige Tage zum Auspumpen.«[17]

Als die Röhren fürs Experiment weit genug ausgepumpt waren, stellte Röntgen schnell fest, daß die neuen Strahlen mit allen Typen zu erzeugen waren. Er wußte auch bald, daß die Strahlen an einer ganz bestimmten Stelle entstehen. Er war sicher, »dass die Stelle der Wand des Entladungsapparats, die am stärksten fluoresciert, als Hauptausgangspunkt der nach allen Richtungen sich ausbreitenden X-Strahlen zu betrachten ist. Die X-Strahlen gehen somit von der Stelle aus, wo nach den Angaben verschiedener Forscher die Kathodenstrahlen auf die Wand treffen.«[18] Er hat jedoch nichts über die unterschiedlichen Intensitäten der von den einzelnen Röhrentypen erzeugten Strahlen veröffentlicht, obwohl er da zweifellos seine Erfahrungen sammelte, denn zwei Wochen nach erfolgter Publikation teilte er Kohlrausch privat mit, wie er die Versuche nachmachen könne: »... eine am besten von Müller-Unkel in Braunschweig bezogene, etwas modificierte Hittorf'sche Röhre und ein Fluorescenzschirm genügen. Diese Röhren liefern sehr intensive Strahlen ...«[19]

Das Besondere an dieser »etwas modifizierten Hittorf'schen Röhre« war die Verwendung von Platin sowohl für die konvexe Kathode als auch für die Anode. Johann Wilhelm Hittorf, der

Schüler von Plücker, hatte diese Röhre konstruiert, um die Wärmewirkung der Kathodenstrahlen beim Aufprall auf die Anode nachzuweisen. Das Platin der Anode wurde im »Brennfleck« glühend, und wenn der Experimentator nicht aufpaßte, konnte es sogar schmelzen. Zehnder hat berichtet, daß er selbst eine solche Röhre im Würzburger Institut durchgebrannt habe und daraufhin ein Ersatz angeschafft worden sei.[20]

Da Röntgen nach seinen eigenen Angaben die von Lenard konstruierte Röhre mit dem Platinansatz für das Fenster verwendet und mit ihr aller Wahrscheinlichkeit nach die erste Beobachtung gemacht hatte, war es naheliegend, eine Röhre mit massivem Platinblech, eben eine Hittorfsche Röhre, auszuprobieren. Sie lieferte tatsächlich die höchste Ausbeute der neuen Strahlen. Die von Röntgen erwähnte Modifikation bestand darin, daß das Blech der Platinanode um 45 Grad gegenüber dem Kathodenstrahl geneigt war.

In seiner Publikation hat Röntgen jedoch nichts von seiner Nachahmung der Lenardschen Versuche oder von der Lenardschen Röhre verlauten lassen. Statt dessen hat er an erster Stelle »eine Hittorf'sche Vacuumröhre« genannt und erst an zweiter Stelle ziemlich pauschal »einen Lenard'schen, Crookes'schen oder sonstigen Apparat«. Dadurch verbreitete sich die Auffassung, daß Röntgen seine Entdeckung mit einer Hittorfschen Röhre gemacht habe. Lenard, der sich der Vermutung nicht erwehren konnte, daß seine Röhre bei der Entdeckung im Spiele gewesen war, nahm das übel, und Röntgen trug nichts zur Aufklärung bei. Beiden hat dieser Konflikt das Leben vergällt.[21] – Wir werden darauf zurückkommen.

Röntgen war keineswegs untätig, wenn Röhren ausgepumpt werden mußten. Mit funktionsfähigen Apparaten setzte er zügig seine Untersuchungen fort, schob Gummi, verschiedene Glassorten, Platten aus Kupfer und Blei, auch solche aus Silber, Gold und Platin in den »Strahlengang« und fand annähernd, wie Lenard bei den Kathodenstrahlen, daß die Durchlässigkeit der verschiedenen Substanzen »wesentlich bedingt ist durch die Dichte; keine andere Eigenschaft macht sich wenigstens in so hohem Grade bemerkbar als diese«[22]. Diese Gesetzmäßigkeit ist der Grund dafür, daß Röntgen die Knochen seiner Hand gesehen hat und bald noch viele andere dem Auge unzugänglichen Dinge sichtbar machte.

Der Gedanke, die »durchleuchteten« Bilder auf photographische Platten zu bannen, muß sich Röntgen ebenfalls sehr bald aufgedrängt haben. Vielleicht hatte er schon bei der Wiederholung von Lenards Experimenten nach dessen Angaben photographische Platten verwendet, um die Ausbreitung von Kathodenstrahlen zu studieren; mit Sicherheit hatte er davon gelesen. Es mag geholfen haben, daß Röntgen ein begeisterter Amateurphotograph war, aber seine Kamera brauchte er nicht. Er konnte die Platten einfach in der Umhüllung lassen und sie an die mit dem Fluoreszenzschirm als günstig identifizierte Stelle bringen. Beim Entwickeln sah er, was daraus geworden war, und tastete sich so an die optimalen »Belichtungszeiten« heran, die im Bereich von einigen Minuten, manchmal auch von mehr als zehn Minuten lag.

War erst einmal ein Gefühl für die Expositionsdauer gewonnen, so funktionierte diese Art der Photographie sehr gut und wurde schnell zur Routine: »Man ist im Stande, manche Erscheinungen zu fixieren, wodurch Täuschungen leichter ausgeschlossen werden; und ich habe, wo es irgend anging, jede wichtige Beobachtung, die ich mit dem Auge am Fluorescenzschirm machte, durch eine photographische Aufnahme controllirt.«[23] Was für Röntgen Kontrolle und Dokumentation war, wurde nach der Publikation zur Hauptsache und der wesentliche Grund für die weltweite Popularität seiner Entdeckung. Aber in seiner Publikation stellte er seine Leistung als erster X-Strahlen-Photograph keineswegs unter den Scheffel: »So besitze ich z. B. Photographien von den Schatten der Profile einer Thüre, welche die Zimmer trennt, in welchen einerseits der Entladungsapparat, andererseits die photographische Platte aufgestellt waren; von den Schatten der Handknochen; von dem Schatten eines auf einer Holzspule versteckt aufgewickelten Drahtes; eines in einem Kästchen eingeschlossenen Gewichtssatzes; einer Bussole, bei welcher die Magnetnadel ganz von Metall eingeschlossen ist; eines Metallstückes, dessen Inhomogenität durch die X-Strahlen sichtbar wird; etc.«[24]

Daß diese Aufnahmen bei Tages- oder Lampenlicht im hellen Zimmer gemacht werden und die Platten in ihrer lichtundurchlässigen Hülle bleiben konnten, war einerseits sehr bequem. Andererseits hatte Röntgen Grund, den Rat zu erteilen, »dass man unentwickelte Platten nicht bloss durch die gebräuchliche Hülle aus Pappendeckel und Papier geschützt längere Zeit in der Nähe des Entladungsapparates liegen lassen darf«[25]. Manchem Physiker, der mit Gasentladungsröhren experimentierte, ist es wie Schuppen von den Augen gefallen, als er diese Bemerkung zu lesen bekam: Nun wußte er endlich, warum manchmal Photoplatten unerklärliche Schlieren gezeigt hatten oder gar völlig unbrauchbar geworden waren.

Aber Röntgen betrieb die Photographie nur aus Liebhaberei, im Falle der neuen Strahlen zweifellos aus ganz besonderer Liebhaberei; von Profession aber war er Physiker, und da galt es, über die Natur der neuen Strahlen soviel herauszufinden wie irgend möglich.

Nach den Untersuchungen über die Durchlässigkeit »beeilte ich mich, zu erfahren, wie sich die X-Strahlen beim Durchgang durch ein Prisma verhalten, ob sie darin abgelenkt werden oder nicht«. Beobachtungen mit prismatischen Hohlkörpern aus Glimmer zeigten keine Ablenkung bei Wasser und Schwefelkohlenstoff. Bei Hartgummi und Aluminium meinte er eine kleine Ablenkung auf der Photoplatte zu sehen, »doch ist die Sache sehr unsicher«. Versuche mit pulverisiertem Material einerseits und kohärentem Material andererseits zeigten jedoch, »dass sowohl eine Brechung als auch eine Reflexion nicht in merklichem Umfange vorhanden ist«. Damit war zugleich klar, daß X-Strahlen nicht von Linsen konzentriert werden können, gleich welchen Materials; Versuche mit Linsen aus Hartgummi und Glas bestätigten diese Schlußfolgerung.[26] Zugleich war dadurch bestätigt, daß die neuen Strahlen sich grundsätzlich anders verhalten als Licht, was aber nach den anfänglichen Beobachtungen der hohen Durchdringungsfähigkeit schon anzunehmen gewesen war.

Nun mußte noch über jeden Zweifel hinaus der Unterschied zu den Kathodenstrahlen dingfest gemacht werden. Sie hatten mit der Erzeugung der X-Strahlen so viel zu tun, daß man sogar an eine enge Verwandtschaft hätte denken können. Dem stand zwar die extrem unterschiedliche Durchdringungsfähigkeit im Wege, aber Röntgen wird sich gefreut haben, »dass es mir trotz vieler Bemühungen nicht gelungen ist, auch in sehr kräftigen magnetischen Feldern eine Ablenkung der X-Strahlen durch den Magnet zu erhalten«[27]. Damit war ein weiteres Unterscheidungskriterium gegeben, denn die Experimente von Hertz und Lenard hatten die Ablenkbarkeit im Magnetfeld als ein nachgerade charakteristisches Merkmal für Kathodenstrahlen aufgezeigt. Also konnte Röntgen in gezügeltem Triumph schreiben, »dass die X-Strahlen nicht identisch sind mit den Kathodenstrahlen, dass sie aber von den Kathodenstrahlen in der Glaswand des Entladungsapparats erzeugt werden.«[28] Er wußte nun auch den Titel für seine Abhandlung: »Über eine neue Art von Strahlen«.

Kurz vor Weihnachten, als die Studenten Würzburg verlassen hatten, wurde es auch im Institut ruhig. Röntgen führte seine Frau am 22. Dezember in sein Allerheiligstes und machte eine Aufnahme von ihrer Hand. Spätestens beim Anblick dieser gut gelungenen Darstellung der Knochen und des Eherings muß Frau Röntgen das Verhalten ihres Mannes in den letzten Wochen zumindest für entschuldbar gehalten haben, und sie wird ihm auch nachgesehen haben, daß er während der Weihnachtstage unbedingt eine Abhandlung über seine Entdeckung schreiben wollte. Röntgen hatte es mit Publikationen nie sehr eilig gehabt, sie manchmal sogar ein Jahr lang bis zur Fertigstellung liegen lassen, denn war »eine Arbeit fertig, so habe ich das eigentliche Interesse daran verloren; an der Publikation ist mir häufig sehr wenig gelegen.«[29] Dieses Mal war es ganz anders: Es konnte nicht schnell genug gehen.

In seiner kleinen, akkuraten Handschrift füllte er gut zwanzig Blätter, durchnumeriert in 17 Abschnitte. Sein Text war bar jeden Überschwangs über die Entdeckung und durchgängig im Stile eines nüchternen Werkstattberichts gehalten. Die Überschrift »Über eine neue Art von Strahlen« ergänzte er um den Untertitel »Vorläufige Mitteilung«. Erst im vierten Abschnitt

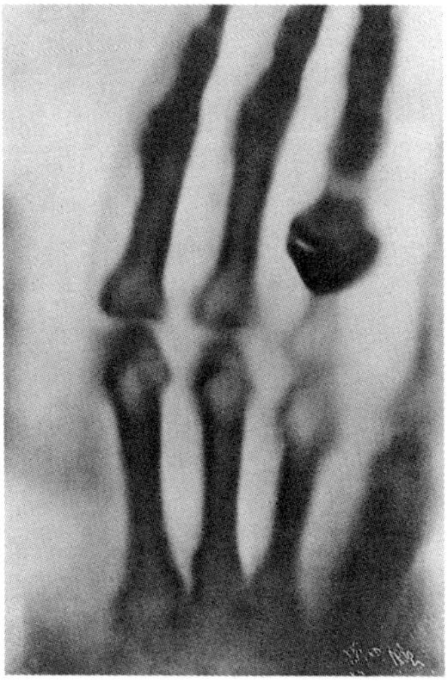

Aufnahme Röntgens von der Hand seiner Frau vom 22. Dezember 1895.

schrieb er unvermittelt von der »Wirkung der X-Strahlen«; beim Korrekturlesen fiel ihm auf, daß diese Bezeichnung eine Einführung verdient hätte, und so wurde die Namensgebung nachträglich als Fußnote eingerückt: »Der Kürze halber möchte ich den Ausdruck ›Strahlen‹ und zwar zur Unterscheidung von anderen den Namen ›X-Strahlen‹ gebrauchen.«[30] Daß dieses X nach dem Brauch der Mathematiker für »unbekannt« stehen sollte, wird oft behauptet, ist aber nicht nur deshalb eher unwahrscheinlich, weil Röntgen dann den kleinen Buchstaben gewählt hätte.

Im letzten Abschnitt trug er nämlich schon etwas mehr als nur eine Vermutung über die Natur der neuen Strahlen vor, und danach würde seine Entdeckung nicht etwa die Tür zu radikal Neuem aufstoßen, sondern eher eine Lücke im etablierten Theoriegebäude schließen: »Nun weiss man schon seit langer Zeit, dass ausser den transversalen Lichtschwingungen auch longitudinale Schwingungen im Aether vorkommen können und nach Ansicht verschiedener Physiker auch vorkommen müssen.«[31] Vom Licht wußte man schon lange, daß die Schwingungen senkrecht zur Ausbreitungsrichtung, also transversal, erfolgen, und das gleiche hatte Heinrich Hertz für die elektromagnetischen Wellen festgestellt. Einige Physiker glaubten, je nach den benutzten theoretischen Modellen und Vorlieben, daß der Äther auch in der Ausbreitungsrichtung, also longitudinal, schwingen müsse, so ähnlich wie Luft oder feste Körper beim Schall.

Röntgen stellte daher die nur teilweise rhetorisch gemeinte Frage: »Sollten nun die neuen Strahlen nicht longitudinalen Schwingungen im Aether zuzuschreiben sein?« Die Antwort ließ er auf dem Fuße folgen, wenn auch vorsichtig formuliert: »Ich muß bekennen, dass ich mich im Laufe der Untersuchung immer mehr mit diesem Gedanken vertraut gemacht habe und gestatte mir dann auch diese Vermuthung hier auszusprechen, wiewohl ich mir sehr wohl bewusst bin, dass die gegebene Erklärung einer weiteren Begründung noch bedarf.«[32] Das war freilich eine Konzession an den physikalischen Zeitgeist und gab zugleich die Möglichkeit, den Artikel mit einem inhaltlichen Höhepunkt und Ausblick enden zu lassen. Schon zwei Wochen später äußerte Röntgen sich in einem Brief wieder in einer Weise, die ihm eher entsprach und den skeptischen Experimentator herauskehrte: »Welcher Natur die Strahlen sind, ist mir ganz unklar, und ob es wirklich longitudinale Lichtstrahlen sind, kommt für mich erst in zweiter Linie in Betracht. Die Tatsachen sind die Hauptsache.«[33]

Beim Schreiben oder beim Nachlesen des Manuskripts hat ihm übrigens gleich am Anfang in der fünften Zeile des ersten Absatzes etwas nicht gefallen. Da war ihm mit der Formulierung »... und bedeckt einen Lenard'schen Apparat mit einem ziemlich eng anliegenden Mantel ...« etwas in die Feder geflossen, mit dem er nicht zufrieden war. Er strich »den Lenard'schen Apparat« wieder aus und schrieb »die Röhre« darüber. Auch das: eine Tatsache.

Am 28. Dezember suchte Röntgen den amtierenden Sekretär der Würzburger Physikalisch-medicinischen Gesellschaft auf. Dem war die Bedeutung von Röntgens Arbeit leicht zu vermitteln, vielleicht am drastischsten durch eine Photographie von Handknochen. Unverzüglich wurde das Manuskript in die Setzerei der Stahel'schen königlichen Hof- und Universitätsbuchhandlung gegeben, damit es noch in den Jahrgang 1895 der Sitzungsberichte aufgenommen werden konnte und der Autor so schnell wie möglich seine Separatdrucke erhielt.

Während gesetzt und gedruckt wurde, war Röntgen in den nächsten Tagen in der Dunkelkammer verschwunden, um ein Dutzend Sätze von Abzügen der in seinem Artikel so stolz aufgezählten Photographien herzustellen. Diese Mühe hätte er sich gerne abnehmen lassen, »aber ich musste sie alle selbst machen, weil mein Assistent zu Weihnachten nach Hause gereist war«[34]. Beim Aufkleben der Photos auf grünen Karton werden ihm seine Frau und die Nichte schon geholfen haben, während für die Beschriftung er selbst sorgte.

Am Silvestertag wurde das Paket der Separatdrucke im Institut am Pleicherring abgegeben. Nun ging es ans Eintüten und Adressen schreiben. Röntgen, der nie auf Kongresse ging, hatte freilich immer Wert darauf gelegt, an dem durch den Austausch von Separatdrucken etablierten Kommunikationsnetz der Physiker beteiligt zu sein. Etwa siebzig »Separata« benötigte er für seine Professorenkollegen in Deutschland, Österreich und der Schweiz, sowie für alle Physiker geringeren Ranges, soweit sie regelmäßig in den »Annalen« veröffentlichten. Dazu standen auf seiner Adressenliste noch etwa zwanzig prominente ausländische Gelehrte: in England und in Frankreich, natürlich in Holland, aber auch in Schweden.[35] Dieses Mal hatte er noch die delikate Entscheidung zu treffen, wer zusätzlich zu dem Separatdruck mit einem Satz Photographien bedacht werden sollte. In Deutschland war das nur Emil Warburg in Berlin.

Am Neujahrstag 1896 trug Röntgen seine Sendungen zur Post. Er wußte, daß sie bei den Kollegen großen Eindruck machen würden, und darin hatte er sich nicht getäuscht. Aber schon nach wenigen Tagen machte er noch eine Erfahrung, mit der er nicht gerechnet hatte, denn »nun ging der Teufel los«[36].

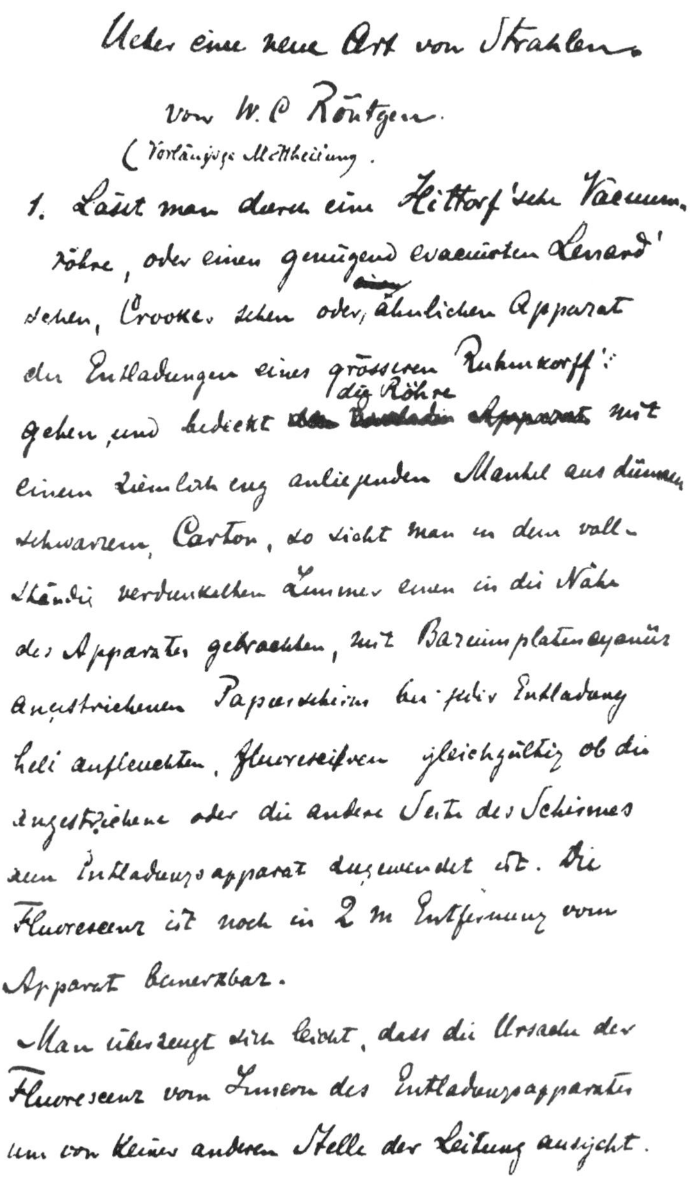

Ueber eine neue Art von Strahlen.

von W. C. Röntgen.

(Vorläufige Mittheilung.

1. Läßt man durch eine Hittorf'sche Vacuum-
röhre, oder einen genügend evacuirten Lenard'-
schen, Crookes'schen oder ähnlichen Apparat
die Entladungen eines grösseren Ruhmkorff's
gehen, und bedeckt die Röhre mit
einem ziemlich eng anliegenden Mantel aus dünnem,
schwarzem Carton, so sieht man in dem voll-
ständig verdunkelten Zimmer einen in die Nähe
des Apparates gebrachten, mit Bariumplatincyanür
angestrichenen Papierschirm bei jeder Entladung
hell aufleuchten, fluoresciren, gleichgültig ob die
angestrichene oder die andere Seite des Schirmes
dem Entladungsapparat zugewendet ist. Die
Fluorescenz ist noch in 2 m Entfernung vom
Apparat bemerkbar.

Man überzeugt sich leicht, dass die Ursache der
Fluorescenz vom Innern des Entladungsapparates
und von keiner anderen Stelle der Leitung ausgeht.

Die erste Seite von Röntgens Veröffentlichung »Über eine neue Art von Strahlen«, fertiggestellt am 28. Dezember 1895.

3. »wie im Traum« – Freuden und Leiden des Entdeckers

Mancher Adressat von Röntgens am 1. Januar verschickten Separatdrucken wollte das Unglaubliche nicht wahrhaben. So soll Ferdinand Braun spontan den Kopf geschüttelt haben: »Der Röntgen war doch sonst immer ein vernünftiger Mensch, und Fastnacht ist auch noch nicht ...«[1] Der Berliner Physiker Otto Lummer ließ seine erste Reaktion sogar drucken, freilich erst nach einer Woche und gründlicher Bekehrung: »Denn wahrlich konnte ich mich des Gedankens nicht erwehren, ein Märchen vernommen zu haben, wenn auch der Name des Autors und dessen stichhaltige Beweise mich von diesem Wahne schnell genug befreiten.«[2] Mit solchen Reaktionen hat Röntgen zweifellos gerechnet, hätte sie wohl auch nicht übelnehmen können, aber er hat nichts davon erfahren oder erst später, als ihm alle schon glaubten.

Die erste Zustimmung erhielt Röntgen schon nach wenigen Tagen aus Berlin. Emil Warburg wird über den Inhalt des am 3. Januar aus Würzburg eingetroffenen Kuverts nicht weniger erstaunt gewesen sein als andere Kollegen. Anfängliche Zweifel, wenn es je welche gab, werden rasch verflogen sein, da Warburg schon während seiner ersten Professur in Straßburg Röntgen als Assistenten kennengelernt und seither als verläßlichen Experimentator geschätzt hatte. Warburg zögerte daher nicht, schon am nächsten Tage eine günstige Gelegenheit zu nutzen, um die Sensation vor einem sachkundigen Publikum unverzüglich bekannt zu machen, wie er dem »Verehrten Herrn Kollegen« postwendend berichtete:

»Schönsten Dank für Ihre hochinteressante Zusendung und die beigegebenen Photographien, welche natürlich den Eindruck bedeutend erhöhen. Ich werde mir erlauben, die Photographien morgen gelegentlich der 50jährigen Feier der Stiftung der Physikalischen Gesellschaft vorzuzeigen. Mit freundlichem Gruß von Haus zu Haus und bestem Glückwunsch zum neuen Jahre,

in Eile Ihr ergebener Warburg«[3]

Die Physikalische Gesellschaft zu Berlin war im Januar 1845 von sechs diskussionsfreudigen jungen Naturwissenschaftlern aus dem Umkreis von Gustav Magnus gegründet worden. Das fünfzigjährige Jubiläum wäre daher 1895 zu feiern gewesen, aber das »schwarze Jahr« 1894, insbesondere der Tod von Helmholtz im September, gebot aus Pietätsgründen einen einjährigen Aufschub. Am Sonnabend, dem 4. Januar 1896, begannen die Jubiläumsfeierlichkeiten in dem für Helmholtz errichteten großen Institut an der Weidendammbrücke mit Vorträgen, Vorführungen von Experimenten und einer Ausstellung wissenschaftlicher Apparate.

Der Hausherr Warburg, seit einem Jahr Nachfolger von Kundt und von Helmholtz, hatte dem Programm einen Hinweis auf »eine Reihe von Photographien, welche Herr Röntgen in Würzburg vermittels der jüngst von ihm entdeckten X-Strahlen aufgenommen hat«, hinzufügen lassen. Nach Würzburg berichtete er, »daß Ihre Photographien gestern vor einem großen Publikum, auch vielen auswärtigen Mitgliedern der Gesellschaft, ausgestellt, zu meiner Freude, wie übrigens nicht anders zu erwarten war, größtes und allgemeinstes Interesse erregten«[4].

Aber es hat nicht den Anschein, als hätte die Präsentation der Photographien in der Ausstellung wie eine Bombe eingeschlagen. Viele Besucher, und darunter gerade die wichtigsten, hatten sie nicht einmal wahrgenommen. Beim abendlichen Bankett im Hotel Reichshof wurden sie in der Festrede des Vorsitzenden Wilhelm von Bezold, dem Direktor des Preußischen Meteorologischen Instituts in Potsdam, nicht einmal erwähnt. Beim Druck seiner Ansprache fügte er in einer Fußnote eine nachträgliche Huldigung ein und dazu eine Entschuldigung, daß er eine historische Gelegenheit verpaßt hatte:

»Leider war es dem Redner, der überdies an diesem Abend geschäftlich stark in Anspruch genommen war, ebenso wie manchen anderen Mitgliedern der Gesellschaft gänzlich unbekannt geblieben, daß sich unter den ausgestellten Gegenständen an einer wenig auffälligen und durch zahlreiche Beschauer verdeckten Stelle die ersten Röntgenschen Photographien befanden. Wäre ihm auch nur ein Wort darüber zu Ohren gekommen, so hätte er seine Rede in ganz anderem Tone geschlossen und der seltenen Weihe gedacht, welche dem Feste dadurch verliehen worden sei, daß an diesem Tage zum ersten Male die Ergebnisse einer Entdeckung mitgeteilt wurden, deren weittragende Bedeutung auf den ersten Blick erkannt werden mußte.«[5]

Freilich waren nicht alle so beschäftigt gewesen wie der Herr Präsident. Ein Dr. Moritz Jastrowitz, ein Arzt, war von den Photographien dermaßen fasziniert, daß er sich die Aufnahme der durchleuchteten Hand am nächsten Tage bei Warburg auslieh, sie am Montag, dem 6. Januar, im Berliner Verein für Innere Medizin präsentierte und einen kleinen Vortrag extemporierte. Als die »Vossische Zeitung«, Berlins repräsentatives Blatt für die gebildeten Stände, darüber berichtete, wurde hervorgehoben, daß die Photographie des Knochengerüsts einer menschlichen Hand »nicht von einem Skelett, sondern am lebenden Menschen gemacht ist«[6]. Die Notiz konnte knapp gehalten werden, denn anschließend folgte der Nachdruck eines Berichts, der schon am 5. Januar in der Wiener Zeitung »Die Presse« erschienen war und bereits eine weltweite Zeitungslawine über die neuen Strahlen in Gang gesetzt hatte. Zum ersten Mal wurde eine wissenschaftliche Entdeckung als Medienereignis über die Telegraphenleitungen binnen weniger Tage über die ganze Welt verbreitet.

Einen Satz der neun Photographien hatte Röntgen neben seiner »Vorläufigen Mitteilung« an den Wiener Ordinarius für Experimentalphysik Franz Exner geschickt, einen alten Bekannten, den er schon in Zürich beim Studium in Kundts Laboratorium kennengelernt hatte, der in Straßburg sein Assistentenkollege gewesen war und mit dem er damals eine gemeinsame Arbeit veröffentlicht hatte.[7] Während die Berliner Physiker beim Bankett im Hotel Reichshof einer Festansprache lauschten, in der von den neuen Strahlen nicht die Rede war, hatten sich einige Wiener Physiker wie öfters am Samstagabend zu einem informellen Kränzchen getroffen. Exner berichtete über die aus Würzburg eingegangene Post und zeigte die Photos seinen Kollegen. Ein besonders aufmerksamer Betrachter war der Prager Ordinarius Ernst Lecher, der über die Weihnachtsferien seinen Vater besuchte. Daß Vater Lecher Redakteur bei der Wiener Zeitung »Die Presse« war, hatte Folgen.

Ernst Lecher lieh sich die Photographien von Exner aus und zeigte sie seinem Vater. Der begriff mit journalistischem Gespür sofort, daß eine Sensation in der Luft lag. Da er in seinem Sohn einen Fachmann zur Hand hatte, bat er ihn, noch am späten Abend einen kurzen Bericht für die nächste Ausgabe zu schreiben. Der Redakteur muß freilich eine lange Nacht verbracht haben, denn er konnte es sich nicht versagen, die nüchternen Ausführungen seines Sohnes durch einen Vorspann einzuleiten und ihnen vor allem noch eine begeisterte Zukunftsvision folgen zu lassen.

Die Gemeinschaftsarbeit war, allerdings ohne Namensnennung, unter der Überschrift »Eine sensationelle Entdeckung« der Aufmacher auf der ersten Seite der »Presse« vom 5. Januar 1896. Der Physikprofessor berichtete später, daß er »höchst erstaunt war, als er diesen kleinen Bericht im nächsten Morgenblatt stark angewachsen wiederfand, wobei sein Vater die medizinischen Entwicklungsmöglichkeiten der neuen Entdeckung in richtig voraussehender Weise schilderte«[8]. So wurde durch glückliches Zusammenwirken von Vater und Sohn Lecher die Entdeckung der neuen Strahlen nur fünf Tage, nachdem Röntgen seine »Vorläufige Mitteilung« in Würzburg zur Post gegeben hatte, ein zweites Mal beschrieben. Mehr noch als Röntgens Originalarbeit wurde in den ersten Monaten der Artikel der beiden Lechers durch Nachdrucke in Deutschland, durch Übersetzungen und als Grundlage für Berichte in der ganzen Welt die wichtigste Informationsquelle über die neuen Strahlen, nicht nur für das breite Publikum der Zeitungsleser, sondern auch für viele Physiker und vor allem für Mediziner. Die »Presse« und alle nachdruckenden Zeitungen haben sich dabei nicht blamiert:

»In gelehrten Fachkreisen Wiens macht gegenwärtig die Mitteilung von einer Entdeckung, welche Professor Röntgen in Würzburg gemacht haben soll, große Sensation. Wenn sich dieselbe bewährt, wenn die hierauf bezüglichen Mitteilungen sich als begründet erweisen, so hat man es mit einem in seiner Art epochemachenden Ergebnisse der exakten Forschung zu tun, das sowohl auf physikalischem wie auf medizinischem Gebiete ganz merkwürdige Konsequenzen bringen dürfte. Wir hören hierüber:

›Professor Röntgen nimmt eine Crookes'sche Röhre – eine sehr hart ausgepumpte Glasröhre, durch die ein Induktionsstrom geht – und photographiert mit Hilfe der Strahlen, welche diese Röhre nach außen hin aussendet, auf gewöhnlichen photographischen Platten. Diese Strahlen nun, von deren Existenz man bisher keine Ahnung hatte, sind für das Auge vollständig unsichtbar; sie durchdringen, im Gegensatz zu gewöhnlichen Lichtstrahlen, Holzstoffe, organische Stoffe und dergleichen undurchsichtige Körper. Metalle und Knochen hingegen halten die Strahlen auf. Man kann bei hellem Tageslicht mit ›geschlossener Kassette‹ photographieren; das heißt, die Lichtstrahlen gehen den gewöhnlichen Weg und durchdringen auch den Holzdeckel, der vor die lichtempfindlichen Platten geschoben ist und sonst von dem Photographen entfernt werden muß. Sie durchdringen auch eine Holzhülle vor dem zu photographierenden Objekt. Prof. Röntgen photographiert z. B. die Gewichtstücke eines Gewichtssatzes, ohne das Holzetui zu öffnen, in welchem die Gewichte aufbewahrt sind. Auf der gewonnenen Photographie sieht man nur die Metallgewichte, nicht die Kassette. Ebenso kann man Metallgegenstände, die in einem Holzkasten verwahrt sind, photographieren, ohne den Kasten zu öffnen. Wie die gewöhnlichen Lichtstrahlen durch Glas gehen, so gehen diese neuentdeckten von den Crookes'schen Röhren ausströmenden Strahlen durch Holz und auch durch – Weichteile des menschlichen Körpers. Am überraschendsten ist nämlich die durch den erwähnten photographischen Prozeß gewonnene Abbildung von einer menschlichen Hand, um deren Finger die Ringe frei zu schweben scheinen. Die Weichteile der Hand sind nicht sichtbar.

Einige Proben dieser sensationellen Entdeckung existieren in Wiener Gelehrtenkreisen und erregen in denselben berechtigtes Staunen.‹

So weit die knappen Angaben, welche wir über die Entdeckung des Würzburger Gelehrten bisher in Erfahrung bringen konnten. Sie klingen wie ein Märchen oder wie ein verwegener Aprilscherz. Wir bekennen ausdrücklich noch einmal, daß die Sache von ernsten Gelehrten ernst genommen wird. Es wird wohl in allernächster Zeit in den Laboratorien die Sache sehr eingehend geprüft und zu einer weiteren Entwicklung gebracht werden. Die Physiker werden ihre Studien über die bisher unbekannte Lichtleitung machen, welche Gegenstände durchdringt, die als undurchdringlich für das Licht gegolten haben und den Lichtstrahlen aus den Crookes'schen Röhren den Durchgang ebenso gestatten, wie eine Glasscheibe dem Sonnenlichte. Die Pfadfinder auf dem speziellen Gebiete der Photographie werden binnen kurzem der Entdeckung von allen Seiten auf den Leib rücken und Versuche anstellen, wie dieselbe vervollkommnet, wie sie praktisch verwertet werden könne; für diese praktische Verwertung wieder werden sich Biologen und Ärzte, insbesondere jedoch die Chirurgen lebhaft interessieren, weil sich hier ihnen eine Perspektive auf einen neuen, sehr wertvollen diagnostischen Behelf zu öffnen scheint.

Es ist angesichts einer so sensationellen Entdeckung schwer, phantastische Zukunftsspekulationen im Stile eines Jules Verne von sich abzuweisen. So lebhaft dringen sie auf denjenigen ein, der hier die bestimmte Versicherung hört, es sei ein neuer Lichtträger gefunden, welcher die Beleuchtung hellen Sonnenscheins durch Bretterwände und die Weichteile eines tierischen Körpers trägt, als ob dieselben von kristallhellem Spiegelglase wären. Die Zweifel müssen sich bescheiden, wenn man vernimmt, daß das photographische Beweismaterial für diese Entdeckung vor den Augen ernster Kritiker bisher Stand zu halten scheint. Vorläufig sei nur darauf hingewiesen, welche Wichtigkeit für die Diagnose von Knochenverletzungen und Knochenerkrankungen es haben würde, wenn es bei einer weiteren, nur rein technischen Entwicklung dieses neuen photographischen Verfahrens gelingt, nicht nur eine menschliche Hand in der Weise zu photographieren, daß auf einem Bilde die Weichteile nicht erscheinen, wohl aber eine genaue Zeichnung der Knochen. Der Arzt könnte dann zum Beispiel die Eigenart eines komplizierten Knochenbruchs ganz genau kennen lernen ohne die für den Patienten schmerzliche manuelle Untersuchung; der Wundarzt könnte sich über die Lage eines Fremdkörpers im menschlichen Leibe, einer Kugel, eines Granatsplitters, viel leichter als bisher und ohne die oft so qualvollen Untersuchungen mit der Sonde unterrichten. Für Knochenkrankheiten, die auf keine traumatische Ursache zurückzuführen sind, wären solche Photographien, vorausgesetzt, daß die Verfertigung derselben gelingen sollte, ebenso ein wertvoller Behelf für die Diagnose wie die einzuschlagenden Heilverfahren.

Und läßt man der Phantasie weiter die Zügel schießen, stellt man sich vor, daß es gelingen würde, die neue Methode des photographischen Prozesses mit Hilfe der Strahlen aus den Crookes'schen Röhren so zu vervollkommnen, daß nur eine Partie der Weichteile des menschlichen Körpers durchsichtig bleibt, eine tiefer liegende Schicht aber auf den Platten fixiert werden kann, so wäre ein unschätzbarer Behelf für die Diagnose zahlloser anderer Krankheitsgruppen als die der Knochen gewonnen. Eine solche Errungenschaft, ein solcher Fortschritt auf der einmal eröffneten Bahn wird ja, die Richtigkeit der ersten Prämisse vorausgesetzt, nicht außer dem Bereiche der Möglichkeit erscheinen. Wir gestehen, daß dies alles überkühne Zukunftsphantasien sind. Aber – wer im Anfange dieses Jahrhunderts gesagt hätte, das Enkelgeschlecht werde von der Kugel im Fluge getreue Bilder fertigen und mit Hilfe eines elektrischen Apparates Zwiegespräche über den großen Ozean hin und wider führen können, hätte sich auch dem Verdacht ausgesetzt, dem Irrenhause entgegenzureisen.

Wir wollten nur beiläufig andeuten, nach welcher Richtung hin des Würzburger Gelehrten sensationelle Entdeckung neuartige Perspektiven eröffnen kann.«

Man kann nicht umhin, die Leistung der beiden Autoren zu bewundern. Ohne die Bilder abdrucken zu können, hatte der Physiker Ernst Lecher nur aufgrund von Röntgens »Vorläufiger Mitteilung«, der Photos und der Diskussionen im Kollegenkreise in Windeseile eine auf Breitenwirkung bedachte, konzise Zusammenfassung der augenfälligsten Aspekte geschrieben, die den unheimlichen Eindruck der durchs Fleisch hindurch photographierten Knochen eindrucksvoll vermittelte. Vater Lecher hatte zwar, wie er sich selbst sorgte, seiner Phantasie »die Zügel schießen« lassen, aber im Rückblick muß man dem Redakteur eine ziemlich genaue und sachgerechte Phantasie bescheinigen, denn seine Vorhersagen hatten sich schon nach wenigen Monaten bestätigt.

Gleichwohl muß der Sohn dem phantasievollen Vater die Leviten gelesen haben, denn nur so läßt sich erklären, daß schon nach zwei Tagen in einem weiteren Artikel in der Wiener »Presse« gedruckt wurde, daß das wissenschaftlich eigentlich Bedeutungsvolle der Röntgenschen Entdeckung nicht etwa die Bilder seien, sondern die erstmalige Feststellung einer nicht wellenförmigen Bewegung im Äther, einer »geradlinigen Fortpflanzung, etwas, was als Hypothese von den Physikern angenommen, aber bisher niemals nachgewiesen werden konnte«. Daher wurde alles, was das Publikum in helle Aufregung versetzte, sogleich wieder zurechtgerückt: »Die wundersamen, unglaublichen Dinge, welche Röntgen gleich bei Beginn der Untersuchung über seine Entdeckung gefunden hat, die verblüffende Herstellung seiner Photographie ist eigentlich rein nebensächlich im Vergleiche zu der eben erwähnten Konstatierung einer geradlinigen Fortbewegung gewisser Lichtstrahlen.«[9]

Diese Einschätzung muß das Ergebnis eines Informationsaustausches zwischen Wien und Würzburg gewesen sein, entweder durch Telegramme oder vielleicht sogar schon übers Telefon, denn die Wiener »Presse« konnte in diesem Artikel am 7. Januar sogar einige Informationen aus erster Quelle bringen: »Der Würzburger Gelehrte kam, wie dies so häufig bei solchen sensationellen Entdeckungen geschieht, durch Zufall auf seinen großen Fund. Er hatte eine Crookes'sche Röhre, mit Stoff umwickelt, auf seinem Laboratoriumstische und ließ zu irgendeinem Zwecke einen sehr starken elektrischen Strom durch dieselbe gehen. Nach einiger Zeit bemerkte er, daß in einer gewissen Entfernung ein präpariertes Papier Linien zeigte, die bisher bei Einwirkung von Elektrizität nicht beobachtet wurden. Der scharfsinnige Gelehrte verfolgte diese Beobachtung weiter und das vorläufige Ergebnis seiner Studien ist das soeben Mitgeteilte.«

»Die Presse« wurde praktisch nur an ihrem Erscheinungsort gelesen und beachtet, aber findige Korrespondenten machten ihre Redaktionen auf die in dem Wiener Lokalblatt veröffentlichte Sensation aufmerksam und sorgten für vielfache Nachdrucke, wobei das großzügige Weglassen von Quellenangaben die Herkunft verschleierte.[10] Den Auftakt der Nachdrucke bildete die in ganz Deutschland beachtete »Frankfurter Zeitung« am 7. Januar, gefolgt von der Berliner »Vossischen Zeitung« am 8. Januar und daraufhin von allen anderen Zeitungen bis hin zu Provinzblättern. Der »Würzburger Generalanzeiger« genoß übrigens keinerlei Heimvorteil. Röntgen war offenbar für die örtlichen Redakteure nicht zu sprechen, so daß ausgerechnet der am 9. Januar erschienene erste Artikel der Zeitung vom Orte des Geschehens mit der Fehlinformation begann, Professor Röntgen habe seine Entdeckung im Dezember in einem Vortrag vor der »Physikalisch-Medicinischen Gesellschaft« mitgeteilt. Man hätte auch in Würzburg besser daran getan, gleich die Wiener »Presse« nachzudrucken.

Auch für das Ausland war der Artikel der Wiener »Presse« die erste Quelle. Gleich am 5. Januar hatte ein Korrespondent des in London erscheinenden »Daily Chronicle« seine Redaktion per Kabel »von einem wunderbaren Triumph der Wissenschaft« informiert: »Es wird berichtet, daß Prof. Routgen (sic!) von der Universität Würzburg ein Licht entdeckt hat, das beim Photographieren Holz, Fleisch und die meisten anderen organischen Substanzen durchdringt. Es ist dem Professor gelungen, Metallgewichte in einer geschlossenen Holzschachtel sowie eine menschliche Hand zu photographieren, wobei sich nur die Knochen zeigen, während das Fleisch unsichtbar ist.« Diese Nachricht ging von London aus um die ganze Welt und war schon am 8. Januar in der »New York Times« zu lesen. Wenig später folgten Übersetzungen des langen Artikels aus der Wiener »Presse«, im Pariser »Le Matin« am 15. und in der »New York Times« am 16. Januar 1896.

Auch Kaiser Wilhelm II. hatte »mit tiefstem Erstaunen in der Zeitung«, vermutlich in der »Vossischen« vom 8. Januar, über Röntgens »weltbewegende Entdeckung« gelesen und ließ nach Würzburg telegraphieren: »Wenn sich der Bericht bewahrheitet, so gratuliere ich Ihnen aus vollem Herzen und preise Gott, daß unserem deutschen Vaterlande der neue Triumph der Wissenschaft beschert ist, welcher hoffentlich von reichem Segen für die Menschheit sein wird. – Sobald Sie Zeit haben, wäre ich Ihnen dankbar, wenn Sie mir einen Vortrag über Ihre Erfindung halten könnten. Wilhelm I. R.«[11] Der Wunsch war natürlich Befehl, und Röntgen wird umgehend nach Berlin telegraphiert haben, daß er sich durch die Allerhöchste Aufmerksamkeit geehrt fühle und jederzeit zur Verfügung stünde. Jedenfalls erhielt er vom Flügeladjutanten des Kaisers die Antwort: »Seine Majestät wollen den Vortrag Ew. Hochwohlgeboren Sonntag, den 12. d.M. nachmittags 5 Uhr hierselbst entgegennehmen. Sollte ein Laboratorium zur Vorführung der Experimente erforderlich sein, werden Hochwohlgeboren ersucht, sich mit der Berliner Universität in Verbindung zu setzen.«[12]

Am Abend des 11. Januar traf Röntgen in Berlin ein und stieg im Hotel »Kaiserhof« ab, dem ersten am Platze. Emil Warburg war vom Hofe instruiert worden und ließ in Eile eine Karte im Hotel abgeben: »Sie treffen mich morgen um 9 Uhr in meiner Wohnung. Von dem Grunde Ihrer Anwesenheit unterrichtet, stelle ich mich Ihnen ganz zur Verfügung. Vorläufig beste Glückwünsche zu dem durchschlagenden Erfolg Ihrer Entdeckung, und auf Wiedersehen morgen.«[13] Röntgen wird nicht wenig gestaunt haben, als er anderntags zum ersten Male die über 300 m^2 große Direktorenwohnung im Berliner Institut betrat. Wie weit mit Warburg die Absicht überhaupt diskutiert wurde, im Schloß die Erzeugung der neuen Strahlen und ihre alles durchdringende photographische Effektivität zu demonstrieren, muß allerdings offenbleiben. Vermutlich haben die beiden von der Idee, einen schweren »Rühmkorff« und noch schwerere Batterien ins Schloß transportieren zu lassen, schnell Abstand genommen, vielleicht hat sie auch die Sorge geplagt, mit mangelhaft evakuierten Röhren vor der Majestät einen deplorablen Reinfall zu erleben. Der Entdecker dürfte sich höchstwahrscheinlich auf einen Vortrag und das Herumreichen von Röhren und Photographien eingerichtet haben.[14]

Röntgen fand sich am Sonntag zur Teestunde um 5 Uhr im Schloß ein und wurde in den Sternensaal geleitet. Dort hatte sich neben dem Kaiser, seiner Gemahlin Auguste Viktoria und seiner Mutter, der Kaiserin Friedrich, eine illustre Runde versammelt, darunter der Chef des Kaiserlichen Zivilkabinetts, Friedrich von Lucanus, des Kaisers Vertrauter, Cuno Graf Moltke, und der Kultusminister Dr. Bosse.

Des Kaisers Begeisterung für die »weltbewegende Entdekkung« resultierte aus dem, was er als augenfällige Demonstration deutscher Überlegenheit im Reich des Geistes empfand, aber nicht nur daraus. Was immer man von dem Schwadroneur mit imperialem Gestus in politischer Hinsicht halten mochte: Ein originäres Interesse an der Wissenschaft wird man ihm nicht absprechen können. Während seines Studiums in Bonn hatte er sogar bei Rudolf Clausius Physik gehört – wie Röntgen einst in Zürich. Natürlich hatten sich Hoheit nicht dem Risiko von Prüfungen ausgesetzt, so daß über seinen Studienerfolg nichts bekannt wurde. Aber dafür erzählte man sich in Bonn noch lange die Geschichte, wie nach dem Unterricht regelmäßig ein Wettlauf zwischen der Hoheit und dem Institutsdiener zum Kleiderständer entbrannte: Der Diener wollte unbedingt dem zukünftigen Kaiser in den Mantel helfen, und Hoheit wollten den Mantel vor den immer dreckigen Händen des eifrigen Untertanen retten.[15]

Ob überhaupt der gemeinsame Lehrer Clausius einen Anknüpfungspunkt im Gespräch zwischen der Majestät und dem

Professor dargestellt hat, blieb ebenso das Geheimnis der vertraulichen Runde im Schloß wie Art und Inhalt von Röntgens Vortrag. In einem später in die Presse gelangten Bericht aus unbekannter, aber offensichtlich wohlunterrichteter Quelle wurde die Atmosphäre im Sternensaal ausgemalt und zugleich eine weitere Variation der Entdeckungsgeschichte angedeutet:

»Mit größter Spannung folgten die Anwesenden, allen voran der Kaiser, dem klaren und lichtvollen Vortrag, der sich stellenweise fast dramatisch belebte. Der Professor erklärte zuerst das Wesen der Geißler'schen Röhren, besprach sodann die Hittorf'schen Versuche, ging zur Erläuterung der Kathodenstrahlen über und kam endlich zu den Crookes'schen Röhren. Er führte die Zuhörer im Geist in sein Arbeitszimmer, er erzählte, wie er die in den Strom eingeschaltete Crookes'sche Röhre umhüllt habe, um dem Wesen der Kathodenstrahlen nachzuforschen und wie dann seine Augen von dem Fluoreszieren einiger zufällig auf dem Tisch verstreuten Körnchen chemischen Salzes angezogen worden seien. Wie er – sofort aufmerksam geworden – sich gefragt habe, ›was ist das – woher kommt das?‹«[16]

Nach dem Vortrag wurde Röntgen von Wilhelm II. in seiner Eigenschaft als preußischer König mit dem Preußischen Kronenorden II. Klasse ausgezeichnet. Anschließend schritt man zur Tafel, und danach zogen sich die Herren in einen Salon zu Zigarren und Bier zurück. Röntgen wurde zwischen dem Kaiser und dem Grafen Moltke plaziert.[17] Wieder in Würzburg, empfing Röntgen einen Redakteur des Lokalblattes zu einer kurzen Unterredung, »im Verlaufe derer er ungemein die leutselige und zuvorkommende Art rühmte, mit der Kaiser Wilhelm ihm anläßlich seines Vortrages in der Berliner Residenz entgegen gekommen sei«[18].

Nach einem glanzvollen Abend im Schloß verließ Röntgen am nächsten Tage in aller Frühe Berlin, um als pflichtbewußter Professor rechtzeitig zu seiner Vorlesung am Nachmittag wieder in Würzburg zu sein. Der Hörsaal muß vom Beifallsgetrampel der Studenten erbebt sein. Am Abend des 15. Januar huldigten ihm die Studenten der gesamten Universität mit einem traditionellen Fackelzug zu seinem Institut. In seiner kleinen Ansprache bekannte Röntgen im Schein der Flammen: »In meiner Jugend habe ich manchen hochfliegenden und ehrgeizigen Gedanken gehabt; aber so hoch sind meine Träume nie gestiegen, daß ich mir vorstellte, es würden mir einmal Studierende einer großen deutschen Universität einen Fackelzug bringen, um mir damit ihre Anerkennung für eine rein wissenschaftliche Leistung zu bezeugen.«[19]

Der inzwischen eingetroffenen und immer mehr anschwellenden Post konnte Röntgen die Ehrenbezeugungen und Glückwünsche der Kollegen entnehmen. Franz Exner hatte wegen der Aufregungen um die neuen Strahlen zwar verspätet, aber mit einer schönen Reminiszenz an den gemeinsamen Lehrer geschrieben: »Das ist ja eine ganz collossale Entdeckung, deren Folgen in theoretischer wie praktischer Beziehung noch gar nicht abzusehen sind. Hier ist alles in Aufruhr darüber... Wie schade, daß Kundt nicht mehr lebt! Was für eine Freude hätte er doch gehabt. Ich höre ihn noch im Geiste ›i, Donnerwetter‹ ausrufen.«[20]

Am wichtigsten waren für den Entdecker zweifellos die Reaktionen von Europas führenden Physikern. Exner hatte schon berichtet, daß der bedeutende Wiener Theoretiker Ludwig Boltzmann gemeint habe, »es sei die größte Entdeckung seit langer Zeit«[21]. Boltzmann schrieb sogar einen langen Artikel, der am 12. Januar 1896 in einer Wiener Zeitung und wenige Tage später in einem Journal für nützliches Wissen erschien. Daß er mit »Röntgens neue Strahlen« überschrieben war, klang schon wie eine Selbstverständlichkeit, und im Text schritt Boltzmann zur Taufe durch seine Erklärung, daß wir die neuen Strahlen »wohl Röntgensche Strahlen nennen dürfen«[22].

Aus England hatte als erster Sir George G. Stokes gratuliert, der nur die »Vorläufige Mitteilung« erhalten hatte, während der hochberühmte Lord Kelvin, der auch mit den Photographien bedacht worden war, sich lediglich bedankte und knapp bestätigte, er habe sie »mit großem Interesse geprüft«[23]. Erst als er zehn Tage später auch Röntgens Artikel zur Hand nahm, ging ihm ein Licht auch über die Photos auf, und er schrieb ein zweites Mal: »Ich brauche Ihnen nicht zu sagen, daß ich beim Lesen der Veröffentlichung sehr erstaunt und erfreut war. Ich kann nicht mehr sagen, als Ihnen wärmstens zu der großen Entdeckung zu gratulieren, die Sie gemacht haben ...«[24]

Henri Poincaré schrieb von seiner »Bewunderung über Ihre schöne Entdeckung«, die ihm schien, »als wolle Gott uns plötzlich daran erinnern, daß wir von Geheimnissen umgeben sind und daß sie die Wissenschaft nur Zug um Zug enthüllen wird«[25]. Der große holländische Theoretiker Hendrik Antoon Lorentz ließ sich etwas mehr Zeit, schrieb dann aber um so herzlicher: »Ich freue mich – wie alle hiesigen Fachgenossen – sehr über Ihre glänzende Entdeckung, durch welche der Forschung ein neues Gebiet erschlossen wird. Von Herzen hoffe ich, daß es Ihnen gelingen werde, durch Ihre weiteren Versuche die Natur der rätselhaften Erscheinung weiter aufzuklären.« Einige Tage später stellte Lorentz Röntgens Arbeit und die Photographien in der Amsterdamer Akademie der Wissenschaften vor – »in der Meinung, daß Sie dies billigen werden« – und berichtete, »daß Ihre Entdeckung auch im Kreise der Akademie große Bewunderung erregt hat. Das war freilich zu erwarten.«[26]

Friedrich Kohlrausch, Röntgens Vorgänger in Würzburg und jetzt Präsident der Physikalisch-Technischen Reichsanstalt, dessen Messung Röntgen vor einem Vierteljahrhundert in seiner Erstlingsarbeit korrigiert hatte, wollte seine Glückwünsche zur Entdeckung und zum Orden bei Röntgens Besuch in Berlin mündlich vorbringen. Da der Hochgeehrte aber sogleich wieder Berlin verlassen hatte, schickte Kohlrausch Röntgen einen liebenswürdigen Brief nach Würzburg hinterdrein: »Meine Frau sagte, als ich ihr, von Staunen voll, Ihre fabelhaften Beschreibungen zum Frühstückskaffee erläuterte, noch nicht recht sicher, ob ich etwa noch träumte, nach einiger Zeit: ›Du hast wenigstens die Ehre, das Haus gebaut zu haben‹, worauf ich antwortete: ›Das rechne ich mir in diesem Falle in der Tat zur Ehre an.‹«[27] Er kam noch auf den Einfall, das neue Phänomen als »Fin de siècle-Strahlen« zu bezeichnen, und hätte er gewußt, daß Röntgen das erste entscheidende Indiz am 8. November aufgefallen war, so hätte Kohlrausch auch noch mit einer passenden Bemerkung daran erinnern können, daß das unter seiner Leitung errichtete Institut an einem 8. November – im Jahre 1879 – feierlich eröffnet worden war.

Der sonst so verschlossene Röntgen gab sich dieses Mal keine Mühe, seine Freude über die Anerkennung der Besten seines Faches zu verbergen. »Empfangen Sie meinen wärmsten Dank für Ihre Glückwünsche«, schrieb er an Kohlrausch. »In überreichlichem Maße wird mir auch von Ihrer Seite Anerkennung gezollt, so daß mir von Zeit zu Zeit schwindlig wird, und ich wie im Traum lebe.«[28] Nur einer hatte freilich erkannt und auch riskiert, davon zu schreiben, daß für Röntgen dem Triumph auch eine gehörige Prise der Genugtuung, wenn nicht gar der Revanche gegenüber den führenden deutschen Kollegen beigemischt war. Der vertraute Freund Zehnder fügte seiner Gratulation nämlich hinzu: »Wegen der letztjährigen, für Sie so betrübenden Vorgänge in Verschiebungs- bzw. Berufungsangelegenheiten freut mich Ihre Entdeckung umso mehr.«[29] Röntgen hat diese Bemerkung nicht kommentiert, aber wenn jemand von ihm Widerspruch erwartet hätte, dann wäre er wohl beschieden worden, er habe ihn » wieder einmal überschätzt«[30].

Natürlich gab es auch eine Menge Post, die Röntgen nicht so wichtig war wie die Anerkennung prominenter Kollegen, und er wurde auch zunehmend mit Briefen überschwemmt, auf die er gern verzichtet hätte. Jedenfalls war die Briefflut schon nach zwei Wochen zu viel, als daß er sie noch hätte bewältigen können. Am 15. Januar ließ er sich als Radikalmittel eine Antwort drucken:

»Sehr geehrter Herr!
Infolge der sehr großen Zahl von Anfragen bin ich nicht im Stande, jede derselben in ausführlicher Weise zu beantworten. Ich muß mich darauf beschränken, Sie auf meine in den »Sitzungsberichten der physikalisch-medicinischen Gesellschaft zu Würzburg (Stahel'scher Verlag hier) veröffentlichte Arbeit zu verweisen und Ihnen mitzuteilen, daß die Photographien

demnächst in den »Annalen der Physik und Chemie« (Barth'scher Verlag Leipzig) erscheinen werden.

Hochachtungsvoll
Dr. W. C. Röntgen.«[31]

Röntgen hat noch oft zu dieser gedruckten Absagekarte gegriffen. In den »Annalen« erschien seine Arbeit allerdings erst nach zwei Jahren und dann ohne die Photographien. Derweil machte die Stahel'sche Buchhandlung in Würzburg ein glänzendes Geschäft. Die nur zehn Seiten dünne, kleinformatige Broschüre von Röntgens Abhandlung ging für damals sehr stolze 60 Pfennige weg wie warme Semmeln. Schon Anfang März war die 5. Auflage erreicht, und das war noch längst nicht die letzte.

Kaum aus Berlin vom Kaiser-Vortrag zurückgekehrt, entrüstete sich Röntgen aber heftig, daß »die geradezu ekelhafte von den Tagesblättern in Szene gesetzte Reklame eine sehr häßliche Kehrseite von der Sache zeigt, die mir recht viel zu schaffen macht«[32]. Ein paar Tage später polterte er: »Die Wiener Presse blies zuerst in die Reklametrompete, und die anderen folgten. Mir war nach wenigen Tagen die Sache verekelt; ich kannte aus den Berichten meine eigene Arbeit nicht wieder. Das Photographieren war mir Mittel zum Zweck, und nun wurde daraus die Hauptsache gemacht. Allmählich habe ich mich an den Rummel gewöhnt; aber Zeit hat der Sturm gekostet: gerade vier volle Wochen bin ich nicht zum Arbeiten gekommen. Andere Leute konnten arbeiten, nur ich nicht. – Sie haben keinen Begriff, wie es hergegangen ist.«[33]

Der Ärger über die gestohlene Zeit war sicher gerechtfertigt, aber die Schimpfkanonade über die »Tagesblätter« war ebenso sicher übertrieben. Röntgen hatte ja selbst die Photographien an prominente Kollegen in ganz Europa versandt, weil er sehr wohl wußte, daß sie auch bei Physikern den allergrößten Eindruck machen würden, einen größeren jedenfalls als das gedruckte Wort. Als die Kollegen von Warburg bis Lorentz beinahe erwartungsgemäß in ihren Glückwünschen die Photographien heraushoben, hat Röntgen das nicht beklagt. Aber bei den »Tagesblättern« war die nämliche Betonung der

Photographien etwas ganz anderes: Sie haben ihm »die Sache verekelt«, auch wenn die »Reklametrompete« der Wiener »Presse« unter Mitwirkung eines leibhaftigen Ordinarius angestimmt wurde und die Artikel so übel nicht waren. Röntgens Zorn auf die Zeitungen ist wohl nur zu verstehen als berufstypische Aversion eines Professors, der alles, was nicht im akademischen Bereich gedacht und geschrieben wird, günstigstenfalls als dilettantisch, meistens aber als degoutant oder gar »ekelhaft« empfindet.

Röntgens Abneigung gegenüber der Presse konnte nur noch der Engländer H. J. W. Dam überwinden. Der auf die Wissenschaften spezialisierte Schriftsteller, vielleicht der erste, den man auch Wissenschaftsjournalist nennen könnte, war mit einem Empfehlungsschreiben der renommierten »Royal Institution of Great Britain« im Februar nach Würzburg gekommen, wurde im Institut am Pleicherring jedoch nicht vorgelassen. Im Hotel setzte er einen Brief in wenig elegantem, aber deutlichem Französisch auf: »Ich hoffe, sie erlauben mir die Feststellung, daß Sie im Umgange ein recht schwieriger Herr sind; schwieriger noch als Berthelot, Pasteur, Dewar und all die anderen Wissenschaftler, über deren Entdeckungen ich schon geschrieben habe. – Meine Hochachtung vor Ihrer Person und Ihrer Entdeckung ist jedoch so groß, und meine Absichten sind so sehr von gutem Willen geleitet, daß es mir sehr unglücklich erschiene, wenn Sie mir nicht die kleinste Gelegenheit geben wollten, mit Ihnen über Art und Zukunft der neuen Strahlen zu sprechen.«[34]

Der »schwierige Herr« machte eine Ausnahme und empfing den Engländer auf eine knappe Stunde, ließ sich jedoch nicht photographieren und rückte offenbar auch keine Abzüge seiner ersten »Röntgen-Bilder« heraus. Der Artikel, der mit gut ausgewählten Durchleuchtungsphotographien, allerdings nicht den Röntgenschen Originalaufnahmen, in einem amerikanischen illustrierten Magazin erschien, stellt im Rückblick dem Verfasser ein gutes Zeugnis für sachlich angemessene und zugleich verständlich und spannend geschriebene Reportage aus der dem Publikum verschlossenen Welt der Wissenschaften aus.[35]

Mit der einzigen Ausnahme des Mr. Dam hat sich Röntgen jedoch nach den ersten Erfahrungen der Presse standhaft verweigert und ging auch öffentlichen Auftritten aus dem Wege. Das trug ihm bald den Ruf des »Unzugänglichen« ein, und das war nicht immer als Lob gemeint. Röntgen war darin aber konsequenter als die meisten seiner Kollegen, die von den Gazetten zwar auch nichts halten, sie aber trotzdem für ihre Zwecke zu nutzen suchen und sich heftig erregen, wenn dies nicht immer in der von ihnen gewünschten Weise gelingt.

Röntgens Unzugänglichkeit bekam alsbald der Präsident des Deutschen Reichstags, von Buol-Berenberg, zu spüren, der Röntgen um einen Vortrag vor den Abgeordneten des Reichstags und den Mitgliedern des Bundesrates gebeten hatte. So wurden die Wunder der neuen Strahlen nicht vom Entdecker, sondern von einem Professor Spies demonstriert, dem Direktor der der Volksbildung gewidmeten »Urania« in Berlin, der sich sofort als Pionier der Röntgen-Photographie qualifiziert hatte. Das Hohe Haus soll am 30. Januar auch ohne Röntgen so überfüllt gewesen sein, als hätte eine politische Staatsaktion ersten Ranges auf der Tagesordnung gestanden.[36] Die wissenschaftlich ergiebigere Veranstaltung fand am Tag darauf bei der Physikalischen Gesellschaft zu Berlin statt, als der junge Dr. Walter Kaufmann in einem sorgfältig ausgearbeiteten Vortrag die Eigenschaften der neuen Strahlen demonstrierte und auch für das Auge etwas Aufregendes zu bieten hatte: die Aufnahme einer Maus, die in scharfer Zeichnung die Rippen, die Wirbel des Schwanzes und andere Einzelheiten des Skeletts erkennen ließ.[37]

Nicht anders als den Berlinern erging es übrigens den Münchner Notabeln. Obwohl bayrischer Beamter, ließ sich Röntgen offenbar nicht bewegen, in die Hauptstadt zu kommen, so daß gleichfalls am 30. Januar der Münchner Ordinarius Eugen von Lommel in seinem Hörsaal die politische Elite über die neuen Strahlen belehrte.[38]

Einer Bitte hatte sich Röntgen freilich nicht entziehen können, und das war die der »Physikalisch-Medicinischen Gesellschaft zu Würzburg«. Am 23. Januar war der Hörsaal des Physikalischen Instituts schon am frühen Abend in Erwartung des Kommenden überfüllt. Die Würzburger Gesellschaft, also vornehmlich die Generalität und die Professoren, hatte sich in die harten Sitze gezwängt, und die Studenten hockten auf Treppen und Fensterbänken. Als Röntgen schließlich den Saal betrat, erhob sich ein Beifallssturm, als würde Caruso auftreten. In ganz unakademischer Lautstärke wiederholten sich diese Bekundungen noch mehrmals während des Vortrages und steigerten sich zu Schlußovationen, mit denen jeder Bühnenstar hätte zufrieden sein können.

Da weder ein Manuskript oder auch nur Notizen von Röntgen existieren und auch keiner der Zuhörer eine Mitschrift hinterlassen hat, sind zwei Korrespondentenberichte die einzige Quelle über den Verlauf dieses denkwürdigen Abends.[39] Gewissermaßen zur Rechtfertigung vor sich selbst soll Röntgen zuerst betont haben, daß er es nur wegen des allgemeinen Interesses für seine Pflicht halte, in der Öffentlichkeit über seine Arbeiten zu sprechen, da sich die Versuche noch im Stadium der Entwicklung befänden. Die anschließenden Bemerkungen zur Entdeckung und zur Vorgeschichte faßte der Redakteur des Lokalblattes so zusammen: »Nach einleitenden Worten über die Natur der Hittorf'schen Röhren, über Kathodenrohre usw. besprach Röntgen die Entdeckung von Hertz in Bonn, daß Kathodenstrahlen die Fähigkeit haben, durch Metallplättchen zu dringen und ging dann auf die Arbeiten Lenards über, dem er ein uneingeschränktes Lob spendete. Diese Versuche hätten ihn selbst zu weiteren Arbeiten geführt, aber seine Entdeckung selbst verdanke er einem Zufall.«[40] In seinen weiteren Ausführungen folgte Röntgen im wesentlichen seiner »Vorläufigen Mitteilung«, führte einige Versuche vor und ließ die eindrucksvollsten seiner Photographien unter den Zuhörern herumgehen. Das alles war zweifellos von höchstem Interesse und von der Aura eines historischen Ereignisses verklärt, enthielt aber nichts, was Röntgens Veröffentlichung ergänzt hätte.

Nach Beendigung seines Vortrags bat Röntgen unter großem Beifall der Zuhörer, die Hand des Anatomen Rudolf Albert von

Kölliker mit den X-Strahlen photographieren zu dürfen. Der bereits siebenundsiebzigjährige Nestor der Universität, immer noch aktiver Professor, Geheimrat und Exzellenz dazu, war nicht nur in Deutschland, sondern in der ganzen Welt für seine Pionierleistungen zur zellulären Basis der Gewebestrukturen, zur Histologie und zur Embryologie hochberühmt. Als die Hand des Anatomen, die in einem langen und überaus fruchtbaren Forscherleben so viel zur Kenntnis des Menschen beigetragen hatte, auf der entwickelten Platte in hervorragender Qualität sichtbar wurde, brach tosender Beifall los.

Sichtlich ergriffen extemporierte von Kölliker eine kleine Ansprache, in der er mit der Autorität des Mitbegründers der »Physikalisch-Medicinischen Gesellschaft« feststellte, daß noch niemals in einer Sitzung dieser Gesellschaft so Großes und Bedeutendes vorgetragen worden sei wie in dieser. In sein dreifaches Hoch auf den Entdecker stimmte das Auditorium begeistert ein, und der Jubel steigerte sich zu Ovationen, als von Kölliker zur Beschlußfassung vorschlug, die X-Strahlen in Zukunft Röntgensche Strahlen zu nennen.[41]

Die Stahel'sche Buchhandlung hatte einen weiteren Bestseller: Sie verkaufte Abzüge der in dieser historischen Sitzung hergestellten Aufnahme von der Hand des Anatomen für 50 Pfennige.

Inmitten des Trubels und der Berge von Post bemühte sich Röntgen, seine Arbeitsfähigkeit zu bewahren und seine Untersuchungen fortzusetzen. Das scheint ihm Dank einer gewissen, ihm eigenen Hartnäckigkeit sogar in beträchtlichem Maße gelungen zu sein, obwohl es ein harter Kampf gewesen sein muß. »Gewohnt, ein sehr ruhiges, der Arbeit gewidmetes Leben zu führen, gelang es mir nur schwer, der Aufregung über alles, was in der letzten Zeit auf mich einstürmte, Herr zu werden und meinen allernötigsten Verpflichtungen nachzukommen.«[42] Allerdings wußte er auch, daß seine Entdeckung einen wahren Forschungsboom ausgelöst hatte, und wenn er noch an der Spitze mithalten und neue Erkenntnisse als erster dingfest machen wollte, so durfte er keine Zeit verlieren.

Sein bemerkenswertester und aufwendigster Einfall war die

Schaffung eines »Beobachtungsraums« für die Untersuchung der Wirkung der neuen Strahlen ohne Beeinträchtigung durch sonstige von der Röhre ausgehenden Störungen. Aber anders als bei Lenard handelte es sich bei Röntgen nicht um ein an das Entladungsrohr angeschmolzenes zweites Glasrohr, sondern um eine veritable hölzerne Kiste etwa von der Gestalt und beinahe der Größe einer Telefonzelle, die der Institutsdiener Marstaller zusammengenagelt hatte. Zur Abschirmung war sie innen mit Zinkblech ausgeschlagen. Der Experimentator Röntgen konnte sich durch eine Tür hineinzwängen und Strahlen untersuchen, die von einer außerhalb der Kiste befindlichen Röhre durch eine kleine Öffnung in den strahlenmäßig isolierten Beobachtungsraum gelangten.[43] Die Zeit für den produktiven Aufenthalt in der Kiste mußte er sich freilich regelrecht stehlen.

»Willy weiß vor Arbeit nicht, wo er bleiben soll«, seufzte seine besorgte Frau in einem Brief an Verwandte, der als eine kleine Chronik die aufregenden Wochen vor und nach der Entdeckung beschreibt:

»Es ist keine Kleinigkeit, ein berühmter Mann zu werden, und die wenigsten haben einen Begriff, welche Arbeit und Unruhe so etwas mit sich führt. – Als Willy mir im November erzählte, daß er eine schöne Arbeit habe, hatten wir noch keinen Begriff, wie die Sache aufgenommen werde. Doch kaum hatte er die Arbeit publiziert, war unsere häusliche Ruhe dahin.

Jeden Tag muß ich staunen über die Arbeitsfähigkeit meines Mannes, daß er neben den tausend Kleinigkeiten, die ihm zugemutet werden, noch die vollen Gedanken bei seiner Arbeit behält ... Ich danke jeden Tag unserem lieben Gott, daß er ihn so gesund und kräftig ausgerüstet; nichtsdestoweniger mache ich mir Sorgen, ob es nicht doch einmal zu viel werden könnte ...

Und doch sind wir von Herzen voller Dankbarkeit, daß es uns vorbehalten war, eine solch schöne Zeit zu erleben. Wieviel Anerkennung hat mein lieber Schatz für sein unermüdliches Forschen, es könnte einem oft ganz schwindlig werden von allem Lob und allen Ehrenbezeugungen. Es müßte beängstigend sein, wenn der Mann, dem solches beschieden, ein

Eitler wäre. Doch Du kennst meinen braven, bescheidenen Mann wie kein anderer und wirst begreifen, daß die höchste Freude ihm dadurch wurde, daß es ihm vorbehalten war, im Dienste der reinen Wissenschaft etwas Tüchtiges geleistet zu haben.«[44]

Röntgen wollte natürlich noch mehr leisten, und zwischen der Vorlesung, dem Praktikum und den sich im Februar zum Semesterende zusammendrängenden Prüfungen rang er sich mit äußerster Konzentration die Zeit für einige Experimente in seinem Zinkblechkasten ab. Dem Freund Zehnder schilderte er seine Lage zwischen plötzlichem Ruhm und dem dadurch verursachten Zeitmangel in nicht nur gespielter Verzweiflung: »Von allen Ehrenbezeugungen, die mir zuteil werden, haben Sie gar keinen Begriff, ich bin schon ganz ausgequetscht, was Höflichkeiten und Dankesbezeugungen anbetrifft, und möchte es gern einmal mit Grobheiten zur Abwechslung probieren. – Wie ist das alles so gekommen?! Manchmal glaube ich noch, daß ich träume.«[45] Wie nie zuvor sehnte er die Ferien herbei, um »Ehrenbezeugungen, Lorbeeren, X-Strahlen usw. zu Hause zu lassen und in Italien Ruhe zu genießen«[46].

Vor der Abreise in die Ferien wollte er noch unbedingt in einer Fortsetzung seiner »Vorläufigen Mitteilung« die neuen Experimente und Resultate in einer »Zweiten Mitteilung« beschreiben und zusammenstellen. Am 9. März wurde diese Arbeit abgeschlossen und dem Sekretär der »Physikalisch-Medicinischen Gesellschaft« zur unverzüglichen Veröffentlichung als Separatdruck übergeben. Das Korrekturlesen muß er einer Vertrauensperson überlassen haben, denn am 10. März traten die Röntgens ihre alljährliche Reise nach Italien an, die ihm dieses Mal wie eine Flucht vorkam.

Aber auch in den Ferien war jetzt vieles anders als in früheren Jahren. Zwar hatte Röntgen seine Privatsphäre zu schützen gesucht, indem er niemandem gestattet hatte, ihn zu photographieren, so daß ihn außerhalb Würzburgs kaum jemand erkennen konnte. Aber wo immer er unter seinem Namen Hotelzimmer hatte reservieren lassen, war er nun Gegenstand des lebhaftesten und auch des störendsten Interesses. So war das in Florenz und auch in Sorrent am Golf von Neapel, und so würde es zu seinem Verdruß auch bleiben.

Arbeiten im eigentlichen Sinne wollte er in den Ferien nicht, aber er hatte sich einen ganzen Stapel Briefe und Postkarten mitgenommen, deren Beantwortung in den beiden hektischen Monaten liegengeblieben war. Darunter war auch ein Glückwunsch von Jan W. Gunning, seinem Hausherrn und Lehrer in Utrecht, dem er nun in einem langen und anrührenden Brief seine Dankbarkeit bezeugte: »Daß meine lieben unvergeßlichen Eltern, die so stolz waren auf ihren Sohn, meinen Erfolg nicht mehr erleben durften, ist mir ein großer Schmerz. Daß aber die lieben Leute, welche nach meinen Eltern auf meine Erziehung den größten Einfluß ausgeübt haben, bei denen ich so lange wie ein eigenes Kind im Hause sein durfte, noch erfahren können, daß die Liebe und auch die Sorge, welche sie für respective um mich gehabt haben, nicht ganz fruchtlos gewesen sind: das stimmt mich dankbar und freudig. Ich will nicht alles ausführlich schreiben, was ich Ihnen verdanke, doch seien Sie beide überzeugt, daß ich nicht das mindeste davon vergessen habe.«[47]

Bei aller Freude und allem Stolz über seine Entdeckung, die so viel Unsichtbares sichtbar machen konnte, hatte er allerdings den verständlichen Wunsch nach einer weiteren Entdeckung mit gegenteiligem Effekt: »Wenn ich nur noch das alte Geheimnis des Unsichtbarmachens finden könnte.«[48]

4. Die Welt im »Röntgenfieber«

»Prof. Röntgen's Entdeckung der Strahlen, die seinen Namen tragen, hat ein Interesse erregt, das in der Geschichte der physikalischen Wissenschaft wahrscheinlich keine Parallele hat. Berichte über Experimente mit diesen Strahlen kommen täglich aus Laboratorien in allen Teilen der zivilisierten Welt. Ein großer Teil bezieht sich auf Methoden zur Herstellung von Röntgenphotographien und die Anwendung der ›neuen Photographie‹ für medizinische und andere Zwecke.«[1] Diese Feststellung traf Joseph John Thomson, Direktor des Cavendish Laboratory der englischen Cambridge University, nur sechs Wochen, nachdem die Zeitungen die Nachricht von Röntgens Entdeckung verbreitet hatten. Und im Rückblick eines seither vergangenen, an Entdeckungen wahrlich nicht armen Jahrhunderts hat sich an dieser Einschätzung bis auf den heutigen Tag nichts geändert.

Physiker wie Thomson veröffentlichten zwar schon die ersten Resultate, die über Röntgens »Vorläufige Mitteilung« hinausgingen, jedoch war die physikalische Forschung eine schwierige Angelegenheit, so daß insbesondere die Natur der neuen Strahlen noch lange umstritten und rätselhaft blieb. Aber völlig unbekümmert von allen Defiziten in der Kenntnis der Strahlen hatten sich unzählige Physiker, Ingenieure, Ärzte und Photographen darauf gestürzt, die spektakulärste Eigenschaft der neuen Strahlen, ihre Durchdringungsfähigkeit und ihre Wirkung auf Photoplatten, ganz pragmatisch zu nutzen.

In rasantem Tempo wurden von den Glastechnikern bessere Röhren konstruiert und von den Medizinern immer neue Methoden zur Durchleuchtung des Körpers und auch schon zur Behandlung von Krankheiten ausprobiert. Alles, was irgendwie ein interessantes, verborgenes Innenleben aufweisen konnte, wurde binnen Jahresfrist den Röntgenstrahlen ausgesetzt, von Höllenmaschinen bis zu Kunstwerken zweifelhafter Provenienz. Es war ein technischer Entwicklungsboom ohnegleichen, der unzählige nützliche oder segensreiche Anwendungen erschloß, der die Öffentlichkeit faszinierte wie keine Entdeckung zuvor und keine danach. Das allerorten grassierende »Röntgenfieber« zeigte zugleich manche komische Seite – und auch eine tragische, denn übers Jahr hatten sich auch schon die Gefahren leichtsinnigen Umgangs mit den Röntgenstrahlen gezeigt.

Der allererste Anfang mit den neuen Strahlen war meistens nicht ganz einfach. Zwar gab es in jedem Physikalischen Institut, in den meisten elektrotechnischen Lehranstalten und sogar in manchen Schulen einen »Rühmkorff«, einige Gasentladungsröhren und Leuchtschirme, und jeder, der Zugang zu diesen Geräten hatte, wird sich auf die Nachahmung der Röntgenschen Versuche gestürzt haben. Aber die gewissen, eher handwerklichen Tricks zur Erzeugung brauchbarer Photographien mußten erst nach der simplen Methode von Versuch und Irrtum herausgefunden werden. »Es ist mir leider bisher nicht gelungen, die Versuche nachzumachen, obwohl sie ganz einfach zu sein scheinen, aber die Kniffe muß man da wissen«[2], hatte nach einer Woche vergeblicher Bemühungen der Wiener Ordinarius und Freund Exner geklagt.

In seiner »Vorläufigen Mitteilung« hatte sich Röntgen nämlich über die von ihm als günstig herausgefundenen Bedingungen ausgeschwiegen, und den Zeitungen war deshalb auch nichts zu entnehmen gewesen. Nur in einigen Briefen teilte er später mit, auf welche Spannung er einen Batteriestrom von 20 Ampère durch den »Rühmkorff« transformiert hatte: »Beste Wirkung, wenn die parallel geschaltete Funkenstrecke eines Entladers ca. 3 cm beträgt.«[3] Das war die damals übliche Angabe für eine Spannung von knapp 40 000 Volt.[4]

Ähnlich wie Exner scheinen viele Interessenten einige Tage gebraucht zu haben, bis sie sich die »Kniffe« erarbeitet hatten, aber ab Mitte Januar überstürzten sich die Nachrichten von erfolgreichen Wiederholungen der Röntgenschen Versuche, und beinahe immer galt die Aufnahme einer menschlichen Hand als krönender Beweis, daß die Technik beherrscht werde. Auch Exner hatte mit seinem Assistenten Ernst Haschek bald die »Kniffe« herausgefunden und konnte am 15. Januar im Wiener Elektrotechnischen Verein zusätzlich zu den Röntgenschen Originalen einige eigene Aufnahmen präsentieren, darunter die Hand eines Toten, bei der nicht nur die Knochen, sondern »auch das Geäder und etwas von der Muskulatur abgebildet erscheinen«.

Bei diesem Treffen beendete Ludwig Boltzmann eine Rede auf die Röntgenstrahlen mit einer schönen Erinnerung an die Früchte naturwissenschaftlichen Erkenntnisstrebens: »Man bedenke, zu welchen Entdeckungen die Verfolgung der unscheinbarsten, qualitativ völlig neuen Naturerscheinungen geführt hat: der Anziehung von kleinen Körperchen durch geriebenen Bernstein, von Eisen durch den Magneteisenstein, der Zuckungen eines Froschschenkels durch elektrische Entladungen, der Wirkung des elektrischen Stromes auf die Magnetnadel, elektro-magnetische Induktion usw. Man wird dann ahnen, welche Nutzanwendungen ein Agens noch finden kann, das schon wenige Wochen nach seiner Entdeckung zu so überraschenden Versuchen Anlaß gab.«[5]

Nicht ganz zutreffend war allerdings Boltzmanns Prognose, daß die »Nutzanwendungen wohl erst das kommende Jahrhundert erleben wird«. Die meisten Anwendungen ergaben sich tatsächlich noch vor der Jahrhundertwende, viele sogar schon innerhalb von Wochen und Monaten nach der Entdeckung. Als das Jahr 1896 zu Ende ging, waren schon über tausend Veröffentlichungen zu den neuen Strahlen erschienen, nicht alle gleich wichtig und gewichtig, aber doch wenigstens im Prinzip schon die Methoden der Zukunft beschreibend.[6] So vielfältig und hektisch war die Entwicklung, daß nur ein kleiner Ausschnitt der wesentlichsten Aspekte möglich ist.

In den ersten Wochen blieben Photographien des Handskeletts der attraktivste Nachweis röntgenologischer Qualifikation. Eine besonders schöne Aufnahme der eigenen Hand mit einem Ring, einem Stück Draht und einer Glasröhre als Illustration für den Kontrast gelang dem Göttinger Ordinarius für Physikalische Chemie Walther Nernst. Sie wurde von der englischen Zeitschrift »Nature« in der Ausgabe vom 6. Februar 1896 abgedruckt,[7] war aber nicht die erste in dieser Zeitschrift. Am 23. Januar waren einige von Röntgens eigenen Aufnahmen als Illustration der Übersetzung seiner »Vorläufigen Mitteilung« veröffentlicht worden und gleichzeitig auch schon eine von dem Londoner Ingenieur A. A. C. Swinton photographierte Hand.[8]

Die erfolgreichsten Röntgenphotographen waren wohl die Herren Dr. J. M. Eder und E. Valenta von der »k. & k. Lehr- und Versuchsanstalt für Photographie und Reproduktionsverfahren« in Wien, erfolgreicher jedenfalls als die Physiker der Universität. Schon am 7. Januar hatten die Phototechniker die nötigen Apparate beisammen und testeten sie mit Bleigittern vor einer Photoplatte. Dann »wiederholten wir den Versuch, das Skelett einer menschlichen Hand zu photographieren, und er-

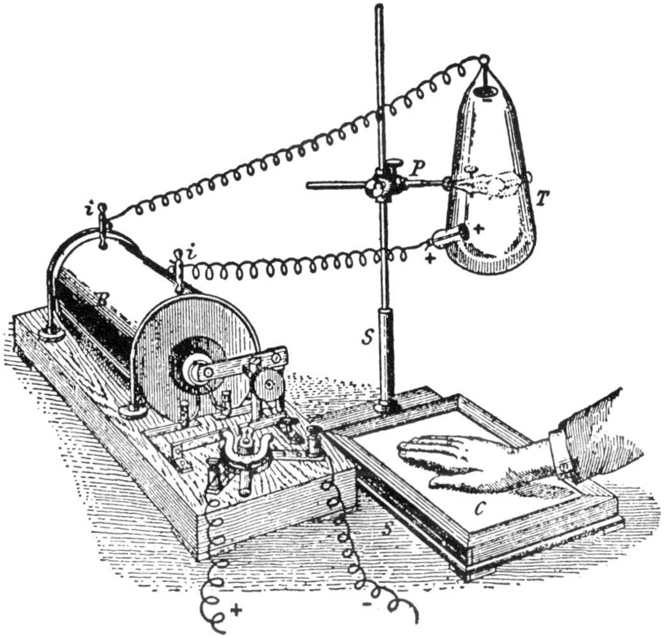

Eine Standardapparatur zur Handaufnahme aus dem Jahre 1897.

hielten bei einer allerdings langen Belichtungszeit (zwei Stunden) doch brauchbare Resultate, so daß wir in der Lage waren, in der am selben Abend abgehaltenen Plenarversammlung der ›Photographischen Gesellschaft‹ unsere Bilder... neben den Röntgenschen Originalen vorzulegen«[9]. Emsig weiterarbeitend, präsentierten sie am 22. Januar viele neue Bilder im »Verein zur Verbreitung naturwissenschaftlicher Kenntnisse« und erneut am 4. Februar vor der Plenarversammlung der »Photographischen Gesellschaft«, die wegen des großen Andrangs und der überragenden Bedeutung im Grünen Saal der Kaiserlichen Akademie der Wissenschaften tagte.

Die 15 eindrucksvollsten ihrer Bilder wurden schon im Februar in einer Art röntgenphotographischem Atlas veröffentlicht, der wohl ersten Buchpublikation über das neue Verfahren. In dem aufwendig gestalteten Tafelwerk wurden in

Skelette von Fischen. Aus dem ersten »Röntgenatlas«, Wien, Februar 1896.

bestechender Qualität Aufnahmen von vier Händen und dem Fuß eines siebzehnjährigen jungen Mannes mit verkrümmter Zehe reproduziert, dazu Durchleuchtungen von Eidechse und Chamäleon, von Fischen und Fröschen, von einer Ratte, einem neugeborenen Kaninchen und einer Aesculap-Schlange. Letzteres Bild sollte offensichtlich auf das enorme Anwendungspotential in der Medizin hinweisen.

Bei der denkwürdigen Sitzung der »Physikalisch-Medicinischen Gesellschaft« am 23. Januar 1896 wurde im Anschluß an Röntgens Vortrag von Professor von Kölliker die Frage aufgeworfen, ob sich nicht nur die Hand, sondern auch andere Teile des menschlichen Körpers mit den Röntgenstrahlen photographieren ließen. Der praktische Nutzen für die Medizin, insbesondere für die Chirurgie und Köllikers eigenes Fach, die

Anatomie, hing natürlich entscheidend davon ab, ob man über die kleinformatigen und kontrastreich sich abzeichnenden Hände hinausgelangen würde. Technische Verbesserungen wie die Vergrößerung des Durchleuchtungsfeldes und Strahlen mit höherer Durchdringungsfähigkeit sollten so etwas schon bald in den Bereich des Möglichen rücken, aber Röntgen äußerte sich damals wesentlich vorsichtiger, als es zu Anfang der Redakteur Lecher in seinem euphorischen Artikel in der Wiener »Presse« vom 5. Januar und seither mancher enthusiastische Experimentator schon getan hatte.

Mit der Autorität des Entdeckers wies Röntgen darauf hin, daß alle Weichteile wie Gefäße, Nerven und Muskeln von annähernd gleicher Dichte seien, so daß sich nur die Knochen in den Schattenrissen abzeichnen würden. Professor Schönborn, der Ordinarius für Chirurgie, meinte jedoch, auch bei den Knochen vor allzu großem Optimismus für die Diagnose warnen zu müssen, woraufhin Röntgen erwidert haben soll, daß man sicher einen Hund oder eine Katze ebenso photographieren könne wie eine Hand und daß auch die Abbildung der Knochen von größeren Partien des menschlichen Körpers nicht ausgeschlossen sei. Leider habe ihm für entsprechende Versuche die Zeit gefehlt, aber er sei gern bereit, seine Kraft für derartige Experimente in den Kliniken zur Verfügung zu stellen.[10]

Am 3. März 1896 wurde Röntgen von der Würzburger Medizinischen Fakultät zum Ehrendoktor ernannt. Für eine Zusammenarbeit zwischen Röntgen und den Klinikern gibt es jedoch keinerlei Hinweise, auch nicht für Alleingänge der Würzburger Kliniker. Die rasanten Fortschritte in der medizinischen Anwendung der Röntgenstrahlen wurden überall in Deutschland und allen sich damals für »zivilisiert« haltenden Nationen erarbeitet, aber nicht am Ort ihrer Entdeckung.[11]

Als Röntgen in Würzburg seinen einschränkenden Einwand der zu geringen Dichteunterschiede für die Darstellung von Gefäßen und Geweben erhob, war für dieses Problem in Wien schon eine Lösung aufgezeigt worden. Der Physiker Ernst Haschek und der Arzt Otto Lindenthal hatten in die Adern einer amputierten Hand die sogenannte Teichmannsche Mischung injiziert, ein von Physiologen oft verwendetes Gebräu aus Kreide, Petroleum und Zinnober. Das Kalzium in der Kreide und vor allem das Quecksilber im Zinnober sorgten für hohe Absorption der Röntgenstrahlen und nach knapp einstündiger Belichtung für eine entsprechend deutliche Zeichnung der Adern vor dem Hintergrund des Knochenskeletts. Diese spektakuläre Aufnahme wurde am 23. Januar in Wien veröffentlicht und vielfach nachgedruckt, auch auf der anderen Seite des Atlantischen Ozeans in der amerikanischen Zeitschrift »Scientific American«[12]. Sie dokumentiert den Anfang der Kontrastmethoden für die Darstellung von Gefäßen und anderen Körperteilen, die sich im normalen Röntgenbild nicht abzeichnen würden.

Zwei Monate später veröffentlichte ein Berliner Arzt Experimente zur Darstellung von Magen und Darm mittels einer Bleisalzlösung, zunächst an einem Meerschweinchen.[13] Die Entwicklung geeigneter Substanzen, die einigermaßen gefahrlos in den menschlichen Magen-Darm-Trakt eingebracht werden konnten und zugleich für Röntgenstrahlen undurchlässig waren, ließ freilich einige Jahre auf sich warten. Viel früher wurde Luft als eine Art umgekehrtes Kontrastmittel verwendet, da ein mit Luft aufgepumpter Hohlraum im Körper die Strahlen leichter passieren läßt als dichtes Gewebe. Schon im Sommer 1896 wurden nach dieser Methode geweitete Mägen photographiert.[14]

Die anfänglich durchschlagendsten Erfolge bescherte freilich die Suche nach Fremdkörpern. Der geschickte Röntgenpionier Professor Spies von der Berliner »Urania« wußte unter seinen Bediensteten einen Mann, dessen Hand bei der Explosion eines Glasgefäßes in Mitleidenschaft gezogen worden war und seither unablässig an der Narbe schmerzte. Schon am 20. Januar wurde der Vermutung nachgegangen, »daß noch ein Glassplitter in der Hand zurückgeblieben sei, und es gelang nunmehr, denselben mittels des neuen photographischen Verfahrens nachzuweisen«[15].

Alsbald wurden an vielen Orten Aufnahmen von Händen mit Fremdkörpern wie Nägeln oder Nadeln veröffentlicht und

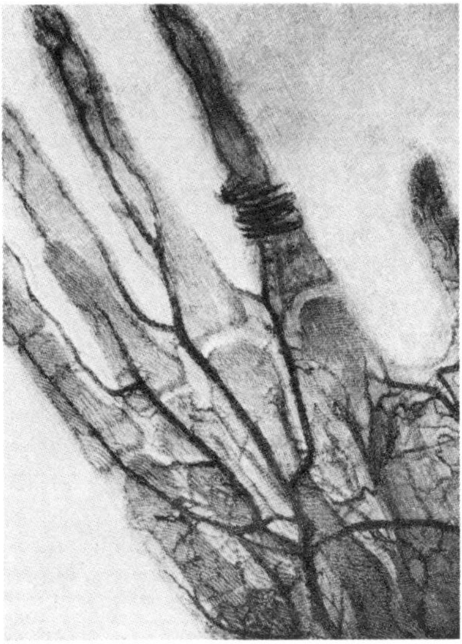

Die erste »Kontrastaufnahme«: In die Adern einer amputierten Hand wurde die sog. Teichmannsche Lösung injiziert, wodurch eine Darstellung der Blutgefäße möglich wurde. Wien, Januar 1896.

als herausragender Fall in New York die Hand eines Jägers, der sich eine ganze Schrotladung in dieselbe geschossen hatte. Michael Pupin, Professor für Elektromechanik an der Columbia University, dem dieser photographisch ergiebige Fall unter die Röntgenröhre gekommen war, hatte Grund zu der Erklärung: »Die praktische Verwertbarkeit dieser Art von Photographie für die Chirurgie scheint festzustehen.«[16]

Pupin hatte diese spektakuläre Aufnahme übrigens mit einem sogenannten Verstärkerschirm erhalten, einem mit fluoreszierendem Material beschichteten Schirm unmittelbar hinter der Photoplatte, so daß die lichtempfindliche Schicht nicht nur von den Röntgenstrahlen, sondern zugleich von dem Fluoreszenzlicht geschwärzt wurde. Diese Innovation Pupins, die Aufnahmen mit stärkerem Kontrast bei geringerer Belichtungszeit ermöglichte, setzte sich als Standard durch.

An der Entfernung metallischer Fremdkörper aus dem Menschen hatten vor allem die Militärs sofort ein berufsspezifi-

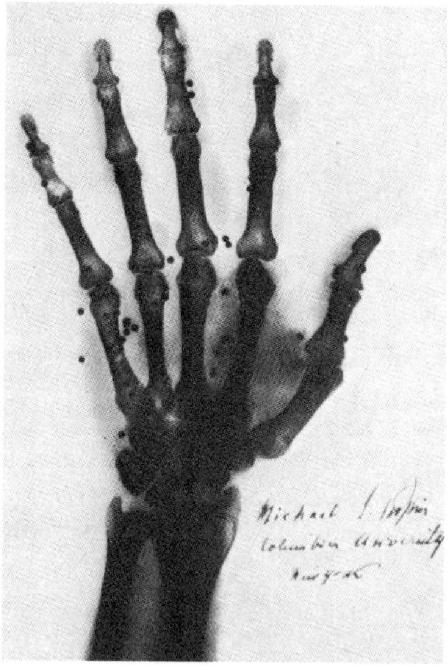

Eine Hand mit Schrotkugeln, aufgenommen von Michael Pupin in New York im Februar 1896.

sches Interesse bekundet. Auf Veranlassung des Kriegsministeriums wurde in der Physikalisch-Technischen Reichsanstalt schon im Januar mit Untersuchungen über die militärärztliche Verwendung der Röntgenstrahlen begonnen. »Infolgedessen ist eine Reihe photographischer Aufnahmen von anatomischen kriegschirurgischen Präparaten gemacht worden, in denen Geschosse und Geschoßteile in den Weichteilen und Knochen steckten. Die Photogramme gaben ein deutliches Bild der vorgekommenen Knochenverletzungen und ließen den Sitz der steckengebliebenen Geschosse mit Sicherheit erkennen. Die Versuche wurden in größerem Maßstabe fortgesetzt.«[17]

Die »kriegschirurgischen« Ambitionen wurden selbstverständlich nicht nur von den Preußen verfolgt, sondern von allen »zivilisierten« Nationen, und dies offenbar mit Nachdruck. So sorgte schon im Frühjahr 1896, als die britische Armee zu einer »Nilexpedition« ausrückte, das Kriegsministerium dafür, »daß zwei Röntgenapparate mit der Expedition gesandt werden sollten, um den Chirurgen dazu zu dienen, Kugeln im Körper zu lokalisieren und die Ausdehnung von Knochenbrüchen festzustellen«[18].

Was die Knochenbrüche anlangte, so erwuchs den Chirurgen mit der neuen diagnostischen Technik zugleich ein unerwartetes Berufsrisiko in Gestalt einer Qualitätskontrolle. Im Cavendish Laboratory in Cambridge, wo zwei Assistenten von J. J. Thomson eine Art Röntgenstation für Ärzte und ihre Patienten betrieben, kam es zu lautstarken Auseinandersetzungen, wenn das Röntgenbild bewies, daß ein gebrochener Armknochen nicht korrekt zusammengefügt worden war.[19] Eine Zeitschrift berichtete von einem jungen Engländer, der nach einem Armbruch und anschließender Behandlung einen deformierten Arm zurückbehalten hatte. Er ließ »den Arm mit Hilfe der Röntgenstrahlen untersuchen, um die Knochen zu sehen und herauszufinden, warum er deformiert war. Die Aufnahme zeigt anschaulich, daß die gebrochenen Knochen nicht richtig zusammengesetzt worden waren ... ›Es ist gut, daß der Arzt, der meinen Arm behandelt hat, tot ist‹, sagte der Patient, ›sonst würde ich ihn sicherlich verklagen.‹«[20] – Freilich wußte der junge Mann noch nicht, wie schwer es auch bei wesentlich verbesserten diagnostischen Verfahren sein kann, einen Arzthaftungsprozeß mit einiger Aussicht auf Erfolg zu führen.

An der zügigen Entwicklung der medizinischen Röntgendiagnostik waren Physiker kaum und die berühmten unter ihnen gar nicht beteiligt. Meistens nahmen technisch begabte und experimentierfreudige Ärzte die Sache selbst in die Hand, weil, wie ein Heidelberger Kliniker schon im Februar 1896 konstatierte, »die Gesichtspunkte des Physikers und des Chirurgen zu verschieden waren, um gleich im Anfang ein ersprießliches Zusammenarbeiten zu gestatten«[21]. Oft ließen sich Ärzte auch von Elektrotechnikern und Glasbläsern beraten oder arbeiteten eng mit Firmen wie der des »Glaskünstlers« C. H. F. Müller in Hamburg zusammen, der wie auch andere seiner Kollegen zu einem Pionier in der Entwicklung besserer Röntgenröhren wurde.

Aus der bizarren Vielfalt der Glaskörper und der Elektrodenarrangements ging als günstigstes Modell die sogenannte »Fokusröhre« hervor, ein Typ mit einer konvexen Kathode aus Aluminium und einer um 45° gegenüber der Richtung der Kathodenstrahlen geneigten Anode aus Platin. Allerdings hatten alle Röhrentypen ähnliche Mängel. Das »Vakuum« veränderte sich beim Betrieb; mal verminderte sich der Druck des Restgases durch Oxydationsvorgänge, so daß die Röhre zu »hart« wurde und kaum noch Strahlung hergab, mal gelangten Gase aus der Hülle in die Röhre und machten sie zu »weich«. Und alle Röhren hatten die unangenehme Eigenschaft baldigen Durchschlagens oder Durchbrennens, da die Anode beim Beschuß mit den Kathodenstrahlen zu heiß wurde und wegen des »Vakuums« keine Wärmeabfuhr möglich war.

Hilfseinrichtungen zur Regulierung des »Vakuums« wurden ziemlich früh ersonnen, eine davon von Röntgens Freund Ludwig Zehnder, der durch ein in die Röhre eingeschmolzenes Stück Holzkohle ein Reservoir schuf, das durch Beheizen mit einem Bunsenbrenner gespeichertes Gas kontrolliert abgeben konnte. Diese Röhre wurde von einer schweizerischen Glühlampen-Fabrik hergestellt und in den Handel gebracht. Röntgen war mit der einfachen Konstruktion des Freundes sehr zufrieden, wie er im Frühjahr 1897 in seiner Dritten Mitteilung bestätigte: »Die von Hrn. Zehnder konstruierten Röhren mit regulierbarem Vakuum, welche ein Stückchen Lindenkohle enthalten, haben mir sehr gute Dienste geleistet.«[22]

Die Kühlung der Anode wurde zunächst durch metallische Wärmeleitung nach außen verbessert, bis schon nach wenigen Jahren die ersten Röhren mit externer Wasserkühlung folgten. Erst nach einem weiteren Jahrzehnt gelang es, für die Anode nicht mehr Platin, sondern das stabilere Wolfram herzustellen und zu verwenden. Praktisch gleichzeitig wurde 1913 mit der Einführung einer Glühkathode ein entscheidender Fortschritt erreicht, und viele schrittweise Verbesserungen führten schließlich dazu, daß die empfindlichen und kapriziösen Röhren der Pionierzeit zu verläßlichen Industrieprodukten wurden.

Röntgen hat zwar mit einigen Herstellern von Röhren korrespondiert und mit vertrauten Kollegen wie Ludwig Zehnder Erfahrungen über die verschiedenen Fabrikate und ihre Handhabung ausgetauscht, aber einen prägenden Einfluß auf die

Konstruktion von Röhren wird man ihm nicht nachsagen können. Sein größter Beitrag zur technischen Entwicklung lag vielmehr darin, daß er auf eine Patentierung seiner Entdeckung verzichtet hatte und dadurch dem Experimentier- und Konstruktionseifer keinerlei Grenzen gezogen waren. Diese Entscheidung war nicht der Weltfremdheit eines typischen Universitätsprofessors zuzuschreiben, sondern wohl eher eine ganz bewußte Haltung. Jedenfalls konnten viele Angebote zur patentrechtlichen Auswertung daran nichts ändern. Die meisten waren ohnehin kuriose Offerten phantasiereicher Geschäftemacher, die einer Antwort nicht wert waren. Aber Röntgen widerstand auch verlockenden Angeboten seriöser Großunternehmen.

So war der Ingenieur Dr. Max Levy von der Allgemeinen Elektrizitäts-Gesellschaft AEG, die sich sofort auf das neue Geschäft gestürzt hatte, mit dem Auftrag von Berlin nach Würzburg gereist, Röntgen einen Vertrag über seine zukünftigen Entdeckungen und Erfindungen zu unterbreiten. Röntgen empfing den Industrieabgesandten »sehr nett«, hörte sich dessen Vorschläge »ruhig und überlegt« an, sprach auch seine Anerkennung für das von der AEG auf dem Gebiet der X-Strahlentechnik bereits Geleistete aus und verkannte auch nicht die Vorteile, die sich aus der Zusammenarbeit mit einem so großen Unternehmen ergeben könnten. »Jedoch erklärte er, daß er durchaus, der guten Tradition deutscher Professoren entsprechend, der Auffassung sei, daß seine Erfindungen und Entdeckungen der Allgemeinheit gehören und nicht durch Patente, Lizenzverträge u. dgl. einzelnen Unternehmen vorbehalten bleiben dürfen.«[23] Natürlich war Röntgen klar, daß er mit dieser Ablehnung darauf verzichtete, »geldliche Vorteile aus seiner Erfindung zu ziehen«, aber er blieb dabei, daß die Früchte seiner Forschungen der Allgemeinheit und nicht der Allgemeinen Elektrizitäts-Gesellschaft zugute kommen sollten.

Röntgens Haltung, über die insbesondere Amerikaner nicht genug staunen konnten, war keineswegs die einzige »gute Tradition deutscher Professoren«, wie man nach Röntgens Worten glauben möchte. Chemiker hatten oft enge Beziehungen zur Industrie und deren Patentinteressen, und der Göttinger

Ordinarius Walther Nernst hatte gerade an Emil Rathenau, den Begründer und Chef der AEG, sein Patent eines elektrischen Leuchtkörpers für eine Million Goldmark verkauft, übrigens gerade rechtzeitig, bevor es durch Edisons wesentlich einfachere Glühfadenlampe obsolet wurde. Ferdinand Braun, der im Straßburger Institut einige wesentliche Erfindungen zur drahtlosen Nachrichtenübermittlung machte, betätigte sich neben seiner Professur sogar ganz direkt als Unternehmer.

Selbstverständlich fanden sich auch die Röntgen-Pioniere unverzüglich beim Patentamt ein und stellten ihre Anträge. Auch die von Zehnder konstruierte Röhre mit regulierbarem Vakuum wurde patentrechtlich geschützt, freilich auf Drängen des Herstellers, wie Zehnder versicherte, »weil sonst seine Fabrikation nicht rentieren würde«[24]. Da wohl die meisten Firmeninhaber so dachten oder sogar so denken mußten, unterschied sich die Röntgentechnik nicht von anderen Bereichen: Von 1897 bis 1900 wurden in Deutschland 33 Patente erteilt, die mit dieser neuen Technik im Zusammenhang standen.[25]

Röntgen mochte von all dem aber nichts wissen und beschränkte sich als sparsamer Institutsdirektor lediglich darauf, bei Röhrenproduzenten mit seinem Renommee die Preise zu drücken: »Ihre Röhren sind in der Tat sehr gut, aber für meine Verhältnisse zu teuer«, schrieb er einer Erlanger Firma. »Ich möchte mir deshalb die Anfrage erlauben, ob Sie mir die Röhren nicht für M. 20 statt zu M. 30 liefern können; nach meinen anderweitigen Erfahrungen dürfte dieser Nachlaß wohl akzeptabel sein, da ... Ihnen vielleicht weitere Bestellungen von meiner Seite angenehm sein könnten.«[26]

»Professor Röntgen zieht wahrscheinlich keinen Dollar Gewinn aus seiner Entdeckung«, vermutete das populäre amerikanische Erfindergenie Thomas Alva Edison durchaus zu Recht, fand das aber einen sehr unvernünftigen Umgang mit einer großartigen Entdeckung. »Man muß sehen, wie man sie praktisch auswerten und finanziellen Nutzen daraus ziehen kann.«[27] Wie kein anderer vereinigte Edison seine Leidenschaft für profitable technische Erfindungen mit einem beachtlichen Talent zur Selbstdarstellung, das mit dem Bedürfnis von Presse und Öffentlichkeit nach Sensationen manchmal merkwürdige Symbiosen einging. Als der Zeitungstycoon William Randolph Hearst am 5. Februar 1896 bei Edison eine Röntgenaufnahme des menschlichen Gehirns für seine Blätter bestellte, sagte Edison sofort zu, und das Spektakel nahm seinen Lauf. Fortan belagerten zwei Dutzend Reporter seine Laboratorien in West Orange in New Jersey in Erwartung eines Bildes von der geheimnisvollen grauen Masse und vielleicht gar von dem, was und wie sie denkt. Zwar scheiterte Edison trotz intensiver Bemühungen, und nach drei Wochen verloren die Zeitungsmenschen die Lust und rückten wieder ab, aber die täglichen Berichte hatten Amerika in hektische »Röntgenomanie« gestürzt, die kuriose Blüten trieb.[28]

Freunde des Übersinnlichen wollten den Röntgenstrahlen zutrauen, den körperlosen, rein spirituellen Menschen darzustellen, während mehr materialistisch Gesonnene meinten, durch Einwirkung der X-Strahlen schlichtes Metall in Gold zu verwandeln. Auch eine neue Lehrmethode wurde beschrieben, nach der sich Medizinstudenten die anatomischen Details des menschlichen Körpers mittels Röntgenstrahlen direkt ins Hirn projizieren ließen. Auf die nämliche Weise der direkten Einwirkung der Strahlen aufs Gehirn sollten Kriminelle zur Raison gebracht und andere sozial wünschenswerte Ziele erreicht werden. Realistischer war schon die Hoffnung der Temperenzler, der Vorkämpfer gegen Trunksucht und andere Laster, auf Läuterung der Trunkenbolde und Raucher, wenn ihnen durch Röntgenstrahlen die Schäden in ihrem Körper vorgeführt würden. Sie hat sich freilich ebensowenig erfüllt wie die Erwartung der passionierten Antivivisektionisten auf Beendigung von Tierversuchen durch die Transparenz der neuen Strahlen.[29]

Die Möglichkeit, mit den X-Strahlen das Skelett eines lebenden Menschen sichtbar zu machen, muß in größeren Teilen des Publikums das Faszinosum des Grauens erzeugt haben, so als würde der inwendige Sensenmann nach außen gekehrt. Zugleich war in einer Zeit, in der man auf Anstand und Sitte hielt und damit zuvörderst einen schicklich bedeckten Körper meinte, ein Blick nicht nur unter Kleider und Mieder, sondern sogar unter die Haut zugleich erschreckend und faszinierend. Da schon der Anblick eines weiblichen Fußgelenks bei frivol um eine Handbreite nach oben gestreiftem Rock die Herren in sinnliche Erregung versetzte, muß allein der Gedanke, mittels Röntgenstrahlen ins weibliche Becken Einblick zu nehmen, bei den einen eine ekstatische, bei den anderen eine absolut schockierende Vorstellung gewesen sein. Jedenfalls ließen sich die illustrierten Blätter das Spiel mit solchen Visionen nicht entgehen, wenn zum Beispiel eine Gruppe von drei Damen und drei Herren einmal im »society dress« dargestellt wurde und darunter als ein makabres Skelett-Ballett.[30]

Auch der politische Humor nahm sich der neuen Durchsichtigkeit an, wenn berichtet wurde, der Schah habe seine Hofschranzen mit Röntgenstrahlen photographieren lassen, aber trotz einstündiger Belichtung sei bei keinem ein Rückgrat zu entdecken gewesen – wobei der Leser nach Belieben sich auch ähnliches über den Hof zu Berlin oder jeder beliebigen deutschen Residenz denken mochte.[31] Durchaus respektvoll wurde dagegen der Entdecker karikiert, zwar auch mit dem Skelett unterm Rock, aber als »Durch-Leuchte der Wissenschaft«.

Die Phantasie der Zeitungsleute war der röntgenologischen Realität vorausgeeilt, denn es dauerte noch geraume Zeit, bis das gesamte Skelett eines Menschen in Durchleuchtung präsentiert werden konnte. Den wahrscheinlich ersten Versuch unternahm Röntgens Freund Zehnder im Frühjahr 1896 in Freiburg im Breisgau. Der Photograph Kempke, mit dem Zehnder zusammenarbeitete, hatte als Testperson einen vierzehnjährigen Jungen gewählt, wahrscheinlich wegen des in diesem Alter noch leichten Knochengerüsts. Die erste Probeaufnahme des Brustkorbs gelang auch vorzüglich, nur traten am nächsten Tag auf der Haut Verbrennungserscheinungen auf. Der Junge wurde ins Krankenhaus gebracht, von Zehnder mit Schokolade beschenkt und nach einigen Tagen als geheilt entlassen.

Bei der nächsten Testperson, einem Soldaten, den ein Stabsarzt besorgt hatte, ging Zehnder vorsichtiger vor. Eine Aufnahme der Brust, eine der Bauchregion, eine weitere für die

· LIFE ·

THAT DELICIOUS MOMENT
WHEN YOU FIND YOU ARE TO TAKE INTO DINNER THE GIRL WHO YESTERDAY REFUSED YOU.

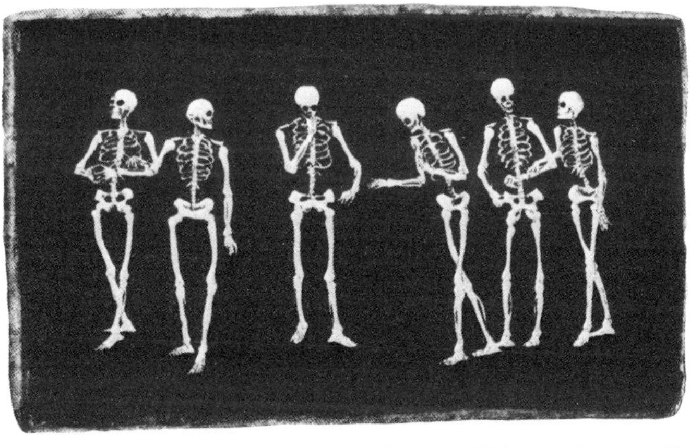

FOR those of our readers who like to get at the inside facts of a case we publish these companion pictures. They are interesting as showing the possibilities of the art of the future when developed by advanced photography. We have selected a well-known drawing from LIFE as better illustrating our point.

Die neue Durchsichtigkeit – ein »Skelett-Ballett« als Illustration über die vermuteten Zukunftsperspektiven der »neuen Strahlen« aus der amerikanischen Zeitschrift »Life« vom 16. April 1896. (Die Skelette sind keine echten »Röntgenaufnahmen«, sondern Zeichnungen).

Oberschenkel und schließlich eine für die Unterschenkel nebst Füßen ergaben einen guten Torso. Für die Arme wählten sie jedoch einen anderen Soldaten, weil der in der einen Hand einen photographisch vorteilhaften Steckschuß und an der anderen Hand eine kleine Deformation aufzuweisen hatte. Blieb noch der Kopf. Den eine ganze Stunde lang stillzuhalten übernahm der Photograph Kempke selbst. Diese Bilder, die von drei Menschen stammten, wurden so geschickt aneinandergeklebt, daß sie erst bei der schweizerischen Naturforscherversammlung im August in Zürich und später bei der deutschen im September in Frankfurt großen Eindruck machten.

Röntgen, der auf der Reise nach Pontresina in Zürich kurz mit Zehnder zusammentraf und von dem ausgestellten Gesamtskelett angenehm überrascht wurde, »hätte nicht ungern ein Exemplar dem Kaiser geschickt. Jetzt aber, wo das Bild schon ausgestellt war, geht dies auf keinen Fall mehr; denn ausgestellte oder von vielen schon gesehene Bilder darf ich nicht einsenden.«[32] Zehnder hatte freilich »selber schon daran gedacht, wie man dem Kaiser diese Photographien zeigen könnte«. Er nahm überdies an, daß sich Wilhelm II. wegen seines von Geburt an etwas verkümmerten linken Arms ganz besonders für die Aufnahmen interessieren müsse und hoffte, »daß er vielleicht sogar seinen Arm photographieren lassen würde«[33], und dies – freilich unausgesprochen – am besten von Zehnder selbst. Das war jedoch schon im März 1896 geschehen, wie zwar nicht in Deutschland, aber in einer amerikanischen Zeitschrift berichtet wurde: »Hervorragende Chirurgen, die die Aufnahme sahen, glauben, daß durch eine einfache Operation dem Kaiser der teilweise oder vielleicht auch vollkommene Gebrauch der linken Hand und des Armes wiedergegeben werden kann.«[34] Über die Gründe, die den Kaiser bewogen, auf die Operation zu verzichten, ist freilich nichts mehr in Erfahrung zu bringen.

Nach dem erschreckenden Erlebnis mit den Verbrennungserscheinungen bei dem Jungen ist Zehnder im Umgang mit Strahlen und Röhren zwar vorsichtiger geworden, aber veröffentlicht hat er nichts über diesen Zwischenfall. So wie Zehnder dürften viele Pionier-Röntgenologen, die zweifellos ähnliches erlebten, gehandelt haben, denn die Erfolge bei der Anwendung der Röntgenstrahlen wollte man sich nicht durch Schadensmeldungen trüben lassen. Gleichwohl erschienen in

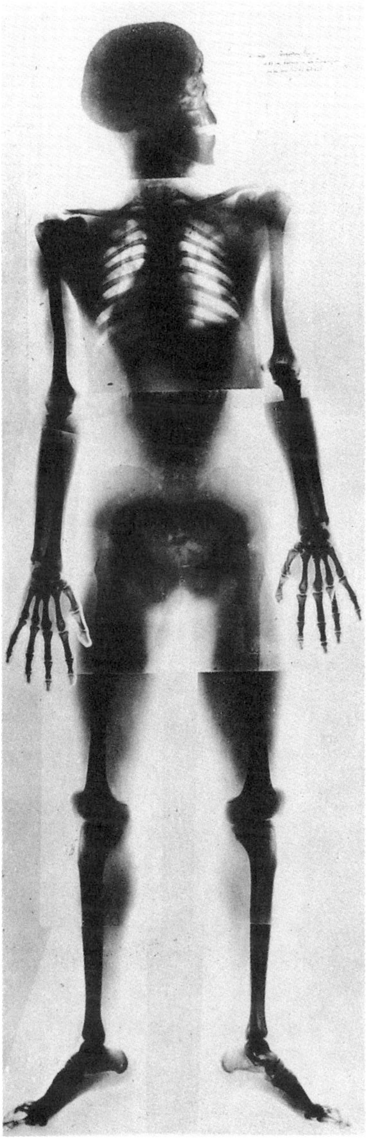

Eine »Ganzkörperaufnahme« aus dem Jahre 1896, zusammengesetzt aus insgesamt neun Einzelbildern.

Amerika schon im April 1896 die ersten Berichte, daß X-Strahlen die Haut ähnlich wie ein starker Sonnenbrand beeinträchtigen können. Bei Aufnahmen des Schädels hatten die langen Expositionsszeiten von einer Stunde und mehr bei eng am Kopf plazierter Röhre auch schon die Haare ausfallen lassen.[35] Auch in Deutschland wurde im Sommer 1896 von schweren Hautverbrennungen berichtet, weniger von Röntgenologen, sondern eher von Hautärzten, die die angerichteten Schäden zu kurieren hatten.[36]

Die besondere Tücke dieser unerwünschten Begleiterscheinungen war, daß sie nicht direkt bei der Bestrahlung auftraten, sondern sich erst nach Tagen oder Wochen zeigten, so daß man nicht absehen konnte, wann die Grenze zur später sichtbar werdenden Schädigung überschritten war. Diese Lücke verführte zudem dazu, die Gefahren schlankweg zu bestreiten. Um die Tatsachen herauszufinden, unterzog sich der Amerikaner Elihu Thomson, ein tüchtiger Ingenieur und Röntgenpionier, im Dienste der Wissenschaft einem Selbstversuch. Jeden Tag setzte er seinen kleinen Finger der linken Hand, nur vier Zentimeter von der Platinanode entfernt, den Strahlen aus. Über den Verlauf berichtete Thomson in einer Konferenz über Röntgenstrahlen des »American Institute of Engineers« am 16. Dezember 1896 in New York: »Fünf, sechs, sieben, acht Tage vergingen und nichts passierte, so daß ich glaubte, die Leute hätten sich über die Wirkungen der Strahlen geirrt. Aber am neunten Tag begann sich der Finger zu röten; am zwölten Tag bildete sich eine Blase, eine böse Blase... Die ganze Haut löste sich und es entstand ein Geschwür.«[37] Nach einiger Zeit gingen die Schmerzen und die Versteifung des Fingers zurück und auch die Wunde besserte sich wieder, aber Thomson beendete seine Leidensgeschichte mit der lakonischen Bemerkung: »Die Natur hat offenbar keinen Weg gefunden, über diesem Finger wieder eine gute Haut zu machen.«

Der Selbstversuch des Ingenieurs war nicht sinnloser Heroismus, denn er resultierte in Warnungen, die Thomson schon vor der New Yorker Konferenz in einem Artikel publik gemacht hatte: »Es scheint auf jeden Fall eine Grenze zu geben, über die man nicht hinausgehen darf, wenn man sich vor ernsthaften

Folgen schützen will.« Aus dem Protokoll seiner Schädigungen resultierte seine Forderung, daß die »merkwürdig lange Inkubationszeit untersucht« werden müsse. Zwar fielen seine ersten Abschätzungen des maximal Zulässigen noch abenteuerlich hoch aus, aber wesentlich war seine Warnung vor beliebig langer Exposition: »Man wird sonst sein leichtfertiges Vorgehen bedauern, wenn es zu spät ist.«[38]

Einige Ärzte hatten aber in ihrer Kühnheit bereits den Spieß einfach umgedreht und die schädigende Wirkung der Strahlen als Therapeutikum eingesetzt. So hatte ein Wiener Arzt ein Mädchen, das durch ein »ungeheures, tierfellähnliches, behaartes Muttermal am Halse und am Rücken« entstellt war, durch insgesamt zwanzig Stunden Bestrahlung von den Haaren befreien können.[39] War hier der medizinische Sinn offensichtlich, so muß man sich wundern, daß in einer ehrwürdigen medizinischen Zeitschrift allen Ernstes die Strahlen als »vorteilhaft für den Mann, der sich rasieren muß«, in Erwägung gezogen wurden: eine Röntgendusche am Abend, und am nächsten Morgen sind die Bartstoppeln weg.[40] Daß in Paris ein findiger Mann seine und der Strahlen Dienste zur Entfernung von »Damenbärten« offerierte, war da beinahe folgerichtig.

Obwohl immer mehr Meldungen über Strahlenschädigungen veröffentlicht wurden, änderte das nur wenig am radiologischen Husarentum. Wenn Warnungen weithin ignoriert wurden, so lag das in den ersten Jahren auch daran, daß zuverlässige Kenntnisse über die mit den Röntgenstrahlen einhergehenden Gefahren nur schwer zu gewinnen waren, schwerer jedenfalls als brillante Durchleuchtungsbilder. Die gar nicht so wenigen Veröffentlichungen über Strahlenschäden wurden in der Branche ignoriert oder beiseite geschoben, auf jeden Fall zu wenig beachtet. Zerknirscht bekannte 1931 der Röntgenologe Otto Glasser: »Es ist eine traurige Tatsache, daß diese zahlreichen Beschreibungen der schwerwiegenden Röntgenstrahlenwirkung entweder nicht genügend verbreitet oder von manchem der frühen Forscher mit Röntgenstrahlen übersehen wurden. Viele Fälle schwerer Röntgendermatitis wurden in späteren Jahren verursacht, trotzdem die Anfänge der Leidensgeschichte der den verderblichen Wirkungen der Röntgenstrahlen Ausgesetzten schon in den ersten Monaten nach der Entdeckung der Strahlen lagen.«[41]

War das schon bei den sichtbaren Schäden so, die Tage oder Wochen nach der Bestrahlung auftraten, so wurde die Problematik noch viel heikler, als sich nach einigen Jahren abzeichnete, daß auch ohne akute Verbrennungen schlimme Spätfolgen drohten. Wiederum wiederholte sich die »traurige Tatsache« des Ignorierens der Warnzeichen. Zwar waren Röntgenärzte zuallererst gefährdet und hatten auch am meisten unter Strahlenschäden zu leiden, aber die Vertreter dieser Disziplin gehörten in einer berufsbedingten Verdrängungsleistung nicht gerade zu den Vorkämpfern eines qualifizierten Strahlenschutzes.

Statt dessen sind es Strahlenbiologen, Strahlenhygieniker und Epidemiologen gewesen, die schließlich aus Jahrzehnten laxen Umgangs mit den Strahlen die Erkenntnis gewonnen und in den Strahlenschutzvorschriften auch durchgesetzt haben, daß es keinen Grund für die Annahme einer unschädlichen Strahlendosis gibt. Daher muß bei jeder Strahlenexposition der Nutzen gegenüber einem, und sei es noch so kleinen, individuellen Risiko abgewogen werden, und oft überwiegt der Nutzen bei weitem. Aber die exzessive Verwendung von Röntgenstrahlen läßt daran zweifeln, ob der Grundsatz einer Risikoabwägung bei den Medizinern immer die gebührende Beachtung findet.

1936 wurde in Hamburg ein Denkmal zu Ehren aller an den Folgen der Strahlenanwendung verstorbenen Röntgenpioniere errichtet. Es steht im Garten des Krankenhauses St. Georg, in dem der bedeutende Arzt und Mitbegründer der medizinischen Röntgenkunde Heinrich Ernst Albers-Schönberg die erste eigenständige Röntgenabteilung in einem großen Krankenhaus aufgebaut hatte. Albers-Schönberg war ein Röntgenpionier der ersten Stunde und als Gründungsherausgeber der seit 1897 erscheinenden Zeitschrift »Fortschritte auf dem Gebiete der Röntgenstrahlen« einer der qualifiziertesten und renommiertesten Röntgenärzte. Als er 1919 bei der Gründung der Hamburger Universität zum ersten Ordinarius für Röntgenologie in Deutschland berufen wurde, war er schon schwer krank. Seit 1908 hatte der Röntgenpionier gegen ein strahleninduziertes Karzinom angekämpft; erst mußten die Finger der linken Hand, dann der linke Arm amputiert werden. 1921 starb Albers-Schönberg nach qualvollem Krankenlager an dieser Krebserkrankung. Sein Name ist neben dem von 200 weiteren Strahlenopfern, von Ärzten, Krankenschwestern und Technikern, auf dem Gedenkstein eingemeißelt.

Dies sind freilich noch nicht alle, die durch die Strahlen zu Tode gekommen sind. Die Röntgenologen hätten allen Grund gehabt, auf diesem Stein zumindest auch des unbekannten Patienten zu gedenken.

5. Die Initialzündung – neue Strahlen, Radioaktivität und das Elektron

Am 25. Januar 1896 schrieb Ernest Rutherford, seit zwei Monaten Forschungsstudent des Cavendish Laboratory in Cambridge, an seine Braut im fernen Neuseeland, daß sich sein Chef Joseph John Thomson mit nichts anderem mehr beschäftige als den von Röntgen entdeckten Strahlen: »Der Professor versucht natürlich, die wahren Gründe und Ursachen der Wellen herauszufinden, und sein großes Ziel ist die Entdeckung einer Theorie der Materie vor irgend jemand anderem, denn nahezu jeder Professor in Europa ist nun auf dem Kriegspfad.«[1]

Tatsächlich gab es kaum ein Laboratorium, in dem sich die Physiker nicht unverzüglich auf Experimente mit den neuen Strahlen stürzten, nachdem Röntgens »Vorläufige Mitteilung« sie teils als Separatdruck durch die Post, meistens aber nur durch die Zeitungen erreicht hatte. J. J. Thomson selbst schrieb nach den ersten hektischen Wochen: »Niemals ist wohl eine hochrangige Entdeckung so schnell und so umfassend verifiziert worden wie die der Röntgenstrahlen.«[2] Dabei ging es schon bald nicht mehr nur ums Verifizieren der von Röntgen bereits mitgeteilten Tatsachen, sondern um weitere Entdeckungen, bei denen naturgemäß jeder der erste sein wollte.

Die Nachricht von den Röntgenstrahlen hatte für die physikalische Forschung den Charakter einer Initialzündung. Viele neue Tatsachen wurden praktisch gleichzeitig gefunden, und die Frage der Priorität, wenn sie denn überhaupt noch zu entwirren ist, hing manchmal ebenso vom Tempo der Forschung ab wie von der Publikationsfrequenz der wissenschaftlichen Zeitschriften. Zudem führten Untersuchungen, die zwar von den Röntgenstrahlen ausgingen oder mit ihnen ursprünglich zu tun hatten, auf überraschenden Wegen in völliges Neuland. Die Entdeckung der Radioaktivität, die Identifizierung des Elektrons als des ersten Elementarteilchens und die Konstruktion der ersten Elektronenstrahlröhre waren die herausragenden Meilensteine, durch die schon im Frühjahr 1897 die Physik wesentlich anders aussah als vor der Entdeckung der Röntgenstrahlen.

Beim Wettlauf der Physiker schoß unstreitig Jean Perrin den Vogel ab, ein fünfundzwanzigjähriger Assistent und Doktorand an der École Normale Supérieure in Paris, der sich bereits intensiv mit Gasentladungen und Kathodenstrahlen beschäftigt hatte und daher bestens vorbereitet war. Schon am 27. Januar 1896 wurde in den wöchentlich erscheinenden Sitzungsberichten der französischen Akademie der Wissenschaften Perrins erste Beobachtung veröffentlicht, die über Röntgens »Vorläufige Mitteilung« hinausging, wobei der Autor eingangs betonte, daß er nur aus den Tageszeitungen von Röntgens Entdeckung erfahren habe und daher nichts Genaues über dessen Experimente wisse. Perrin hatte gefunden, daß Gase, die unter Normalbedingungen perfekte Isolatoren sind, durch Bestrahlung mit Röntgenstrahlen zu einem elektrischen Leiter werden.[3] Dies war der Auftakt zu einer Folge von vielen Artikeln, die Perrin in beinahe monatlichem Rhythmus herausbrachte. Der junge Doktorand befand sich dabei in harter Konkurrenz zu J. J. Thomson und seinen Mitarbeitern am Cavendish Laboratory in Cambridge in England sowie dem Italiener Augusto Righi, Professor an der Universität zu Bologna.

Thomson war als »Cavendish Professor« und Nachfolger Maxwells der renommierteste und produktivste der englischen Physiker, und im Lande von Crookes hatte er sich natürlich auch der Gasentladungen angenommen. Insbesondere hatte er die elektrische Leitfähigkeit von Gasen unter dem Einfluß elektrischer Felder untersuchen wollen. Weit war er aber nicht gekommen, da Gase nur als Flammen oder bei Funkendurchschlägen elektrisch leiten und diese Zustände zu erratisch für verläßliche und reproduzierbare Messungen waren. Nun hatte Heinrich Hertz schon 1887 bei seinen Experimenten zum Nachweis der elektromagnetischen Wellen durch einen glücklichen Zufall auch noch »en passant« die Entdeckung gemacht, daß ultraviolettes Licht die Intensität eines Funkens erhöht. Thomson fand schnell heraus, daß dies mit Röntgenstrahlen viel besser funktioniert, daß also ein Gas unter Normalbedingungen, in dem keine Funken knallen, durch Röntgenstrahlen zu einem elektrischen Leiter wird. Da dies bei jedem Druck und bei beliebiger Temperatur in gut kontrollierbarer Weise geschieht, wurden Experimente, die zuvor äußerst heikel oder auch gar nicht durchführbar waren, mit einem Schlage einfach und durchsichtig.

Bereits am Donnerstag, dem 13. Februar 1896, legte Thomson den ersten und schon sehr ergiebigen Ertrag seiner Forschungen in einer Sitzung der Royal Society vor.[4] Leitfähigkeitsmessungen in bestrahlten Gasen und die Neutralisierung geladener Körper durch solche Gase sprachen dafür, daß die Gasmoleküle durch die Röntgenstrahlen in geladene Bruchstücke aufgespalten werden, ähnlich wie man sich die Dissoziation der Moleküle bei der Elektrolyse in Flüssigkeiten vorstellte.

Mit einer einfachen Form einer Ionisationskammer, die Thomson gemeinsam mit seinem »research student« J. A. McClelland entwickelt hatte, ließen sich die ersten einigermaßen zuverlässigen Intensitätsmessungen bei Röntgenstrahlen durchführen.[5] Die Beobachtung, daß der Strom in der Ionisationskammer mit der angelegten Spannung bis zu einem gewissen »Sättigungsstrom« ansteigt, aber bei noch höherer Spannung auf dem Niveau dieses Sättigungsstroms konstant bleibt, erklärten Thomson und Rutherford durch einen elegant formulierten Rekombinationsmechanismus, dessen theoretische Beschreibung zu den klassischen Arbeiten dieser Epoche zählt.[6]

Thomsons Mitarbeiter Charles T. R. Wilson fand eine originelle Verwendung für seine Nebelkammer, die er gerade im Vorjahr entwickelt hatte, um die Spuren geladener Partikel sichtbar zu machen und zu photographieren. Die Wilsonsche Nebelkammer wurde später eine Art »Arbeitspferd« der Kernphysiker, leistete aber schon bei den neuen Strahlen die ersten guten Dienste. Wurde die Kammer nämlich Röntgenstrahlen ausgesetzt, so zeigte sich, daß – in J. J. Thomsons Worten – »die Strahlen die Anzahl der Kerne zunehmen lassen, die als Zentren der Nebelbildung wirken«. Zu diesen und allen anderen Arbeiten der Cavendish-Physiker, die auch mit festen Körpern wie Paraffin ausgeführt wurden, machte Thomson die weitsichtige Anmerkung, daß sie »eine starke disintegrierende Wirkung der Strahlen auf Substanzen zeigen ... und erwarten lassen, daß sie einiges Licht auf die Struktur der Moleküle werfen werden«[7].

Die im Cavendish Laboratory zügig perfektionierten Intensitätsmessungen mit der Ionisationskammer wurden zur Untersuchung der Absorption von Röntgenstrahlen bei unterschiedlich dicken Schichten verschiedener Metalle eingesetzt. Dabei kam Thomson zu dem Schluß, »daß die Röntgenstrahlen nicht alle von der selben Art sind«. Messungen mit Stanniolfolien, die in unterschiedlicher Zahl übereinandergeschichtet wurden, zeigten, daß »einige Strahlen von dem Stanniol sehr schnell absorbiert werden, während andere mit vergleichsweiser Leichtigkeit hindurchgehen«[8]. Diese Beobachtung von Röntgenstrahlen unterschiedlicher Absorption war der erste Hinweis darauf, was man im Lichte späterer Erkenntnis als die unterschiedliche Frequenz oder Wellenlänge der Strahlen auffassen wird.

Wieviel Röntgen von den Bemühungen der Kollegen erfuhr, ist nicht bekannt, aber er mußte sich ohnehin sagen, daß er seit den ersten Januartagen mit der Erforschung der neuen Strahlen nicht länger allein war. Wollte er weitere Entdeckungen noch für sich reklamieren, mußte er sich sputen, und nicht zuletzt deshalb schimpfte er über die zeitaufwendigen Ablenkungen durch den Trubel um die neuen Strahlen: »Andere Leute können arbeiten, nur ich nicht.«[9] Dazu kam ein weiterer Nachteil, den sich Röntgen freilich selbst zuzuschreiben hatte, auch wenn er einer Tradition deutscher Ordinarien entsprach, die in diesem Falle freilich gar nicht gut war.

Während Thomson seine jungen Kollegen wie C. T. R. Wilson sowie die »research students« Ernest Rutherford und J. A. McClelland zu den Experimenten hinzuzog, teilweise mit ihnen gemeinsam publizierte, sie aber auch allein forschen und veröffentlichen ließ, blieb Röntgen bei seiner einsamen Arbeitsweise. Das bedeutete nicht nur, daß die beiden Assistenten, einer von ihnen der tüchtige Privatdozent Max Wien, von Röntgens Arbeiten ausgeschlossen blieben, sondern sie hatten auch das Forschungsfeld des Ordinarius als dessen exklusive Domäne zu respektieren, so daß sie wohl gar nicht auf den Gedanken gekommen wären, sich selbständig mit den neuen Strahlen zu beschäftigen.

Dazu kamen die üblichen Frustrationen des Experimentators: »Die letzten Wochen waren nicht sehr fruchtbar«, klagte Röntgen Ende Februar. »Fast alles ging nicht, die Apparate sprangen, und ich kam nicht weiter. Jetzt tut es wieder einen Ruck.«[10] Der Ruck kam noch so rechtzeitig, daß er vor der Ferienreise nach Italien, von der ihn nichts abzuhalten vermochte, noch eine Publikation fertigstellen konnte. Der Titel war wieder »Über eine neue Art von Strahlen«, und um die Kontinuität seiner Arbeit zu unterstreichen, setzte er in dieser »Zweiten Mitteilung« mit der Paragraphenzählung dort ein, wo er in der »Vorläufigen Mitteilung« geendet hatte.

Freilich waren die Resultate in Röntgens »Zweiter Mitteilung« vom 9. März 1896 schon an anderen Orten, vor allem am Cavendish Laboratory gefunden und bereits veröffentlicht worden. Röntgens einleitende Bemerkung, daß ihm schon bei seiner ersten Publikation bekannt gewesen sei, »daß die X-Strahlen im Stande sind, elektrische Körper zu entladen«, er mit der Veröffentlichung aber gewartet habe, »bis ich in der

Lage war, einwurfsfreie Resultate mitzuteilen«[11], läßt ein wenig von dem Verdruß ahnen über das, was er wahrscheinlich in »Nature« gelesen hatte, vielleicht auch in den »Comptes rendus« der Akademie der Wissenschaften zu Paris oder in einem Sonderdruck Augusto Righis aus Bologna. Aber das meiste des im Cavendish Laboratory bereits Erarbeiteten wie die Intensitätsmessung durch Ionisation war von Röntgen noch nicht einmal in Angriff genommen worden. Gleichwohl wird man seinem Alleingang unter schwierigen Bedingungen den Respekt nicht versagen können.

Wie Thomson war auch Röntgen an der Wirkung der neuen Strahlen auf Gase interessiert. Um diesen und anderen Fragen unbeeinflußt von Störungen nachgehen zu können, hatte er sich ein originelles, aber ziemlich aufwendiges Verfahren ausgedacht, nämlich die Schaffung jenes an früherer Stelle schon einmal erwähnten Beobachtungsraums, »der nicht nur vollständig gegen die von der Vakuumröhre, den Zuleitungsdrähten, dem Induktionsapparat etc. ausgehenden elektrostatischen Kräfte geschützt ist, sondern der auch gegen die Luft abgeschlossen ist, welche aus der Nähe des Entladungsapparates kommt.«[12]

Die Konkretisierung dieses Wunsches nach störungsfreier Beobachtung beschrieb Röntgen so: »Ich ließ mir zu diesem Zweck aus zusammengelöteten Zinkblechen einen Kasten anfertigen, der groß genug ist, um mich und die nötigen Apparate aufzunehmen, und der bis auf eine durch die Zinktüre verschließbare Öffnung überall luftdicht verschlossen ist.« Die Wand gegenüber der Tür war zusätzlich mit Blei ausgeschlagen; darin befand sich ein Loch von 4 cm Durchmesser, das mit Aluminiumblech luftdicht verschlossen war. An dieser Stelle war außerhalb des Kastens die Röhre angebracht, deren Strahlung durch das Aluminiumfenster in die Isolationskammer eindringen konnte.

Von dieser geheimnisvollen Kiste war der englische Journalist H. J. W. Dam, der von Röntgen im Februar 1896 empfangen wurde, sichtlich beeindruckt: »Um seine Strahlen zu untersuchen, brauchte der Professor nur den Strom einzuschalten, in die Kiste zu treten und die Tür zu schließen. In vollkommener Dunkelheit konnte er nur jenes Licht oder Lichteffekte sehen, die er mit Recht als sein Eigentum betrachten durfte, sein Licht nicht unter dem biblischen Scheffel verbergend, sondern in der etwas bequemeren Kiste.«[13] Mr. Dam wurde sogar des Vorzugs gewürdigt, die Isolierkammer betreten zu dürfen und zu beobachten, wie Unsichtbares sichtbar gemacht wird. Ergriffen von totaler Dunkelheit hörte er schließlich das Rattern des Unterbrechers und das Knattern der Gasentladung, und als der Fluoreszenzschirm aufleuchtete, wurde es beinahe mystisch: »Ein gelblich-grünes Licht ergoß sich über die ganze Oberfläche in Wolken, in Wellen oder wie Leuchtfeuer. Diese gelbgrüne Lumineszenz, besonders befremdlich und intensiv in der Dunkelheit, zitterte, schwankte und strömte über den ganzen Schirm im gleichen Rhythmus wie das Knattern der Entladung. Durch die Metallplatte, durch den Schirm, durch mich selbst und durch die Zinkkiste flogen die Strahlen, und die Wirkung war seltsam, interessant und unheimlich.«[14]

Röntgen hatte seinen Beobachtungsraum freilich nicht als schauererregendes Gespensterkabinett konzipiert, sondern zu störungsfreien Untersuchungen elektrischer Phänomene, bei denen der Leuchtschirm höchstens zur Kontrolle des Strahlenganges diente. Aus einer Reihe von Beobachtungen zog er den Schluß, »daß die von den X-Strahlen bestrahlte Luft die Eigenschaft erhalten hat, elektrische Körper, mit denen sie in Berührung kommt, zu entladen«[15]. In einigen etwas weitschweifig geratenen Ausführungen beschreibt Röntgen noch weitere Experimente, die dieses Ergebnis stützen. Er bleibt dabei aber ganz der experimentelle Purist und geht nicht einmal in Ansätzen auf die den Phänomenen zugrunde liegenden Prozesse ein, also die Aufspaltung der Moleküle in geladene Bruchstücke durch die Strahlen.

Da Röntgen weitere physikalische Erkenntnisse nicht mehr mitzuteilen hat, geht er alsbald zu technischen Details über wie der Verwendung eines Tesla-Transformators zwischen »Rühmkorff« und Röhre, was sich wegen der höheren Spannungen oft günstig auswirkt. Schließlich beschreibt er noch einige Aspekte der Röhrenkonstruktion wie die Verwendung von Platin als Anode. Das war bei Lichte betrachtet nicht viel, aber die Stahel'sche Hof- und Universitätsbuchhandlung versah, anders als bei der ersten Publikation, die sechs Seiten mit einem hübschen Umschlag, berechnete für das dünne Heftchen 60 Pfennige und hatte einen weiteren profitablen Bestseller.

Inmitten des Aufruhrs um die neuen Strahlen bahnte sich schon in den ersten Monaten eine weitere fundamentale Entdeckung an. Sie kam auf leisen Sohlen, ohne Spektakel von der Art photographierter Handskelette von lebendigen Menschen und ohne öffentliche Sensation. Ihr Ausgangspunkt hatte noch mit den Röntgenstrahlen zu tun, aber sie führte in gänzliches Neuland, warf völlig andere Probleme auf und erschloß ungeahnte Perspektiven: Henri Becquerel war, ohne es zunächst zu ahnen, seit Februar 1896 dabei, die Radioaktivität zu entdecken. Schon am 1. März vermutete er und am 18. Mai wußte er, daß er sie entdeckt hatte.

Becquerel war wie schon sein Großvater Antoine César und auch sein Vater Alexandre Edmond in einer einzigartigen dynastischen Sukzession Professor am »Museé Histoire Naturelle« in Paris und Mitglied der Akademie.[16] Zu der Sitzung der Akademie am 20. Januar 1896 brachte Henri Poincaré die erste von zwei Pariser Ärzten mit Röntgenstrahlen hergestellte Aufnahme einer Hand sowie Röntgens »Vorläufige Mitteilung« mit, die ihm als einzigem der Pariser Physiker zugeschickt worden war. Von Poincaré erfuhr Becquerel, daß die Strahlen von jener fluoreszierenden Stelle ausgehen, wo die Kathodenstrahlen auf die Glaswand der Röhre treffen.

Diese Mitteilung ließ Becquerel aufmerken, denn ebenso wie sein Großvater und sein Vater hatte er in Fortsetzung einer langen Familientradition ein großes Interesse an diesen merkwürdigen Leuchterscheinungen der Fluoreszenz und Phosphoreszenz:[17] »Ich dachte sofort daran, ob die neuen Strahlen nicht eine Manifestation der gleichen Schwingungen sein könnten, die die Phosphoreszenz erzeugen, und ob phosphoreszierende Körper nicht ähnliche Strahlen aussenden könnten. Ich teilte diese Idee Monsieur Poincaré mit und begann schon am nächsten Tag mit Experimenten ...«[18] Dieser Gedankenblitz, daß phosphoreszierendes Nachleuchten im Dunkeln, wie es bei einigen Mineralien nach Lichteinstrahlung zu sehen ist, etwas mit Röntgenstrahlen zu tun haben könnte, stellte sich zwar als falsch heraus, aber er war einer der fruchtbarsten Irrtümer in der Physik.

Becquerels Experimente waren einfach: Eine photographische Platte wurde in zwei Schichten dicken schwarzen Papiers gewickelt, das phosphoreszierende Material auf der eingewickelten Platte befestigt und das Ganze für einige Stunden der Sonne ausgesetzt. Einige Wochen lang probierte Becquerel alle möglichen Substanzen aus dem Fundus seines Laboratoriums durch, aber seine Hoffnung, eine Art Abbildung des Materials auf der Photoplatte zu erhalten, erfüllte sich nicht.

Erst als eine ausgeliehene Probe eines Doppelsalzes des Urans, die schon sein Vater hergestellt hatte, schließlich zurückgegeben wurde, sah Becquerel endlich den erwarteten Effekt, worüber er sogleich der Akademie berichtete: »Als die photographische Platte entwickelt wurde, war die Silhouette der phosphoreszierenden Substanz zu sehen, in schwarz auf dem Negativ erscheinend. Wenn zwischen die phosphoreszierende Substanz und das Papier eine Münze oder ein Stück Metall mit durchbrochener Musterung gelegt wird, können die Abbildungen dieser Gegenstände auf dem Negativ wahrgenommen werden.« Das war ähnlich wie bei den Röntgenstrahlen, aber Becquerel zog nur den vorsichtigen Schluß, »daß die phosphoreszierende Substanz eine Strahlung emittiert, die lichtundurchlässiges Papier durchdringt und die Salze des Silbers reduziert.«[19]

Eine Woche später erschien Becquerel wieder in der Akademie und berichtete über Beobachtungen, die für ihn »sehr wichtig und völlig außerhalb des Bereichs des Erwarteten« waren. Er verdankte sie schlechtem Wetter. »Einige Experimente ... wurden am Mittwoch, dem 26., und am Donnerstag, dem 27. Februar vorbereitet, aber weil an diesen Tagen die Sonne nur wenig schien, vertagte ich die Experimente und bewahrte die Platten mit den Uransalzen in einer Schublade auf. Da die Sonne an den folgenden Tagen immer noch nicht schien, entwickelte ich die Platten am 1. März in der Erwartung, nur sehr schwache Abbildungen zu finden. Aber im Gegenteil: die Silhouetten erschienen in großer Deutlichkeit. Ich dachte mir sofort, daß der Prozeß in völliger Dunkelheit vonstatten gehen müsse ...«[20] Ein sofort vorgenommenes, kontrolliertes Experiment, bei dem das Uransalz von vornherein im Dunklen blieb, bestätigte diesen wetterbedingten Zufallsfund, daß vorhergehende Lichteinwirkung für die Strahlung des Uransalzes offenbar nicht relevant war. Becquerel war einer weiteren Art von »neuen Strahlen« auf der Spur, glaubte aber immer noch, daß die Strahlen mit der Phosphoreszenz in Zusammenhang stünden.

Alles weitere war nur noch Routine, freilich auf dem hohen Niveau eines erfahrenen Experimentators. Nach einer weiteren Woche wußte Becquerel schon, daß die von den Uransalzen ausgehende Strahlung elektrische Wirkungen zeitigt, und Ende März folgte ein Bericht über die Durchdringungsfähigkeit der Strahlen. Die schon am 1. März entstandenen Vermutungen wurden am 18. Mai als definitive Entdeckung unter dem Titel »Die Aussendung neuer Strahlungen durch metallisches Uran« mitgeteilt.

Wochenlange Aufbewahrung des Arrangements aus Uranmineral und durch Papier geschützter Photoplatten in absoluter Dunkelheit in mit Blei ausgeschlagenen Kisten hatte nichts daran geändert, daß die Platten deutliche photographische Abdrücke aufwiesen. Variationen der Mineralien zeigten, daß nicht etwa die normale Phosphoreszenz, sondern nur der Bestandteil Uran entscheidend war, was durch Versuche mit metallischem Uran eindeutig bestätigt wurde. Damit war das Uran als Quelle einer weiteren »neuen Strahlung« dingfest gemacht, was Becquerel in Anlehnung an die alte Terminologie in einem der markanteren »understatements« der Wissenschaftsgeschichte mitteilte: »Obwohl ich meine Studien dieser Phänomene fortsetze, dachte ich doch, daß der Hinweis auf die von Uran ausgehende Strahlung nicht ohne Interesse wäre, welches, wie ich glaube, das erste Beispiel für ein Metall ist, das dieses Phänomen der unsichtbaren Phosphoreszenz zeigt.«[21]

Alle Physiker sprachen von den »Becquerel-Strahlen«, nur

der Entdecker blieb bei seiner Bezeichnung der »uranischen Strahlen« (rayon uranique). Er blieb aber auch bei seinen weiteren Studien beim Uran, so daß es Marie und Pierre Curie vorbehalten war, aus einem uranhaltigen Mineral in unvergleichlicher Mühe Substanzen von viel höherer Strahlungsintensität zu separieren, zuerst Polonium und dann Radium. Das machte die schon von Becquerel aufgeworfene Frage, woher denn die Atome die Energie für die Emission der Strahlung nähmen, umso dringender. Sie führte auf einem ziemlich geraden, aber gleichwohl schwierigen Wege zur Entdeckung der radioaktiven Umwandlungen der Atome und zur Identifizierung des Atomkerns durch Ernest Rutherford.

Auf diesem Wege steuerte Rutherford auch einen Beitrag zur Aufklärung der Natur der »Bequerelstrahlen« bei, indem er zwei sehr unterschiedliche Komponenten nach ihrer Durchdringungsfähigkeit als α- und als β-Strahlen klassifizierte. Die letztere Komponente, die β-Strahlen mit der hohen Durchdringung, identifizierte 1902 der junge Deutsche Walter Kaufmann als Elektronen. Es waren diese Elektronen, deren Wirkungen Becquerel bemerkt hatte, aber das konnte er bei seiner Entdeckung nicht ahnen. Zwar hatten alle Physiker die Wirkungen der Elektronen schon reichlich kennengelernt, unter anderem als Kathodenstrahlen, aber noch wußte niemand von ihrer Existenz. Aber auch das änderte sich bald in diesem ungewöhnlich produktiven Jahr 1896, zunächst ohne jeden Zusammenhang mit den Röntgenstrahlen, dann jedoch wieder in den durch die Gasentladungen gegebenen Zusammenhang mit den neuen Strahlen einmündend.

Im Frühjahr 1896 hatte sich Pieter Zeeman, ein dreißigjähriger Privatdozent an der holländischen Universität Leiden, vorgenommen, die von Faraday vergeblich untersuchte Einwirkung magnetischer Felder auf Licht mit neuen experimentellen Mitteln anzugehen. Im ersten Anlauf scheiterte er wie alle Vorgänger und ging ein wenig enttäuscht für ein Semester nach Straßburg zu Ferdinand Braun. Im Herbst standen ihm in Leiden aber neue Instrumente zur Verfügung, vor allem ein gerade eingetroffenes und im Labor aufgestelltes optisches Gitter zur spektroskopischen Zerlegung von Licht. Dieses Gitter war aus Amerika von Henry Rowland gekommen, der in Berlin einst jenes prototypische Experiment zur Elektrodynamik bewegter Medien ausgeführt hatte, das von Röntgen als Ordinarius in Gießen variiert und fortgeführt worden war. Als Professor an der Johns Hopkins University in Baltimore hatte Rowland eine phantastische Maschine konstruiert und im Keller seines Laboratoriums aufgestellt, mit der auf einem Millimeter ebenen Glases bis zu 800 Striche in exakten Abständen eingeritzt werden konnten.[22] Die Distanz zweier Striche war somit kleiner als die Wellenlänge des Lichts, weshalb mit diesen optischen Gittern bei der Analyse des Lichts ein äußerst feines Auflösungsvermögen erreichbar war. Rowland stellte seine unübertroffenen Meisterwerke feinmechanischer Kunstfertigkeit den besten Spektroskopikern der Welt zum Selbstkostenpreis zur Verfügung, und Zeeman war entschlossen, aus dem Leidener Instrument mit seinen 6000 Strichen pro Zentimeter den größtmöglichen Nutzen zu ziehen.[23]

Im Spalt eines starken Magneten verbrannte Zeeman etwas Kochsalz mit einem Bunsenbrenner und fand mit dem Rowlandschen Gitter, daß die gelben Linien des Natriumlichts bei Einschalten des Magneten verbreitert und an den Rändern polarisiert wurden. Sein Lehrer Hendrik Antoon Lorentz konnte diesen Effekt mit seiner Theorie sofort durch die Annahme erklären, daß sich im Atom kleine geladene Teilchen bewegen müssen. Aus der konkreten Durchführung der Rechnung sowie der Verfeinerung der Messungen bis zu deutlichen Aufspaltungen der Linien im Magnetfeld ergab sich für diese Teilchen eine überraschend kleine Masse von weniger als einem Tausendstel des leichtesten Atoms, des Wasserstoffs. Diese Sensation wurde am 31. Oktober und am 28. November 1896 der Amsterdamer Akademie der Wissenschaften vorgelegt und unverzüglich in englischer Übersetzung im Philosophical Magazine der Royal Society nachgedruckt.

Obwohl Zeemans Experiment und Lorentz' Interpretation den ersten und auch schon einen sehr guten Hinweis ergeben hatten, daß im Innern der Atome leichte, elektrisch negativ geladene Gebilde herumschwirren müssen, zögerten beide Autoren mit der Behauptung, daß sie eine neue Partikel entdeckt hätten, die wesentlich leichter sei als das leichteste Atom. Es bedurfte noch weiterer Argumente, bis im Nachhinein klar wurde, daß Zeeman und Lorentz de facto das Elektron gefunden hatten – freilich gebunden im Atom. Aber die Identifizierung freier Elektronen ließ nicht mehr lange auf sich warten. Sie hatte mit den Kathodenstrahlen zu tun und dem durch Röntgens Entdeckung der neuen Strahlen beflügelten Interesse an diesem Phänomen.

So eifrig mit Kathodenstrahlen experimentiert wurde, so ungewiß oder umstritten war ihre Natur. Einigkeit bestand darin, daß sie im magnetischen Feld abgelenkt würden, nicht jedoch in elektrischen Feldern. Praktisch alle englischen Physiker schlossen aus der magnetischen Ablenkung auf die korpuskulare Struktur der Strahlen, wobei sie das Fehlen einer Ablenkung im elektrischen Feld vornehm zu ignorieren hatten.

Aus den gleichen Tatsachen hatten deutsche Physiker wie Hertz und Lenard jedoch ganz andere Schlüsse gezogen: Was sich nicht elektrisch ablenken ließ, konnte unmöglich aus geladenen Korpuskeln bestehen, so daß nur Vorgänge im Äther in Frage kamen; die magnetische Ablenkung war vom theoretischen Gesichtspunkt her durch die Wirkung des Magnetfeldes auf einen elektrischen Strom gemäß dem von Ampère gefunden Gesetz leicht zu erklären. Diese Interpretation der Kathodenstrahlen als Vorgänge im Äther war konsistent und brauchte nichts zu ignorieren wie die britische, und zudem wurde sie durch die Entdeckung von Hertz gestützt, daß Kathodenstrahlen dünne Metallfolien durchdringen, was man Korpuskelstrahlen nicht recht zutrauen mochte. Aber J. J. Thomson konnte trotzdem beweisen, daß die korpuskulare Auffassung richtig war, und dabei entdeckte er zugleich das Elektron als den ersten wirklich fundamentalen Baustein aller Materie.[24]

Bei neuerlichen Untersuchungen zur Ablenkung im elektrischen Feld hatte Thomson den Grund für das Scheitern seiner Vorgänger und der eigenen früheren Bemühungen ausgemacht: Die Moleküle des Restgases werden durch die Kathodenstrahlen ionisiert; dadurch wird das Gas elektrisch leitend, so daß sich innerhalb der Entladungsröhre überhaupt kein Feld aufbauen läßt. Alles weitere hing also davon ab, ein wesentlich besseres Vakuum zu erreichen. Das gelang Thomson nur auf die Weise, daß bei ständigem Pumpen über mehrere Tage ununterbrochen Entladungen durch die Röhre gejagt wurden. Nach dieser etwas gewalttätigen, aber letztlich effektiven Prozedur zeigte sich im elektrischen Feld eine gut ausgeprägte Ablenkung der Kathodenstrahlen, deren Richtung die negative Ladung der Korpuskeln anzeigte.

Dieses Resultat beseitigte nicht nur die Diskrepanz zwischen elektrischer und magnetischer Ablenkung, sondern eröffnete zugleich die Möglichkeit, die Geschwindigkeit der Korpuskeln zu messen. Mit der Methode der »gekreuzten Felder« konnte Thomson das Verhältnis von Ladung zu Masse ermitteln und fand, wie zuvor schon Zeeman und Lorentz, daß es sich um mehr als das Tausendfache von dem bei Wasserstoff unterschied. Als er auch noch in ganzen Serien weiterer Experimente feststellen konnte, daß diese Größe unabhängig vom Kathodenmaterial war und gleichfalls bei geladenen Partikeln auftrat, die zum Beispiel durch ultraviolettes Licht aus Metalloberflächen herausgeschlagen wurden, war er sicher, daß er immer die gleiche subatomare Partikel beobachtet hatte: das Elektron. Am 27. April 1897 berichtete Thomson in einem Vortrag vor der Royal Institution darüber, daß es nicht nur Atome gibt, sondern auch noch viel kleinere Konstituenten der Materie, und daß es diese Elektronen sind, aus denen die Kathodenstrahlen bestehen, die beim Auftreffen auf Materie Röntgenstrahlen erzeugen.[25]

Während bei den Röntgenstrahlen sofort nach der Entdeckung die Anwendungen im Vordergrund standen, war keiner der vielen Physiker, die sich mit Gasentladungen befaßt hatten, jemals auf die Idee gekommen, daß die Kathodenstrahlen zu etwas anderem taugen könnten als zum Objekt der Forschung. Nur Ferdinand Braun, der in Straßburg jene Professur innehatte, auf die Röntgen gern berufen worden wäre, war hier eine Ausnahme. Als 1896 die »Röntgenomanie« durch die physikalischen Laboratorien fegte, wurde auch Braun davon angesteckt, aber in weiser Beschränkung wollte er sich nicht an einem ohnehin schon überbesetzten Konkurrenzkampf beteiligen. Statt dessen überlegte er, was man mit den Kathodenstrahlen Interessantes anstellen könne, wobei er sich nicht davon irritieren ließ, daß man offenbar noch nicht so recht wußte, was Kathodenstrahlen eigentlich seien. Irgendwann im Sommer 1896 muß ihm der Gedanke gekommen sein, die magnetische Ablenkung dieser Strahlen ganz pragmatisch zu nutzen.[26]

Von der Firma »Franz Müller, Geißler Nachf.« in Bonn ließ sich Braun nach seinen Angaben ein Gebilde anfertigen, bei dem ein schlichtes Glasrohr von etwa zwei Zentimetern Durchmesser in einen birnenförmigen Kolben auslief, der innen mit einer fluoreszierenden Substanz beschichtet war. In dem langen, dünnen Rohr wurde mittels einer Blende ein feiner Kathodenstrahl erzeugt, der durch Elektromagnete hinter der Blende abgelenkt werden konnte. Je nach der Richtung des die Magnete erregenden Stromes wanderte der Kathodenstrahl und damit auch der von ihm erzeugte fluoreszierende Leuchtfleck in dem Kolben nach oben oder nach unten. Diese Bewegung in der Vertikalen wurde mit einem schnell rotierenden Drehspiegel auch in der horizontalen Achse auseinandergezogen, so daß ein Kurvenverlauf sichtbar wurde, der ein exaktes Abbild des Stroms in den Elektromagneten darstellte.

Im Februar 1897 stellte Braun seine Röhre in den »Annalen« unter dem Titel vor: »Über ein Verfahren zur Demonstration und zum Studium des zeitlichen Verlaufs variabler Ströme«. In den nächsten Monaten folgten sechs kleine Arbeiten, in denen er die Leistungsfähigkeit seiner Röhre als trägheitsloses und daher blitzschnell reagierendes Beobachtungsinstrument illustrierte. Die ersten Beispiele waren die reine Sinusform des Wechselstroms, der erratische Verlauf der von einem »Rühmkorff« gelieferten Hochspannung und die zeitliche Ausbreitung der magnetischen Erregung in Eisen. »Viel mehr, als daß die Strom- und Spannungskurve auch bei Frequenzen von vielen Millionen in der Sekunde automatisch auf dem Schirm sich zeigt, kann man wirklich nicht verlangen«, schwärmte Brauns Assistent Jonathan Zenneck, der übrigens zwei Jahre nach Brauns Erfindung den Drehspiegel durch eine der Vertikalablenkung synchrone Horizontalablenkung ersetzt und so die Röhre voll elektrifiziert hat.

Die Braunsche Röhre wurde in der immer anspruchsvoller sich gestaltenden Elektrotechnik, vor allem in der aufkommenden Rundfunktechnik, jenes ebenso universelle wie unverzichtbare Meßinstrument, als das Braun es konzipiert hatte. In den dreißiger Jahren geriet ein neuer Anwendungsbereich ins Blickfeld: die Verwendung als Fernsehröhre. Seither haben Milliarden Menschen in die Braunsche Röhre geguckt.

Der Initiator dieses Forschungsbooms hatte sich in Würzburg – wie der sprichwörtliche Schuster bei seinem Leisten – weiterhin mit der Ausarbeitung seiner ureigenen Entdeckung beschäftigt, benötigte aber ein volles Jahr, bis er seine »Dritte Mitteilung« unter dem Titel »Weitere Beobachtungen über die Eigenschaften von X-Strahlen« fertiggestellt hatte.[27] Sie erschien nicht mehr als Separatdruck der Würzburger »Physikalisch-medicinischen Gesellschaft«, sondern im Mai 1897 in den Sitzungsberichten der Preußischen Akademie der Wissenschaften zu Berlin, wahrscheinlich weil Röntgen auf Initiative Warburgs zum korrespondierenden Mitglied dieser repräsentativsten aller deutschen Akademien gewählt worden war.[28] Diese Abhandlung war länger als die beiden ersten zusammengenommen, aber, um es gleich vorweg zu sagen, die »Dritte Mitteilung« war, wie übrigens schon die zweite, nicht mehr sehr bedeutend, eher ein Nachhutgefecht als ein Beitrag zur aktuellen Forschung.

Die Isolation in Würzburg und das einsame Arbeiten hatten Röntgen nicht viel Gutes gebracht. Natürlich war er als der ruhmreiche Entdecker der Röntgenstrahlen sowohl zur Naturforscherversammlung in Frankfurt wie auch zur Jahrestagung der »Britischen Gesellschaft für den Fortschritt der Wissenschaften« in Liverpool eingeladen worden, aber wie in den Jahrzehnten zuvor ging er auch diesen Kongressen aus dem Wege, obwohl – oder vielleicht gerade weil – seine Entdeckung im Mittelpunkt stehen würde. Trotzdem war er »begierig darauf, zu erfahren, was alles in Frankfurt gebraut und destilliert wird«, aber zugleich war er überzeugt, es werde »wohl bei näherem Betrachten nicht viel dabei herauskommen«[29].

Während des Wintersemesters 1896/97 meldete er: »Ich bin in voller Tätigkeit, aber die Sache geht langsam voran.«[30] Hauptsächlich klagte er über praktische Schwierigkeiten: »Hätte ich doch hier einen ordentlichen Glasbläser und einen Mechaniker, der mir die Sachen sofort machte. Es ist ein wahrer Jammer, und in dieser Beziehung arbeite ich unter den denkbar ungünstigsten Umständen.«[31] Röhren gingen entzwei, und zu allem Überfluß gingen beide Pumpen zu Bruch. Aber er hoffte, »in den Weihnachtsferien meine Resultate wieder zusammenschreiben zu können.«[32] Die Ferien vergingen jedoch, ohne daß etwas zustande gekommen wäre, und Wochen später klagte er: »Ich muß doch endlich das Angesammelte loswerden, wiewohl mir der Akt des Loswerdens immer beschwerlich ist.«[33] Zu guter Letzt trug die Arbeit das Datum des 10. März 1897, des Tags vor der Abreise in die Ferien.

Auf den ersten Seiten beschreibt Röntgen Versuche, die eine schwache Streuung der X-Strahlen in Luft zeigen, ohne über den eventuellen Mechanismus auch nur den geringsten Aufschluß zu geben. Die im nächsten Paragraphen dargestellte einfache Methode zur Intensitätbestimmung durch einen Helligkeitsvergleich mit Fluoreszenzschirmen wirkte schon bei ihrer Veröffentlichung überholt; sie war eher eine Schätzung denn eine Messung, und wer Genaueres wissen wollte, bediente sich des von J. J. Thomson eingeführten Verfahrens der Ionisationskammer. Von dieser wichtigen und zuverlässigen Methode, die sich rasch durchgesetzt hatte, ist bei Röntgen auch ein Jahr nach ihrer Erstveröffentlichung jedoch überhaupt nicht die Rede.

Die Ergebnisse der nächsten fünf Abschnitte von insgesamt neun Seiten faßt Röntgen wie folgt zusammen: »a) Die von einem Entladungsapparat ausgehende Strahlung besteht aus einem Gemisch aus von Strahlen verschiedener Absorbierbarkeit und Intensität. b) Die Zusammensetzung dieses Gemisches ist wesentlich von dem zeitlichen Verlauf des Entladungsstromes abhängig. c) Die bei der Absorption von den Körpern bevorzugten Strahlen sind für die verschiedenen Körper verschieden.«[34] Diese Bemerkungen waren weder neu noch überraschend. Das unter a) und c) Mitgeteilte hatte J. J. Thomson bereits ein Jahr zuvor veröffentlicht und dazu in einer wesentlich klareren Darstellung, während das unter b) Berichtete erstens nicht vollständig und zweitens nur eine technische Kleinigkeit ohne größeren Erkenntniswert ist.

In den beiden letzten Abschnitten berichtet Röntgen teils detailliert, teils summarisch über die Abhängigkeit der Schwärzung der Photoplatten und der Fluoreszenz von der Betriebsart der Röhre, von einigen röhrentechnischen Details, von der Richtungsunabhängigkeit des Strahlendurchgangs durch Kristalle und davon, daß er trotz großen Aufwandes und mancher Anzeichen eine Beugung der Strahlen nicht zuverlässig habe feststellen können. Zudem wird eine Kleinigkeit aus seiner ersten Veröffentlichung korrigiert.

Dort hatte Röntgen apodiktisch behauptet: »Die Retina des Auges ist für unsere Strahlen unempfindlich; das dicht an den Entladungsapparat herangebrachte Auge bemerkt nichts.«[35] Dieses Urteil basierte auf einem Selbstversuch, wie er damals üblich und selbstverständlich war. Lenard hatte Kathodenstrahlen auf sein Auge treffen lassen und nichts gesehen; Röntgen war bei seinen Strahlen ebenso verfahren und hatte auch nichts gesehen. Aber 1896 erschienen einige Berichte, in denen das Gegenteil behauptet wurde, manchmal sogar in der wundersamen Übertreibung, daß Blinde mit den neuen Strahlen wieder sehen könnten. In der seriösen Literatur hatte der Hallenser Arzt Dr. G. Brandes immerhin von einem Mädchen berichtet, aus dessen linkem Auge die Linse entfernt worden war und das daher auf diesem Auge nichts sehen konnte, Röntgenstrahlen soll es aber wahrgenommen haben und sogar die vors Auge gehaltene Hand.

Röntgen nahm diesen Bericht zum Anlaß, aus seinem Beobachtungsjournal ein Erlebnis vom Anfang des November 1895 nachzutragen: Als er eine Röhre hinter einer Tür angebracht hatte und sich selbst in dem verdunkelten Zimmer aufhielt, meinte er, »eine schwache Lichterscheinung, die sich über das ganze Gesichtsfeld ausdehnte«, wahrzunehmen, wenn Entladungen durch die Röhre geschickt wurden.[36] Das war vermutlich ebenso eine Täuschung, vielleicht durch Übermüdung, wie die Mär des Mädchens, das glaubte, dank der Röntgenstrahlen seine Hand zu sehen. Keine Täuschung aber waren nunmehr mitgeteilte Selbstversuche, die einen Einfluß der Strahlen auf die Netzhaut zeigten, freilich nicht wegen Fluoreszenz, wie Röntgen vermutete, sondern durch komplizierte photochemische Prozesse.

Sehr viel merkwürdiger ist eine andere Korrektur oder zumindest Relativierung seiner ersten Veröffentlichung in einem Punkt, der nun keine Kleinigkeit betrifft, sondern von ganz zentraler Bedeutung ist. In seiner »Vorläufigen Mitteilung« hatte Röntgen, gestützt auf gute Experimente und triftige Argumente, wiederum apodiktisch behauptet: »Ich komme deshalb zu dem Resultat, daß die X-Strahlen nicht identisch sind mit den Kathodenstrahlen ...«[37] Ein Jahr später sieht Röntgen das jedoch ganz anders, wenn er in der »Dritten Mitteilung« versichert, es liege »die Vermutung nahe, daß beide Erscheinungen Vorgänge derselben Natur sind«. Sogleich macht er sich daran, »eine Schwierigkeit, die sich jener Vermutung bis jetzt entgegenstellte, zu heben«[38].

Die Schwierigkeit war die unterschiedliche Durchlässigkeit der Körper für Kathodenstrahlen einerseits und X-Strahlen andererseits. Röntgen hält dieses Argument nicht mehr für zwingend, weil es »doch ohne Zweifel X-Strahlen von noch grösserer Absorbierbarkeit und andererseits Kathodenstrahlen von noch kleinerer Absorbierbarkeit« gibt, so daß am Horizont schon die Erwartung auftaucht, »daß bei späteren Versuchen Strahlen gefunden werden, die, was ihre Absorbierbarkeit anbetrifft, den Übergang von der einen Strahlenart zur anderen bilden«[39].

An diesen Argumenten ist vieles mehr als nur unverständlich. Am wenigsten verwunderlich ist noch, daß sie sich als falsch herausstellten, denn Irrtum bleibt auch einem Entdecker vorbehalten, sogar dann, wenn er ein Jahr zuvor das Richtige behauptet hat. Merkwürdiger ist schon, daß Röntgen den Unterschied der beiden Strahlenarten lediglich an der Durchlässigkeit oder der »Absorbierbarkeit« festmachen wollte und dabei die magnetische Ablenkung oder den Transport negativer elektrischer Ladungen durch Kathodenstrahlen ignorierte. Röntgens Bemerkungen gehören daher zum Schwächsten, was im Frühjahr 1897 über die Natur der beiden Strahlen gedruckt wurde. Wäre Röntgen etwa der Einladung nach Liverpool gefolgt und hätte sich dort zum Beispiel mit J. J. Thomson besprochen oder ihn gar im »Cavendish Laboratory« aufgesucht, wäre ein solch betrüblicher Rückfall hinter den Stand der Wissenschaft kaum möglich gewesen.

So aber endete das, was Anfang 1896 mit der »Vorläufigen Mitteilung« als ein grandioser Durchbruch zu neuen Phänomenen begonnen hatte, schon ein gutes Jahr später in hilfloser Konfusion – und in langem Schweigen, denn es dauerte zehn Jahre, bis Röntgen überhaupt wieder etwas veröffentlichte.

6. Im Zwielicht – Zufall, Glück oder Verdienst?

Kein Physiker des 19. Jahrhunderts wurde über den Kreis der Kollegen hinaus beim großen Publikum so schnell und so universell berühmt wie Röntgen, und niemand sonst hat auf den Ruhm so rätselhaft, ja verstört reagiert wie Röntgen. Zwar hat kein anderer Physiker oder Chemiker des 19. Jahrhunderts eine so plötzliche Lawine von Aufsehen und Ruhm erlebt, so daß es an Vergleichsmöglichkeiten mit Reaktionen anderer Wissenschaftler mangelt. Vielleicht war nur Charles Darwin in einer ähnlichen Situation, als 1859 sein Buch »Über den Ursprung der Arten« veröffentlicht wurde, aber dessen Thesen hatten sofort religiöse Leidenschaften entfacht, so daß der Rückzug des konfliktscheuen Privatgelehrten in sein Landhaus im Süden von London mehr als plausibel war.

Anders als Darwin wurde Röntgen wegen der medizinischen Nutzanwendungen seiner Strahlen sogleich als Wohltäter der Menschheit gepriesen, und die Physiker zollten ihm für seine Entdeckung den allergrößten Respekt. Es gab auch kleinere Mißhelligkeiten, aber die wurden mehr als aufgewogen durch Auszeichnungen und Ehrungen, mit denen er überhäuft wurde wie kein anderer. Trotzdem wurde er bald zum sprichwörtlichen »Unzugänglichen«, der jegliches Interesse nicht nur an seiner Person, sondern auch an Einzelheiten seiner Entdeckung schroff zurückwies.

Daß er sich den Nachstellungen der Zeitungen entzog, wird niemand rügen wollen, der die Privatsphäre und die Muße zur Arbeit als ein schützenswertes Gut achtet. Röntgen ging aber auch den Kollegen aus dem Wege, sprach oder schrieb niemals über die Hintergründe seiner Entdeckung, verweigerte sich mit mehr oder weniger, meist weniger geschickten Begründungen jeder Bitte um einen Vortrag oder der Einladung zu einer Konferenz, und für ein ganzes Jahrzehnt stellte er sogar jegliches Publizieren ein. Eine derart totale Verweigerung ist bei Wissenschaftlern, die bei aller Konkurrenz und bei allem Hang zum einsamen Grübeln und Basteln doch auf Kommunikation angewiesen sind, so ungewöhnlich, daß sie sich nur zum kleineren Teil mit jener Bescheidenheit erklären läßt, die ihm seine Verehrer gern nachsagen.

Da Röntgen niemals auch nur Andeutungen über seinen Rückzug ins große Schweigen verlauten ließ, wird der Versuch, die Hintergründe seiner Abschottung nicht nur gegen die Welt, sondern auch gegen die »scientific community« ein wenig aufzuhellen, notwendigerweise in ein »Schattenreich« führen, jedoch nicht in eines der »letzten Realitäten«, wie sie Crookes bei den Gasentladungen gesehen hatte,[1] sondern in eines der Interpretationen und Rekonstruktionen.

Dabei werden Eifersüchteleien und Prioritätsstreitigkeiten eine Rolle spielen, vielleicht auch Röntgens Sorge, daß er als Physiker nicht ganz so groß sei wie die Bedeutung seiner Entdeckung. Sein durch das calvinistische Prinzip der »innerweltlichen Askese« geprägter Charakter mag ihm geboten haben, den Stolz auf das Erreichte nicht zur Schau zu stellen,

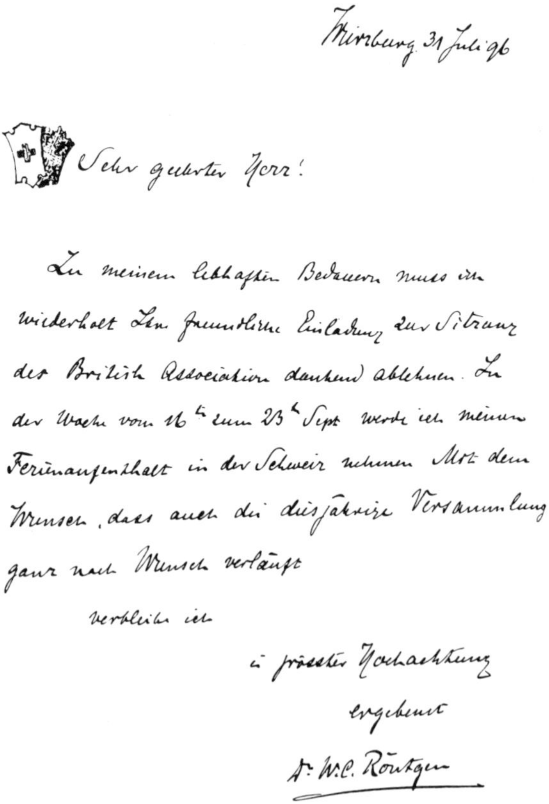
Würzburg 31 Juli 96

Sehr geehrter Herr!

Zu meinem lebhaften Bedauern muss ich wiederholt Ihre freundliche Einladung zur Sitzung der British Association dankend ablehnen. In der Woche vom 16ten zum 23ten Sept werde ich meinen Ferienaufenthalt in der Schweiz nehmen. Mit dem Wunsch, dass auch die diesjährige Versammlung ganz nach Wunsch verläuft

verbleibe ich

in grösster Hochachtung

ergebenst

Dr. W. C. Röntgen

Eine von Röntgens unzähligen Absagen auf Einladungen zu Kongressen oder Vorträgen, hier in einem Brief an die »British Association for the Advancement of Science«.

sondern zu unterdrücken. Seine Patentochter Margret Boveri hat später angenommen, »daß die Schroffheit, mit der Röntgen nach seiner Entdeckung alle Bewunderung, alle Schmeicheleien, alle Versuche, sich bei ihm anzuwanzen, zurückwies, dem Stich Eitelkeit entsprang, den er in sich kannte, den er nicht groß werden lassen wollte«[2].

Auch die Einsicht, daß es sich bei seiner Entdeckung um einen Zufallsfund gehandelt hatte, mag dazu beigetragen haben, daß Röntgen den Verdacht eitlen Stolzes gar nicht erst aufkommen lassen wollte. Er wußte, daß dieser Zufall viele andere ebenso hätte treffen können, und als Physiker war ihm klar, daß der vom Zufall Begünstigte sich deshalb noch nicht von einem ordentlichen Professor in ein Genie verwandelt. Wenn später Gesprächspartner den Eindruck gewonnen haben, daß er seinen Nachweis des dielektrischen Konvektionsstroms »subjektiv fast höher bewertet« hat als die Entdeckung der X-Strahlen,[3] dann zeigt sich darin nicht nur eine erhebliche Diskrepanz zwischen innerphysikalischen Maßstäben und dem Urteil der Öffentlichkeit. Mit dieser Bewertung verdeutlichte Röntgen vor allem, daß ihm ein schwieriges Experiment, das er sich als methodische Leistung eindeutig zurechnen konnte, doch lieber war als eine noch so spektakuläre Entdeckung, bei der so Unzuverlässiges wie der Zufall seine Hand im Spiel hatte. – Beginnen wir daher mit dem »Zufall«.

Unstreitig hatte Röntgen Strahlen entdeckt, die in den Laboratorien schon seit Jahrzehnten herumgegeistert waren, wann immer Gasentladungsröhren mit genügend hoher Spannung und ausreichendem Vakuum in Betrieb gesetzt wurden. Sie hatten auch schon deutliche Spuren hinterlassen, wenn zum Beispiel Photoplatten unbrauchbar wurden. Lord Rayleigh erzählte 1936 im Rückblick auf einige Heroen der Vergangenheit zwei typische Geschichten: »Es war eine Quelle großer Verärgerung für Crookes, daß er die Entdeckung der X-Strahlen versäumt hatte. Wie er mir sagte, hatte er definitiv festgestellt, daß ungeöffnete Photoplatten in seinem Laboratorium aus keinem erkennbaren Grund Schlieren zeigten. Indem er dem menschlichen Instinkt folgte, jemand anderem die Schuld zuzuschieben, wenn etwas schief geht, beschwerte er sich bei den Herstellern, die jedoch keine befriedigende Erklärung anzubieten hatten. Ich glaube, es war erst nach Röntgens Entdeckung, daß er dies mit dem Betrieb von hoch evakuierten Vakuumröhren in Verbindung brachte. Er hatte sich aber nicht ganz so viel vorzuwerfen wie jener andere englische Mann der Wissenschaft, der, wie berichtet wird, durchaus wußte, daß Hochvakuum-Entladungsröhren dazu neigen, in der Nähe befindliche Photoplatten zu vernebeln, und daraus nur die Lehre zog, die Platten woanders aufzubewahren.«[4] Auf diese Weise rettete der umsichtige Mann, dessen Name ungenannt blieb, zwar seine Platten, verpaßte aber die Entdeckung einer neuen Art von Strahlen.

Noch mehr vorzuwerfen hatte sich freilich Arthur Willis Goodspeed, ein Professor an der University of Pennsylvania in Philadelphia, denn 1890 hatte er auf einer Platte nicht nur neblichte Schlieren gefunden, sondern sogar ziemlich scharfe, kreisrunde Flecken. Obwohl er darin nicht mehr als einen merkwürdigen Fehler sah, wurde die Platte immerhin mit anderen fragwürdigen Exemplaren aufbewahrt. Sechs Jahre später wurde sie der Vergessenheit entrissen, und Professor Goodspeed fiel es wie Schuppen von den Augen: Die kreisrunden Flecken rekonstruierte er als Abbildungen von Metallstücken. Am 22. Februar 1896 wurde die Platte von Goodspeed in einem Vortrag in Philadelphia präsentiert. Dabei bewahrte der Mann Haltung: »Wir können kein Verdienst für eine Entdeckung beanspruchen, weil keine Entdeckung gemacht wurde. Wir wünschen nur, daß Sie sich erinnern mögen, daß auf den Tag genau heute vor sechs Jahren im Physikalischen Laboratorium der University of Pennsylvania das erste Bild mit kathodischen Strahlen aufgenommen wurde.«[5] Das war ehrenwert, aber nicht ganz richtig formuliert, denn es waren auch schon 1890 nicht Kathodenstrahlen, sondern X- oder Röntgenstrahlen gewesen, die das Bild auf die Platte gezeichnet hatten.

Wenn Crookes und Goodspeed und sicher noch andere Physiker Wirkungen rätselhafter Art bemerkten, aber nichts weiter taten als die Photoplatten in Sicherheit zu bringen oder sich mit den Lieferanten zu streiten, so illustriert das zum einen, daß die Entdeckung der neuen Strahlen gewissermaßen in der Luft lag, und wenn sie Röntgen nicht geglückt wäre, so hätte sie früher oder später jemand anderem glücken müssen, vielleicht Crookes oder Lenard oder einem dritten. Zum anderen wäre jedoch danach zu fragen, warum es Röntgen war und niemand anders, der die Strahlen entdeckte.

Bei seinem einzigen Vortrag am 23. Januar 1896 in Würzburg hat Röntgen seine Entdeckung dem »Zufall« zugeschrieben. In einem Bericht über diesen Vortrag hieß es, Röntgen habe geschildert, wie er sich mit den Lenardschen Versuchen über Kathodenstrahlen in Luft beschäftigt habe, »wobei ich dann durch Zufall meine Entdeckung machte«. Ein anderer Korrespondent ließ Röntgen sagen: »Ich fand durch Zufall, daß die Strahlen durch schwarzes Papier drangen.« Nach einem dritten Bericht hat Röntgen erklärt, »seine Entdeckung sei eine Gabe des Zufalls«[6].

Die Bedeutung der Rede vom Zufall ist allerdings unscharf und weitläufig. Sie reicht von der brutalen Statistik des »blinden Zufalls«, wie er beim Roulette oder der Lotterie waltet, bis zum »glücklichen Zufall«, der nur den trifft, der es verdient hat, und der deshalb gar nicht mehr so zufällig ist. Wissenschaftler haben, wenn es um Entdeckungen geht, wohl nur die letztere Bedeutung im Sinn, wie das in dem Diktum von Louis Pasteur zum Ausdruck kommt, daß der Zufall den vorbereiteten Verstand treffe. Wie sich aber Zufall, Glück und Verdienst mischen, ist eine Frage, die sich in jedem Falle in anderer Schattierung stellt.

Bei den meisten Entdeckungen in der Physik haben theoretische Konzeptionen oder wenigstens Erwartungen eine führende Rolle gespielt, nicht nur in dem Sinne, daß sie bestätigt wurden, sondern oft genug auch derart, daß ihre präzise Überprüfung einen ganz anderen als den unterstellten Sachverhalt aufzeigte und so wider Erwarten zu neuen Tatsachen führte. Becquerels Untersuchung, die von einem vermuteten Zusammenhang von Röntgenstrahlen und Fluoreszenz ausging und bei der Entdeckung der Radioaktivität endete, wäre ein gutes, aber wahrlich nicht das einzige Beispiel für diese Situation.

Die Entdeckung der neuen Strahlen ist jedoch der seltene Fall, in dem überhaupt keine erkenntnisleitenden Interessen im Spiel waren, in dem die Entdeckung gewissermaßen aus heiterem Himmel einschlug. Selbst wenn man die theoretischen Spekulationen über longitudinale Ätherwellen als inspirierende Vorläufer anführen wollte, so hätte doch niemand erwartet, daß diese Wellen Materie durchdringen würden. Für Röntgen haben diese Spekulationen auch gar keine Rolle gespielt, als er sich den Gasentladungen zuwandte. Seine Entdeckung traf ihn völlig unvorbereitet und absolut überraschend, in diesem Sinne durchaus ein Zufall oder gar eine Verkettung von Zufällen. Warum aber war Röntgen der im Sinne Pasteurs »vorbereitete Verstand«?

Röntgens Voraussetzungen waren keineswegs besser als die anderer Physiker. Er konstruierte keine neuen Apparate, sondern wiederholte nur mit üblichen Instrumenten, was andere schon gemacht hatten. Vermutlich hat die Lenardsche Röhre wegen ihrer höheren Ausbeute an X-Strahlen eine Rolle bei Röntgens erster Wahrnehmung gespielt, aber entscheidend dürfte die Art der Röhre nicht gewesen sein, da die Strahlen auch bei allen anderen Typen entstehen. Etwas mehr vom Glück begünstigt war Röntgen bei der Wahl von Bariumplatinzyanür als fluoreszierendem Material, denn nach der Entdeckung zeigte sich, daß es besonders stark auf Röntgenstrahlen anspricht, stärker jedenfalls als die von Lenard vorwiegend benutzten Substanzen, die sogenannten Ketone, die wiederum bei Kathodenstrahlen empfindlicher sind. Beide konnten das aber nicht wissen, als sie sich für ihre jeweiligen Fluoreszenzmaterialien entschieden.

Eine gewisse Disposition zur Entdeckung könnte aber in den Paradoxa verborgen sein, daß Röntgen erstens für Gasentladungen kein Fachmann war und zweitens bei seinen Experimenten überhaupt nichts suchte. Er imitierte und variierte wahrscheinlich eher spielerisch die einfacheren der Lenardschen Versuche, während die anderen Physiker sich bei ihren Experimenten immer auf bestimmte Ziele konzentrierten. Wer aber wie Crookes die Gasentladungen im Innern der Röhre studieren will, wie Lenard den Eigenschaften der Kathodenstrahlen auf der Spur ist oder wie Thomson die Geschwindigkeit der Kathodenstrahlen mißt, der wird dazu neigen, Nebeneffekte wie vernebelte Photoplatten als Störung beiseite zu schieben, sie nicht weiter zu verfolgen und allenfalls dafür zu sorgen, daß sie sich nicht wiederholen.

Bei seinen imitativ-exploratorischen Experimenten war Röntgen dagegen auf kein bestimmtes Ziel fixiert und daher frei und unbefangen genug, jede Auffälligkeit zu bemerken und ihr nachzugehen. Zugleich bewährte sich sein Hang zur Pedanterie in der Weise, daß ihm bei der Nachahmung der Lenardschen Experimente tatsächlich nichts entging, so daß er eher als die Experten aus der kleinen Irregularität eines Fluoreszenzleuchtens an einer Stelle, wo es nicht zu erwarten war, den denkbar größten Erkenntnisgewinn ziehen konnte.

Röntgen präsentierte in seiner »Vorläufigen Mitteilung« denn auch nicht nur eine zufällig gefundene Irregularität zur Überraschung einiger Kollegen, sondern eine voll ausgearbeitete und solide begründete Darstellung von qualitativ Neuem. Zwar hätte wohl jeder gute Physiker nach der ersten Wahrnehmung der exzeptionellen Durchdringungsfähigkeit der Strahlen eine ähnliche Folge von Versuchen abgearbeitet wie Röntgen. Die Methoden waren Allgemeingut, und vor allem Lenards große Veröffentlichung über Kathodenstrahlen war nicht nur in der Vorgehensweise, sondern auch in der Darstellung ein Vorbild, an dem sich Röntgen ganz offensichtlich orientiert hatte.

Das ändert aber nichts daran, daß Röntgens »Vorläufige Mitteilung« außergewöhnlich ist, indem sie eine epochale Entdeckung sogleich aus einem Guß präsentiert. Wie er für die Physiker nachwies, daß er eine »neue Art von Strahlen« entdeckt hatte, von denen niemand etwas geahnt hatte, wie er lakonisch seine Untersuchungen protokollartig wiedergab und die Dramatik dieses Ereignisses durch seine ausgesuchten Photographien unterstrich, das hatte Stil und Größe. Deshalb gehört seine »Vorläufige Mitteilung« zu den Klassikern der Physik – und der Name ihres Verfassers in das Pantheon der Wissenschaft.

Wer so viel Ruhm und Popularität für einen »Zufallsfund« erntet wie Röntgen, der läuft Gefahr, mit der einen oder anderen Art von Mißgunst konfrontiert zu werden. Auch Röntgen ist das nicht erspart geblieben. Geäußert hat er sich dazu nur in den letzten Jahren seines Lebens, und auch dann nur fragmentarisch. Diese späten Bemerkungen lassen aber vermuten, daß er als ein in seinem Innersten sehr verletzlicher Mann seit seiner Entdeckung davon getroffen wurde und tief darunter gelitten hat. So hat er niemals auf einen Anwurf reagiert oder sich gar in die Arena des offenen Streits begeben, sondern die ihm adäquate Reaktion auf manche Unzuträglichkeit dürfte der Rückzug in die »Unzugänglichkeit« gewesen sein.

Da wurde zum Beispiel in Würzburg getuschelt und andernorts getratscht, daß es eigentlich Röntgens Institutsdiener Marstaller gewesen sei, der das Aufleuchten des Fluoreszenzpapiers als erster gesehen habe.[7] Würzburger Studenten sollen von »Marstaller-Strahlen« gesprochen haben, vielleicht aus Jux, vielleicht auch aus Rache an dem gefürchteten und spröden Examinator in einem ungeliebten Fach. Gegenüber Geflüster und Getuschel war Röntgen hilflos, hat vielleicht sogar selbst am wenigsten davon erfahren, denn erst 25 Jahre später schimpfte er über »das infame Gerücht, ich hätte die X-Strahlen nicht selbst gefunden«. Die Quelle vermutete er in Heidelberg beim dortigen Ordinarius Quincke, »dem ich ein paarmal auf den Fuß getreten bin. Es wurde wohl durch Lenard gepflegt.«[8] Aber ausgegangen waren diese Geschichten von Röntgens eigenem Institut, in dem der Klatsch »durch die oft jeder Logik entbehrenden, unzusammenhängenden Äußerungen des alten Marstaller neue Nahrung«[9] erhielt. Das Institutsfaktotum scheint die Verbreitung des von ihm in die Welt gesetzten Klatschs und seine dadurch gesteigerte Wichtigkeit sehr genossen zu haben.

Wie meistens bei Röntgen ist der Wahrheitsgehalt auch dieser Geschichte nicht mehr eindeutig zu ermitteln, und wie immer sind die Zeugnisse derer, die als Röntgens Freunde eine besondere Autorität beansprucht haben, am verworrensten. So hat Zehnder nach Röntgens Tod erst einmal jegliche Mitwirkung Marstallers bestritten, denn »Röntgen arbeitete wissenschaftlich sicher nie derart, daß er sich dabei von einem Institutsdiener helfen ließ ...«[10] Fünf Jahre später ließ er praktisch das Gegenteil drucken. Gestützt auf Mitteilungen Dritter, die sich auf Erzählungen Marstallers beriefen, von denen sie wiederum durch Vierte gehört hätten, offerierte Zehnder nun mit der gleichen Apodiktik die Variante, daß es Marstaller gewesen sei, der eine verdorbene Photoplatte oder gar die Abbildung eines Ringes auf Photopapier bemerkt und so die Entdeckung der Röntgenstrahlen überhaupt erst auf den Weg gebracht habe.[11]

Wenn Marstaller auch etwas zuerst gesehen haben sollte, einen Lichtfleck oder die Abbildung eines Ringes, die X-Strahlen hätte er damit noch nicht entdeckt und auch nie entdecken können. Eine anerkennende Erwähnung hätte er verdient gehabt, aber gewiß nicht mehr. Röntgen hätte die Sache, wie immer sie gewesen war, auf sich beruhen lassen sollen, aber er empfand sie als schlimme Kränkung: »Welcher miserable Neidhammel mag sie in die Welt gesetzt haben?«[12]

Ähnlich traf Röntgen die Behauptung, daß er an der medizinischen Anwendung seiner Entdeckung überhaupt keinen Anteil habe, weil die erste Handaufnahme von dem Würzburger Chirurgen Schönborn veranlaßt worden sei. Hier allerdings bezeugen die Berichte von der denkwürdigen Sitzung der »Physikalisch-Medicinischen Gesellschaft« am 23. Januar 1896 ziemlich genau das Gegenteil, daß nämlich der Chirurg die medizinische Nutzanwendung bezweifelte, während sie Röntgen in gebremstem Optimismus wenigstens nicht ausgeschlossen sehen wollte. Obwohl diese Mär seine Reputation als Physiker überhaupt nicht berührte, reagierte er auch hier sehr verletzt: »Ich muß gestehen, daß mir all diese Lügen doch recht nahe gehen, näher, als sie es wohl verdienen.«[13] – Er hätte sie besser überhaupt nicht beachten sollen.

Der Gehalt derartiger Geschichten mag daraus erhellen, daß es auch im Münchener Physikalischen Institut, dessen Direktor Röntgen im Jahre 1900 wurde, einen Präparator namens Weber gab, der die Wahrnehmung des ersten Fluoreszenzlichts für sich reklamierte und mit dieser Behauptung eines Anteils an Röntgens Entdeckung sogar eine gewisse Aufmerksamkeit fand.[14] Der gute Mann hatte allerdings nicht gewußt, daß die Strahlen in Würzburg entdeckt worden waren, wo er niemals gewesen war.

Manchem Gerücht und manchem verworrenen Bericht, wie sie nach Röntgens Tod in die Welt gesetzt wurden, wäre freilich der Boden entzogen gewesen, wenn Röntgen wenigstens einmal in aller Ausführlichkeit und mit der ihm nachgerühmten Präzision dargestellt hätte, wie es zu seinem Zufallsfund und seiner Entdeckung gekommen war. Er wäre damit nicht nur der Neugier der Zeitgenossen und der Nachgeborenen entgegengekommen, sondern hätte sich wahrscheinlich selbst manchen Verdruß erspart oder zumindest gemildert. Und dies gilt nicht nur für mehr oder weniger belanglose Gerüchte, sondern auch für Konflikte, die Wissenschaftlern berufstypisch nahegehen.

Zum vermeintlichen Elfenbeinturm der Gelehrsamkeit gehört zumindest für Naturwissenschaftler ein Aspekt, über den sie zwar nicht gerne sprechen, der sie aber doch alle aufs Intensivste beschäftigt und der oft tiefe Leidenschaften aufwühlt: die Frage nach der Priorität, dem Erstgeburtsrecht an einer Entdeckung. Der »Prioritätenstreit« ist keineswegs ein vernachlässigbares Gekräusel im steten Strom des Erkenntnisfortschritts, er ist auch nicht nur das Salz in der Suppe, sondern er gehört ganz wesentlich dazu wie etwa das Rad zum Wagen.[15] Das liegt daran, daß nur der Allererste sich mit dem Ruhm des Entdeckers schmücken kann; anders als im Sport gibt es in der Ehrengalerie der Wissenschaft keinen zweiten und keine Silbermedaille. Zudem ist geistiges Eigentum eine äußerst flüchtige Angelegenheit, schwerer jedenfalls abzugrenzen und zu verteidigen als materielle Besitztümer, weshalb denn auch umso erbitterter gestritten werden kann.

Bei einer »Zufallsentdeckung« wie der von Röntgen, bei der nur etwas gefunden wurde, was schon seit Jahrzehnten in den Laboratorien vorhanden war, war es unvermeidlich, daß der eine oder andere den Anspruch anmeldete, diesem Zufall schon vorher begegnet zu sein. Nicht alle hatten die Charakterstärke von Professor Goodspeed, der trotz seiner Photoplatte kein Verdienst für eine Entdeckung beanspruchte, »weil keine Entdeckung gemacht wurde«. Tatsächlich dürfte die Entdeckung der neuen Strahlen von vielen Physikern auch als eine Art Kränkung ihres professionellen Selbstbewußtseins empfunden worden sein, weil sie einen so glorreichen und mit überall vorhandenen Mitteln zu hebenden Schatz übersehen hatten. »Eine ärgerliche Sache«, charakterisierte Röntgens Freund Zehnder diese Empfindung, »fast beschämend für uns alle, die ungezählten Physiker, die schon vor Röntgens Entdeckung Röntgenstrahlen unter den Händen hatten, sie aber nicht sahen.«[16]

Einer, den dies Versäumnis am härtesten treffen mußte, war Philipp Lenard. Bereits am 15. Januar 1896, also zwei Wochen nach Versand seiner »Vorläufigen Mitteilung«, wurde Röntgen von einem Redakteur des »Würzburger Generalanzeiger« gefragt, »wie er sich zur Behauptung des ungarischen Physikers Lenard stelle, der das Priorat der Entdeckung für sich in Anspruch nimmt«. Röntgens Antwort faßte der Redakteur dahingehend zusammen, »daß ihm diese Erklärung vollständig neu sei, und daß er natürlich gegen eine derartige Behauptung energisch protestieren müsse. Die Entdeckung der neuen Strahlen sei und bleibe sein Eigentum.«[17]

Die Quelle für Lenards Behauptung war der »Pester Lloyd«, eine im ungarischen Teil der k. u. k.-Monarchie herausgegebene Zeitung. Lenard wurde von ihr als Ungar vereinnahmt, weil er in Preßburg, dem heutigen Bratislava in der Slowakei, aufgewachsen war. Obwohl er nur in Deutschland studiert und gearbeitet hatte, scheinen seine Verbindungen in die Heimat immer noch so eng gewesen zu sein, daß er seinen Anspruch in eine in Budapest erscheinende deutschsprachige Zeitung lancieren konnte, von der ausgehend alle großen Zeitungen über die Affäre berichteten.[18]

Lenard muß ganz direkt dahinter gesteckt haben, denn der »Lloyd« und danach auch die »Frankfurter Zeitung« und sogar der »Würzburger Generalanzeiger« druckten eine längere Passage aus Lenards großem Artikel aus den »Annalen der Physik und Chemie« vom Frühjahr 1894 ab, worauf wohl kein Redakteur verfallen wäre: »Kathodenstrahlen sind photographisch wirksam ... Die photographische Schicht kann ... bei langer Exposition auch sonst unbemerkbare Wirkungen zum Vorschein bringen. So zeigte sich z. B. ziemlich kräftige Schwärzung hinter einem ... Kartonblatt. Das Kartonblatt bedeckte die photographische Schicht und zwischen beiden waren Streifen verschiedener Metallblätter eingelegt. Diese Streifen bildeten sich ganz nach Maßgabe ihrer Durchlässigkeit heller (im

Negativ) auf dunklerem Grunde ab und ganz hell blieb die Schicht nur dort, wo ein dicker Metallrahmen über das ganze gelegt war. Es waren also wirklich Kathodenstrahlen durch das dicke Kartonblatt gegangen. Die Exposition betrug dabei nur zwei min.«[19]

Der »Würzburger Generalanzeiger« kommentierte diese Passage zwar beeindruckt, aber trocken: »Nach dieser Angabe zu urteilen, scheint indessen Herrn Lenard die enorme Wichtigkeit seiner Beobachtungen nicht ganz klar gewesen zu sein.« Der am Orte verfügbare Professor Röntgen hätte freilich das Entscheidende hinzufügen können, daß erstens die X-Strahlen sehr viel durchdringender seien als die Kathodenstrahlen und er zweitens in seinen Experimenten eindeutig nachgewiesen habe, daß die X-Strahlen etwas anderes als Kathodenstrahlen seien. Lenard kann man vielleicht zugute halten, daß er beim Einfädeln seiner Aktion noch keines der von Röntgen aufgenommenen Bilder gesehen hatte, so daß ihm der offensichtliche Unterschied zwischen den scharfen Durchleuchtungen Röntgens und seinen bescheidenen Schatten dünner Metallstreifen noch nicht vor Augen stand.

Bei Lichte besehen hatte Lenard keinen vernünftigen Grund für seine Ansprüche. In seiner großartigen Arbeit über Kathodenstrahlen hatte er sehr viel entdeckt, jedoch mit Sicherheit nicht die X-Strahlen. Aber wie der Amerikaner Goodspeed zu resignieren, »weil keine Entdeckung gemacht wurde«, brachte er nicht fertig, sondern er verrannte sich in immer neue Konstruktionen zur Rettung seiner eingebildeten Priorität. Seine Beharrlichkeit mag noch dadurch gesteigert worden sein, daß Röntgen sich der Kontroverse entzog. Nachdem er am 15. Januar gegenüber dem »Würzburger Generalanzeiger« ganz spontan darauf bestanden hatte, »die Entdeckung der neuen Strahlen sei und bleibe sein Eigentum«, war das auch schon seine letzte Äußerung in dieser Angelegenheit. So entstand der seltene Fall eines Prioritätenstreits, bei dem der eine schwieg und der andere immer aggressiver wurde, bis er sich in eine pathologische Feindschaft steigerte. – Wenden wir uns zunächst dem anderen zu.

Lenard hatte nicht auf der langen Liste derjenigen gestanden, denen Röntgen seine »Vorläufige Mitteilung« zuschickte. Er erfuhr von dem Ereignis durch seinen Chef, den Aachener Ordinarius Adolph Wüllner, in dessen Institut er als Assistent bessere Arbeitsmöglichkeiten gefunden hatte als auf dem zuvor nur ein Semester lang wahrgenommenen Extraordinariat in Breslau. Über den Inhalt von Röntgens Arbeit, schrieb Lenard später, sei er wegen des großen Fortschritts sehr erfreut gewesen. »Nur die offenbare, in den Einleitungsworten der Schrift liegende Verwischung der Entdeckungsgeschichte der ›neuen Art von Strahlen‹ konnte mir nicht gefallen.«[20] Mit einer von Müller-Unkel gelieferten Röhre, zu deren Benutzung er noch keine Zeit gefunden hatte, machte er die Versuche schnell nach.

Vergleiche mit Glasröhren zeigten Lenard, daß der Platinansatz seiner Röhre, den er ursprünglich nur als dichte Halterung für das Aluminiumfenster konzipiert hatte, für die Entstehung der neuen Strahlen besonders geeignet war, und im Nu verdichtete sich seine Vermutung zur Gewißheit, daß Röntgen seine Strahlen nur mit dieser Röhre gefunden haben konnte. »Ich war betrübt und niedergeschlagen über diese Erkenntnis, zumal mein Anteil am Zustandekommen der Entdeckung in Röntgens Veröffentlichung nicht entsprechend sichtbar gemacht war.«

Daß er die Strahlen nicht selbst gefunden hatte, schrieb er seinen ungünstigen Arbeitsbedingungen zu, die ihn seit Anfang 1894 am Experimentieren gehindert hätten. Umso größer wurde seine Verbitterung: »Röntgen hatte, durch Mittel und Freiheit bevorzugt, und noch dazu von mir selbst unterstützt, den Vorsprung gehabt und eine Entdeckerfreude war mir verloren gegangen. Es war das erste Mal, daß jemand mir bei einer Entdeckung zuvorkam. Lebhaft erinnere ich mich immer noch, damals eines Morgens aufgewacht zu sein mit der plötzlichen Erkenntnis, wie es einer Mutter zumute sein müsse, der ihr Kind genommen worden ist, ehe sie es sehen konnte, das nun unter fremdem Namen in die Welt geht.«[21] Das ist freilich das Berufsrisiko aller guten Naturwissenschaftler, und Lenard hätte sich immer noch damit trösten können, daß zwar in der

Öffentlichkeit und bei den Medizinern die Handskelette alles in den Schatten stellten, die Physiker aber seine Untersuchungen über Kathodenstrahlen schon wegen ihrer enormen Schwierigkeiten und ihres Erkenntnisgewinns genauso hoch, wenn nicht höher einschätzen würden als Röntgens einfache Experimente.

Trotzdem versuchte Lenard, seinen Anteil an der Entdeckung der Röntgenstrahlen zunächst dadurch zu retten, daß er den bereits erwähnten Artikel des »Pester Lloyd« lancierte. Das war weder taktvoll noch klug, denn Strahlen mit den Eigenschaften der X-Strahlen hatte er nun einmal nicht entdeckt. Bei der Verfolgung seines Anspruchs kam ihm aber sein Einfall zupaß, daß er die neuen Strahlen zu Kathodenstrahlen erklärte, die sich mit Lichtgeschwindigkeit fortpflanzen. Mit dieser Hypothese reiste er im September 1896 nach Liverpool zur Jahrestagung der »British Association for the Advancement of Science«, deren physikalischer Teil eine Leistungsschau der Gasentladung war. Aus Deutschland nahmen auch Friedrich Kohlrausch sowie die beiden tüchtigen Wolfenbütteler Gymnasiallehrer Johann Elster und Hans Geitel teil, während Röntgen abgelehnt hatte und lieber in Pontresina blieb.

In der Sektion Physik hielt J. J. Thomson den großen Eröffnungsvortrag, und als dabei der Name Lenard fiel, war das »das Zeichen für sehr herzlichen Applaus«[22]. Tags darauf hielt Lenard einen Vortrag mit Demonstrationen vor überfülltem Hörsaal und wiederum herzlichem Applaus. Es wurde ein großer Erfolg. George Fitzgerald machte Lenard das Kompliment, »daß, während Röntgens Experimente schon bald von hunderten von Beobachtern nachvollzogen worden sind, Lenards frühere Experimente so schwieriger Natur sind, daß noch niemand sie nachgemacht hat«[23]. Allerdings wurde Lenards Auffassung, daß die X-Strahlen praktisch eine extreme Form von Kathodenstrahlen seien, die man bei äußerstem Vakuum erhalte, sowohl von George Stokes wie von Fitzgerald widersprochen. Aber mehr als dieser Widerspruch scheint ihn geärgert zu haben, daß auf der Menükarte nach Röntgens Methode photographierte Knochen abgebildet waren. – Erst 1898 akzeptierte Lenard den fundamentalen Unterschied, den Augusto

Righi in Bologna, Jean Perrin in Paris und J. J. Thomson in Cambridge schon 1896 festgestellt hatten, daß nämlich Kathodenstrahlen elektrische Ladung transportieren, Röntgenstrahlen jedoch nicht.

Aber Lenard ließ nicht locker. Als er 1905 den Nobelpreis erhielt, kam er bei seinem Vortrag vor der Schwedischen Akademie der Wissenschaften auf die Bedeutung seiner Röhre bei der Entdeckung der Röntgenstrahlen zu sprechen, bestritt den Zufallscharakter dieser Entdeckung und erklärte sie zur notwendigen Folge seiner Röhrenkonstruktion, indem sie »an eben diesem Punkte der Entwicklung ganz notwendig erfolgen mußte«[24]. Das war wiederum nicht sehr taktvoll, aber Röntgen hatte, nachdem er 1901 den ersten Nobelpreis erhalten hatte, entgegen den Statuten überhaupt keinen Vortrag gehalten.

Damals schrieb Lenard immerhin noch von »Röntgenstrahlen«. Nach einem weiteren Jahrzehnt vermied er den Namen und sprach nur noch von »Hochfrequenzstrahlen«. Je mehr Jahre ins Land gingen, desto größeren Anteil versuchte sich Lenard an der Entdeckung der von ihm so genannten »Hochfrequenzstrahlen« zuzuschreiben. In eine Neuauflage seines Nobelvortrags rückte er im Jahre 1920 eine entsprechende Fußnote ein: »In Wirklichkeit besaß ich wohl Anzeichen unverständlicher Nebenerscheinungen, die ich als Ausgangspunkte weiterer Unternehmungen – die mir freilich dann rechtzeitig nicht beschieden waren – sorgfältig hütete und die in der Tat Wirkungen spurenweise im Beobachtungsraum vorhandener Wellenstrahlung waren.«[25] Er hätte besser daran getan, wie Professor Goodspeed auf solche Einlassungen zu verzichten – eben »weil keine Entdeckung gemacht wurde«.

Röntgen hatte jegliche Prioritätsansprüche Lenards Mitte Januar 1896 entschieden zurückgewiesen, sich dann aber nie mehr geäußert. Damals hatte er übrigens im Zusammenhang mit der Prioritätsfrage sein Lokalblatt auch wissen lassen, es werde »in allernächster Zeit eine ausführliche Publikation über die Entdeckung der neuen Strahlen erscheinen ...«[26] Diese Publikation erschien aber nicht, weder in allernächster Zeit noch irgendwann später. Röntgen zog es vor, sich auszuschweigen, und das auch gegenüber Kollegen. So hatte Ernst Mach, der sich als physikalischer Polyhistor besonders für erkenntnistheoretische und psychologische Aspekte der Forschung interessierte, seine Glückwünsche zur Entdeckung mit einer Bitte verbunden: »Es ist mir nämlich von erkenntnistheoretischem Standpunkt sehr interessant zu erfahren, durch welchen Umstand Sie zu Ihrer Entdeckung gelangt sind.«[27] Der Bitte des berühmten und würdigen alten Herrn wurde offenbar nicht entsprochen, denn Röntgen hat den Brief zwar aufbewahrt, aber ohne sein übliches Kürzel für »erledigt« oder »beantwortet«.

Warum aber schwieg Röntgen? Daß ihm sein »Eigentum« ernsthaft streitig gemacht werden könnte, hat er kaum befürchten müssen. Ziemlich sicher war ihm die Sache einfach zuwider, und ebenso sicher hätte es nicht seinem Naturell entsprochen, öffentlich seine Leistung herauszustreichen und zu verteidigen. Die Anerkennung auch der Priorität sollte so kommen wie ein akademischer Ruf: »ohne daß ich einen Finger dazu gerührt hätte«[28]. Aber eine nüchterne und präzise Darstellung der tatsächlichen Entdeckungsgeschichte hätte dieser selbst auferlegten Zurückhaltung nicht widersprochen. Wahrscheinlich hat Röntgens Schweigen doch mit Lenard zu tun, nicht wegen der Priorität, sondern wegen einer Verhaltensregel im Umgang unter Wissenschaftlern, bei der Röntgen sich vielleicht selbst hat eingestehen müssen, daß er ihr nicht gerade vorbildlich entsprochen hat.

Wenn Wissenschaftler ihre Erkenntnisse veröffentlichen und damit den Kollegen zu beliebigem Gebrauch zur Verfügung stellen, dann geben sie damit ihr »geistiges Eigentum« keineswegs auf. Zur Etablierung und zur permanenten Bestätigung der »Besitzansprüche« hat sich die Pflicht eingebürgert, wenigstens in der kleinen Münze der Fußnote darauf zu verweisen, was man den Vorgängern und Kollegen verdankt. Röntgen hat diesen Brauch immer beachtet, nicht nur durch eigene Fußnoten oder entsprechende Hinweise, sondern besonders dann, wenn ein Kollege damit zu sparsam war. Als Franz Himstedt, sein Nachfolger in Gießen, zwei Variationen des Rowlandschen Experiments veröffentlichte, aber verschwieg, daß er in einem Falle auf einen Apparat zurückgreifen konnte, den Röntgen konstruiert und als Bestand des Instituts in Gießen zurückgelassen hatte, wurde Röntgen zornig und zauste seinen Nachfolger für die Unterlassung in den »Annalen« in sarkastischem Ton dafür, daß er sich mit fremden, nämlich Röntgens Federn geschmückt habe: »Da Hr. Himstedt ... an keiner Stelle seiner Arbeit erwähnt, daß er mit meinem von ihm vorgefundenen Apparat gearbeitet hat, so kann ich, streng genommen, nur vermuten, daß sein Apparat mit horizontaler Scheibe und der meinige identisch sind. Im Falle sich diese Vermutung bestätigen würde, so würden die Versuche des Hrn. Himstedt zeigen, daß mein Apparat nach einigen entsprechenden kleinen Veränderungen sich zur Wiederholung der Rowland'schen Versuche eignet. Daß letzteres der Fall ist, habe ich übrigens bereits selbst gefunden und der Berliner Akademie mitgeteilt ...«[29] – Wie aber hat sich Röntgen gegenüber Lenard verhalten?

Wie wir mit Sicherheit wissen, war Röntgen durch Lenards Artikel in den »Annalen« auf die von Lenard konstruierte Röhre aufmerksam geworden und hatte sich ein Exemplar beim Glastechniker Müller-Unkel in Braunschweig bestellt. Wegen des Materials für das Aluminiumfenster hatte sich Röntgen direkt an Lenard gewandt, der prompt aus seinem eigenen Bestand zwei Aluminiumblättchen nach Würzburg schickte. Wenn man dann noch bedenkt, daß er die einfachen Teile der Lenardschen Versuche – die Beobachtung der Kathodenstrahlen in Luft bei lichtdicht verpackter Röhre – nachmachte und dabei auf seinen Zufallsfund stieß, dann wäre nach jenen Kriterien, die Röntgen dem Hrn. Himstedt vorgehalten hat, eine deutliche Fußnote zur Anerkennung von Lenards Vorleistung und auch seiner persönlichen Unterstützung angebracht gewesen, und dies selbst dann, wenn er wirklich eine andere als die von Lenard konstruierte Röhre bei der entscheidenden Beobachtung benutzt hätte.

Welche Röhre aber wirklich benutzt wurde, kann nur nach Kriterien der Plausibilität rekonstruiert werden. Von Röntgen selbst gab es keine Äußerung zu dieser Frage, und was der sich als sein Sachwalter fühlende Zehnder nach Röntgens Tod schrieb, war ebenso widersprüchlich wie seine Bemerkungen zu der Mitwirkung des Herrn Marstaller. 1930 schrieb er über Röntgens Entdeckung: »Nach Lenards Vorschrift hatte er dabei die Lenardröhre lichtdicht mir scharzem Karton umhüllt und beobachtete dann das Aufhellen des Fluoreszenzschirms.«[30] Einige Zeilen weiter heißt es dann, Röntgen habe ihm selbst erzählt, »daß er seine X-Strahlen mit der Hittorf-Röhre entdeckt habe, nicht mit der Lenardröhre. An diesem Ausspruch darf nicht gerüttelt werden ...« Fünf Jahre später erzählte Zehnder eine ganz andere Geschichte, bei der das Aufleuchten eines Fluoreszenzschirms überhaupt keine Rolle mehr spielte, sondern verdorbene Photoplatten und die überraschende Abbildung von Röntgens Ehering,[31] ohne sich groß darüber zu wundern, daß diese Geschichte im Widerspruch zu allen früheren Berichten über das überraschende Aufleuchten eines Fluoreszenzpapiers steht.

Röntgen hatte in seiner »Vorläufigen Mitteilung« jede Andeutung der Entdeckungsgeschichte und auch jegliche Floskel der Anerkennung vermieden. Warum er das getan hat, bleibt sein Geheimnis. War es das Bedürfnis, seine Leistung als bar jeder Voraussetzung darzustellen und ihr so die Aura des höchst Exzeptionellen zu verleihen? War es herablassende Nachlässigkeit eines Ordinarius gegenüber einem Assistenten, oder war es bloß Vergeßlichkeit im selbst auferlegten Zeitdruck beim Schreiben des Manuskripts?

Daß er in seinem einzigen Vortrag am 23. Januar 1896 gemäß der »Frankfurter Zeitung« erklärte, »Lenard habe ihm die Anregung gegeben«[32], mag der aufdämmernden Einsicht zuzuschreiben sein, daß er etwas gutzumachen hatte. Zu mehr aber war er nicht bereit, und schon gar nicht zu etwas Schriftlichem; statt dessen zog Röntgen es vor zu schweigen. Hätte Lenard jemals erfahren, daß Röntgen auf der ersten Seite seines Manuskripts zuerst vom »Lenard'schen Apparat« geschrieben, dies aber durchgestrichen und durch »die Röhre« anonymisiert hatte, dann hätte er das mehr noch als Röntgens Schweigen als Bestätigung seines finsteren Verdachtes aufgefaßt.

Die beiden so unterschiedlichen Kontrahenten haben es offenbar sorgfältig vermieden, jemals einander zu begegnen. Aber in einer höheren Form der Gerechtigkeit, die auch als subtile Ironie aufgefaßt werden mag, wurden sie durch die Verwalter wissenschaftlichen Ruhms, durch die großen Akademien, dennoch wider Willen aneinandergekettet. Das begann im Juni 1896, als der angesehene Baumgartner-Preis der Wiener Akademie der Wissenschaften Lenard und Röntgen zu gleichen Teilen zugesprochen wurde, vermutlich auf Betreiben von Ludwig Boltzmann. Im Herbst 1896 folgte die Pariser Akademie, die ihren renommiertesten Preis, den Prix Lacaze, gleichfalls gemeinsam Lenard und Röntgen zuerkannte. Als im Dezember die Royal Society ihre Rumford-Medaille verlieh, die vor der Etablierung des Nobelpreises als die höchste Anerkennung für Physiker galt, waren noch einmal Lenard und Röntgen die gemeinsam Ausgezeichneten. Und wir werden sehen, daß sie um ein Haar auch noch 1901 den ersten Nobelpreis gemeinsam zu gleichen Teilen erhalten hätten, wenn die Akademie es nicht für ungünstig gehalten hätte, schon den ersten Nobelpreis zu teilen. Zur Aussöhnung der beiden hätte aber auch diese gemeinsame Ehre wohl nicht ausgereicht.

III.

Der Unzugängliche

1. Nach dem Sturm

Nachdem sich der Sturm, den die Entdeckung der neuen Strahlen entfacht hatte, ein wenig gelegt hatte, versuchte Röntgen, wieder an sein gewohntes Leben anzuknüpfen. Das ist ihm zum großen Teil sogar gelungen. Von den langen Ferienreisen hat er sich ohnehin nicht abbringen lassen, und wenn im September die Physiker auf ihren Kongressen sich über die Eigenschaften von Röntgen- und Kathodenstrahlen die Köpfe heiß redeten, war er wie immer in den luftigen Höhen von Pontresina.

Im heimischen Würzburg hatte seine Erscheinung schon früher Eindruck gemacht. »Ein Hüne von Gestalt, mit dunklem, etwas welligem, zurückgekämmtem Haar, großem, dunklem Vollbart, energischer Nase, hoher Stirn und schmallippigem, etwas herbem Mund ...«[1] – so wurde er beschrieben, und es hätte noch hinzugefügt werden können, daß der Sohn eines reichen Tuchhändlers auch in reifen Jahren auf teure und elegante Kleidung Wert legte. Nach diesem Mann hat man sich wahrscheinlich schon vor der Entdeckung gelegentlich umgedreht, und wenn das jetzt etwas häufiger geschah, kann das nicht sehr störend gewesen sein. Im Umgang war er schon immer ein wenig spröde gewesen, aber jetzt fiel auf, daß er Fremden gegenüber »im allgemeinen wortkarg und verschlossen, ja oft etwas mißtrauisch«[2] reagierte – ein Preis für die Schattenseiten des Ruhms.

Störend oder zumindest zeitraubend blieb die Korrespondenz, die zwar geringer wurde, aber nie mehr auf das frühere Normalmaß zurückging. Röntgen hat sie, so gut er konnte, allein in seiner akkuraten Handschrift bewältigt. Oft war etwas Hochoffizielles dabei, das gewisse Sorgfalt erforderte, wie Danksagungen für empfangene Auszeichnungen oder für Orden. Kamen die Orden von einem ausländischen Souverän, dann war über die Universität und das Ministerium submissest ein Gesuch an den obersten Dienstherrn, den bayrischen Prinzregenten, zu richten, diesen Orden auch annehmen und tragen zu dürfen.[3]

Diese Prozedur hatte Röntgen schon im Februar 1896 einüben dürfen, nachdem ihm am 13. Januar der Kaiser nach dem Vortrag im Berliner Schloß den preußischen Kronenorden II. Klasse verliehen hatte, denn in dieser Hinsicht war Wilhelm II. für die Bayern Ausländer. Solche Gesuche mußten noch oft wiederholt werden, als Röntgen zum Beispiel im Sommer 1896 das Kommandeurskreuz vom Orden der Italienischen Krone erhielt, merkwürdigerweise aber auch bei der rein wissenschaftlichen Auszeichnung mit der Rumford-Medaille durch die Royal Society im Dezember 1896. Selbstverständlich wurde die Genehmigung immer erteilt, doch der Prinzregent wollte nicht nur genehmigen, sondern auch selbst dekorieren, und so erhielt Röntgen im März 1896 das Ritterkreuz des königlichen Verdienstordens der Bayrischen Krone. Diese Auszeichnung hatte ein Nachspiel.

Mit dem hohen bayrischen Verdienstorden war die Erhebung in den persönlichen Adelsstand verbunden, was Röntgen gar nicht sympathisch fand. Während er sich durchaus glaubhaft aus Orden nicht viel gemacht haben soll, sie aber auch nicht ohne Skandal ablehnen konnte, sah er hier eine Möglichkeit, dem Adel zu entgehen, da er niemanden durch eine direkte Ablehnung brüskieren mußte, sondern nur etwas zu unterlassen brauchte. Wie er bürgerlich blieb, erläuterte er dem Bürgermeister seines Geburtsortes, der sich gar nicht vorstellen mochte, daß der schon am 16. April 1896 zum Ehrenbürger Lenneps ausgerufene berühmte Sohn der kleinen Stadt nicht inzwischen geadelt worden sei und deshalb seine Schreiben an den Prof. Dr. von Röntgen adressiert hatte: »Der betreffende Paragraph der Satzungen des Kgl. bayr. Kronenordens lautet: Die Erteilung des Verdienstordens der bayrischen Krone schließt die Verleihung des persönlichen Adels in sich. Die Rechte des Adels, worunter insbesondere die Führung eines adeligen Prädikates, können indessen erst nach erlangter Immatrikulation ausgeübt werden. Die Unterlassung eines Immatrikulationsgesuchs schließt einen Verzicht auf die Ausübung der Adelsrechte in sich. Da ich bis jetzt kein bezügliches Gesuch eingereicht habe und auch nicht gesonnen bin, ein solches einzureichen, kommt mir die Führung des Prädikates ›von‹ nicht zu.«[4]

Obwohl sich Röntgen dem Lande seiner Geburt wieder völlig assimiliert hatte und ein typischer Bourgeois des wilhelminischen Zeitalters war, kam in der Ablehnung des Adels teils ein Nachklang seiner liberal-republikanischen Prägung in Holland und in der Schweiz zum Ausdruck, teils auch das Selbstbewußtsein eines reichen Bürgersohns, der es in der akademischen Welt, ohne Protektion und ohne sich selbst in Szene zu setzen, allein aufgrund seiner Leistungen zu etwas gebracht hatte. Ein solcher Mann war stolz auf seinen Namen und hatte es nicht nötig, es den Hofschranzen gleichzutun.

Solcher Bürgerstolz wurde bei Hofe und in den Ministerien wohl nicht zu Unrecht als verwerflicher Hochmut erkannt, zumal bei höheren Beamten, die, wenn sie nicht schon adelig geboren worden waren, nach nichts mehr strebten als nach der Nobilitierung. Das kam sogar ganz offen zur Sprache, als der Freund Theodor Boveri als Dekan der Würzburger Fakultät beim Minister für Kirchen- und Schulangelegenheiten in einer leidigen Bleibeverhandlung zugunsten Röntgens vorstellig wurde. Als Boveri dem Minister erklärte, Röntgen habe das Gefühl, daß man in Bayern keinen Wert auf ihn lege, da brachte der Minister von Landmann, wie Boveri anschließend an Röntgen schrieb, »die Geschichte mit dem ›von‹ vor; dies habe ihn geärgert; andere ... hätten mit höchstem Vergnügen dieses Wörtchen ihrem Namen hinzugefügt. Bei diesem Gespräch wurde es mir etwas schwül, da Landmann ja selbst den gleichen ephemeren Adel führt.«[5] Röntgen hat aufgrund seiner Erfahrungen im Würzburger gesellschaftlichen Leben mit solchen Animositäten rechnen müssen, als er das Gesuch zur Immatrikulation in die Adelsliste unterließ, aber das hat er in Kauf genommen.

In Theodor Boveri, der sich im Münchner Ministerium so wacker für ihn einsetzte, hatte Röntgen einen guten Freund gewonnen, den wichtigsten seines Lebens. Boveri war 1893 im Alter von dreißig Jahren zum Ordinarius für Zoologie berufen worden und begründete in seinem Institut am Pleicherring, nur zwei Häuser von Röntgen entfernt, eine weltweit führende Schule der Zell- und Entwicklungsbiologie. Obwohl 17 Jahre jünger als Röntgen und von eher derbem fränkischen Temperament, wurde Boveri in einer Weise charakterisiert, die dem bedächtigeren Röntgen imponiert und zugesagt haben muß: »Eine ungewöhnliche Sorgfalt, ein Verantwortungsgefühl der Sache gegenüber, eine Gewissenhaftigkeit, die nichts liegen ließ, so daß er, was er übernahm, auch völlig durchführte.«[6] So lernten sich die beiden in den Fakultätssitzungen kennen und schätzen, bald auch als enge Freunde.

1896 war die Amerikanerin Marcella O'Grady, eine Biologielehrerin an dem renommierten Vassar College in New Jersey, nach Würzburg gekommen, um bei dem berühmten Boveri zu arbeiten. Zwar hatte sie sich der Wissenschaft verschrieben, entdeckte aber, wie sie selbst öfter erzählte, daß Theodor Boveri ein so viel bedeutenderer Biologe sei als sie selbst, daß sie ihrer Wissenschaft am besten dienen konnte, wenn sie ihn heiraten und für ein gesundes Leben sorgen würde.[7]

Der Freundschaft der beiden Männer korrespondierte in diesem Falle auch die der beiden Frauen, so daß eine enge und dauerhafte Beziehung der beiden Familien entstand. Als die Boveris im Jahre 1900 eine Tochter bekamen, wurde Röntgen Taufpate. Die Briefe, die zwischen den Boveris und den Röntgens gewechselt wurden, sowie die Aufzeichnungen der Tochter Margret Boveri über ihren geliebten und verehrten »Onkel Röntgen« sind die wesentlichsten Quellen über Röntgen in seinen späteren Jahren.

Anders als Boveri, der ein guter und gesuchter Redner auf Kongressen war, hat Röntgen alle akademischen Einladungen abgelehnt. Nur bei der hundertjährigen Jubiläumstagung der Schweizerischen Naturforschervereinigung Anfang August 1896 schaute er in Zürich auf einige Stunden vorbei, hielt natürlich keinen Vortrag und blieb beinahe inkognito, bis er am gleichen Tage in die Berge weiterreiste. Die Einladung, als Ehrengast an der Jahrestagung der Gesellschaft der deutschen Naturforscher und Ärzte in Frankfurt teilzunehmen, lehnte er ebenso ab wie die der »British Association for the Advancement of Science«. Auch im nächsten Jahr schrieb er nach England etwas brüsk: »Zu meinem lebhaften Bedauern muß ich wiederholt Ihre freundliche Einladung zur Sitzung der British Association dankend ablehnen. In der Woche vom 16. zum 23. Sept. werde ich meinen Ferienaufenthalt in der Schweiz nehmen.«[8]

Dem Vorsitzenden der Deutschen Gesellschaft für Chirurgie, der Röntgen zum Kongreß nach Berlin einlud, antwortete Röntgen erst gar nicht und nach wiederholter Bitte mit der etwas dunkel begründeten Ablehnung: »Nach Berlin zu gehen, ohne eine fertige Arbeit mitzubringen, möchte ich nicht. Das klingt vielleicht etwas anspruchsvoll, es ist aber durchaus nicht so gemeint. Im Gegenteil sind es ganz andere Motive, die mich unter den gegebenen Umständen bestimmen, von Ihrer freundlichen und schmeichelhaften Einladung keinen Gebrauch zu machen. – Ich hoffe – und glaube – daß Sie mein Verhalten verstehen, auch wenn ich mich nicht weiter über meine Gründe auslasse.«[9]

Einmal gab Röntgen immerhin seine Gründe an, und die sind aufschlußreich. Sie betrafen aber keinen Vortrag, sondern einen Wettbewerb, bei dem anläßlich der Brüsseler Weltausstellung von 1898 die »epochemachendste Erfindung seit 1894« ausgezeichnet und mit einer üppigen Geldprämie bedacht werden sollte. Sich hier entsprechend den Regularien zum eigenen und zum Ruhme des Vaterlandes selbst vorzuschlagen, war für Röntgen völlig ausgeschlossen: »Sofort nach dem Bekanntwerden meiner Entdeckung wurde ich von verschiedenen Seiten besonders ausgezeichnet. Daraufhin nahm ich mir das Versprechen ab, durch kein Wort und keine Handlung zu irgendwelchen Auszeichnungen auch nur die geringste Veranlassung zu geben. Dieses Versprechen habe ich bisher streng gehalten, und es wäre eine Inkonsequenz, wenn ich mich in Brüssel melden würde.«[10]

Ob es Röntgen nun wollte oder nicht, das Institut am Pleicherring wurde nach der Entdeckung um einiges mehr beachtet als früher, und des öfteren schauten auch Hörer bei der Vorlesung herein, die gar nicht Physik lernen, sondern nur den berühmten Mann sehen wollten. Wenn es sich herumsprach, daß Röntgen in seiner Experimentalphysikvorlesung auf Gasentladungen und seine Entdeckung zu sprechen kommen würde, war das große Auditorium regelmäßig überfüllt, weil alle die erstaunlichen Experimente aus erster Hand erleben wollten. Röntgen begann dann meist mit dem »understatement«: »Da hat man im November 1895 eine neue Art von Strahlen entdeckt, welche die folgenden auffälligen Eigenschaften zeigen ...«[11] Daß er nur von den X-Strahlen sprach, wurde ihm als besondere Bescheidenheit angerechnet, aber was sonst hätte er sagen sollen? Von einem anderen Ordinarius wurde freilich kolportiert, daß man ein von ihm formuliertes Gesetz im Index seines Buches unter M suchen müsse – M wie »Mein Gesetz«.

Im verdunkelten Hörsaal lief dann unter donnerndem Applaus eine Folge gut vorbereiteter, faszinierender Demonstrationsversuche ab. Als Krönung schob Röntgen zum Schluß seinen Kopf zwischen die Röhre und einen Fluoreszenzschirm und demonstrierte so durch die Abbildung des Entdeckerschädels die Bedeutung der X-Strahlen für die »Herren Mediziner«. Diese Anrede hat er in einer Weise ausgesprochen, die erkennen ließ, daß er die »Herren Mediziner« nicht besonders mochte, weil sie die Physik nicht mochten und nur aus Pflicht bei ihm in der Vorlesung saßen und in die Prüfung kamen.

Wenn dann so ein unglücklicher Mensch, der nur Arzt werden wollte und die Physik als Hürde im Studiengang ohne größeren Aufwand hinter sich bringen wollte, im Examen auf mehrere Fragen keine Antwort wußte, dann beendete Röntgen die peinliche Stille schließlich selbst mit den Worten: »Wenn Sie es nicht wissen, muß ich es Ihnen sagen!«, was freilich nur eine höfliche Ausdrucksweise für Durchgefallen bedeutete.[12] Kein Wunder, daß die gleichen Studenten, die bei Röntgens Versuchen lautstark applaudierten, mit dem Getuschel von den »Marstaller-Strahlen« es dem unbequemen Prüfer heimzahlen wollten.

Noch schlimmer ging es freilich Studenten, die sich ins Praktikum verirrt hatten, obwohl sie nicht ausreichend vorbereitet waren. Röntgen war nicht nur ein strenger, sondern offenbar ein furchterregender Professor, wenn die jungen Leute nicht diejenige Sorgfalt im Umgang mit den Instrumenten an den Tag legten, die er für geboten hielt. Öfters soll er drohend erklärt haben: »Wer die Apparate schlecht behandelt, ist mein Feind.«[13] Ein von Röntgens Ruhm angelockter junger Mann, dem die Würzburger Bräuche noch nicht vertraut waren, hatte gar das Pech, aus einem Schrank, in dem nur Instrumente des Ordinarius aufbewahrt wurden, eine Präzisionswaage zu entnehmen. Als der Ordinarius die Ungeheuerlichkeit entdeckte, hatten die Studenten ein unvergeßliches Erlebnis: »Röntgen, der Hüne, hatte den kleinen, neuen Praktikanten am Kragen gepackt und schüttelte ihn ganz jämmerlich durcheinander. Dann, als er uns erblickte, gab er dem schlotternden Jüngling einen Stoß in der Richtung der Kellertreppe, wies mit der ausgestreckten Hand nach dem Ausgang zum Garten und rief mit Donnerstimme mehrmals: ›Raus! Raus! Raus!‹«[14]

Die Zahl der Hauptfachstudenten blieb in Würzburg aber auch weiterhin klein. Lehramtskandidaten studierten lieber in München, wo die Prüfungen für das Königreich Bayern zentralisiert waren, und Doktoranden sind auch nach der Entdeckung nicht ins Institut geströmt: »Es gibt zu wenig junge Männer, die sich die nötige Zeit nehmen wollen, um Physiker zu werden.«[15] Der Ordinarius beschränkte sich auf seine große Vorlesung und bot nicht etwa, was so absonderlich nicht gewesen wäre, ein Seminar über Gasentladungs- und Strahlenphysik an. Über seine eigenen experimentellen Forschungen sprach er, wie es seit vielen Jahren seine Gewohnheit war, mit niemandem, auch nicht mit den beiden Assistenten. Diese Verschlossenheit trug nicht unwesentlich zum Institutsklatsch bei, der sich um die geheimnisvollen Vorgänge in der mit Zink und Blei ausgeschlagenen Kiste rankte oder merkwürdige Blüten trieb, als diejenige Tür, hinter der Röntgen im November 1895 seine Röhre postiert hatte und die wegen ihres Anstrichs mit Bleiweiß ein deutliches Bild ihres Profils auf der Photoplatte geliefert hatte, plötzlich durch eine neue ersetzt wurde.

Nach seiner »Dritten Mitteilung« vom Frühjahr 1897 war auch nicht mehr aus Veröffentlichungen zu erfahren, was Röntgen in seinem Allerheiligsten geforscht haben könnte, denn er veröffentlichte nichts, sondern klagte: »Über physikalische Dinge vermag ich augenblicklich nichts zu berichten; dazu fehlen mir das Papier – und die Gedanken.«[16] Im Herbst 1897 wurde eine Anlage zur Verflüssigung von Luft von der Firma Linde gekauft und im Keller installiert.[17] Das war eine beträchtliche Modernisierung des Instituts, denn Carl von Linde hatte erst zwei Jahre zuvor diesen Prozeß in einer Maschine realisieren können.

Röntgen korrespondierte deshalb mit Heike Kammerlingh Onnes, der an der Universität Leiden das auf der Welt führende Tieftemperatur-Laboratorium im Stile eines Großbetriebs aufbaute, und er bestellte sich die »Communications from the Leiden Laboratory«, aber trotz der teueren Investition wurde Röntgen nicht zum Tieftemperatur-Physiker. Er überließ die Anlage der Betreuung durch den alten Freund Zehnder, als der zwar mit dem Titel eines außerplanmäßigen Professors, aber in der Stellung eines Assistenten, im Frühjahr 1899 wieder nach Würzburg kam. Aber auch Zehnder hat nichts über Experimente bei tiefen Temperaturen publiziert.

Natürlich hat sich Röntgen weiterhin mit den neuen Strahlen beschäftigt. »Versuche zur Bestimmung der Fortpflanzungsgeschwindigkeit habe ich schon begonnen«, schrieb er im Herbst 1897, verbunden mit der Klage: »Ich kann nur langsam vorwärtskommen, sobald meine Versuche größere Mittel und größere Hilfe verlangen.«[18] Mit für damalige Zeiten sogar sehr großem Aufwand hatten der holländische Professor Hermann Haga und seine Mitarbeiter an der Universität Groningen Anzeichen für die Beugung der Röntgenstrahlen und damit ihre Ähnlichkeit mit dem Licht nachgewiesen. Das erregte einiges Aufsehen und interssierte auch Röntgen. Seine in der »Vorläufigen Mitteilung« ausgesprochene Vermutung, daß die X-Strahlen longitudinale Ätherschwingungen seien, wäre damit hinfällig geworden, und seine »Dritte Mitteilung« hatte er im Frühjahr 1897 mit der Bemerkung beendet, er habe »keinen Versuch zu verzeichnen, aus dem ich mit einer mir genügenden Sicherheit die Überzeugung von der Existenz einer Beugung der X-Strahlen gewinnen könnte«[19].

Man weiß nichts über Art und Details der von Röntgen angestellten Versuche. Aber man weiß von der experimentellen ›tour de force‹ der Holländer: 12 Meter Abstand zwischen einem Beugungsspalt und der Photoplatte bei achtzigstündiger Belichtung, und dies absolut erschütterungsfrei aufgebaut. Aus ersten Beobachtungen glaubten sie schließen zu können, daß die Wellenlänge der Röntgenstrahlen viel kleiner als die des ultravioletten Lichts sein mußte.

Nach weiteren Experimenten und Belichtungszeiten bis zu 400 Stunden teilten im Februar 1899 Haga und sein Assistent Cornelis Wind mit, daß sie die Beugung nachgewiesen hätten; für die Wellenlängen gaben sie einen Bereich an, der etwa bei einem hundertmillionstel Zentimeter lag.[20] Im Rückblick war das zwar ein gutes Resultat, aber die präsentierte Evidenz war damals nicht für alle Physiker überzeugend. Nur unter dem Mikroskop wurden die Verbreiterungen der Spaltabbildungen auf der photographischen Schicht sichtbar, und es bedurfte wohl etwas guten Willen, darin ein verläßliches Ergebnis zu sehen. Heute ist kaum zu beurteilen, ob Haga und Wind nur durch Glück das Richtige getroffen oder ob sie die Wellenlänge wirklich gemessen hatten.

Röntgen, der wie die meisten Physiker die Experimente von Haga und Wind schon wegen der mangelnden Erschütterungsfreiheit im Würzburger Institut nicht hätte nachmachen können, blieb skeptisch, war aber so interessiert, daß er sich sogar in den Ferien durch Physik hätte stören lassen. Zehnder fragte er per Brief aus dem Engadin, ob er die Arbeit von Haga und Wind in den »Annalen« gefunden habe: »Sollte dieselbe erschienen sein – aber auch nur dann –, möchte ich Sie freundlichst bitten, mir die betreffende Nummer hierher zu schicken.«[21] Das war aber die letzte Äußerung Röntgens in dieser Angelegenheit.

Wahrscheinlich hat er sein Verdikt über die meisten Beobachter – sie »sind alle viel zu hastig und kritiklos gewesen«[22] – auch durch diese Arbeit bestätigt gefunden. Er wollte nur veröffentlicht sehen, was hieb- und stichfest war. Diesem Anspruch ist er selbst aber auch nicht immer gerecht geworden, und zudem besteht ein großer Teil des Fortschritts der Physik durchaus darin, sich über Provisorien und vorläufige Resultate an die Tatsachen heranzutasten. Daß bei allzu rigidem Anspruch an die Exaktheit die Forschung steril zu werden droht, dafür sind Röntgens spätere Jahre durchaus ein warnendes Beispiel.

Bei der bayrischen Regierung hatte Röntgen durch seine Entdeckung und seinen Ruhm, abgesehen von dem hohen Orden und der ausgeschlagenen Nobilitierung, für sein Institut und seine persönliche Situation keine Vorteile erhalten. Dazu bedurfte es eines Rufs, und den erhielt er am 17. November 1898 aus Leipzig, wo er von der Fakultät als einziger Kandidat vorgeschlagen war. »Die Nachricht regt uns sehr auf, und wir sind augenblicklich nicht im geringsten in der Lage, sagen zu können, ob wir gehen oder nicht. Das hängt von so viel Unbekanntem ab, und das will sehr gründlich überlegt sein. Ich hoffe aber, daß die Entscheidung bald erfolgt; denn die Unsicherheit ist höchst unangenehm.«[23] Verlockend war natürlich, daß Röntgen in Leipzig ein neues Institut erhalten würde, größer noch als das in Straßburg. Aber es mußte erst noch gebaut werden, und die dadurch bedingten, eher wissenschaftsfremden Aufgaben eines akademischen Bauherrn sowie ein mehrjähriges Provisorium in dem alten, viel zu kleinen Institut waren nicht ganz nach seinem Geschmack. Nach zwei Wochen war die Unsicherheit aber schon beendet.

Die Fakultät hatte alles darangesetzt, Röntgen in Würzburg zu halten. Am 27. November wurden entsprechende Empfehlungen beschlossen, die seine Wünsche nach Erweiterung des Instituts, insbesondere des Hörsaals, sowie die Einrichtung des immer wieder geforderten Extraordinariats bekräftigten und für eine Gehaltserhöhung plädierten.[24] Der Dekan Boveri trug sie am nächsten Tage in München im Ministerium vor. Dabei kam, wie bereits erwähnt, Exzellenz von Lindemann auf die ihn ärgernde Zurückweisung des Wörtchens ›von‹ durch Röntgen zu sprechen, aber die Verhandlungen gingen trotzdem gut aus: Am 30. November war eine sofortige, kräftige Erhöhung des Gehalts von 6720 Mark auf den Höchstsatz von 9000 Mark sowie Mietfreiheit der Institutswohnung bewilligt; ferner wurde für den Fall des Verbleibens von Röntgen auch die Erfüllung der beiden anderen Bedingungen verbindlich zugesagt.[25]

Röntgen zierte sich noch ein paar Tage und lehnte am 8. Dezember den Ruf nach Leipzig ab. Dafür wurde er zum Königlichen Geheimen Rat ernannt, was nichts weiter als die Anrede »Herr Geheimrat« mit sich brachte und die Regierung nichts kostete. Rektor und Senat erschienen am Sonntag, dem 18. Dezember bei Röntgen, um ihm den Dank der akademischen Gremien auszusprechen. Sie wußten nicht, daß Röntgen zwar Bayern erhalten bleiben würde, aber doch nicht Würzburg. Ein halbes Jahr später teilte Röntgen dem Senat nämlich mit, daß er einen Ruf nach München erhalten habe.

Als die Münchner Fakultät für den im Frühjahr 1899 nach langer Krankheit verstorbenen Ordinarius Eugen von Lommel einen Nachfolger suchte, hatte sie an erster Stelle Ludwig Boltzmann nominiert. An zweiter Stelle wurde Hendrik Antoon Lorentz vorgeschlagen, »der gleichfalls auf allen Gebieten der Physik, als Theoretiker und als Experimentalphysiker, Hervorragendes leistete«. Schließlich wies die Fakultät darauf hin, es sei »durch eine Entdeckung von hervorragend praktischem und theoretischem Interesse der Name unseres Würzburger Collegen Röntgen zu so allgemeiner Berühmtheit gelangt, daß wir ihn füglich an gleicher Stelle mit Professor Lorentz nennen dürfen. Jedenfalls würde seine Berufung den Erfolg haben, einen glänzenden Namen dem Lehrkörper unserer Universität einzuverleiben.«[26] Wohl auf Geheiß des Prinzregenten entschied sich das Ministerium für den »glänzenden Namen« und bot, ohne bei Boltzmann oder Lorentz angefragt zu haben, den Münchner Lehrstuhl Röntgen an.

Röntgen empfand diesen Ruf weder als besondere Gunst noch als Befehl seines Landesherrn, sich in die Hauptstadt zu verfügen: »Der Hauptgrund, weshalb ich noch unentschieden bin, ist der Zustand der Sammlung resp. des Instituts. Da muß gründlich geholfen werden, bevor ich annehme.«[27] Ein höheres Gehalt konnte ihm nicht mehr bewilligt werden, aber wegen der größeren Studentenzahlen konnte er mehr als eine Verdoppelung seiner Einnahmen aus den Kolleggeldern und Prüfungsgebühren erwarten. Trotzdem gelangte er auch in der Muße der Ferien nicht zu einem Entschluß: »Und dann muß ich mich endlich über den Ruf entscheiden! Das fällt mir nicht leicht.«[28] Die Verhandlungen mit dem Ministerium zogen sich hin, und erst im Dezember schrieb er, und das klang optimistisch: »Nächstes Frühjahr geht's auf nach München.«[29]

Im März des Jahres 1900 mußten Röntgen und seine Frau erstmals auf die Reise in den Süden verzichten. Im Institut war das Inventar zu überprüfen und die Übergabe an den Nachfolger Willy Wien vorzubereiten. Der kam, wie zwölf Jahre zuvor Röntgen selbst, aus Gießen. Ende März wurde gepackt, und fünf große Möbelwagen brachten die Besitztümer der Röntgens nach München. Dort hatten sie in der Äußeren Prinzregentenstraße in einem vornehmen Haus die obere Etage mit zehn Zimmern gemietet. Der Eigentümer war freilich noch vornehmer als das Gebäude: Es war ein Prinz aus der königlichen Familie der Wittelsbacher.

Röntgens neue Arbeitsstätte, das Physikalische Institut, verfügte über kein eigenständiges Gebäude, sondern befand sich im Südflügel des großen neuen Universitätsgebäudes an der Ludwigstraße. Als Ersten Assistenten hatte er Ludwig Zehnder aus Würzburg mitgebracht, der sich in München noch einmal um die Installation und den Betrieb einer Kältemaschine zur Verflüssigung von Luft zu kümmern hatte.[30] Diese Arbeiten und die Neuorganisation des Instituts beanspruchten Röntgens ganze Arbeitskraft. Als er vom Vorstand der Deutschen Physikalischen Gesellschaft gemeinsam mit Emil Warburg zum Delegierten für den Internationalen Kongreß für Physik gewählt worden war, der in Paris im September 1900 stattfinden sollte,[31] hatte Röntgen also einen glaubwürdigen Grund, diese ehrenvolle Wahl abzulehnen. Immerhin hat er die Berichte dieses repräsentativen Kongresses in den nächsten Ferien »mit großem Interesse gelesen ... und in dieser Weise die Zeit wenigstens einigermaßen nützlich angewendet«.[32]

Obwohl das Hauptgebäude der Universität erst 1892 errichtet worden war und daher zeitgemäßen Anforderungen hätte gerecht werden sollen, war es trotz einiger von Röntgen durchgesetzter Umbauten für die Physik nur mäßig geeignet: »Die magnetischen Störungen durch die Straßenbahnen machten gewisse Arten von physikalischen Arbeiten unmöglich, und schließlich war das Institut so schlecht gebaut, daß die oberen Räume wegen der Erschütterungen für die meisten Arbeiten unbenutzbar sind.«[33] Dazu kamen mancherlei Belästigungen durch den Universitätsbetrieb oder gar durch Musikaufführungen und Proben in der nicht weit entfernten Aula. Daß diese den Unterricht nicht beeinträchtigen sollten, war Röntgen nicht genug; er verlangte, daß sie auch die Arbeiten im Institut nicht stören dürften, und beanspruchte als Institutsvorstand das Recht, sie widrigenfalls zu untersagen.

Diese und ähnliche Mißhelligkeiten führten zu permanenten Querelen mit den Universitätsbehörden, denen Röntgen als ein sehr eigenwilliger Institutsvorstand gegenübertrat. In der Fakultät, zu der im übrigen ein halbes Dutzend Geheimräte von jenem »ephemerem Adel« gehörten, auf den Röntgen verzichtet hatte, fühlte er sich isoliert. Einen Freund wie Boveri fand er in München nicht mehr, und nicht einmal zu dem Chemiker Adolph von Baeyer, der vor einem Vierteljahrhundert in Straßburg die Habilitation Röntgens trotz des fehlenden Abiturs vehement unterstützt hatte, stellte sich eine engere Beziehung ein. Weder in der Universität noch in der Münchner Gesellschaft wurde er heimisch, und schon bald klagte er dem Freund Boveri: »Die Münchner Luft ist so stagnant: Sie haben keine Ahnung davon!«[34]

In diese »stagnante Luft« platzte im Herbst 1901 eine Nachricht, die Röntgen mit großer Freude aufnahm, aber zunächst niemandem offenbaren durfte: Er sollte der erste Nobelpreisträger für Physik werden.

2. Wie Röntgen den ersten Nobelpreis erhielt, den Vortrag vermied und auch weiterhin schwieg

Selten ließ sich Röntgen zu Äußerungen des Überschwangs hinreißen, und umso auffälliger ist daher seine Reaktion auf einen Brief, den er Mitte November des Jahres 1901 von Svante Arrhenius aus Stockholm erhalten hatte: »Ein Märchen ist Wirklichkeit geworden! Dieser Gedanke kommt mir seit dem Empfang Ihrer Zeilen nicht aus dem Kopf.«[1] Arrhenius hatte als Mitglied des für den Nobelpreis für Physik zuständigen Komitees der Königlichen Schwedischen Akademie der Wissenschaften Röntgen darüber informiert, daß ihm der Preis des Jahres 1901 und damit der erste Nobelpreis überhaupt zuerkannt worden sei.

Die hohe Ehre hatte dem Empfänger ein wenig die Sprache verschlagen: »Ich weiß noch nicht, was ich zu Allem sagen soll. Doch vorerst nehmen Sie meinen verbindlichsten Dank für Ihre sehr freundlichen Worte.«[2] Nachdem eine Woche vergangen war, hatte er sein Gleichgewicht noch nicht ganz wiedergefunden: »Ich muß mich jetzt noch immer an den Gedanken gewöhnen, daß es wirklich so ist.«[3] Röntgen beteuerte auch, »wie sehr ich überrascht wurde durch diese Mitteilung«,[4] aber völlig überraschend kann dieser Preis doch nicht für Röntgen gewesen sein, der die höchsten und auch nicht so hohe Ehrungen nach seiner Entdeckung fast schon routinemäßig entgegengenommen hatte.

Mehr als drei Dutzend Auszeichnungen hatte Röntgen bis zum Herbst des Jahres 1901 bereits erhalten.[5] Darunter waren eher anrührende wie die Ehrenbürgerschaft seiner Geburtsstadt Lennep oder die Ehrenmitgliedschaft der Gesellschaft ehemaliger Studierender des Eidgenössischen Polytechnikums in Zürich. Wichtiger waren natürlich die renommiertesten Preise der bedeutenden Akademien in London, Paris, Wien, Rom oder St. Petersburg. 1900 war noch die »Barnard Medaille« der Columbia University in New York hinzugekommen, die nur alle fünf Jahre verliehene höchste wissenschaftliche Auszeichnung, die damals die Neue Welt zu vergeben hatte.

Viele Akademien hatten Röntgen zum Auswärtigen oder zum Korrespondierenden Mitglied ernannt, darunter auch die Königliche Schwedische Akademie der Wissenschaften zu Stockholm im Jahre 1899. Wegen dieser Mitgliedschaft war er im Jahr nach seiner Ernennung sozusagen »ex officio« um einen Vorschlag für den ersten Träger des Nobelpreises für Physik gebeten worden. Er hatte also von dem Preis gewußt, gewiß mehr als die meisten Professorenkollegen oder die durchschnittlichen Zeitungsleser, und wenn er über seine eigenen Chancen nachgedacht haben sollte, muß er sie für gut befunden haben.

Die Schwedische Akademie der Wissenschaften hat jedenfalls, indem sie Röntgen zum ersten Laureaten wählte, nicht nur dem bereits vielfach Geehrten eine weitere Auszeichnung hinzufügen wollen. Sie war vor allem darauf bedacht, den wissenschaftlichen Rang und das Ansehen des neuen Preises durch eine kluge und zugleich auf allseitigen Beifall rechnende Wahl zu etablieren, und was hätte sich dazu besser geeignet als die Entdeckung einer neuen und zudem ebenso populären wie nützlichen Art von Strahlen, die den Statuten und dem Geist von Alfred Nobels Testament in nahezu vollkommener Weise gerecht wurde.

Bei ihrer erstmaligen Verleihung im Jahre 1901 waren die Nobelpreise Neulinge im Reigen akademischer Ehrungen, aber sie betraten die Bühne wissenschaftlichen Ruhms mit kräftigem Aplomb. Während die etablierten Preise der europäischen Akademien neben der Ehre und einer meist kostbaren Medaille in Gold keine sonstigen Reichtümer verhießen, war mit den Nobelpreisen eine sehr hohe Geldsumme verbunden, die allein schon die Phantasie beflügelte. Zudem waren sie bereits einige Jahre vor ihrer erstmaligen Verleihung Gegenstand des größten öffentlichen Interesses und auch öffentlicher Auseinandersetzungen, und dies nicht nur in Schweden, sondern in ganz Europa.

Die Publizität begann drei Wochen nach dem Tod Nobels am 10. Dezember 1895. Als das Testament des Industriemagnaten am 2. Januar 1896 in der schwedischen Presse veröffentlicht wurde, machte das Schlagzeilen. Nobel hatte nämlich in seinem in Paris am 27. November 1895 unterzeichneten Testament verfügt, daß sein riesiges Vermögen in einen Fonds eingebracht werden solle, »dessen jährliche Zinsen als Preise denen zuerteilt werden, die im verflossenen Jahr der Menschheit den größten Nutzen gebracht haben. Die Zinsen werden in fünf gleiche Teile geteilt, von denen zufällt: ein Teil dem, der auf dem Gebiete der Physik die wichtigste Entdeckung oder Erfindung gemacht hat ...«[6] Es folgten ähnliche Bestimmungen für Preise in Chemie, in Medizin oder Physiologie und in der Literatur. Da Nobels Reichtum aus der Erfindung und der profitablen Produktion von Dynamit hervorgegangen war, sollte es sinnigerweise auch einen Preis für Verdienste um den Frieden geben. Neben den einzelnen Preiskategorien hatte Nobel auch die Institutionen bestimmt, denen die Auswahl der Laureaten übertragen werden sollte.

Aus diesem Testament resultierte eine Dramenfolge, die durch alle Höhen und Tiefen von den Gazetten in vielen Fortsetzungen begleitet wurde und dadurch lange vor der ersten Preisverleihung für lärmende Publizität sorgte. Frankreich und Schweden stritten auf diplomatischer Ebene um das immense Vermögen. Die Verwandten Nobels fühlten sich um ihr Erbe geprellt und versuchten, das Testament gerichtlich anzufechten. Schließlich mußte auch noch eine Dame durch üppige Zahlungen ruhiggestellt werden, die mit der Veröffentlichung von Briefen drohte, die Nobel ihr einst geschrieben hatte.

In Schweden wurde das Testament als unpatriotisch kritisiert, weil der Stifter verfügt hatte, »daß bei der Preisverteilung keine Rücksicht auf die Zugehörigkeit zu irgendeiner Nation genommen wird, so daß der Würdigste den Preis erhält, ob er nun Skandinavier ist oder nicht«. Noch unfreundlicher wurde die Bestimmung aufgefaßt, daß der Preis »für die Friedensvorkämpfer von einem Ausschuß von fünf Personen, die vom Norwegischen Storthing gewählt werden«, verliehen werden sollte. Diese Einbeziehung des Parlaments von Norwegen, das seit 1814 in der problematischen Konstruktion einer »Realunion« der schwedischen Krone unterstand und zunehmend Bestrebungen zu voller nationaler Souveränität erkennen ließ, wurde von führenden schwedischen Kreisen als Provokation empfunden, was Nobel durchaus beabsichtigt haben könnte.[7]

So kam es, daß der schwedische König Oscar II. erst nach langen Querelen am 29. Juni 1900 im Palast zu Stockholm die Statuten der Nobelstiftung unterzeichnete und dadurch in Kraft setzte. Am gleichen Tage verkündete er in einer Sitzung der Königlich Schwedischen Akademie der Wissenschaften noch »Spezielle Bestimmungen, betreffend die Verteilung der Preise der Nobelstiftung«, die damit im nächsten Jahr bei der sechsten Wiederkehr des Todestags des Stifters erstmals verliehen werden konnten.

Gemäß diesen Bestimmungen machte sich im September des Jahres 1900 ein Komitee der Akademie der Wissenschaften daran, bei einer in den Statuten umschriebenen Personengruppe Vorschläge für die Vergabe des Physikpreises für das Jahr 1901 einzuholen. Auch Röntgen erhielt als Auswärtiges Mitglied der Akademie das Zirkular. Er nominierte den schon 77 Jahre alten Sir William Thomson, besser bekannt als Lord Kelvin, wahrscheinlich für dessen Lebenswerk.[8] Von den weiteren Vorgängen in Stockholm erfuhr Röntgen nichts mehr, denn alle Beratungen waren streng vertraulich. Die Statuten verboten sogar, daß die Verhandlungen der mit der Preisvergabe befaßten Gremien protokolliert wurden.

Erst nach acht Jahrzehnten wurden in den Archiven der Nobelstiftung wenigstens die Akten vom Anfang des Jahrhunderts zugänglich, so daß jetzt ein Blick auf die den Preisverleihungen vorangegangenen Entscheidungsprozesse möglich ist, sofern sie in schriftlichen Empfehlungen, Gutachten und Begründungen ihren Niederschlag gefunden haben.[9]

Für den Physikpreis waren bis zum Stichtag des 31. Januar 1901 dreißig Vorschläge eingegangen, die insgesamt zwölf Kandidaten nannten. Es war eine imponierende Liste wissenschaftlicher Höchstleistungen, auf der schon viele standen, die in den folgenden Jahren den Nobelpreis erhielten, wie Pieter

Zeeman, Henri Becquerel, Philipp Lenard, J. J. Thomson oder J. D. van der Waals. Natürlich war auch Röntgen dabei, und zwar an prominentester Stelle. Er war von zwölf der Vorschlagsberechtigten nominiert worden, während die anderen Kandidaten nur ein- oder höchstens zweimal genannt worden waren.[10] Dabei fällt allerdings auf, daß Röntgen ausschließlich von deutschen Nominatoren auf den Schild gehoben wurde und keine Stimme aus dem Ausland erhielt.

Da einige dieser Nominatoren wie Emil Warburg zu Röntgen ein gutes kollegiales Verhältnis hatten, andere Nominatoren wie die Würzburger Professoren Rudolf Albert von Kölliker und Adolf Fick sowie der Biologe Anton Dorn nicht nur mit Röntgen, sondern vor allem mit seinem Freund Theodor Boveri gut bekannt waren, ist es mehr als nur wahrscheinlich, daß Röntgen auf dem einen oder anderen Wege erfahren hat, daß er in Stockholm ins Gespräch gebracht worden war, und dies sogar sehr nachdrücklich.

Allerdings spielte die Anzahl der Nominierungen keine Rolle für die Entscheidung. Das Komitee mit Professor Bernard Hasselberg als Vorsitzenden, dem brillanten Physikochemiker Svante Arrhenius als »spiritus rector« sowie drei weisen Physikern an ihrer Seite war in seiner Empfehlung nicht daran gebunden, wie viele Voten auf den jeweiligen Kandidaten entfallen waren. Nach Würdigung aller Kandidaten einigte sich das Komitee am 9. September 1901 auf den Vorschlag, den Preis für Physik zu teilen; die eine Hälfte sollte an Röntgen gehen, die andere an Philipp Lenard, der mittlerweile Ordinarius in Kiel geworden war.[11] Dabei spielte es keine Rolle, daß Röntgen von zwölf Nominatoren vorgeschlagen worden war, Lenard aber nur von dem Londoner Professor Silvanus Phillips Thompson, einer Autorität sowohl für Kathoden- als auch für Röntgenstrahlen.

Röntgens Auszeichnung brauchte nicht lange begründet zu werden. Die Kernsätze der Empfehlung lauteten: »Diese neuen, von Röntgen erstmals entdeckten Phänomene eröffnen ein weites Feld für die weitere wissenschaftliche Forschung. Von größter Wichtigkeit war diese Entdeckung bezüglich der durch sie ermöglichten praktischen Resultate. Aus diesen angeführten Gründen wird deutlich, daß die Vergabe des ersten Nobelpreises für Physik an W. C. Röntgen mit den Statuten der Nobelstiftung in stärkster Übereinstimmung steht.«[12] Das war offensichtlich, aber die fünf Komitee-Mitglieder waren damit noch nicht zum Ende gekommen, sondern fuhren fort: »Wir möchten jedoch trotz alledem den Vorschlag machen, den Nobelpreis für Physik für das Jahr 1901 zwischen den Herren Röntgen und Lenard aufzuteilen, da der Letztere der Vorgänger des Ersteren gewesen ist. Denn durch seine Untersuchungen über die Eigenschaften der Kathodenstrahlen bahnte er den Weg für die Entdeckung Röntgens und fertigte darüber hinaus wissenschaftliche Arbeiten über die Kathodenstrahlen an, die von der größten Bedeutung für den wissenschaftlichen Fortschritt sind und sich aus diesem Grunde schon mit der Entdeckung Röntgens messen können, welche auf der anderen Seite die Arbeiten Lenards durch ihre praktischen Anwendungsmöglichkeiten übertrifft. Beide Forschungsbereiche sind im Innersten miteinander verbunden.«[13]

Damit nicht genug, kamen die fünf Weisen nach einer ausführlichen Rekonstruktion der Strahlenforschung zu einer für Lenard etwas schmeichelhaften Einschätzung: »Es ist aus den Arbeiten Lenards nicht ersichtlich, inwieweit er schon früher bewußt auf die ›Röntgen'schen‹ Strahlen gestoßen ist, da diese erst durch die Aufmerksamkeit Röntgens ans Tageslicht gebracht wurden. Es ist jedoch richtig, daß Lenard ebenfalls auf dem Wege zur Entdeckung der X-Strahlen war, bzw. einer solchen Entdeckung sehr nahe war und daß er aus diesem Grunde der wichtigste Vorläufer Röntgens ist.« Zudem wurde noch deutlich herausgestellt, daß Lenard »auch später seine wichtigen Untersuchungen über die Eigenschaften der Kathodenstrahlen fortgesetzt und hiermit zusammenhängende Fragen bearbeitet« hat.[14] Das war dem Komitee Grund genug, Lenard eine Hälfte des Preises zuerkennen zu wollen.

Diesen Vorschlag eines geteilten Preises für Röntgen und Lenard ließ das Komitee der 4. Klasse der Akademie zugehen, in der die Physiker vereint waren. Komitee und Klasse waren gehalten, der gesamten Akademie einen gemeinsamen Vorschlag zu unterbreiten. In der Sitzung vom 4. November folgte die Klasse dem Komitee: »Das Nobelkomitee wie die Klasse schlagen vor, den Nobelpreis zu gleichen Teilen dem Professor an der Universität München Dr. Wilhelm Conrad Röntgen für seine Untersuchungen über die nach ihm benannten Strahlen und dem Professor Philipp Lenard an der Universität Kiel für seine Untersuchungen über die Eigenschaften der Kathodenstrahlen zu verleihen.«[15] Wäre die Akademie diesem Vorschlag gefolgt, hätte man in Stockholm gleich bei der ersten Verleihung eines geteilten Preises erleben können, was später noch des öfteren passierte: zwei Laureaten, die sich mit verbissener Miene wechselseitig zu ignorieren suchten. Doch es kam anders.

Weiteres Nachdenken dürfte durch Gespräche mit den Mitgliedern der für die Preise für Chemie und für Medizin zuständigen Komitees ausgelöst worden sein. Beide Komitees hatten ungeteilte Preise vorgeschlagen, in Chemie an den an der Berliner Akademie arbeitenden Holländer Jacobus van't Hoff für von ihm entdeckte Gesetze der chemischen Dynamik und des osmotischen Drucks sowie in der Medizin an Emil Behring für seine Arbeiten zur Serumtherapie.[16] So werden auch den Physikern Bedenken gekommen sein, gleich zum Auftakt den Preis zu teilen, weshalb Komitee und Klasse ihrer Empfehlung noch hinzufügten: »Nach einer Nachfrage bei Prof. Rubenson und bei Herrn Arrhenius beschlossen die Mitglieder, daß, falls man nur einem den ersten Nobelpreis zuerkennen würde, man sich auf Professor Röntgen einigen würde, wegen der hervorragenden Bedeutung seiner Arbeiten über die X-Strahlen.«[17]

Die gesamte Akademie votierte in ihrer Plenarsitzung am 12. November 1901 offenbar für einen ungeteilten Preis auch für Physik, so daß die Wahl des ersten Preisträgers entsprechend dem Vorschlag auf Röntgen fiel und Arrhenius und Hasselberg ihre Gratulationsschreiben nach München auf den Weg bringen konnten.[18] – Philipp Lenard, der natürlich nicht wußte, wie nahe er dem ersten Nobelpreis gewesen war, wurde vier Jahre später ausgezeichnet, gleichfalls mit einem ungeteilten Preis.

Die Freude über die hohe Ehrung durfte Röntgen nur seiner Frau mitteilen und auch der nur unter dem Siegel der Verschwiegenheit, denn er war von Arrhenius darauf hingewiesen worden, daß die Preisträger erst bei der Verleihungszeremonie am 10. Dezember, dem Todestag des Stifters, in Stockholm der Öffentlichkeit bekanntgegeben werden sollten. Entgegen seiner Abneigung gegenüber öffentlichen Auftritten wollte Röntgen dieses Mal »gern zur Preisverleihung persönlich erscheinen«. Das brachte freilich Probleme mit sich; erstens brauchte er Urlaub und zweitens mußte er die Reisevorbereitungen wie in geheimer Mission treffen: »Nun war ich leider niemals in Schweden, und ich darf auch, um keinen Verdacht zu erregen, keinen Bekannten nach der besten Reiseroute etc. fragen«, schilderte er Arrhenius die Kalamitäten eines erstmaligen Nobelpreisträgers und bat ihn um Hilfe: »Würden Sie wohl die große Liebenswürdigkeit haben, mir kurz mitzuteilen, wie man am besten reist, und wieviel Zeit für eine Hinreise ungefähr nötig ist?«[19]

Mit dem Urlaubsgesuch wartete Röntgen wegen der erbetenen Geheimhaltung bis zum beinahe letzten Moment. Erst am Freitag, dem 6. Dezember, schrieb er an das Kgl. bayrische Staatsministerium für Kirchen- und Schulangelegenheiten:

»Nach einer vertraulichen Information der k. schwedischen Akademie der Wissenschaften hat der ehrerbietigst, gehorsamst Unterzeichnete den ersten Nobel-Preis für das Jahr 1901 erhalten. Die k. schwedische Akademie legt besonderen Wert darauf, daß die Preisgekrönten am Verteilungstag (10. Dez. d. J.) die Preise persönlich in Stockholm in Empfang nehmen. Da diese Preise einen ausnahmsweise hohen Wert haben und besonders ehrenvoll sind, so glaubt der ehrerbietigst, gehorsamst Unterzeichnete dem Wunsch der k. schwedischen Akademie, wenn auch nicht leichten Herzens, nachkommen zu müssen, und bittet er deshalb, ihm für die Dauer der nächsten Woche Urlaub gewähren zu wollen.

Dr. W. C. Röntgen.«[20]

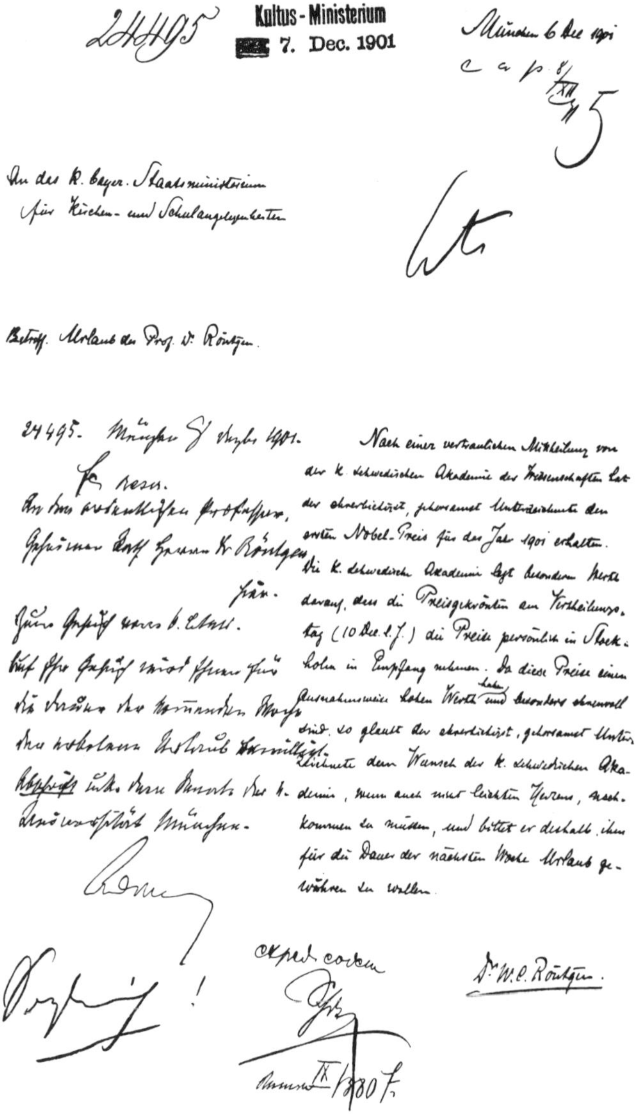
24495
Kultus-Ministerium 7. Dec. 1901
München 6 Dec 1901

An das K. bayer. Staatsministerium für Kirchen- und Schulangelegenheiten

Betreff. Urlaub des Prof. Dr. Röntgen.

24495. München 8 Dezbr 1901.

An den ordentlichen Professor, Geheimen Rath Herrn Dr Röntgen hier.

Nach einer vertraulichen Mittheilung von der K. schwedischen Akademie der Wissenschaften hat der ehrerbietigst, gehorsamst Unterzeichnete den ersten Nobel-Preis für das Jahr 1901 erhalten. Die K. schwedische Akademie legt besondern Werth darauf, dass die Preisgekrönten am Vertheilungstag (10 Dec. l. J.) die Preise persönlich in Stockholm in Empfang nehmen. Da diese Preise einen ausnahmsweise hohen Werth haben und besonders ehrenvoll sind, so glaubt der ehrerbietigst, gehorsamst Unterzeichnete dem Wunsch der K. schwedischen Akademie, wenn auch nur leichten Herzens, nachkommen zu müssen, und bittet er deshalb, ihm für die Dauer der nächsten Woche Urlaub gewähren zu wollen.

Dr. W. C. Röntgen.

Urlaubsgesuch vom 6. Dezember 1901, um am 10. Dezember in Stockholm den Nobelpreis entgegennehmen zu können.

Der Urlaub wurde postwendend am 7. Dezember für »die Dauer der kommenden Woche« genehmigt, so daß Röntgen tags darauf – es war ein Sonntag – guten Gewissens seine Reise nach Stockholm antreten konnte. Mit dem Zug ging es über Berlin nach Saßnitz auf Rügen und weiter per Schiff nach Malmö in Schweden. Die Überfahrt war stürmisch: »Beinahe zwei Stunden hielt ich es aus, dann aber mußte ich nachgeben und brachte in der bekannten Weise die übrigen zwei Stunden zu.«[21] Bei der Ankunft in Stockholm hatte ihn Arrhenius am Bahnhof in Empfang nehmen wollen, ihn jedoch trotz seiner hünenhaften Gestalt nicht gefunden: Aber Röntgen fand auch allein den Weg zum »Grand Hotel« an der Bucht des Strömmen gegenüber dem Schloß. Das verschneite Stockholm, in dem im Winter die Sonne nur für wenige Stunden über dem Horizont erscheint, wirkte auf ihn »ganz eigenartig«. Obwohl er anregende Tage vor sich hatte, wollte er nicht lange bleiben und schrieb gleich nach seiner Ankunft, er »kehre bald zurück«[22].

Im »Grand Hotel«, das Röntgen in einem Brief an seine Frau etwas merkwürdig als »Gasthof« bezeichnete, nahmen ihn die Herren der Nobelstiftung und der Akademie unter ihre Fittiche. Dabei erfuhr er, daß am nächsten Tag Jacobus van't Hoff den Preis für Chemie und Emil Behring den für Medizin erhalten würden. Die Auszeichnung van't Hoffs dürfte ihn überrascht haben, denn dessen Berufung auf eine Forschungsprofessur an der Preußischen Akademie der Wissenschaften zu Berlin schien ihm einst »barer Unsinn zu sein; indessen kommt ein solcher hier und da zur Verwirklichung«. Die Berufung des renommierten Physikochemikers begleitete er wohl auch deshalb mit ziemlich höhnischen Kommentaren, weil ihm diese ganze Fachrichtung nicht paßte: »Sind die Berliner maßgebenden Leute so dumm oder zu indifferent, daß sie auf derartige Streberwünsche eingehen, nun, dann mögen sie den Schaden und den Spott, der nicht ausbleiben wird, auch tragen. Den gönne ich ihnen dann von Herzen.«[23] Gern hätte er interveniert und die Berufung van't Hoffs verhindert, wenn man ihn nur gefragt hätte, womit er aber selber nicht rechnete und was auch nicht geschah.

In Stockholm hatte Röntgen mit van't Hoff ein anregendes Gespräch über die Rolle des osmotischen Drucks beim Eindringen des Samenfadens in die Eizelle, ein Thema, das Theodor Boveri brennend interessierte und worüber Röntgen dem Freund brieflich berichtete.[24] Allerdings ist ein Kommentar Röntgens zu der Situation, daß die Berliner nun nicht den Spott für die Berufung van't Hoffs zu tragen hatten, sondern ein wenig an dessen Ehre teilhaben durften, nicht überliefert.

Daß neben den wissenschaftlichen Preisen auch noch ein Preis für Literatur an den Franzosen Sully Prudhomme vergeben wurde, war Röntgen übrigens so gleichgültig, daß er seiner Frau nichts davon schrieb, und ebensowenig äußerte er sich über den in Christiania in Norwegen verliehenen Friedenspreis, der als einziger geteilt wurde, und zwar zwischen Henri Dunant und Frédéric Passy. Dunant wurde für die Gründung des Internationalen Komitees des Roten Kreuzes geehrt und Passy für die Gründung der französischen Friedensgesellschaft.

Am Abend des 10. Dezember fand in Stockholm die Preisverleihung im Großen Saal der Musikakademie statt. Repräsentanten der Akademien und Universitäten, der diplomatischen Welt, des Adels und sonstiger Spitzen der schwedischen Gesellschaft gaben der Versammlung jenes festliche Gepränge, das die Schweden so wundervoll zu gestalten wissen, daß Alfred Nobel gut daran getan hat, Institutionen des Landes seiner Geburt mit der Vergabe seiner opulenten Preise zu betrauen. Auf jeden der Laureaten wurden sachkundige Ansprachen gehalten, bevor der Kronprinz Gustav zu Fanfarenklängen die für jeden Preisträger individuell gestaltete Urkunde sowie einen Scheck über 150 000 Kronen aushändigte. Die gleichfalls vorgesehene Medaille in Gold war allerdings noch nicht fertig geworden und wurde später nachgesandt.

Nach dem Festakt begab sich die Versammlung in einer Prozession durch die verschneite Stallgatan ins nur zweihundert Meter entfernte »Grand Hotel« zu einem großen Bankett. Da bei dieser Gelegenheit von jedem der Preisträger eine kurze Ansprache erwartet wurde, kam auch Röntgen nicht umhin, einige Worte an die festliche Versammlung zu richten. Er soll sich in knappen Worten für die ihm erwiesene Ehre bedankt und versichert haben, »daß ihm dieselbe als Ansporn dienen würde, selbstlos in seiner Wissenschaft weiterzuarbeiten und sich zu bestreben, die Menschheit Nutzen daraus ziehen zu lassen«[25].

Auf die Preisverleihung am Dienstag folgten bis zum Ende der Woche noch viele festliche Veranstaltungen, vor allem in gelehrten Kreisen. Dazu sollten auch die Vorträge der Laureaten über ihre preisgekrönten Arbeiten gehören, die gemäß den Statuten als einzige Gegenleistung erwartet wurden. Behring und van't Hoff erfüllten diese Pflicht in selbstverständlicher Manier. Röntgen zog es jedoch vor, ohne Vortrag schon am Tag nach der Verleihung wieder abzureisen, obwohl es ihm gut gefallen hatte: »Da die Feier sich auf drei oder eigentlich vier Leute verteilte und ich nur 1 1/2 Tage mitmachte, ließ sich das Gefeiertwerden noch aushalten. Und ich muß sagen, die Schweden verstehen es, in einfacher und deshalb würdiger Weise solche Aufgaben zu erledigen.«[26] Bei der Abreise glaubte er offenbar noch daran, daß er den fälligen Vortrag später nachholen würde.

Wieder in München, wurde Röntgen im Institut mit einem blumengeschmückten Schreibtisch empfangen. In seiner kleinen Dankesrede soll er gesagt haben, daß es keinen Sinn mache, wenn er den anwesenden Physikern dasselbe wünschen würde, was ihm widerfahren sei, denn es sei gleichbedeutend damit, daß er ihnen sämtlich das große Los wünsche. Das große Los sei aber auch gar nicht wichtig: »Denn die schönste und höchste Freude, deren jeder teilhaftig werden könne, an welchen Problemen er auch immer sich versuche, sei die unvoreingenommene Forschung. Und gegenüber der inneren Genugtuung über ein erfolgreich gelöstes Problem sei jede äußere Anerkennung bedeutungslos.«[27] H. A. Lorentz dankte er für dessen Glückwünsche, die ihn »mit großer Freude und nicht wenig Stolz erfüllen. Zwischen der lärmenden Bewunderung durch das Publikum und der einfachen eines eminenten Gelehrten besteht ein großer Unterschied des Wertes; ich hoffe

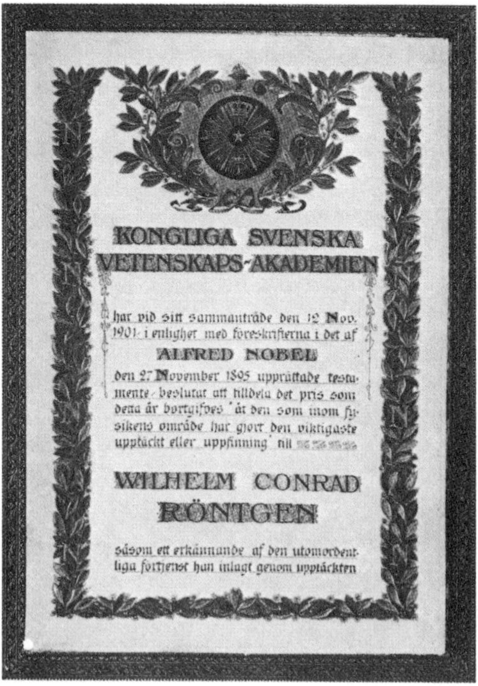
KONGLIGA SVENSKA
VETENSKAPS-AKADEMIEN

har vid sitt sammanträde den 12 Nov. 1901 i enlighet med föreskrifterna i det af

ALFRED NOBEL

den 27 November 1895 upprättade testamente beslutat att tilldela det pris som detta år bortgifves åt den som inom fysikens område har gjort den viktigaste upptäckt eller uppfinning till

WILHELM CONRAD
RÖNTGEN

såsom ett erkännande af den utomordentliga fortjenst han inlagt genom upptäckten

Die Urkunde zum ersten Nobelpreis für Physik.

– aber ich glaube auch – daß beide mich nicht eitel machen werden.«[28]

Die 150 000 Schwedenkronen, nach damaligem Kurs etwa 120 000 Mark, waren eine nicht bedeutungslose Dreingabe zu der hohen Ehre. Sie machten etwa das Dreizehnfachen des Jahresgehalts aus, das Röntgen in München bezog, und wenn man seine hohen Einnahmen an Hörgeldern und Prüfungsgebühren von etwa 20 000 Mark jährlich einrechnet, entsprach das Preisgeld immer noch den Gesamteinnahmen von vier Jahren. Die meisten anderen Gelehrten hätten sich durch die Nobelprämie auch materiell enorm bereichert gefühlt, nicht jedoch Röntgen, dessen ererbtes und solide angelegtes Vermögen nach Millionen zählte.

Das Preisgeld vermachte Röntgen in seinem Testament neben »Diplomen, Adressen, Medaillen usw. , die sich auf meine wissenschaftliche Arbeit beziehen«, der Universität Würzburg »zur freien Verwendung der jährlich anfallenden Zinsen zu wissenschaftlichen Zwecken, vorbehaltlich hierüber von mir noch näher zu treffenden Bestimmungen, insbesondere bezüglich des Verwendungszweckes«[29]. Diese Bestimmungen hat Röntgen nicht mehr fixiert; sie wären auch überflüssig gewesen, denn nach seinem Tode waren wegen der in Deutschland grassierenden Inflation die Nobelprämie ebenso wie sein sonstiges finanzielles Vermögen wertlos geworden.

Der Nobelpreis hatte für Röntgen noch ein Nachspiel, das sich ein knappes Jahr lang dahinschleppte. Es resultierte aus der Verpflichtung zu seinem Vortrag in Stockholm. Röntgen entledigte sich dieser Pflicht auf seine Weise, indem er nach vielen vergeblichen Anläufen und bizarren Wendungen den Vortrag am Ende gar nicht hielt.

In den Statuten der Nobelstiftung heißt es in § 9: »Es ist die Pflicht eines Preisträgers, wann immer möglich, einen Vortrag über denjenigen Gegenstand zu halten, der in der mit dem Preis ausgezeichneten Arbeit behandelt wurde ...« Diese Vorschrift ist Röntgen zugleich mit den Glückwünschen zu seiner Wahl in dem ersten Brief von Arrhenius mitgeteilt worden, natürlich nicht in der dürren Sprache der Statuten, sondern in kollegialer Höflichkeit. In seiner Antwort versicherte Röntgen: »Daß ich bei einer *solchen* Gelegenheit alles tun möchte, um allen Anforderungen und Wünschen gerecht zu werden, ist ja selbstverständlich; ... Ob ich, wie Sie meinen, einen Vortrag bald nach der Preisverleihung halten würde, kann ich noch nicht sagen.«[30] Röntgen fand den Gedanken an den Vortrag offenbar erträglicher, wenn er ihn erst einmal hinauszögerte, und dies durchaus im Einklang mit den Statuten, in denen es heißt, daß dieser Vortrag in Stockholm binnen sechs Monaten nach dem Stiftungstag, an dem der Preis verliehen wurde, gehalten werden müsse.

In seiner Unsicherheit fragte Röntgen noch im November 1900 bei dem Sekretär der Akademie an, »welcher Termin von *Ihrer* Seite mit Rücksicht auf die dortigen Verhältnisse für den geeignetsten gehalten wird; ich meinerseits könnte, wenn auch nicht so leicht, Mitte Dezember, leichter aber gegen Ende Februar oder gegen Mitte Mai nach Stockholm kommen.«[31] Daraufhin wurde Röntgen von den Schweden, die selbst am besten wissen, daß ein Besuch in Stockholm nahe der sommerlichen Sonnenwende ungleich attraktiver ist als im finsteren Winter, der 21. Mai 1902, 6 Uhr abends, vorgeschlagen.

Als dieser Termin näherrückte, hatte Röntgen es sich wieder anders überlegt. Am 17. April erkundigte er sich in Stockholm: »Würde es ungern gesehen werden oder sogar nicht gestattet werden, wenn ich meinen Vortrag erst Ende Juli oder Anfang August hielte?«[32] Als Begründung führte er an, was ihm freilich schon immer bekannt war, daß es im Mai in Bayern an den Universitäten keine Ferien gäbe und er nicht schon wieder um Urlaub ersuchen wolle. Andererseits waren Juli und August in Schweden Ferienmonate, und die sechsmonatige Frist wäre schon am 10. Juni 1901 abgelaufen. Den Herren Aurivillius und Arrhenius blieb nichts anderes übrig, als die Statuten zu strapazieren und Röntgen bis zum Herbst Zeit zu lassen. Dem fiel ein Stein vom Herzen: »Sie haben mich durch ihre Mitteilung, daß mein Vortrag noch Ende September oder Anfang Oktober akzeptiert werden würde, wie von einem Alp befreit, (Sie verstehen doch diesen Ausdruck?) denn offen gestanden, konnte ich mich immer weniger mit dem Gedanken befreunden, gegen Mitte Mai auf ein paar Tage nach Stockholm zu reisen, um dort einen Vortrag zu halten.«[33] Jetzt schon einen Tag festzulegen, fand er jedoch nicht praktisch.

Ludwig Zehnder, der das Zittern und Zagen seines Chefs und Freundes wegen des Nobelvortrags gespürt haben muß, bot Röntgen an, ihn nach Stockholm zu begleiten und ihm bei eventuell vorgesehenen Demonstrationsexperimenten zur Hand zu gehen. Röntgen bedankte sich herzlich, ließ jedoch, obwohl es schon Anfang September war, alles in der Schwebe: »Es ist mir aber im Augenblick nicht möglich, definitiv ja oder nein zu sagen, weil ich noch nicht zu einem festen Plan für einen Vortrag gelangt bin.«[34] Schließlich kam er nicht umhin, sich in das Unabänderliche zu fügen. Am 1. Oktober bestätigte er der Akademie seine Absicht, alsbald nach Stockholm zu kommen. Nachdem der 12. Oktober für den Vortrag festgelegt war, teilte er noch seine Wünsche hinsichtlich der Projektoren für Diapositive und der Größe der Leinwand mit, auch für Tafel und Kreide. Aber er fürchtete sich schrecklich vor dem Abenteuer: »Ich wollte nur, die Sache wäre schon hinter mir; es ist der erste öffentliche Vortrag, den ich zu halten habe, und ich habe, was man darf, Lampenfieber!«[35]

Nun darf man füglich rätseln, warum ein Professor, der während der Semester an fünf Tagen in der Woche vor dreihundert Studenten seine Vorlesung hält, wegen eines Vortrags in einer wissenschaftlichen Akademie Lampenfieber haben sollte. Gewiß hatte Röntgen auch schon vor seiner Entdeckung ein ungewöhnliches Verhalten an den Tag gelegt. Auch wenn man seine Abneigung gegen den Kongreßbetrieb in Ansätzen nachzuvollziehen bereit wäre, bliebe die Vortragsabstinenz Röntgens auch bei kleineren Fachtagungen unverständlich. Immerhin hat er als Rektor der Universität Würzburg einmal die Rede zum Stiftungstag halten müssen, nicht gerade brillant, aber auch nicht katastrophal. Bei seinem einzigen Vortrag vor der »Physikalisch-Medicinischen Gesellschaft« am 23. Januar 1896 war er sogar mit Ovationen gefeiert worden. Daß dieser Vortrag, von dem kein Text überliefert ist, auch schon sein allerletzter blieb, und er auch niemals den angekündigten Artikel über die Entdeckungsgeschichte schrieb, muß tiefere Gründe haben.

Vielleicht ängstigte Röntgen der Nobelvortrag deshalb so sehr, weil er anschließend in einem Sammelband der Nobelstiftung abgedruckt werden sollte. Da er gemäß den Statuten über seine Entdeckung hätte reden sollen, er aber wußte, daß die Fachwelt und insbesondere einige nicht ganz wohlgesonnene Kollegen wie Lenard gespannt darauf warteten, was er endlich sagen würde, mag der Vortrag wirklich wie ein Alp auf ihm gelastet haben: Die halbe Wahrheit über die Entdeckung und ihre Begleitumstände wollte er nicht sagen und die ganze konnte er nicht sagen.

Wir wissen nicht, ob Röntgen den Vortrag in Stockholm schriftlich ausgearbeitet hat und was er dort überhaupt erzählen wollte. Wir wissen aber, daß er mit gemischten Gefühlen die Vorbereitungen für die Abreise traf. Sie war für den Morgen des 10. Oktober vorgesehen; nicht der Freund Zehnder, sondern seine Frau sollte ihn begleiten und wohl auch beruhigen. Da traf am Tag vor der Abreise ein Brief von Professor Bernard Hasselberg aus Stockholm ein, der alle Verabredungen bestätigte, an dem für Röntgen aber der letzte Satz besonders interessant war: »Wie alles natürlich nur, wenn sie den Vortrag unbedingt halten wollen, was nach den Statuten zwar erwünscht, aber nicht unbedingt notwendig ist.«[36] Daraus leitete Röntgen sofort die Möglichkeit her, dem Vortrag zu entgehen.

Hasselbergs Bemerkung war eine freundliche, aber falsche Interpretation der Statuten, in denen es unmißverständlich hieß, daß der Vortrag »wann immer möglich« gehalten werden solle, also nur schwerwiegende Hinderungsgründe wie etwa Reiseunfähigkeit wegen Krankheit als Entschuldigung gelten konnten und nicht schon die Launen des Laureaten. Aber Röntgen sah in diesem verfehlten Satz eine »dankenswerte Mitteilung«, an die er sich in seiner Not wie an einen Rettungsring klammerte.

Da die Interpretation, daß der Vortrag »zwar erwünscht, aber nicht unbedingt notwendig ist«, vom Vorsitzenden des Nobel-Komitees für den Physikpreis, also von offizieller Seite, gekommen war, verschob Röntgen zunächst seine Abreise um einen Tag und schickte ein Telegramm nach Stockholm: »Nach Ihrem heute empfangenen Brief ist Vortrag statutengemäß wohl erwünscht, aber nicht absolut notwendig. Unter diesen Umständen bin ich daher geneigt, nicht zu reisen. Doch möchte ich noch Ihre Meinung darüber erfahren, ob Nobelcomité mein Fernbleiben übel nehmen könnte.«[37] Postwendend erhielt Röntgen die telegraphische Antwort. »Vielleicht besser zu kommen.« Röntgen kam aber nicht, sondern zog daraus in völlig verquerer Logik den gegenteiligen Schluß, daß es besser sei, keinen Vortrag zu halten, was er Arrhenius sogleich per Brief mitteilte: »Daraufhin entschloß ich mich, hier zu bleiben, und ich hoffe – und glaube auch – daß Sie mir diesen Entschluß nicht verdenken werden.«[38]

In seinem Brief an Arrhenius versuchte Röntgen eine lange Rekonstruktion der Vorgeschichte seit dem November 1900 unter ständiger Beteuerung seiner Absicht, seine Pflicht zu erfüllen, »bis ich durch Hasselberg eines anderen belehrt wurde« – als wäre Hasselbergs freundliche Bemerkung ein Rauswurf gewesen und die Schweden hätten an allem die Schuld. Von seinen konfusen Zumutungen bar jeder Stringenz erhoffte er sich auch noch, daß die »Herren vom Nobelcomité ... keine Veranlassung haben sollen, mit mir unzufrieden zu sein«. Zum Schluß erfand er eine weitere kuriose Entschuldigung: »Sie werden es mir auch wohl nicht verdenken, daß ich mich zurückgezogen habe, nachdem mir bekannt gegeben war, daß eine wirkliche Verpflichtung nicht bestände. Habe ich doch auch die Befürchtung nicht ganz unterdrücken können, daß unter den erwähnten Umständen nicht der Eine oder der Andere mit vollem Recht sich gedacht haben würde: der Röntgen hat wohl gern den Vortrag halten wollen, denn sonst hätte er die große Reise nicht gemacht und so viele Zeit geopfert.«[39]

Dem konnten die Schweden wohl nur entnehmen, daß sie von Röntgen niemals einen Vortrag erhalten würden. Der Sekretär der Akademie schickte die goldene Nobel-Medaille, die Röntgen nach dem Vortrag hatte überreicht werden sollen, per Post nach München, wofür sich Röntgen in ausgesuchter Förmlichkeit bedankte.[40] Zwei Jahre später erhielt Röntgen von der Akademie das Buch »Les prix Nobel en 1901« zugeschickt, in dem die Vorträge der Laureaten abgedruckt waren. Er bedankte sich artig: »Beim Lesen des Buches ist es mir an verschiedenen Stellen in der Erinnerung an die durchlebten, unvergeßlichen Tage in Stockholm so recht warm um's Herz geworden.«[41] Daß geich zu Anfang des Buches auf einer ansonsten leeren Seite stand, daß Professor Röntgen den Physikpreis erhalten, aber keinen Vortrag gehalten habe, hat er schweigend übergangen.

3. »der Physik eine Pflegestätte« – Ordinarius in München

Der Nobelpreis – ob mit oder ohne Vortrag – hatte nichts an Röntgens Pflichten als Ordinarius und Institutsdirektor geändert. Wie immer hielt er von Montag bis Freitag von 11 bis 12 Uhr seine große Vorlesung, zu der sich etwa 400 Studenten eingeschrieben hatten, die freilich nicht alle erschienen. Das lag zum Teil daran, daß für die meisten der Immatrikulierten Physik nur ein lästiges Pflichtfach war, zum Teil aber auch an Röntgen, der zwar ein hervorragendes Repertoire an Versuchen in der Vorlesung ablaufen ließ, aber trotzdem als sehr trockener Dozent galt. Zudem trug seine leise Stimme in dem großen Hörsaal nicht weit genug, so daß nur die Hörer in den ersten Bänken akustisch folgen konnten.[1]

Neben der Vorlesung kündigte Röntgen die üblichen Praktika für Hauptfachstudenten sowie »Anleitungen zu selbständigen Arbeiten« für Doktoranden an. Die Betreuung der Anfängerpraktika war die Aufgabe von Zehnder und den beiden anderen Assistenten, aber Röntgen schaute regelmäßig nach dem Rechten und achtete auf sorgfältigen Umgang und penible Pflege der Instrumente. Zehnder überließ er sogar die Prüfungen der Pharmazeuten,[2] weil er die angehenden Apotheker noch weniger leiden mochte als die »Herren Mediziner«, aber auch damit Zehnder sein spärliches Assistentengehalt durch die dabei fälligen Gebühren ein wenig aufbessern konnte.

Für den Ordinarius blieb ohnehin mehr als genug zu tun, und an Einnahmen war wahrlich kein Mangel. Auch ohne die »Herren Apotheker« brachte es Röntgen im akademischen Jahr 1903/4 auf 20500 Mark Kollegienhonorar, 1000 Mark Promotionsgebühren und 500 Mark sonstige Prüfungsgebühren, mit seinem Gehalt von 9000 Mark also auf 31000 Mark.[3] Das war ein fürstliches Einkommen, mit dem er sich auch ohne das ererbte Vermögen und die Nobelprämie zu den reichen Leuten hätte rechnen können.

Die Mitarbeiter und Doktoranden lernten Röntgen als anspruchsvollen und gestrengen Chef kennen, der sich nur schwer davon überzeugen ließ, daß ein experimentelles Resultat wirklich korrekt war und allen Einwänden standhalten würde. Nach deutscher Ordinarien Sitte mußten alle Mitarbeiter des Instituts ihre Arbeiten dem Chef vorlegen, bevor sie zur Veröffentlichung bei einer Zeitschrift eingereicht werden durften. Diese Diskussionen waren mühsam und zeitraubend, denn Röntgen wollte erstens alles ganz genau wissen, und zweitens war er beim Redigieren umständlich und langsam. Als im Februar 1904 vorwitzige junge Leute diese Hürde umgingen, setzte es nicht nur ein fürchterliches Donnerwetter, sondern es folgte noch etwas ganz Außergewöhnliches, nämlich die erste gedruckte Mitteilung Röntgens seit sieben Jahren.

Die beiden Herren Stefan Guggenheimer und Arthur Korn hatten in der Physikalischen Zeitschrift eine kleine Notiz publiziert, in der sie die elektrische Aufladung und das daraus resultierende Auseinanderspreizen von Elektroskopblättchen durch Bestrahlung mit Licht beschrieben.[4] Unter dem Titel standen ihre Namen, und am Ende des kaum mehr als eine Spalte langen Artikels wurde wie üblich als Herkunftsbezeichnung »Physikalisches Institut der Universität München« angegeben. Guggenheimer war wahrscheinlich Doktorand, Arthur Korn immerhin Privatdozent mit dem Titel eines außerplanmäßigen Professors. Er unterrichtete theoretische Physik und arbeitete mit Unterstützung der Industrie an der Übertragung von Bildern über Telegraphenleitungen; erste Versuche zur Bildtelegraphie über die Telefonschleife München-Nürnberg-München, die erfolgversprechend ausgefallen waren, hatte er bereits publiziert. Da Korn mit der Universität nicht durch eine feste Anstellung, sondern nur durch die Privatdozentur verbunden war, unterstand er Röntgen nicht im Sinne des Beamtenrechts.

Einen Monat und zwei Hefte nach der kleinen Publikation erschien im »Briefkasten« der Physikalischen Zeitschrift ein Schreiben an die Redaktion: »Die in dieser Zeitschrift von S. Guggenheimer und A. Korn veröffentlichte, mit ›Physikalisches Institut der Universität München‹ unterschriebene

Mitteilung lag mir vor ihrer Veröffentlichung nicht vor und zu der erwähnten Unterschrift habe ich meine Zustimmung nicht gegeben. Der Vorstand des Physik. Instituts der Universität München.

W. C. Röntgen.«[5]

Diese knappe, aufs Formale beschränkte Zurechtweisung der beiden Übeltäter war eine schärfere Drohung als jeder Kommentar über den Inhalt ihrer Arbeit. Sie hatte übrigens mit einer falschen Vermutung geendet,[6] ungefähr so wie Röntgens »Vorläufige Mitteilung« über den Charakter der X-Strahlen als longitudinale Ätherwellen, nur viel belangloser. Die Folgen für Korn waren freilich verheerend: Er galt als unzuverlässiger Kandidat, der für eine Professur nicht in Frage kommen konnte. Nach Auseinandersetzungen, die sogar in den Zeitungen ausgetragen wurden und für die Röntgen die offizielle Unterstützung der II. Sektion der Philosophischen Fakultät erhielt, ging Korn 1908 nach Berlin in die Industrie.[7]

Obwohl Röntgen seit dem Frühjahr 1897 nichts mehr publiziert hatte – sein »Eingesandt« von fünf Zeilen an die Physikalische Zeitschrift wird man nicht eigentlich als Publikation rechnen können – wurde er zwar nicht bei den Fachkollegen, aber bei den tonangebenden Kreisen und beim Publikum immer berühmter. Daher war es beinahe unausweichlich, daß ihm die Reichsregierung das Amt des Präsidenten der Physikalisch-Technischen Reichsanstalt in Berlin antrug, nachdem Friedrich Kohlrausch sich im April 1904 entschlossen hatte, aus Gesundheitsgründen den alsbaldigen Ruhestand anzustreben. Die Anfrage des Reichsamts des Innern vom Sommer 1904 – nicht etwa an den Kandidaten, sondern an das Bayrische Staatsministerium gerichtet[8] – wurde für Röntgen der Anlaß zu intensiven Beschäftigungen während der Ferien und noch lange darüber hinaus.

Das Angebot war ebenso ehrenvoll wie verlockend. Seit dem ersten Präsidenten Hermann von Helmholtz stand der Präsident der Reichsanstalt im Ansehen eines »praeceptor physicae«. Röntgen kannte diese Institution recht gut, denn 1897 war er in deren Kuratorium berufen worden. Er hatte damals erklärt, er sei »gern bereit«, dieser Berufung »Folge zu leisten«,[9] erschien aber nicht zu den mehrtägigen Sitzungen in Berlin, da sie Mitte März stattfanden, wo er lieber in Italien war. Auch dem Kuratorium der »Annalen der Physik«, dem er seit 1900 ebenfalls angehörte, blieb er fern, weil sich die Kuratoren im September anläßlich der Naturforscherversammlungen trafen, die er niemals besuchte. Seit dem Jahre 1902 fuhr er immerhin des öfteren zu den Sitzungen des Kuratoriums der Reichsanstalt nach Berlin.

Im Kreise der etwa dreißig Kuratoren, die die Interessen des Staates und des Militärs, der Wirtschaft und der Universitäten an der Reichsanstalt repräsentierten, versuchte Röntgen, die reine Forschung zur Geltung zu bringen. In der ersten Sitzung, an der Röntgen im März 1902 teilnahm, wurde ein Programm zur Messung der spezifischen Wärmen von Gasen bei hohen Temperaturen und Drucken wegen der Bedeutung dieser Parameter für Gasmotoren erörtert. Röntgen konnte sich dabei an seine experimentellen Gesellenstücke als Physiker erinnert fühlen. Für ihn war es daher »wünschenswert, wenn die Versuche nicht allein mit Rücksicht auf die Technik angestellt werden, sondern auch wissenschaftliche Gesichtspunkte zu ihrem Recht kommen«[10]. Und als echter Kundt-Schüler wünschte er insbesondere Messungen der Schallgeschwindigkeit bei hohen Temperaturen.

Über das Problem, ob er nun Präsident der Reichsanstalt werden und in die für Helmholtz errichtete, prunkvolle Dienstvilla einziehen sollte, brauchte Röntgen nicht lange nachzudenken: »Die Sache war für mich entschieden, als ich wußte, daß ich nicht der rechte Mann war für die Stelle. Zu dieser Erkenntnis kam ich aber sehr bald ...«[11] Zum Vorgesetzten von mehr als hundert Mitarbeitern, zur Bewältigung der administrativen Aufgaben sowie zur Pflege der Beziehungen zu staatlichen Stellen und zur Industrie fehlten Röntgen nicht nur die Erfahrungen, sondern auch die Begabungen wie diplomatisches Gespür und Geschick im Umgang mit Menschen. Er wußte das und verzichtete, aber er sagte natürlich nicht gleich ab, sondern versuchte, mit der Offerte in der

Hand »hier in München das Notwendige für die Physik zu erreichen«[12].

Am 8. August 1904 war Röntgen zur Audienz beim Minister, der Exzellenz von Wehner. Was Röntgen dort vorgetragen hatte, bekräftigte er in einem sieben Seiten langen Brief, an dem er in den Ferien im Engadin lange gefeilt haben dürfte. Der wichtigste Punkt war die Errichtung einer Professur für theoretische Physik, einer »ordentlichen« mit hohem Gehalt für einen erstklassigen Forscher. Daneben wünschte er eine weitere Assistentenstelle, eine Erhöhung des Institutsetats, die Schaffung einer außerordentlichen Professur für angewandte Physik, wobei er an Zehnder dachte, und schließlich »als Akt der Gerechtigkeit« eine Beförderung des verdienten Institutsmechanikers.[13]

Den breitesten Raum nahm in Röntgens Ausführungen jedoch die Forderung ein, »daß verhütet wird, daß ungeeignete Persönlichkeiten auf den physikalischen Unterricht einen Einfluß ausüben können«. [14] Zu dieser unnachsichtigen Abwehr »ungeeigneter Persönlichkeiten« fühlte sich Röntgen dadurch veranlaßt, daß der Extraordinarius Leo Graetz sich während der langen Krankheit von Röntgens Vorgänger Eugen von Lommel und nach dessen Tod als Verwalter des Instituts gewisse Verdienste erworben hatte, so daß man im Ministerium und in der Fakultät geneigt war, Graetz durch eine Aufwertung seiner Stellung zu belohnen. Röntgen, der von Graetz nicht viel hielt, verlangte von Minister von Wehner die Zusicherung, daß auf keinen Fall Graetz die Professur für theoretische Physik erhalten würde und daß er auch sonst keine Rechte in der Fakultät beanspruchen könne. – Mit diesen Forderungen setzte sich Röntgen durch, aber der ungeliebte Kollege wird ihn trotzdem noch lange beschäftigen.

Minister von Wehner wollte Röntgen unbedingt in München halten, hatte aber große Schwierigkeiten, die nötigen Mittel aufzutreiben und verbindliche Zusagen zu machen. Zudem hatte er durch seine Kanzlisten feststellen lassen, daß Röntgen in Berlin zwar ein deutlich höheres Gehalt, wegen der entfallenden Hörgelder aber geringere Gesamteinnahmen haben würde. Röntgen wollte, wenn auch aus anderen Gründen, ohnehin nicht nach Berlin, aber das Faustpfand der Berufung ins Präsidentenamt wollte er auch nicht aus der Hand geben. Darüber verging die Zeit, und in Berlin wurde man ungeduldig.

Kohlrausch, der so bald wie möglich in den Ruhestand gehen wollte, beschwerte sich bei Röntgen, daß seitens der bayrischen Regierung mehr als fünf Wochen nach Ergehen des Rufes noch keine Antwort eingegangen sei – »ein unmögliches Verhalten«[15]. Ein hoher Beamter des Reichsamts des Innern versuchte, Röntgen noch einmal zu überzeugen, »daß gerade Ihr Eintritt in dieses dem ersten Physiker Deutschlands gebührende Amt sowohl bei Ihren in- und ausländischen Fachgenossen, als auch überhaupt in der ganzen gebildeten Welt ungeteilte Befriedigung hervorrufen wird«[16]. Und der Umworbene selbst schrieb seinem Münchner Dienstherrn Ende September, daß ihm »von der deutschen Reichsregierung gestattet wurde, meine Entschließung in der Berufungsangelegenheit noch hinauszuschieben«[17].

Lange ließ sich das Schaukelspiel aber nicht mehr durchhalten. Am 4. Oktober entschloß sich Röntgen, aus Rücksicht auf das Interesse der Reichsanstalt in Berlin abzusagen, nicht ohne beim bayrischen Ministerium die Erfüllungen seiner Wünsche anzumahnen.[18] Kohlrausch mußte noch bis Ende März 1905 im Amt ausharren, bis Emil Warburg seine Nachfolge antrat, worüber sich Röntgen sehr freute.

Nach seiner Absage hatte Röntgen nach einem Monat ergebnislosen Wartens und ohne Faustpfand nur noch »wenig Vertrauen, daß das bayrische Ministerium meine Vorschläge und Bedingungen zur Ausführung bringt«[19]. Gegen Ende des Jahres erfuhr er aber »vom Minister und auch von einer Seite, die dem Prinzregenten nahesteht«, daß wenigstens für die Professur für theoretische Physik genug Geld vorhanden sei. Röntgen vermutete als Grund für diese erfreuliche Wendung »eine direkte Initiative des Prinzregenten, der sich in höchst anerkennenswerter und erfreulicher Weise meiner und meiner Sache angenommen hat … Das Ministerium hat wohl nur auf Druck von oben gehandelt und nicht aus eigenem Einsehen.«[20]

Nach den Weihnachtsferien sah Röntgen endlich die Gelegenheit, seinen Wunschkandidaten Hendrik Antoon Lorentz nach München zu holen. Lorentz war als Autorität auf dem Gebiete der elektromagnetischen Theorie im Jahre 1902 gemeinsam mit Pieter Zeeman mit dem zweiten Nobelpreis ausgezeichnet worden, Zeeman für den experimentellen Nachweis des mittlerweile nach ihm benannten Effekts und Lorentz für die theoretische Interpretation dieses Phänomens mittels der Elektronentheorie. Röntgen konnte es sich zugute halten, daß er einer von den zehn Nominatoren gewesen war, die Lorentz vorgeschlagen hatten.

Den zweiten Nobelpreisträger als Kollegen zu gewinnen war Röntgen so wichtig, daß er Ende Januar im Auftrag des Ministeriums zu Lorentz nach Holland fuhr. Röntgen »verlebte schöne Stunden in Leiden, die bei mir einen unverwischbaren Eindruck gemacht haben«[21]. Lorentz war auch interessiert, aber mehr noch als an einem Wechsel nach München an einer Verbesserung seiner Situation in Leiden. Die erreichte er so schnell, daß er schon am 27. Februar in München absagte. Röntgen fand das »sehr schade, denn ich glaube, daß wir beide in München der Physik eine gute Pflegestätte hätten bereiten können«[22]. Bei allem Bedauern freute sich Röntgen aber zugunsten des Kollegen »aufrichtig darüber, daß die Berufungsangelegenheit eine günstige Veränderung Ihrer Stellung an der Universität Leiden zur Folge gehabt hat«[23].

Nach der Absage von Lorentz wurde eine Berufungskommission mit Röntgen als Vorsitzendem und drei Fakultätskollegen gebildet. Was Röntgen vorschwebte, war ein »Mann, von dem man auf Grund seiner bisherigen Leistungen nicht allein annehmen darf, daß er die theoretische Physik reproduzierend lehren kann, sondern namentlich, daß er auf seinem eigentlichen Arbeitsfeld etwas Tüchtiges leisten wird, was man als einen wesentlichen Fortschritt betrachten darf.«[24] 21 Kandidaten wurden beurteilt, darunter auch die Münchner Korn und Graetz, die beide als nicht den Anforderungen entsprechend zurückgewiesen wurden.

Nach langen Debatten und einem ausführlichen Zwischenbericht legte Röntgen am 20. Juli 1905 die endgültige Berufungsliste der Fakultät vor. Dabei betonte er, »daß wohl selten eine Kommission in so eingehender Weise und mit soviel Aufwand an Arbeitskraft eine Prüfung des vorliegenden Materials vorgenommen hat wie in diesem Falle«. An der ersten Stelle wurden gleichwertig Emil Cohn aus Straßburg und Emil Wiechert aus Göttingen genannt, an zweiter Stelle der sechsunddreißigjährige Arnold Sommerfeld aus Aachen.[25] Das Ministerium hat mit Cohn offenbar gar nicht verhandelt, dafür mit Wiechert sehr lange, bis der Ende Juni 1906 absagte.

Am 12. Juli telegraphierte Röntgen dann an Sommerfeld, daß die Berufung unmittelbar bevorstünde. Er selbst hatte unterdes im Juli 1906 eine weitere Anfrage aus Berlin, ob er nun nicht die Reichsanstalt, sondern die Professur und das Institut an der Universität übernehmen wolle, ohne größeres Nachdenken oder erneute Bleibeverhandlungen abschlägig beschieden.[26] Unter den Gründen für seine Verbleiben in München stand, wie er dem Hofe versicherte, »in allererster Reihe die von mir dankbarst empfundene Allerhöchste persönliche Anteilnahme Seiner Königlichen Hoheit an der Entwicklung des physikalischen Unterrichts an der Münchner Universität«.[27]

Tatsächlich war schon am 23. Juli 1906 die offizielle Anfrage des Ministeriums an Sommerfeld ergangen, und am 8. September erfolgte die Ernennung zum »ordentlichen Professor

Arnold Sommerfeld um 1910.

der theoretischen Physik«. Nachdem Röntgen den Theoretiker zwei Monate lang beobachtet hatte, kam er zu dem Eindruck, daß sich die Mühen gelohnt hatten: »An Sommerfeld glaube ich einen guten Kollegen und Mitarbeiter gefunden zu haben. Ich kann auch wieder in anregender Weise über physikalische Dinge reden, und die Zuhörer interessieren sich sehr für seinen Vortrag, über Maxwell'sche Theorie und über die Elektronentheorie. Wir sind nicht immer über die vorkommenden Fragen einig, aber das schadet ja nichts; im Gegenteil, das dürfte die Sache und auch das Verständnis fördern können.«[28] Er konnte noch nicht in vollem Umfange ahnen, als welch großer Glücksfall sich die Berufung Sommerfelds in einigen Jahren herausstellen würde. Diese Sache durchgesetzt zu haben, war Röntgens vielleicht bedeutendster Beitrag für die Physik in München. Wenn man später von einer »Münchner Schule« sprach, dann war damit immer das Sommerfeldsche Institut gemeint.

Auch wenn Röntgen nun mit der von ihm erkämpften »Pflegestätte der Physik« in München durchaus zufrieden sein durfte und nicht mehr an eine Veränderung dachte, wurden er und seine Frau in der Hauptstadt nicht mehr so heimisch wie einst in Würzburg. Er vermißte Freunde wie Theodor Boveri, dem er beschrieb, »wie abgeschlossen ich in München lebe und wie es mir an einer geistigen Anregung, wie ich Sie von Ihnen manchmal erhielt, fehlt«[29]. Zur Abgeschlossenheit mag beigetragen haben, daß der Röntgen vorausgegangene Ruf, es sei schwer mit ihm auszukommen, durch konkrete Erfahrungen in München kaum gemildert, sondern eher befestigt wurde, so daß auch ihm Wohlmeinende wie seine Patentochter Margret Boveri bestätigten, daß er, »wenn ihm etwas nicht paßte, schroff und sogar grob«[30] wurde. Zudem standen die häufigen Erkrankungen von Frau Röntgen, die immer öfter von plötzlich auftretenden, schweren Nierenkoliken geplagt wurde, einem geselligen Leben im Wege.

Die Reisen nach Italien in den Frühjahrsferien waren nicht mehr anregende Besichtigungstouren, sondern dienten den älter gewordenen Röntgens vornehmlich zur Erholung. Regelmäßig fuhren sie jetzt nach Santa Margherita Ligure an der Italienischen Riviera, wo sie Stammgäste im splendiden Hôtel Miramare waren. Bald wurde auch das zu weit, und ab dem Frühjahr 1907 fuhren sie regelmäßig nach Cadenabbia am Comer See, wo es zum Brauch wurde, Röntgens Geburtstag am 27. März in einer kleinen Runde von Freunden zu begehen. Röntgens wohnten übrigens immer im exklusiven und teuren Hotel Bellevue, während Freunde und Bekannte im preiswerteren Hotel Britannia abstiegen; Röntgen begründete seine für die Freunde zu teure Hotelwahl damit, daß das Bellevue den Bedürfnissen seiner Frau eher gerecht wurde.

Den Sommer verbrachten Röntgen und seine Frau nach wie vor im Engadin in der Gesellschaft alter Freunde. Wie schon zu Gießener Zeiten kam oft der mittlerweile zum Geheimen Medizinalrat ernannte Arthur von Hippel aus dem fernen Königsberg, der Chirurg Rudolf Krönlein, dazu gelegentlich Zehnders und Boveris. »Krönlein und andere Freunde und Bekannte verschaffen uns hier den in München doch wohl etwas entbehrten freundschaftlichen persönlichen Umgang mit Menschen.«[31]

In ihrer luxuriösen Zehn-Zimmer-Wohnung in der Stadt hielten sich die Röntgens immer seltener auf, als sie im Jahre 1906 südlich von München ein Haus gekauft hatten. Es wurde das »Jagdhaus« genannt, war aber eine veritable Villa im Stile des Alpenvorlandes am Ortsrand von Weilheim, etwa 50 Kilometer von der Hauptstadt entfernt. Hier konnte Frau Röntgen den Garten gestalten und ihr Mann auf die Jagd gehen. Bis ins hohe Alter brachte Röntgen manchen Auerhahn oder Rehbock zur Strecke.

Seine isolierte Lebensweise in München änderte freilich nichts daran, daß Röntgen eine allseits verehrte Respektsperson war. Zu dieser Rolle gehörten viele Ämter in Kuratorien und Präsidien, etwa bei der Bayrischen Meteorologischen Zentralstation oder beim Deutschen Museum für Meisterwerke der Technik, das unter Oskar von Millers tatkräftiger Leitung errichtet wurde. Röntgen präsidierte dem Vorstandsrat dieser Institution und schenkte ihr zur Eröffnung einige ältere Röhren aus seinem Bestand, ohne allerdings etwas darüber zu sagen, welche Rolle sie bei seinen Forschungen gespielt haben könnten. Die Röhren aus dem glorreichen Jahr 1895 waren wahrscheinlich längst alle zu Bruch gegangen.

Für seine Verdienste um dieses Museum wurde Röntgen im November 1906 mit dem Großkomturkreuz des Verdienstordens der bayrischen Krone ausgezeichnet, was in den Zeitungen prompt zu einigen Erörterungen über den von Röntgen einst nicht in Anspruch genommenen Adelstitel führte. Ende 1908, gewissermaßen als Weihnachtsgeschenk, hatte sich Prinzregent Luitpold »bewogen gefunden«, Röntgen das Prädikat »Exzellenz« zu verleihen – »gebührenfrei«, wie die Urkunde ausdrücklich vermerkt.[32] Mit »Euer Exzellenz« ließ sich Röntgen offenbar gerne anreden, auch im Institut, von Studenten und Assistenten; als Unterschrift bevorzugte er freilich nach wie vor das bürgerlich-akademische Dr. W. C. Röntgen.

Ganz besonders rührte Röntgen eine Ehrung von Physikern zu seinem 60. Geburtstag am 27. März 1905, einem Datum, das zudem nahe dem zehnjährigen Jubiläum der Entdeckung »einer neuen Art von Strahlen« lag. Kohlrausch hatte die Idee, Röntgen mit einer Adresse zu überraschen und mit einer Gedenktafel am Würzburger Physikalischen Institut zu ehren. Er zog Willy Wien als den Würzburger Hausherrn und Ludwig Zehnder als Röntgens Freund ins Vertrauen und bat letzteren um die Organisation der Gratulationscour.

Kohlrausch verfaßte mit Max Planck die Adresse und den für die Gedenktafel vorgesehenen Text, und gemeinsam mit Zehnder und Wien unterzeichnete er ein Rundschreiben an viele deutsche Physiker und einige ausländische Kollegen, die durch Publikationen in den »Annalen« oder Kongreßbesuche in einer engeren Beziehung zur Physik in Deutschland standen. In dem Rundschreiben wurde die Billigung der Adresse durch die Unterschrift und eine Geldspende für die Tafel erbeten: »Damit die Beteiligung eine möglichst zahlreiche werde, sollen unserer Meinung nach kleine Beiträge von höchstens 3 Mark gesammelt und zur Anbringung einer Gedenktafel am physikalischen Institut in Würzburg verwendet werden, deren Kosten sich ungefähr auf 300 Mark belaufen werden.«[33] Die gediegen gestaltete Adresse erhielt Röntgen durch die Mitwirkung seiner in die Aktion eingeweihten Frau pünktlich am Geburtstag, den er an der italienischen Riviera verbrachte. Bei Zehnder bedankte er sich: »Die Überraschung war eine vollständige; ich hatte keine Ahnung davon, das etwas im Werke war. Die Form der Kundgebung ist eine sehr schöne und vornehme.«[34]

Der Dienstantritt Sommerfelds hatte einige Probleme mit sich gebracht, an denen er freilich keine Schuld hatte. Röntgen stellte im Winter 1906 fest: »Die Physik macht hier ein kleine Krise durch.«[35] Der außerplanmäßige Professor Korn und der außerordentliche Professor Graetz, die beide bislang über Theoretisches doziert hatten, standen jetzt ohne Studenten da. Um die Fakultät zu einer Entscheidung über seine unklare Position zu veranlassen, legte Korn seine Privatdozentur nieder,[36] wogegen Röntgen nichts einzuwenden hatte, was er aber als »semitische Unverfrohrenheit« kommentierte.[37]

Komplizierter war die Sache mit Graetz, dem Röntgen immerhin konzedierte, daß der Umstand, nun »etwas kaltgestellt« zu sein, »für ihn in seinem Alter eine nicht angenehme Erfahrung« darstelle. Graetz hatte einige Jahre das Institut de facto geleitet und die Praktika betreut, und schon durch Röntgens Berufung war er in die Position eines einflußlosen Extraordinarius zurückgeworfen worden. Fakultät und Senat, die vorausgesehen hatten, daß der nicht hervorragende, aber doch verdiente Graetz nach Besetzung beider Ordinariate buchstäblich zwischen die Lehrstühle geraten müsse, hatten dem Ministerium vorgeschlagen, Graetz Titel, Rang und Gehalt eines »ordentlichen Professors der Physik« zuzuerkennen, aber nicht die sonst damit verbundenen Rechte.[38] Als dieses geschehen war, fand sich Graetz freilich erst recht zwischen den Lehrstühlen, und Röntgen war ganz in seinem Element als Verteidiger der Alleinherrschaft des Institutsdirektors.

Röntgen hatte Graetz seit dem Antritt seiner Professur in München deutlich spüren lassen, daß es nur einen Herrn im Institut gab. Als der 1908 zum Ordinarius beförderte Graetz nun für seine Studenten Praktikumsplätze und für einige Doktoranden Arbeitsplätze im Institut beanspruchte, verwahrte sich Röntgen gegen dieses Ansinnen. In einem elf Seiten langen Brief an den Kollegen beharrte Röntgen mit akribischen

Argumenten darauf, daß nur der Direktor Entscheidungen über Instrumente und Arbeitsplätze treffen könne, und er habe auch schon entschieden, daß er jeden Platz und jedes Instrument für seine eigenen Zwecke brauche. Graetz ein eigenes Laboratorium zu überlassen, käme überhaupt nicht in Frage, weil eine solche Regelung zu Zusammenstößen führen müsse; schließlich habe er, Röntgen, in dreißig Jahren gelernt, wie ein Institut zu leiten sei. In hausherrlichem Sadismus stellte Röntgen dem Herrn Kollegen noch anheim, ab und an mal beim Pförtner nachzufragen, und wenn ein Platz frei sei, dürfe auch mal einer von Graetz' Studenten im Institut arbeiten.[39]

Graetz war verbittert, daß er wie ein Anfänger bei jeder Benutzung eines Instruments Röntgens Erlaubnis einholen sollte und auch sonst weder Arbeits- noch Entfaltungsmöglichkeiten hatte. Aber Röntgen verfolgte unerbittlich mit seinem hartnäckigen Kleinkrieg jenen Mann, den er gemeint hatte, als er vom Minister verlangte, »daß verhütet wird, daß ungeeignete Persönlichkeiten auf den physikalischen Unterricht einen Einfluß ausüben können«[40]. Genau das tat Graetz jetzt, indem er ab 1908 in Konkurrenz zu Röntgen die gleiche große Vorlesung zur Experimentalphysik ankündigte und bald einen größeren Zulauf hatte als der Hausherr.[41] Gleichfalls sehr erfolgreich war Graetz als Autor eines Lehrbuchs über »Die Elektrizität und ihre Anwendungen«, das seit 1883 in immer neuen Auflagen erschien: 1898 war die 7., 1911 die 14. und 1922 die 21. erreicht. Aus diesem Buch, das bei den Studenten nur »der große Graetz« hieß, haben Generationen die Grundlagen der Elektrizität gelernt. Als Forscher allerdings war Graetz nicht mehr produktiv; ab 1905 hat er nichts mehr veröffentlicht. Aber das sah beim Institutsdirektor auch nicht viel besser aus.

Trotz aller von der Physik ablenkenden Belastungen hatte Röntgen immer versucht, als Experimentator zu arbeiten. Seit 1904 ließ er sich sogar von einem Assistenten helfen, wie er dem nach Berlin gegangenen Ludwig Zehnder berichtete: »An dem Russen Dr. Joffe habe ich einen sehr tüchtigen Privatassistenten, mit dem ich nun fast zwei Jahre zusammenarbeite ...«[42] Dieser Abraham Joffe war 1903 aus Moskau nach München gekommen, hatte bei Röntgen seine Studien fortgesetzt und wurde schon während seiner Dissertation Röntgens Privatassistent. Bei aller Verehrung seines Chefs hat Joffe auch dessen problematische Seiten nicht übersehen.

Acht Jahre waren seit der Entdeckung der neuen Strahlen vergangen, aber »ein angemessenes Forschungsthema hatte Röntgen nicht, obwohl er danach suchte und sich der neuesten Forschungsmethoden bediente...«[43] Eine Kältemaschine war im Keller, die neue Erfindung eines Ultramikroskops in seinem eigenen Labor aufgestellt, aber das, was er vor seiner Entdeckung zum Beispiel in seiner »Hochdruck-Physik« betrieben hatte, war ihm nun zu anspruchslos, denn »zu einem perspektivlosen Ansammeln von experimentellen Daten wollte er sich nicht herablassen. Mit wachsender Ungeduld suchte Röntgen nach neuen Erscheinungen der Naturkräfte.«[44]

Allerlei war mehr oder weniger konzeptionslos untersucht worden, bis Röntgen bei den Einwirkungen von Licht und X-Strahlen auf Kristalle jenes Forschungsgebiet fand, das ihn bis in seine letzten Jahre beschäftigte. Schon zum Ende des Jahres 1905 schrieb er, daß er mit Joffe »eine Unmasse Material zusammengetragen habe, vor dessen Veröffentlichung mir bange ist«[45]. 1907 legte er wenigstens seine beim Kalkspat gewonnenen Resultate über die Leitfähigkeit dieses Isolators bei Bestrahlung mit Röntgenstrahlen der Bayrischen Akademie der Wissenschaften vor, deren Mitglied er gleich nach seinem Dienstantritt in München geworden war. Dieser Beitrag zu den Sitzungsberichten der Akademie war Röntgens erste Veröffentlichung seit zehn Jahren. Bis zur nächsten sollten noch einmal sechs Jahre vergehen.

Röntgens konzeptionelles Verständnis vieler Erscheinungen, darunter auch das der Leitfähigkeit der Kristalle, litt viele Jahre darunter, daß Röntgen von Elektronen nichts wissen und hören wollte – »nicht nur aus Feindschaft zu Lenard«, wie Joffe sich erinnerte, »sondern auch, weil das, wie er sagte, ein inhaltsloses Wort sei. Im Institut war es verboten, das Wort ›Elektron‹ auszusprechen.«[46] Das war mehr als verwunderlich angesichts der Tatsche, daß seit 1897 in den »Annalen« in ständig steigender Häufigkeit Artikel erschienen, in denen experimentell und theoretisch von Elektronen die Rede war. Daher war das durch Röntgen erlassene Denk- und Sprechverbot beinahe eine Garantie, das Münchner Institut ins Abseits zu manövrieren.

Das änderte sich glücklicherweise mit dem Dienstantritt von Sommerfeld, der die moderne Variante der Elektrodynamik lehrte und meisterhaft beherrschte. Nun war auch Röntgen an »den brennenden Fragen der Elektronen«[47] interessiert, wie Sommerfeld feststellte. Röntgen schrieb sogar nach Bern an Albert Einstein, offenbar nicht ahnend, daß der »Sehr geehrte Herr College« als Beamter des schweizerischen Patentamts sein Brot verdiente: »Zur Vervollständigung meiner Sammlung von Arbeiten über Elektrodynamik würde es mir sehr wertvoll sein, auch Separata Ihrer Abhandlungen zu besitzen.«[48] Er hat die Separata wohl wegen der Vorbereitung eines Vortrags angefordert, den er 1907 im kleinen Kreise der Akademie gehalten hat,[49] aber ein Anhänger der modernen Physik ist er deshalb nicht geworden.

Im Alter von 65 Jahren war es legitim, daß Röntgen an den Ruhestand dachte, wenn auch nur zögerlich: »Mir kommt der Gedanke, mich von der akademischen Tätigkeit allmählich zurückzuziehen, schon gar nicht mehr so verückt vor! Wenn man nur wüßte, wie es einem dann im ›Jenseits‹ bekommt!«[50] Bayrische Professoren konnten damals erst im Alter von siebzig Jahren emeritiert werden, und Röntgen wollte sich zwar der Routinepflichten entledigen, aber doch sein Labor behalten, damit er sich im ›Jenseits‹ endlich ganz der Forschung widmen konnte. Die Erfüllung dieser Wünsche schien Anfang des Jahres 1912 in den Bereich des Möglichen zu rücken.

In Berlin war durch den Tod von Jacobus van't Hoff eine Stelle an der Akademie frei geworden, die für reine Forschung ohne jede weitere Verpflichtung vorgesehen war. Es war damals die einzige Position dieser Art im Deutschen Reich, in der einem Naturwissenschaftler ein volles Gehalt bei völliger Unabhängigkeit geboten wurde. Am 10. Januar 1912 fragte Emil Warburg bei Röntgen an, ob er interessiert sei, an die Akademie zu kommen. Dieser Vorschlag entsprach ziemlich genau Röntgens Vorstellung vom ›Jenseits‹. Er bedankte sich herzlich bei Warburg, erkundigte sich nach den Möglichkeiten zur experimentellen Arbeit und einer Hilfskraft und vertraute darauf, eventuell bei Warburg in der Reichsanstalt ein Labor zu bekommen. Hinsichtlich des Gehalts erwähnte er, »daß es mir als selbstverständlich vorkommen würde, wenn ich gegen hier eine erhebliche Einbuße an Einnahmen erleiden müsste«[51].

Noch lieber als in Berlin hätte Röntgen diese Möglichkeiten aber in München gehabt, wie er Minister von Wehner erst in einer Audienz und dann in einem langen Brief darlegte. Da die Kolleggelder wegfallen würden, bat er um eine Gehaltserhöhung als Kompensation dafür, daß er bei allen früheren Bleibeverhandlungen für sich perönlich nichts gefordert und nichts erhalten habe. Im Hinblick auf die Berliner Arbeitsbedingungen wollte er beim Minister, »etwas ähnliches für mich erreichen und zuvor die tunlichst baldige Befreiung von der Vorlesungspflicht«[52]. Von seinem preußischen Kollegen erfuhr der Minister allerdings, daß Röntgens Berufung nach Berlin eher unwahrscheinlich sei. »Anscheinend handelt es sich um einen ganz persönlichen Wunsch von Warburg.«[53] Darüber war Röntgen verstimmt und versuchte dem Minister zu verdeutlichen, daß bei Bejahung der Anfrage der Ruf unweigerlich ergehen würde.[54] Zur Nagelprobe kam es freilich nicht.

Von Wehner berichtete dem Prinzregenten Luitpold, daß Röntgen in München bleiben würde, »wenn er hier auf baldige Befreiung von der akademischen Lehrtätigkeit, die er als Bürde empfindet, rechnen könnte«. Er empfahl auch, diesem Wunsche Röntgens zu entsprechen, allerdings mit Begründungen, die diesem nicht gefallen haben dürften: »Es ist eine bekannte Tatsache, daß der berühmte Gelehrte als akademischer Lehrer wegen seiner schwer verständlichen Vortragsweise bei den Studierenden keinen großen Anklang findet. – In der philosophischen Fakultät der Universität München würde es nach Versicherung angesehener Fakultätsmitglieder im Interesse des Laborbetriebs geradezu begrüßt werden, wenn Röntgen auf dem Katheder bald durch eine frischere und wirkungsvollere Lehrkraft ersetzt würde.«[55]

Die Radikallösung einer vorzeitigen Pensionierung, die jederzeit möglich gewesen wäre, hatte Röntgen freilich abgelehnt, weil er dann im Gegensatz zur Emeritierung »jede Verbindung mit der Universität und dem Institut verlieren würde«[56], und wie es einem Professoren ohne verbriefte Rechte ergehen kann, hatte Röntgen ja selbst gegenüber Leo Graetz drastisch vorexerziert. Die reichlich verwickelte Angelegenheit, eine Röntgen befriedigende Lösung zu finden, verlief sich schließlich im Sande, so daß er auch weiterhin die Bürde der Vorlesungen zu tragen hatte.

Für die Widrigkeiten erlebte Röntgen jedoch während des nächsten Semesters eine schöne Kompensation durch eine Entdeckung, an der zwei seiner Schüler beteiligt waren. Sie wurde aber nicht in seinem, sondern im Sommerfeldschen Institut gemacht. Dort war der Nachweis der Beugung von Röntgenstrahlen an Kristallen gelungen. Dieses von Max von Laue konzipierte Experiment bewies endgültig die Natur der Röntgenstrahlen als extrem kurze elektromagnetische Wellen, und zugleich wurden dadurch völlig neue Möglichkeiten der Anwendung der Röntgenstrahlen bei der Aufklärung der Struktur der Materie eröffnet.

4. Die Beugung der Röntgenstrahlen – Schlußstein und Auftakt

Die Eigenschaften der neuen Strahlen waren mit Röntgens »Vorläufiger Mitteilung« bereits weitgehend klargestellt. Was aber ihre Natur sei, war ein Rätsel, und die Lösung dieses Rätsels war für die Physiker unvergleichlich interessanter als alle noch so nützlichen und spektakulären Anwendungen. Die intensiven Bemühungen, diesem Geheimnis auf die Spur zu kommen, hatten einen leitmotivischen Charakter bei der Entstehung der modernen Physik der Strahlung und des Mikrokosmos.

Angefangen hatte alles rein »klassisch«. Als Röntgen in den letzten Tagen des Jahres 1895 seine »Vorläufige Mitteilung« mit der Vermutung beendete, daß die neuen Strahlen longitudinale, also in Ausbreitungsrichtung erfolgende Schwingungen im Äther seien, vergleichbar etwa den Schallwellen in der Luft, da war er sich durchaus bewußt, »daß die gegebene Erklärung einer weiteren Begründung noch bedarf«[1]. Eine solche Begründung wurde von Röntgen jedoch nicht gegeben und auch niemals versucht. Seine Vermutung war aber für einige Physiker durchaus plausibel. Der hervorragende Theoretiker Ludwig Boltzmann hatte sie sofort aufgegriffen und in einem Zeitungsartikel einem größeren Publikum nahegebracht,[2] auch Lord Kelvin fand diese Hypothese sehr attraktiv. Dagegen wurde sie in einem anderen frühen Kommentar zu der bewunderten Entdeckung bereits im Januar 1896 kritisiert.

Arthur Schuster, Professor der Physik in Manchester, erinnerte gleich nach der Lektüre von Röntgens Publikation daran, daß die Abwesenheit von Interferenz, Beugung und Brechung keineswegs ausschließe, daß es sich bei den neuen Strahlen um eine dem Licht ähnliche Erscheinung handeln könne, wobei man freilich annehmen müsse, daß die Wellenlänge sehr klein sei. Er stellte fest, daß »Röntgens' Strahlen sich so verhalten, wie wir das von sich ordentlich benehmenden Schwingungen erwarten sollten«. Schuster wollte keineswegs eine bestimmte Theorie favorisieren, sondern nur die Frage offen halten.[3]

Ähnlich argumentierte J. J. Thomson in seinem großen Vortrag auf der Tagung der British Association im September 1896: »Nach dem, was wir über diese Strahlen wissen, können wir, obwohl wir keine direkte Evidenz haben, daß sie eine Art Licht seien, wohl sagen, daß diese Strahlen keine Eigenschaften haben, die nicht die eine oder andere Art des Lichts auch aufweist.«[4] Auf der gleichen Veranstaltung gab George Stokes, der Professor auf dem Lucasischen Lehrstuhl in Cambridge, den einst Isaac Newton innegehabt hatte, »eine wunderbar klare und lebhafte Darstellung seiner Theorie der Röntgenstrahlen«[5]. Danach sollten Röntgenstrahlen Gleichgewichtsstörungen im Äther sein, die beim Auftreffen der Kathodenstrahlen auf Materie entstehen und sich in so schnellen Pulsen ausbreiten, daß sie wie ein kontinuierlicher Strahl erscheinen. Die Ätherimpulse konnten dabei durchaus elektromagnetischer Natur sein.

Das wichtigste Ergebnis der vielen Debatten über die Natur der Röntgenstrahlen war wohl, daß statt weiterer Reden Experimente nötig waren. Aber was mit einfachen Mitteln in Erfahrung gebracht werden konnte, hatte Röntgen in den sieben Wochen seiner fieberhaften Arbeit Ende 1895 – wie die Physiker sagten – »ausexperimentiert«, und alles, was darüber hinausging, wurde ungeheuer schwierig und heikel.

Lenard schien es plausibel, aus seiner Annahme, daß Kathodenstrahlen nichts mit Materie zu tun hätten, sondern Erscheinungen im Äther seien, auf eine Wesensgleichheit von Röntgenstrahlen und Kathodenstrahlen zu schließen. Diese sogleich heftig bestrittene Behauptung, der sich aber Röntgen selbst in seiner »Dritten Mitteilung« vom Frühjahr 1897 annäherte, wurde von Lenard noch vor Ablauf des Jahres 1897 aufgrund experimenteller Evidenz aufgegeben. Seither wurde es gängige Meinung, daß Kathodenstrahlen Ströme von Elektronen sind, Röntgenstrahlen aber etwas mit elektromagnetischen Wellen zu tun haben müßten.

Damit bot sich als plausibelste Hypothese für die Natur der Röntgenstrahlen an, daß sie unsichtbares, extrem kurzwelliges Licht seien, aber es fehlte zunächst an experimentellen Beweisen. Zum Beispiel hätten sich Beugungserscheinungen finden lassen müssen, doch selbst die extrem aufwendigen Versuche der Holländer Haga und Wind, die Beugung von Röntgenstrahlen an einem Spalt nachzuweisen, hatten nicht jeden Physiker überzeugen können, und viele Jahre kam man auf diesem Gebiet nicht voran.

Zur Jahrhundertwende stellte in Paris Pierre Curie gemeinsam mit dem Doktoranden Georges Sagnac fest, daß Röntgenstrahlen ebenso wie ultraviolettes Licht Elektronen aus bestrahlten Metalloberflächen herausschlagen.[6] Als Folge davon konnten Prozesse quantitativ untersucht werden, bei denen im ersten Schritt durch Aufprall von Elektronen auf Materie Röntgenstrahlen erzeugt und im zweiten Schritt mit diesen

Röntgenstrahlen wieder freie Elektronen produziert wurden. Zudem hatte die Auffassung, daß die Röntgenstrahlen ultraviolettes Licht mit einem stark betonten »ultra« seien, eine weitere Unterstützung gefunden. Aber es war auch die Schwierigkeit aufgetaucht, daß es kaum möglich war zu verstehen, wie räumlich auseinanderlaufende Wellen in der Lage sein sollten, Elektronen aus der Metalloberfläche zu schlagen. Diese Frage spielte eine große Rolle bei der Herausbildung der Quantentheorie, durch die sich die moderne Physik grundsätzlich von der »klassischen« des 19. Jahrhunderts unterscheidet.

Lenard gelang es in einer Reihe sehr sorgfältiger Experimente zur Erzeugung von Kathodenstrahlen mit ultraviolettem Licht, für diesen photoelektrischen Effekt die ersten Gesetzmäßigkeiten zu finden.[7] Seine Resultate wurden von dem jungen Albert Einstein im Jahre 1905 als »bahnbrechende Arbeit«[8] begrüßt, als er seinen »heuristischen Gesichtspunkt« formulierte, gemäß dem sich Licht so verhält, als ob es aus lokalisierten Energiequanten bestünde. Damit hat Einstein nicht nur die von Lenard entdeckte Gesetzmäßigkeiten erklärt, sondern eine von ihm selbst als »sehr revolutionär« bezeichnete Quantentheorie der Strahlung begründet, die freilich konträr zur vielfältig bewährten Wellentheorie war, so daß sie zwei Jahrzehnte lang kaum jemand glauben wollte.

Unterdes war ein direkter Beweis dafür erbracht, daß die Röntgenstrahlen tatsächlich eine wesentliche Eigenschaft mit dem Licht und mit den Hertzschen elektromagnetischen Wellen gemeinsam haben: Sie wurden im Jahre 1904 als »polarisierbar« nachgewiesen. Beim Licht versteht man darunter, daß nach dem Durchgang durch gewisse Kristalle wie Quarz oder Turmalin die Wellen in einer bestimmten Ebene schwingen. J. J. Thomson hatte, wie mancher andere Physiker, ziemlich bald nach dem Bekanntwerden von Röntgens Entdeckung damit begonnen, nach dieser Polarisation bei Röntgenstrahlen zu suchen, jedoch vergebens: »Wir machten am Cavendish Laboratory viele Versuche, um zu sehen, ob die Strahlen, die eine dünne Turmalinplatte passiert hatten, wie das Licht Anzeichen von Polarisation zeigen würden, haben aber niemals einen solchen Effekt gefunden.«[9]

Thomson durfte sich jedoch darüber freuen, daß schließlich einer seiner besten Schüler diesen Nachweis erbringen konnte. Charles Barkla, der an die Universität von Liverpool gegangen war, gelang dieses Meisterstück allerdings nicht auf dem von Thomson probierten Weg der Durchstrahlung von Kristallen, sondern durch scharfsinnige Experimente mit mehrfach gestreuten Röntgenstrahlen.[10] Die von ihm vorgelegten Resultate wurden von den meisten Physikern als Beweis für die Polarisation und damit die Ähnlichkeit der Röntgenstrahlen mit dem Licht akzeptiert, und die Vermutung longitudinaler Ätherwellen war endgültig passé. Der in solchen Dingen immer sehr skeptische, wenn nicht gar mißtrauische Röntgen wollte das erst glauben, wenn er es selbst gesehen hatte. Er beauftragte daher seinen Doktoranden Eugen Bassler mit der Wiederholung von Barklas Experiment. Nach einigen Jahren harter Arbeit war auch Röntgen überzeugt, und Bassler erhielt seinen Doktorhut.[11]

Derweil war Barkla bereits auf dem Weg zu der noch bedeutenderen Entdeckung, daß nämlich jedes chemische Element nach der Bombardierung mit Kathodenstrahlen eine für dieses Element »charakteristische Röntgenstrahlung« aussendet. Thomson hatte bekanntlich beobachtet, daß die von einer Röhre ausgehenden Röntgenstrahlen ein Gemisch unterschiedlicher Durchdringungsfähigkeit oder unterschiedlicher »Härte« darstellen. Durch mühsame Fleißarbeit wurde herausgefunden, daß es sich dabei um ein kontinuierliches Spektrum handelt, dessen obere Grenze, also die maximale Härte, durch die Spannung an der Röhre vorgegeben ist. Im Lichte der sich damals herausbildenden Erkenntnis, daß dieses kontinuierliche Spektrum der Röntgenstrahlen davon herrührt, daß die Elektronen beim Aufprall auf die Atome der Glaswand oder der Anode abgebremst werden, erhielt diese Strahlung den Namen »Bremsstrahlung«. Aber diese Art der Strahlung war noch nicht alles.

Barkla entdeckte im Frühjahr 1907, daß dem kontinuierlichen

Spektrum der Bremsstrahlung enge Bereiche einer scharf umgrenzten »Härte« überlagert sind. Später wird man sie als homogene Strahlung einer bestimmten Längenwelle oder Frequenz erkennen. Weitere Untersuchungen ergaben, daß sich diese Bereiche homogener Strahlung für jedes Anodenmaterial unterscheiden. Barkla nannte sie deshalb »charakteristische Strahlen«[12]. Sie sind wie »Fingerabdrücke«, anhand derer sich jedes chemisches Element identifizieren läßt. In ihrer typischen Regularität sind die charakteristischen Strahlen gewissermaßen Fortsetzungen der optischen Spektrallinien in den Bereich der Röntgenstrahlen. Nachdem Niels Bohr 1913 sein erfolgreiches Modell des Atoms vorgeschlagen hatte, zeigte sich, daß die »charakteristischen Strahlen« Signale aus den innersten Schalen der Atome darstellen. Barklas Entdeckung und seine Untersuchungen der charakteristischen Strahlen wurden als Meilensteine der Physik mit dem Nobelpreis für das Jahr 1917 gewürdigt.

Um 1911 galt Barkla als der führende Forscher auf dem Gebiet der Röntgenstrahlen, aber die Messung ihrer Wellenlänge und damit die Komplettierung der Auffassung, daß Röntgenstrahlen extrem kurzwellige elektromagnetische Schwingungen sind, war ihm nicht vergönnt. Diese nächste bedeutende Entdeckung gelang Max von Laue, Walter Friedrich und Paul Knipping in München.

Das Münchner Physikalische Institut war alles andere als eine Hochburg der Strahlenforschung. Röntgen selbst hatte seit 1897 nichts mehr publiziert und – soweit man den erhalten gebliebenen Briefen entnehmen kann – keine der relevanten Fragen auf dem Gebiet der Kathodenstrahlen oder der X-Strahlen zu bearbeiten versucht. Und was für den Chef galt, war auch für seine Mitarbeiter verbindlich. »Die Experimentalphysik war in München streng klassisch«, beschrieb Röntgens Assistent Abraham Joffe die Atmosphäre im Institut. »Sogar auf die Röntgenstrahlen kam selten die Rede.«[13] Ob diese Abstinenz lediglich daran lag, daß Röntgen vieles von dem, was über die Strahlen publiziert wurde, nur vorläufig, zu wenig verläßlich oder gar falsch fand, mag dahingestellt bleiben.

Natürlich hielt es Röntgen für seine Pflicht, die Physik auf allen Gebieten weiterzuentwickeln, aber, wie sich Joffe erinnerte, »vor allem auf solchen, die von Sensationen fernlagen«[14]. Röntgen zog es daher vor, seine Mitarbeiter auf solide Themen von der Art der Elastizität der Kristalle anzusetzen, und wenn die jungen Leute in ihrer Wißbegier mal über die Stränge schlugen, intervenierte er energisch. Als Joffe während der Ferien seine Kristalle mit ultraviolettem Licht, mit Röntgenstrahlen und mit den von Radium emittierten Elektronen bombardierte und Röntgen von seinem Treiben und seinen Beobachtungen in einem Brief berichtete, erhielt er aus Santa Margherita an der italienischen Riviera eine knappe Postkarte: »Ich erwarte von Ihnen ernsthafte wissenschaftliche Arbeit, aber keine sensationellen Entdeckungen. Röntgen.«[15] Für die spielerische Kreativität, die durchaus auf Abwege, aber auch auf grundsätzlich Neues führen kann, war München offenbar nicht die rechte »Pflegestätte«.

Das änderte sich mit der Berufung von Arnold Sommerfeld im Herbst des Jahres 1906. Der Ordinarius für theoretische Physik war wegen damaliger institutioneller Besonderheiten zugleich zum »Konservator der mathematisch-physikalischen Sammlungen des Staates« bestellt worden. Bei diesen »Sammlungen« handelte es sich um das alte »Physicalische Cabinet« der Bayrischen Akademie der Wissenschaften, dessen kostbarste und historisch interessanteste Instrumente gerade dem Deutschen Museum übergeben worden waren. Sommerfeld verdankte diesem Amt seine Arbeitszimmer im Gebäude der Akademie und eine Stelle für einen Assistenten. Er besetzte sie mit dem hochbegabten Holländer Pieter Debye, den er aus Aachen mitgebracht hatte.

Wegen des Konservatorenamtes verfügten der Theoretiker und seine Mitarbciter auch über eigene Möglichkeiten zum Experimentieren, ohne das gute Verhältnis zwischen Röntgen und Sommerfeld durch Wünsche nach Arbeitsplätzen im Physikalischen Institut belasten zu müssen. 1910 wurden die »Sammlungen« an die Universität überführt, und Sommerfeld erhielt in einem Neubau an der Amalienstraße ganz in der

Nähe des Röntgenschen Instituts ein »Institut für theoretische Physik« mit Räumen im Souterrain für Experimente und Werkstatt, dazu einen Mechaniker und einen weiteren Assistenten. Diese Stelle wurde von Sommerfeld nicht mit einem Theoretiker, sondern mit Walter Friedrich besetzt, der von Röntgen promoviert worden war.

Diese Mischung von Theorie und Experiment entwickelte sich dank der Aufgeschlossenheit des bei seiner Berufung mit 36 Jahren noch recht jungen Ordinarius zu einer äußerst produktiven Konstellation. Der aus Königsberg stammende Sommerfeld, der aussah wie ein preußischer Husar und in politischen Dingen auch ungefähr so gedacht haben mag, pflegte mit Studenten und jüngeren Physikern einen beinahe kollegialen Umgang, der jene Aura arkaner Distanz, die Exzellenz Röntgen umgab, gar nicht erst aufkommen ließ.

Da es dem studierten Mathematiker Sommerfeld an konkreter Erfahrung mit der experimentellen Seite der Physik fehlte, vergab er sich nichts, bei den Experimentatoren in die Lehre zu gehen. »Um Erfahrungen zu sammeln, wollte er sich zwei Stunden am Tag in meinem Labor umsehen«, erinnerte sich Abraham Joffe an die Wißbegier des Ordinarius. »Stattdessen schlug ich ihm vor, nach dem Frühstück in das Café zu kommen, wo wir täglich physikalische Fragen diskutierten. Mit der ihm eigenen Gewissenhaftigkeit erschien Sommerfeld täglich ungefähr eine Stunde im Café Hofgarten, wo sich eine Art Physikerklub gebildet hatte, an dem auch Chemiker und Kristallographen teilnahmen und wo täglich über die Fragen, die bei der Arbeit entstanden, diskutiert wurde … Sommerfeld nahm zunächst die Rolle des Schülers auf sich.«[16] Diese informelle Runde wurde noch durch ein am Mittwochabend stattfindendes Colloquium ergänzt. Nach dem Umzug Sommerfelds in die Universität »nahmen nun auch die Physiker von Röntgens Institut (aber nie dieser selbst) daran teil«[17]. Und anders als in Röntgens Institut wurde sowohl im Café Hofgarten wie im Colloquium eifrig über Röntgenstrahlen diskutiert.

Sommerfeld waren die Rätsel der Röntgenstrahlen nicht neu. Um die Jahrhundertwende hatte er versucht, die in seiner Habilitationsschrift entwickelten Methoden einer mathematischen Theorie der Beugung auf die damals favorisierten »Ätherimpulse« anzuwenden. In München griff er diese Thematik wieder auf und legte als inzwischen geübter Elektrodynamiker eine Theorie der Bremsstrahlung vor, die einige Eigenschaften der Röntgenstrahlen als elektromagnetische Kugelwellen erklären sollte.[18] Einstein war von dieser Arbeit einerseits begeistert, legte andererseits aber den Finger in die Wunde, daß solche Kugelwellen unmöglich ihre Energie an einem Ort derart konzentrieren könnten, daß aus einer bestrahlten Metallplatte schnelle Elektronen herausgeschlagen werden. Das ließ sich nur mit seiner Hypothese der Quantenstruktur der Strahlung erklären, und daher fragte er Sommerfeld, wie denn die Metallplatte die Fähigkeit haben solle, »Scherben von Röntgenkugelwellen sparsam aufzuspeichern, bis sie in der Lage ist, eines von ihren Elektronenkindern derart würdig mit Energie auszustatten, daß es seine Reise durch den Raum mit der seiner Röntgengeburt zukommenden Vehemenz ausführen kann«[19].

Mit dieser spöttischen Bemerkung insistierte Einstein, daß die Rätsel der Strahlung nur unter Berücksichtigung ihrer Quantenstruktur eine Lösung finden könnten. Durch diese tiefliegenden Probleme wurde die Natur der Röntgenstrahlen zu einem zentralen Thema bei den Diskussionen im Café Hofgarten und im Colloquium. Als Max Laue im Herbst 1911 als Privatdozent zu Sommerfeld kam, traf er dort auf eine »Atmosphäre, die mit Fragen nach der Art der Röntgenstrahlen gesättigt war«[20]. Sommerfeld schrieb gerade eine Arbeit, in der er eine Bilanz des vergangenen Jahrzehnts zog und einen Wunsch äußerte: »Nachdem in den letzten Jahren mehrere Forderungen der elektromagnetischen Theorie (Impulstheorie) der Röntgenstrahlen durch die Beobachtung bestätigt sind, die (teilweise) Polarisation der Röntgenstrahlen, die Abhängigkeit von der Intensität und Härte von der Emissionsrichtung, würde der Nachweis der Beugung eine Art Schlußstein der Theorie bilden ...«[21] Wenige Monate später gab es diesen Schlußstein, und gefunden wurde er in Sommerfelds eigenem Institut.

Es traf sich allerdings günstig, daß nicht nur die Natur der Röntgenstrahlen, sondern auch die Struktur der Kristalle intensiv diskutiert wurde, teils wegen Sommerfelds Interessen, teils durch die Teilnahme der Kristallographen am Sommerfeldschen Gesprächskreis. Der Professor für Mineralogie und Kristallographie Paul von Groth war zwar ein alter Herr Geheimrat, aber mit modernen Auffassungen über den atomaren Aufbau der Kristalle. Er war ein jovialer Gönner und Förderer der jungen Leute und »ließ einen auch als Studenten das Gefühl der Distanz verlieren – ganz im Gegensatz zu Röntgen«[22]. Auf diese Weise war in München der Boden für einen Geistesblitz und eine bedeutende Entdeckung bereitet: die Beugung von Röntgenstrahlen an Kristallen.

Peter Paul Ewald war von Sommerfeld mit einer Dissertation betraut worden, in der er optische Eigenschaften der Kristalle als Folge schwingender Atome oder »Resonatoren«, die in einem räumlichen Gitter regelmäßig angeordnet sind, erklären und berechnen sollte. Als sich diese schwierige Arbeit, bei der Sommerfeld und Groth des öfteren helfend eingegriffen hatten, schließlich ihrem Ende näherte, besprach Ewald einige Probleme mit Max Laue, der als Spezialist für Optik galt.

Im Verlauf dieses Gesprächs dämmerte Laue, daß die Abstände der Atome im Kristall und die von Sommerfeld nur ungefähr geschätzten Wellenlängen der Röntgenstrahlen wie für einander geschaffen sind, oder in Laues eigenen Worten: »Also war das Verhältnis von Wellenlänge und Gitterkonstanten außerordentlich günstig, wenn man Röntgenstrahlen durch einen Kristall sendete. Ich sprach sogleich Ewald gegenüber aus, daß ich dabei Interferenzerscheinungen an Röntgenstrahlen erwartete.«[23] Ähnlich wie die von Henry Rowland in Glas geritzten optischen Gitter für Licht sollten die Kristalle räumliche Beugungsgitter bilden, und dies sogar von der Natur bereitgestellt.

Von der experimentellen Realisierung dieser Idee war Sommerfeld jedoch nicht begeistert. Erstens glaubte er, daß die Wärmeschwingungen der Atome jede Interferenz zunichte machen würden, und zweitens sollte sein Assistent Walter Friedrich ein Problem bearbeiten, das Sommerfeld wichtiger war. Aber die Atmosphäre im Institut war so liberal, daß man

Die Apparatur von Laue, Friedrich und Knipping zum Nachweis der Interferenz von Röntgenstrahlen an Kristallen im Jahre 1912.

ohne größeres Risiko das Votum des Direktors umgehen konnte. Friedrich war freilich nicht davon begeistert, in einer Art von Schwarzarbeit in den Abendstunden die unwillkommene Idee auszuprobieren. Damit es schneller ging, zog Laue daher noch den am Röntgenschen Institut arbeitenden Dr. Paul Knipping hinzu.

Laue hatte einen Kristall mit schweren Atomen, aber einfachstem Aufbau gewählt, das Kupfervitriol. Zunächst wurde die im rechten Winkel gestreute Strahlung untersucht, aber vergeblich. Erst als am 23. April 1912 die Photoplatte 4 cm hinter dem Kristall in den Weg des primären, von der Röhre ausgehenden Strahles gestellt wurde, wies sie neben dem dicken schwarzen Fleck des Primärstrahls »eine Reihe von anscheinend geordneten Flecken auf«[24]. Als Sommerfeld diese ersten Abbildungen von Röntgenstrahlinterferenzen sah, unterstützte er sofort weitere Untersuchungen, wurde der eifrigste Propagandist der entgegen seinem Rat zustandegekommenen Sensation und ließ es sich nicht nehmen, die Veröffentlichung von Laue, Friedrich und Knipping am 8. Juni der Bayrischen Akademie der Wissenschaften vorzulegen.[25]

Diese Entdeckung war nicht nur der von Sommerfeld geforderte »Schlußstein der Theorie«, daß die Röntgenstrahlen elektromagnetische Wellen sind, sondern sie war zugleich der Auftakt für die Anwendung dieser Strahlen zur Untersuchung der Kristalle und zur Vermessung der Abstände ihrer Atome. Max Laue erhielt 1914 für diese Entdeckung den Nobelpreis, aber er konnte lange nicht die Zweifel vergessen, »welche anfangs die anerkannten Meister unserer Wissenschaft, die ich zu befragen Gelegenheit hatte, gegen den Gedanken der Kristallinterferenzen« hatten. Dabei dachte er nicht nur an Sommerfeld, sondern »auch an Röntgen, der ja nicht einmal nach den ersten Versuchen von Friedrich an die Interferenz-Natur der Punkte glauben wollte.«[26] Allerdings nahm sich Röntgen einige Abzüge der Photographien sogar in die Ferien mit und diskutierte sie in Lenzerheide mit seinem Freund Zehnder.[27]

Vermutlich hatte Röntgens Skepsis ihren Grund in dem Gefühl oder sogar in der Gewißheit, daß Laues Interpretation der Flecken nicht richtig sein könne. Tatsächlich lag eine der größeren Ironien der Entdeckung darin, daß Laue von falschen Voraussetzungen ausgegangen war und für die Interferenzpunkte eine falsche Begründung angab.[28] Die Interferenzpunkte aber waren eindeutig vorhanden und machten bei den Physikern Furore. Überall wurde das Münchner Experiment wiederholt, und überall wurden sogenannte Laue-Diagramme

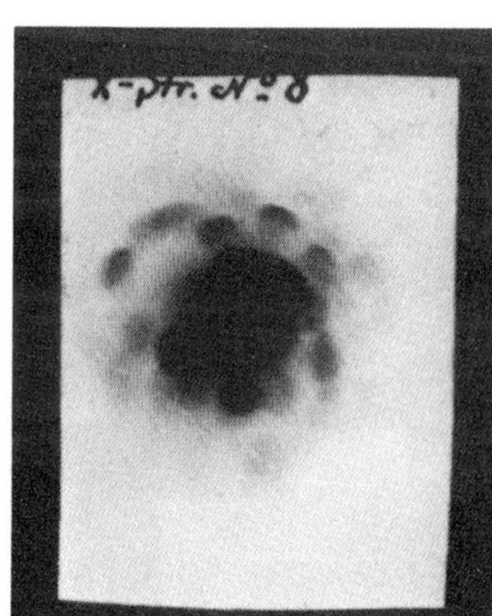

Das erste Interferenzbild von Röntgenstrahlen an Kupfervitriol (CuS).

hergestellt und untersucht. Nach wenigen Monaten wurde auch die richtige Interpretation gefunden.

Sie kam von William Henry Bragg, einem fünfzigjährigen Professor im englischen Leeds von hohem Ansehen in der Strahlenforschung, und seinem zweiundzwanzigjährigen Sohn William Lawrence Bragg. Die Braggs konnten nämlich zeigen, wie die einzelnen Ebenen des Kristalls ganz bestimmte Wellenlängen aus dem Röntgenstrahl herausfiltern, die sich zu einem Interferenzpunkt verstärken.[29] Indem sie nicht nur die Theorie, sondern den ersten Röntgenspektrographen mit einer um den Kristall drehbaren Ionisationskammer entwickelten, schufen sie nach Laues Entdeckung die wesentlichsten Beiträge für die rasanten Fortschritte in der Röntgenkristallographie. Dieses Mal war auch Röntgen begeistert: »Die Braggschen Versuche und Resultate sind wunderschön; es war auch eine glückliche Kombination, der Vater B. ist Physiker, der Sohn ist Kristallograph.«[30] 1915 wurden Vater und Sohn Bragg mit dem Nobelpreis ausgezeichnet; William Lawrence war erst 25 Jahre alt und blieb bis auf den heutigen Tag der jüngste Nobelpreisträger überhaupt.

Röntgen hat übrigens weder Laue noch die Braggs oder Barkla für den Nobelpreis vorgeschlagen. 1903 und 1905 hatte er wie bereits für den ersten Preis im Jahre 1901 den verehrungswürdigen Lord Kelvin nominiert, aber vergeblich, da dessen große Leistungen doch zu lange zurücklagen. Nach dem Jahre 1905, in dem Lenard den Preis erhielt, hat Röntgen von seinem Vorschlagsrecht kaum noch Gebrauch gemacht.[31]

Die Entdeckung der Röntgenbeugung und die Ausarbeitung ihrer Methoden haben Naturwissenschaft und Technik vergleichbar tiefgreifend beeinflußt wie die Entdeckung der Röntgenstrahlen die Medizin. Kristallphysik und Chemie, Metallurgie und Halbleiterelektronik verdanken ihr hohes Niveau weitgehend dem intelligenten Einsatz von Röntgenstrahlen als Instrument der Forschung. Nach dem Zweiten Weltkrieg sorgte der jüngere der beiden Braggs als Direktor des Cavendish Laboratory dafür, daß die Röntgenbeugung zur Erforschung der hochkomplexen Strukturen biologisch wichtiger

Makromoleküle eingesetzt wurde. Die Erfolge waren überwältigend und wurden mehrfach mit Nobelpreisen gekrönt. Auch die Kenntnis der doppelspiraligen Struktur der alle Lebensprozesse steuernden Erbsubstanz, der Desoxy-Ribonukleinsäure DNS, geht auf jene Methoden zurück, für die Laue und die beiden Braggs die Grundlagen geschaffen haben.

5. Krieg und Einsamkeit

Die Befreiung von seinen Vorlesungspflichten, um die Röntgen vergeblich gebeten hatte, wurde bald eine wenn auch nur vorübergehende Notwendigkeit aus medizinischen Gründen. Im Alter von 67 Jahren wurde Röntgen erstmals ernsthaft krank. Er litt im November und Dezember des Jahres 1912 an schwerer Bronchitis und an einer hartnäckigen Mittelohrentzündung, die ihn zeitweilig befürchten ließ, daß er das Gehör verlieren würde.[1] Wie es um ihn stand, schilderte er H. A. Lorentz, der ihn als Präsident des Wissenschaftlichen Komitees zur Teilnahme an der Solvay-Konferenz eingeladen hatte.

Dieses Gipfeltreffen der besten europäischen Physiker hatte zum ersten Mal 1911 in Brüssel stattgefunden; Röntgen hatte damals auf der Einladungsliste gestanden, war aber, da seine Abneigung gegen Kongresse hinreichend bekannt war, offenbar wieder gestrichen worden. Für die auf den Oktober 1913 angesetzte zweite Konferenz hatte Lorentz in einem würdigen Brief seine ganze Überredungskunst aufgeboten, um Röntgen zur Teilnahme an diesem Treffen in kleinem Kreis und edlem Rahmen zu bewegen. Der Umworbene bedankte sich bei Lorentz insbesondere dafür, »daß die Art und Weise, wie Sie mich eingeladen haben, die so freundlichen Worte, die Sie an mich richteten, mir besonders zu Herzen gegangen sind und mir Freude gemacht haben«. Zur Einladung selbst aber bemerkte Röntgen, daß er sie weder annehmen könne noch dürfe:

»Es ist ja möglich, daß die augenblicklich fast völlig bestehende Taubheit, die ein Teilnehmen an Sitzungen ohne weiteres unmöglich machen würde, den Angaben der Ärzte entsprechend im Laufe einiger Zeit wieder wesentlich gebessert wird; allein abgesehen davon fühle ich zu sehr, daß ich namentlich in den letzten Jahren in mancher Beziehung viel älter geworden bin. Zwar ist das Interesse an physikalischen Dingen und die Freude über die vielen Fortschritte, die auf diesem Gebiete gemacht werden noch, wie ich glaube, ungemindert vorhanden, aber ich kann wohl in Folge des recht herabgesetzten Gedächtnisvermögens nicht mehr an wissenschaftlichen Debatten und Verhandlungen so teilnehmen wie früher, sodaß das Wenige, das ich noch leiste, mich unverhältnismäßig viel Zeit kostet.«[2] Auch wenn Röntgen in besserer Verfassung gewesen wäre, hätte er sehr wahrscheinlich abgesagt, aber seine »rückhaltlose Offenheit« gegenüber Lorentz läßt das schmerzliche Gefühl erkennen, daß seine Kräfte zu Ende gehen könnten.

Für das Sommersemester 1913 mußte sich Röntgen wegen Krankheit beurlauben lassen; die große Vorlesung übernahm vertretungsweise der Privatdozent Ernst Wagner, über den er etwas geteilter Meinung war: »Unzweifelhaft ein gelehrtes Haus und ein feiner Kopf, aber zu wenig entschlossen, um richtig zu publizieren und zu schaffen.«[3] Da allein durch Ruhe sich keine ausreichende Besserung einstellen wollte, wurde ein chirurgischer Eingriff am Ohr erwogen. Die komplizierte Operation ließ Röntgen im Frühjahr 1913 von einer Heidelberger Kapazität ausführen. Sie dauerte unter Vollnarkose dreieinhalb Stunden und lohnte sich, denn im Sommer konnte Röntgen berichten: »Mir geht es, wenn auch langsam, doch endlich entschieden besser; die Kräfte nehmen zu, und das Ohrenleiden ist beseitigt; nur ist eine Herabsetzung der Hörschärfe auf beiden Ohren zurückgeblieben.«[4]

Umso mehr mußte sich Röntgen um die Gesundheit seiner Frau sorgen. Immer leidend und oft krank, wurde Bertha Röntgen, die bereits die Siebzig überschritten hatte, ständig von Nierenkoliken und rheumatischen Schmerzen geplagt. Sie mußte häufig furchtbare Schmerzen ertragen, aber was sie in den Augen ihres Mannes aufrecht hielt, waren »ein gesunder Geist, ein so starkes Gottvertrauen und das Gefühl der Pflicht, für mich sorgen zu müssen«[5]. Umgekehrt stand auch Röntgen seiner Frau in anrührender Fürsorglichkeit bei, darin unterstützt von der treuen Haushälterin Käthchen Fuchs, die seit Würzburger Zeiten eine verläßliche Hilfe war.

Mit dem Beginn des Wintersemesters 1913/14 konnte Röntgen wieder seine Dienstgeschäfte aufnehmen. Er fühlte sich »verhältnismäßig leistungsfähig und kräftig ... Das Halten der Vorlesung als fast täglich wiederkehrende Pflichtbeschäftigung empfinde ich wohltätig; ich komme dabei für einige Zeit ganz aus trüben Gedanken heraus.«[6] Er hatte sogar in der Rekonvaleszenz die Muße und die Kraft gefunden, zwei Publikationen fertigzustellen. Die eine war ein Bericht über seine in vielen Jahren durchgeführten Untersuchungen über pyro- und piezoelektrische Eigenschaften von Kristallen, also den Einfluß von Temperatur und Druck auf das Leitvermögen;[7] die andere war eine Aufarbeitung eines Teils jenes umfangreichen Materials, das er mit Abraham Joffe über den Einfluß von Röntgenstrahlen auf die Leitfähigkeit der Kristalle zusammengetragen hatte.[8]

Joffe, der inzwischen Professor in St. Petersburg war, aber jedes Jahr einige Monate nach München kam, um die gemeinsamen Forschungen mit Röntgen fortzusetzen, beschrieb die Schwierigkeiten beim Schreiben einer lesbaren Gemeinschaftsarbeit: »Röntgen wollte, daß die von uns gefundenen Tatsachen systematisch, ohne ›hypothetische‹ Erklärungen dargestellt werden sollten. Mir schien es aber, daß das umfangreiche Material nur dann vom Leser verstanden werden konnte, wenn die Tatsachen als Begründung für die von uns gezogenen Forderungen dargestellt würden.«[9]

Röntgen setzte sich durch, und Joffe behielt recht: Beide Artikel entbehren in ihrer Anhäufung experimenteller Details des roten Fadens und dürften von kaum jemandem zu Ende gelesen worden sein.

Wegen der angegriffenen Gesundheit von Frau Röntgen mußte im Jahre 1914 erstmals auf eine Reise in die Schweiz verzichtet werden. Die Röntgens wollten den Sommer in ihrem Haus in Weilheim verbringen, aber Anfang August brachen sie die Sommerfrische ab. Es war ein Krieg ausgebrochen, den man als den Großen Krieg bejubelte, bald auch den Weltkrieg nannte, bis er nach einem weiteren Vierteljahrhundert als der Erste Weltkrieg erinnert wurde. Röntgen kehrte mit seiner Frau nach München zurück, um »dort doch etwas mehr Passendes leisten zu können ...«[10]

Was er leisten wollte oder überhaupt hätte leisten können, bleibt unklar, aber seine Absicht verdeutlicht, daß er wie alle Deutschen den Krieg begeistert begrüßte und zum Sieg unbedingt etwas beitragen wollte. Dabei ging es für Röntgen nicht nur darum, die Feinde aufs Haupt zu schlagen, was man sich in den ersten Monaten noch als recht einfach vorstellte, sondern um eine Besinnung auf das Wesentliche durch die Kriegsanstrengungen, »weil die Deutschen zu verweichlicht, zu luxuriös geworden seien«[11]. Das war aber die einzige Kritik, die er sich jemals am wilhelminischen Deutschland erlaubt hatte, und im übrigen war von den republikanischen Erfahrungen seiner Jugend in Holland und seiner Studienjahre in der Schweiz nicht viel übriggeblieben.

Soweit Röntgen sich überhaupt zu Politischem eine Meinung bildete, hatte er die im Bürgertum und in der Professorenschaft gängigen Haltungen, Urteile und Vorurteile übernommen. Das linke politische Spektrum war ihm suspekt, und seine Toleranzschwelle war ziemlich niedrig. Diese Erfahrung machte der Freund Zehnder, als er auf der Suche nach einer geeigneten Stelle Röntgen einmal sein Leid klagte, daß man als Privatdozent und Titularprofessor an der Universität nur »geduldet« sei. Obwohl es dabei gar nicht konkret um München ging, sondern ganz allgemein um Zehnders etwas problematische Situation, rügte Röntgen den »an sozialdemokratische Schlagwörter erinnernden Ausdruck«[12]. Das wiederum mochte der brave Bürger Zehnder nicht auf sich sitzenlassen, weshalb noch einige Seiten Briefpapier beschrieben werden mußten, bis das Mißverständnis ausgeräumt war und man sich der gemeinsamen Abneigung gegenüber den Sozialdemokraten versichert hatte.

Röntgen hatte Juden wie Rudolf Cohen in Würzburg oder Abraham Joffe in München als Assistenten akzeptiert und war darin liberaler als viele seiner Kollegen. Das hinderte ihn aber nicht daran, den diskreten Antisemitismus der gebildeten Stände zu praktizieren, wie er sich zum Beispiel äußerte, als sich 1912 Paul Ehrenfest bei Sommerfeld habilitieren wollte. Ohne den Aspiranten jemals gesehen zu haben, bestätigte Röntgen dem Kollegen Sommerfeld auf dessen Anfrage den »Eindruck, den ich beim Lesen einiger Arbeiten von Ehrenfest bekam«, daß er nämlich »eine Befähigung von einem echt jüdischen Typus habe: Geistreich, kritisch, dialektisch. Meine an Sie zu richtende Frage ist nun die: glauben Sie, daß E. unter Ihrer Leitung und Ihrem Einfluß zum *Physiker*, d.h. dann zu einem auf physikalischem Gebiet produzierenden Menschen sich ausbilde.«[13] – Ehrenfest brauchte die Zweifel an seiner Herkunft in München nicht auszuräumen, denn er wurde noch im gleichen Jahr als Nachfolger von Lorentz nach Leiden berufen.

Daß ein Mann wie Röntgen von der nationalistischen Euphorie bei Kriegsbeginn mitgerissen wurde, war nicht verwunderlich. Verglichen mit der Begeisterung mancher Professoren, die eine Art patriotischen »Schreibkriegs« zur Rechtfertigung des Kriegs und der deutschen Kriegsziele eröffneten, blieben seine Meinungen allerdings moderat, und sie blieben auch seine Privatsache. Allerdings hat er einen »Aufruf an die Kulturwelt« unterzeichnet, ein auch nach Maßstäben damaliger Rhetorik schlimmes Pamphlet voller Lügen und getränkt von übelstem Chauvinismus, das von dem Schriftsteller Ludwig Fulda verfaßt worden war.[14]

Mit seiner Unterschrift befand sich Röntgen in der besten Gesellschaft von 93 Geistesgrößen des Kaiserreichs. Der Dichter Gerhart Hauptmann, der Maler Max Liebermann und der Regisseur Max Reinhardt hatten dieses Übersoll an pathologischem Patriotismus unterzeichnet und dazu auch die Elite der Naturforscher von Paul Ehrlich bis Max Planck. Als dieser Aufruf am 4. Oktober 1914 in den Zeitungen veröffentlicht wurde, mag Röntgen höchstens wegen der Nähe zu Philipp Lenard, der gleichfalls unterschrieben hatte, ein gewisses Unbehagen gespürt haben.

Nach dem Kriege, als den deutschen Gelehrten dieser »Aufruf der 93 Intellektuellen« als höchst unintellektuelles Machwerk immer wieder vorgehalten wurde, war Röntgen seine Unterschrift »peinlich«, und wie viele seiner Kollegen redete er sich darauf hinaus, daß er den Aufruf »wie mancher der Unterzeichner, auf Anraten und scharfes Drängen der Berliner dummerweise unterschrieben habe, ohne ihn vorher gelesen zu haben«[15].

Der Krieg verhinderte, daß Röntgens 70. Geburtstag am 27. März 1915 ein großes Fest werden konnte, wie es von seinen Verehrern geplant worden war. Die Vorbereitungen hatten – natürlich ohne Wissen des Jubilars – bereits begonnen, als noch niemand an den Krieg gedacht hatte. Arnold Sommerfeld und Willy Wien starteten durch vertraulich zu behandelnde Rundschreiben eine internationale Aktion: »Dieser Tag erscheint besonders geeignet, um dem großen Wohltäter der Menschheit den Dank der Gesamtheit für das Geschenk abzustatten, das er der Welt vor nun bald 20 Jahren durch die Entdeckung der nach ihm benannten Strahlen gemacht hat. Es wird beabsichtigt, eine Stiftung unter dem Namen

›Wilhelm Conrad Röntgen – Stiftung zur Förderung physikalischer Untersuchungen‹

zu errichten und event. eine Büste des Jubilars von Prof. Hildebrand für das physikalische Institut der Universität München anfertigen zu lassen.«[16]

Dieses Schreiben wurde an die wissenschaftliche Elite der Welt gerichtet, wie J. J. Thomson, Charles Barkla und Ernest Rutherford in England, Madame Curie in Paris, H. A. Lorentz in Holland und Abraham Michelson in den USA, natürlich auch an die Zierden der Wissenschaft in Deutschland von Adolf von Baeyer über Max Planck bis zu Emil Warburg. Da die Stiftung gut ausgestattet ins Leben treten sollte, standen auch die Herren Krupp und Siemens auf der Liste.

Der internationale Rahmen der edlen Absicht wurde durch den Krieg vereitelt, und aus Deutschland kamen trotz Krupp und Siemens nur 13 000 Mark zusammen.[17] Für die geplante »Röntgen-Stiftung« war das zu wenig, aber mehr als ausreichend für die Porträtbüste. »Am Geburtstage selbst wurde Röntgen eine wohlgelungene, künstlerisch ausgestattete Adresse überreicht, welche die ursprüngliche Absicht der Stiftung mitteilte und der Dankbarkeit weitester Kreise für die Leistungen Röntgens warmen Ausdruck verlieh. Die schöne Adresse und die dargebrachte Spende haben den Jubilar tief gerührt.«[18]

Einige Monate nach dem Geburtstag wurden die Sitzungen bei dem berühmten Bildhauer Adolf von Hildebrand, der bei den Münchnern durch die Gestaltung des Wittelsbacher Brunnens und des Hubertusbrunnens in hohem Ansehen stand, für Röntgen eine vergnügliche neue Erfahrung. Wie es der mit Hildebrand bekannte Boveri angekündigt hatte, empfand Röntgen die Sitzungen als recht kurzweilig, »denn H. versteht es vorzüglich, sein Beobachtungsobjekt zu unterhalten, so daß das Gespräch gar nicht ausgeht. Es scheint in dieser Gewohnheit eine Absicht zu stecken, die dem Bild zugute kommen soll... Die Unterhaltung mit Hildebrand ist mir sehr interessant und anregend, und ich bedauere, daß ich erst jetzt, wo ich alt und gedächtnisschwach geworden bin, in eine etwas nähere Berührung mit einem Künstler vom Schlage H.s gekommen bin.«[19]

Von dem Ergebnis war der kunstverständige Boveri zunächst etwas irritiert und dann begeistert: »Ich finde Ähnlichkeit und Ausdruck wundervoll und meine, daß diese Büste zu H. s allerbesten Porträtwerken gehört.«[20] Röntgen war seine Verewigung in Bronze anfangs nicht ganz geheuer: »Einen Beigeschmack von Protzigkeit hat die Aufstellung einer Büste an einem öffentlichen Ort doch.«[21] Aber als Boveri schrieb, daß »die Münchner Universitätshallen für dieses Kunstwerk nicht gut genug sind«, und meinte, es solle in der Glyptothek, der großen Skulpturensammlung, ausgestellt werden, »wo so viele Tausende sich daran erfreuen können«, fand Röntgen diesen Vorschlag sogar »äußerst sympathisch«.[22] Die Büste ist trotzdem im Physikalischen Institut aufgestellt worden.

Um offiziellen Besuchen zu entgehen, hatte Röntgen seinen Geburtstag in Oberstdorf im Allgäu allein mit seiner Frau und der Familie Boveri verbracht. Margret Boveri erinnerte sich daran, daß am Morgen des 27. März Stunden vergingen, »bis wir alle Ehrenschreiben, Auszeichnungen und Telegramme geöffnet und gelesen hatten«[23]. Der Jubilar fand, »Helmholtz hatte recht, als er bei einem Diner zu seinem 70. Geburtstag sagte: ›Die ersten 70 Jahre sind die schönsten.‹ – Ich will sehr dankbar sein für alles Gute und Schöne, was mir in meinem Leben in so überreichem Maße beschieden war.«[24] Später berichtete er, »daß der ziemlich anstrengende Tag – anstrengend wegen der großen Zahl von überraschenden, lebhaften Eindrücken – für mich ohne Schaden vorübergegangen ist. Ich hatte aber gehörige Mühe, mich nicht überwältigen zu lassen.«[25]

Überwältigende Post war gleich von beiden Fronten gekommen. Aus dem Großen Hauptquartier ließen Majestät »Ihnen zu diesem Geburtstage Allerhöchst Ihre wärmsten Glückwünsche aussprechen«. Mit deutlichem Bezug auf den Krieg hieß es weiter: »Zudem haben Seine Majestät Euerer Exzellenz in dankbarer Anerkennung Ihrer großen Verdienste um die Wissenschaft und die leidende Menschheit, durch welche Sie in dem gegenwärtigen Kriege Tausende von Verwundeten vor dem Tode oder dauerndem Siechtum bewahrt haben, das eiserne Kreuz zweiter Klasse am schwarz-weißen Bande zu verleihen geruht.«[26] Auch der Kriegsheld Generalfeldmarschall von Hindenburg, der Oberbefehlshaber des Ostens, verwies in seinem Telegramm darauf, Röntgens Entdeckung habe »in noch viel größerem Umfange im jetzigen Feldzuge die Möglichkeit geboten, zahlreichen braven, für ihr Vaterland verwundeten Soldaten schnellere Heilung zu bringen«[27].

Am nächsten Tag war Röntgen nach München zur Audienz bei König Ludwig befohlen, der sich selbst vom Prinzregenten zum König aller Bayern befördert hatte. Dafür mußte Röntgen seine Uniform anziehen und sämtliche Orden anlegen, was bei der Menge eine zeitraubende Prozedur war. Er fürchtete, bei dieser Gelegenheit vom König den Adel in einer Form aufgedrängt zu bekommen, die er nicht hätte ablehnen können. Der König war offenbar gut beraten worden und beließ es dabei, seinem ruhmreichen Untertanen zu den vielen Orden auch noch den »Verdienstorden vom heiligen Michael I. Klasse« persönlich an die Uniform zu heften.

Röntgen hatte sich keineswegs nur über die persönlichen und privaten Glückwünsche gefreut, sondern auch über die offiziellen, insbesondere die vom Kaiser und von Hindenburg, da er mit ganzem Herzen an die deutsche Sache und deren Sieg glaubte. »Von all den freundlichen Wünschen, die mir zum 70. Geburtstag dargebracht wurden, habe ich keinen mit so tiefer Bewegung und so heißem Glücksgefühl entgegengenommen, wie den, womit Euer Exzellenz geruhten mich zu überraschen«, schrieb Röntgen ganz ergriffen dem Generalfeldmarschall. Von dessen Erwähnung der segensreichen Wirkung der Röntgenstrahlen für die Verwundeten war er schier überwältigt: »Habe ich bisher das gewaltige Kriegsgenie bewundert, das unsere Heere zum Siege zu führen weiß, so sehe ich nun mit Rührung, wie warm Ihr Herz schlägt für die Braven, die für Deutschlands Existenz ihr Blut vergießen.«[28]

Als er sich bei H. A. Lorentz für die aus dem neutralen Holland gekommenen Glückwünsche bedankte, hatte er seine Fassung wiedergefunden und argumentierte sehr viel nachdenklicher: »Der schreckliche Krieg, den wir erleben, hat leider Vieles getrennt; dafür können die noch bestehenden Verbindungen doppelt bewertet werden, und sie sollen auch gepflegt werden. Hoffentlich erleben wir es noch, daß die jetzt feindlichen Völker wenigstens soweit gekommen sind, daß sie den ernsten Willen haben, sich gegenseitig objektiv zu beurteilen; doch fange ich an, daran zu zweifeln.«[29]

Von dem unvorstellbaren Gemetzel in den Schützengräben und von dem massenhaften Sterben war Röntgen nicht direkt betroffen, da keine ihm nahestehenden Verwandten an der Front waren. Einzig der Mann seiner Adoptivtochter, zu der er über ein distanziertes Verhältnis freilich nie hinauskam, war beim Militär, allerdings als Arzt und daher kaum gefährdet. Aber auch ohne den Krieg wurde 1915 für Röntgen ein trauriges Jahr.

Am 15. Oktober 1915 starb in Würzburg Röntgens Freund Theodor Boveri drei Tage nach seinem 53. Geburtstag. Röntgen hatte das Ende kommen sehen; war aber tief getroffen: »Ein wahrhaft edler, guter Mann, der an geistigen Gaben selten reich war und davon freigiebigst spendete, ist dahingegangen.«[30] Boveri war in den letzten Jahren häufig krank gewesen. Zu Röntgens Geburtstag hatte er es sich nicht nehmen lassen, nach Oberstdorf zu fahren, war aber nicht wie Frau und Tochter in einem Hotel abgestiegen, sondern in einem Sanatorium, wo er im Bett liegend seine Glückwünsche für Röntgen im Stile eines urbayrischen Filser-Briefs schrieb. Viele Ärzte hatten sich um den berühmten Gelehrten bemüht, aber eine sichere Diagnose wurde für Boveris Erkrankung nie gefunden, und auch die Todesursache blieb unklar.

Boveri hatte seinen Brüdern auf einem Zettel den Wunsch hinterlassen, daß er keine Trauerfeier und keine Reden wolle, sondern die Familie solle nachher vergnügt zusammenkommen, essen und lachen. Röntgen konnte, wie sich Boveris Tochter erinnerte, »dieses wortlose Verschwinden nicht ertragen und sprach einen Satz des Abschieds«[31]. Es war freilich nicht nur ein Satz, sondern eine kleine Rede auf den großen Gelehrten und Freund: »Treu wie Gold, als Berater zuverlässig, ... in Freud und Leid ein warm teilnehmender, zu helfender Tat stets bereiter Gefährte.«[32]

Röntgen sorgte dafür, daß trotz der kriegsbedingten Materialknappheit der Bildhauer Hildebrand eine Bronzebüste von Boveri anfertigte, und er setzte auch durch, daß noch im Krieg ein Buch erscheinen konnte, in dem Kollegen und Freunde des Verstorbenen gedachten. Der letzte Beitrag war die Rede, die Röntgen bei der Trauerfeier gehalten hatte. Daß er dieses intime Bekenntnis einer großen Freundschaft der Öffentlichkeit preisgab, zeigt mehr noch als seine Worte, wie viel ihm, dem »Unzugänglichen«, die Beziehung zu Boveri bedeutet hatte.

Als auch noch der alte Freund Arthur von Hippel starb, fühlte sich Röntgen »allmählich recht einsam. Indessen gehört so etwas wohl ... zu dem unverschuldet Unvermeidlichen, was das Alter mit sich bringt, und was man mit Anstand tragen muß.«[33]

Auf dem Weg ins Institut.

Seinen Beitrag zu den Kriegsanstrengungen wollte Röntgen dadurch erbringen, daß er die mit dem 70. Geburtstag eigentlich fällige und herbeigesehnte Emeritierung bis zum Ende des Krieges aufschob: »Die geringe Arbeit im Institut in der Kriegszeit kann ich noch leisten.«[34] Er hatte freilich nicht erwartet, daß dieser Dienst an der Heimatfront so lange dauern würde und daß darüber die Arbeit praktisch zum Stillstand kam. Der eine Assistent war als Offizier bei der drahtlosen Telegraphie, der andere als Unteroffizier zu einem technischen Büro der Armee eingezogen worden. Der kriegsdienstuntaugliche Privatdozent Ernst Wagner teilte seine Zeit zwischen dem Institut und einem Militärlazarett, wo er bei Röntgenaufnahmen half. »Außer ihm arbeite nur noch ich im Institut, aber nur wenig, so daß der Betrieb auf ein Minimum gesunken ist . . . In der Vorlesung habe ich noch 90 Eingeschriebene und im Praktikum gegen 40, darunter sehr viele Damen.«[35]

Wann immer möglich, war Röntgen in seinem Haus in Weilheim. Auf die Jagd ging die alte Exzellenz immer noch, »so viel ich nur kann; denn die Bewegung an der frischen Luft bekommt mir sehr gut und in der schönen Natur kann man manchmal über trübe Gedanken hinwegkommen.«[36] Das erlegte Wild war nicht mehr vornehmlich eine Trophäe, sondern wurde zur willkommenen Bereicherung des Küchenzettels, denn die Versorgung mit Nahrungsmitteln wurde schon im zweiten Kriegsjahr schwierig und im dritten katastrophal. Mit Mutter und Tochter Boveri, die öfter in Weilheim zu Besuch waren, sammelte Röntgen auch einmal Brennesseln, die als eine Art Spinat zubereitet werden sollten. Das trug ihnen zwei Rucksäcke voller Brennesseln und entzündete Hände und Arme ein, war aber umsonst, denn die im Sommer gerupften, schon verholzten Nesseln waren auch nach langem Kochen nicht eßbar.

Röntgen, der nie Mangel oder Not gekannt hatte, beharrte übrigens in asketischer Zucht darauf, daß es ihm nicht besser gehen dürfe als dem Durchschnitt der Bevölkerung. Mit äußerster Strenge nicht nur gegen sich selbst, sondern auch gegenüber den Mitgliedern des Haushalts, setzte er durch, daß die durch Gesetz vorgeschriebenen, spärlichen Nahrungsmittelrationen nicht überschritten wurden. Als er entdeckte, daß seine Frau und Käthchen Fuchs dank der auf dem Lande möglichen Wege die Rationen aufbesserten, drang Röntgen mit einer Waage in die Küche ein und kontrollierte in der ihm eigenen Akribie den täglichen Verbrauch an Fett oder Mehl, sehr zum Verdruß seiner Frau, der Haushälterin und der Köchin.[37]

Zur gleichen Solidarität fühlte sich Röntgen verpflichtet, als die Regierung wegen der leeren Kriegskassen dazu aufrief, »Gold für Eisen« zu geben, also goldene Gegenstände wie Trauringe gegen preiswerten Ersatz abzuliefern. Röntgen schenkte die beiden Rumford-Medaillen, das sehr große, schwere und kostbare goldene Original und das silberne Duplikat, dem Roten Kreuz. Die Nobel-Medaille allerdings behielt er.[38]

Im vierten Jahr des Krieges hoffte Röntgen nach wie vor auf einen »günstigen Frieden, der uns auf lange Zeit Ruhe sichert«, und nach wie vor wollte er »den Krieg als ein heilsames Mittel betrachten, das uns sehr notwendig war, um uns von der schiefen Ebene, die unverkennbar abwärts führte, abzubringen, als ein Mittel, das den maßgebenden Kreisen das Vorhandensein von manchen Schäden und Mängeln, die sich bei uns – in der

Gesellschaft, in der Politik, in der Diplomatie, im Militär – eingenistet hatten, zum Bewußtsein gebracht hat... Hoffentlich werden wir uns von den Schlacken, die die Feuerprobe gebracht hat, befreien können und die Reinigung zu Ende führen.«[39] So ähnlich wie die Experimentalphysik die Seele sollte offenbar der Krieg die Gesellschaft reinigen. Aber der Gedanke, daß ein Krieg mit vielen Millionen Toten ein nicht akzeptabler Preis für die Abkehr vom Materialismus und die konservative Restauration der Gesellschaft wäre, ist ihm bis zum bitteren Ende nicht gekommen.

Nach der Kapitulation der deutschen Truppen war Röntgen »in doppelter Beziehung sehr niedergeschlagen: einmal durch die Tatsache selbst und zweitens dadurch, daß mein bisheriges Vertrauen zu der obersten Heeresleitung plötzlich vernichtet wurde«[40]. Während er die oberflächlichen Erscheinungen der Revolution in München, wie etwa Schießereien, ziemlich gelassen hinnahm, schmerzte ihn das Ende der Monarchie: »Armes, armes Deutschland, was wird aus dir werden?!« Daß Deutschland die ehemals französischen, erst 1871 annektierten Gebiete wieder verlieren würde, traf ihn in seinem Innersten: »Der Verlust von Elsaß, speziell von Straßburg, geht mir, der ja dort die Gründung der Universität unter so ungemein großer Begeisterung miterlebte und dort eine der schönsten, arbeitsreichsten Perioden seines Lebens zugebracht hat, ganz besonders nah. Manchmal betrachte ich das Bild von Straßburg, das in meinem Zimmer hängt, und summe das alte Lied ›O Straßburg, o Straßburg, du wunderschöne Stadt‹ usw. vor mir her.«[41]

Die Kriegsjahre hindurch hatte sich Röntgen ständig um die Gesundheit seiner Frau sorgen müssen. Die chronischen Schmerzen konnten nur durch regelmäßige Morphiuminjektionen gelindert werden. Röntgen ließ sich in der Prozedur unterweisen, um seiner Frau nicht nur beistehen, sondern auch jederzeit helfen zu können. Trotzdem waren beide dankbar für jeden Tag ihres gemeinsamen Lebens und ganz besonders dafür, daß sie am 22. April 1919 den 80. Geburtstag von Bertha Röntgen feiern konnten. Bald danach mußten sie ihre Wohnung aufgeben, weil der Vermieter, ein Prinz Alfons aus dem Haus der Wittelsbacher, sie dringend selbst benötigte. Röntgen hatte das Glück, in nur wenigen hundert Metern Entfernung in der Maria-Theresia-Straße ein Hochparterre mieten zu können. Seine Frau konnte den Umzug nur noch passiv erdulden. Sie starb wenige Monate später am 31. Oktober 1919 an Nieren- und Herzversagen. Röntgen war nun allein, und er versuchte, »so zu leben, wie ich mir vorstelle, daß meine Frau damit zufrieden sein würde«[42].

Noch kurz vor ihrem Tode hatte Röntgen den Antrag gestellt, zum Ende des Wintersemesters 1919/20 emeritiert zu werden, denn die Aufgaben »erfordern bessere und jüngere Kräfte, als mir zur Verfügung stehen«[43]. Dem Antrag des Vierundsiebzigjährigen wurde entsprochen; allerdings behielt er die Leitung des »Metronomischen Instituts des Staates«, die einst bei seiner Berufung als Formalie mit aufgeführt war, ihm jetzt aber zu Räumen in der Akademie verhalf, in denen er seine Arbeit fortsetzen wollte. Sein Nachfolger Willy Wien kam aus Würzburg, und mehr noch hat Röntgen gefreut, daß sein Schüler Ernst Wagner das Würzburger Institut erhielt. In München wurden einige Instrumente und Kristalle, mit denen Röntgen gearbeitet hatte, wie Devotionalien aufbewahrt und gepflegt, darunter eine Thermometerhülle. Auf die leere Hülle hatte der Mechaniker Eichenseher, der es wegen Röntgens Ansprüchen an sorgfältigsten Umgang mit den Apparaten nicht immer leicht gehabt hatte, einen Zettel geklebt und darauf ein denkwürdiges Ereignis festgehalten: »Von sr. Exzellenz zerbrochen am 3. März 1912.«[44]

Als wolle er sich und der Welt noch einmal beweisen, wie saubere Experimentalphysik auszusehen hätte, begann Röntgen noch zu Lebzeiten seiner Frau mit der Aufarbeitung jenes Materials, das er mit Abraham Joffe vor dem Krieg angesammelt hatte. Bis in den Sommer des Jahres 1920 mühte er sich damit ab. Am Tag nach der Fertigstellung berichtete er aus Höfen in Franken, wo er bei Frau Boveri zu Besuch war: »Ich hatte es mir zur Pflicht gemacht, vorher endlich einmal eine langjährige und ausgedehnte Arbeit druckfertig zu machen. Diese Sache, von der ich noch mit meiner Frau sprechen konnte, ließ mir keine Ruhe mehr, und ich saß in den letzten Wochen täglich von 6 Uhr früh bis gegen Abend, wenn ich die Mittagszeit abziehe, am Schreibtisch und schrieb. Die Hilfe meines Assistenten bei der Ausrechnung von Tabellen mußte in Anspruch genommen werden, und so erreichte ich auch mit Mühe und Not einen halben Tag vor meiner Reise hierher mein Ziel.«[45]

Das Ergebnis dieser Anstrengungen wurde erst im nächsten Jahr veröffentlicht.[46] Mit 196 Seiten handelt es sich um den mit Abstand längsten Artikel, der jemals in den »Annalen« gedruckt wurde. Niemandem sonst hätte man eine Arbeit dieser Länge abgenommen, zumal auch noch abzusehen war, daß niemand das Bedürfnis verspüren und die Geduld aufbringen würde, diesen Artikel bis zum Ende zu lesen. Aber dem verehrungswürdigen alten Mann war man die Veröffentlichung schuldig.

Um die Wende der Jahre 1920/21 wurde des fünfundzwanzigjährigen Jubiläums der Entdeckung der Röntgenstrahlen gedacht. Die Zeitschrift »Die Naturwissenschaften« brachte – gewissermaßen als »Festschrift« – ein Sonderheft »Zur Feier der Entdeckung der Röntgenstrahlen« heraus. Den einleitenden Essay hatte Willy Wien geschrieben. Dessen Betrachtungen über den »Zufall« und die Erwähnung Lenards waren nicht nach Röntgens Geschmack. Als er später mit Wien einmal zusammentraf, »kam ich auf die Rede von Lenard, und ich konnte mich nicht enthalten, Wien zu sagen, daß sein Aufsatz in den ›Naturwissenschaften‹ mir nicht gefallen hätte, weil er die Verhältnisse nicht richtig wiedergegeben hätte«[47]. Diese Reaktion Röntgens zeugte nicht von Souveränität, denn sein Ruhm als Entdecker einer neuen Art von Strahlen war auch von Wien nicht in Zweifel gezogen worden, und für die Annalen nicht nur der Physikgeschichte, sondern der Geschichte der Menschheit, stand er unabänderbar fest.

Röntgen war freilich, wenn man von seiner Entdeckung absieht, niemals ein Führer oder Anreger seiner Disziplin gewesen, und sogar nach seiner großen Entdeckung ist er alles andere als ein »praeceptor physicae« geworden. Trotzdem wurde er wegen der Bedeutung, der Tragweite und der Popularität seiner Entdeckung für die deutsche Öffentlichkeit und für die deutschen Physiker zum Repräsentanten seiner Wissenschaft glorifiziert. Das unbedingte Verehrungsbedürfnis führte zu der fragwürdigen Stilisierung, daß er auch unabhängig von der Entdeckung der Strahlen einer der größten Physiker gewesen sei. Das freute den alten Mann, und es entsprach dem Brauch der Physiker, die Entwicklung ihrer Disziplin an herausragenden Namen festzumachen.

Die daraus erwachsene Erhöhung Röntgens begann mit einem großen Artikel Sommerfelds anläßlich des 70. Geburtstags[48] und erreichte einen Höhepunkt in einer aufwendig gestalteten Adresse der Preußischen Akademie der Wissenschaften zu Röntgens fünfzigjährigem Doktorjubiläum am 22. Juni 1919. In der Abwägung von Glück und Verdienst bei der großen Entdeckung sollte selbstverständlich dem Verdienst die ausschlaggebende Rolle zukommen, was folgendermaßen begründet wurde: »Wer sich aber in die Eigenart Ihrer wissenschaftlichen Persönlichkeit vertieft hat, der begreift, daß gerade Ihnen, dem von allen Vorurteilen freien Forscher, welcher die vollendete Experimentierkunst mit der höchsten Gewissenhaftigkeit und Sorgfalt verbindet, diese große Entdeckung gelingen mußte.« Dafür war natürlich die Voraussetzung, daß schon Röntgens frühere Arbeiten so hervorragend eingeschätzt werden mußten, daß sie allein schon »geeignet sind, Ihnen unter den führenden Physikern Deutschlands einen ehrenvollen Platz zu sichern«[49].

Diese Adresse, von den vier »ständigen Sekretaren« der Akademie unterzeichnet, ist wahrscheinlich auf Initiative von Emil Warburg zustande gekommen und von ihm auch geschrieben, zumindest entworfen worden. Warburg war es aber auch, der unmittelbar nach der Entdeckung der neuen Strahlen den Vorschlag für die Wahl Röntgens zum Korrespondierenden Mitglied der Akademie formuliert hatte. Damals hatten Warburg und seine vier Mitunterzeichner bei der hervorragenden Entdeckung einen »glücklichen Zufall« am Werk gesehen, und über die vorausgegangenen Publikationen urteilte er, sie seien »ausgezeichnet durch große Zuverlässigkeit und Sorgfalt in

»... mit Anstand tragen« – Röntgen wenige Wochen vor seinem Tode.

der Entdeckung und Beseitigung der Fehlerquellen. Auffallende neue Beziehungen zwischen den Körpern haben diese Arbeiten nicht geliefert und großes Aufsehen haben sie daher nicht gemacht.«[50] Diese Einschätzung ist nicht nur wegen der zeitlichen Nähe interessant; sie war die damals zutreffende Beurteilung von Röntgens wissenschaftlicher Produktivität, und der Sache nach hätte sie es auch bleiben können. Daß seine wenig inspirierten Fleißarbeiten mit dem Ablauf der Jahrzehnte immer höher gepriesen wurden, hatte nichts damit zu tun, daß sich erst nachträglich ihr überragender Wert herausgestellt hätte, sondern lag am Glanz der einen, alles überstrahlenden Entdeckung, die Röntgens gesamte wissenschaftliche Laufbahn in das milde Licht bedingungsloser Verehrung tauchte.

Röntgen hatte sich auf ein Leben zwischen Weilheim und München eingerichtet. Da er als gesetzestreuer Mann seine Wertpapiere nach Deutschland transferiert und in Mark eingetauscht hatte, die bald nichts mehr wert war, konnte er kaum noch ins Ausland reisen. Nur zögernd nahm er die Einladungen Schweizer Freunde an, vor allem des Arztes Ernst Wölfflin, aber er war überaus dankbar, daß ihm auf diese Weise vergönnt war, das Engadin und sogar Cadenabbia noch einmal sehen zu können.

Marcella Boveri und ihre Tochter Margret waren ihm »warme, aufopfernde und rücksichtsvolle Freunde, wie es wohl kaum noch welche gibt. Wenn ich Einsamer diese beiden Frauen – die leider in Würzburg wohnen – nicht hätte, so weiß ich wirklich nicht, wie es mit mir bestellt wäre.«[51] Frau Boveri begleitete Ende 1922 Röntgen auf einer Reise nach Gießen. »Sie können sich denken, wieviel Erinnerungen mir der Aufenthalt in Gießen (ein Tag) brachte«, schrieb er an Zehnder. Am wichtigsten war für ihn, »das Grab meiner Eltern zu besuchen und einiges anzuordnen.«[52]

Für das Frühjahr hatte er schon Pläne, mit seinen Schweizer Freunden wieder nach Italien zu reisen. Aber nach dem Weihnachtsfest, das er wie immer in den letzten Jahren bei den Boveris verbrachte, fühlte er sich schwach und krank. Die Ärzte diagnostizierten ein Darmkarzinom. Nach kurzer, geduldig ertragener Leidenszeit, bei der ihn die Haushälterin Käthchen Fuchs aufopfernd pflegte, starb Röntgen in den Morgenstunden des 10. Februar 1923.

Das präzise Messen und die Entwicklung der dafür nötigen Instrumente waren für Röntgen die Leitmotive seiner Wissenschaft. Er hatte freilich gewußt, daß sich auf diesem Gebiet der Forscher »von vornherein eine gewisse Resignation auferlegen« muß. In seinem Nachruf auf Friedrich Kohlrausch hatte er einige Gründe für die Resignation des Experimentators genannt: »Er muß mit der Möglichkeit, ja fast immer mit der Gewißheit rechnen, daß seine Arbeit in verhältnismäßig kurzer Zeit von anderen überholt wird; die von ihm erdachten Methoden werden verbessert, und die neu gewonnenen Resultate sind genauer. Damit verschwindet allmählich die Erinnerung an seine Person und an seine Tätigkeit.«[53] Röntgen hatte allerdings seit dem 8. November 1895, seit er im Würzburger Physikalischen Institut ein unerwartetes Fluoreszenzleuchten gesehen hatte, auch gewußt, daß seine Entdeckung und damit auch seine Person und seine Tätigkeit für immer ein Höhepunkt in der Geschichte seiner Wissenschaft bleiben werden.

Anhang

Aus den Sitzungsberichten der Würzburger Physik.-medic. Gesellschaft 1895.

W. C. Röntgen: Ueber eine neue Art von Strahlen.

(Vorläufige Mittheilung.)

1. Lässt man durch eine *Hittorf*'sche Vacuumröhre, oder einen genügend evacuirten *Lenard*'schen, *Crookes*'schen oder ähnlichen Apparat die Entladungen eines grösseren *Ruhmkorff*'s gehen und bedeckt die Röhre mit einem ziemlich eng anliegenden Mantel aus dünnem, schwarzem Carton, so sieht man in dem vollständig verdunkelten Zimmer einen in die Nähe des Apparates gebrachten, mit Bariumplatincyanür angestrichenen Papierschirm bei jeder Entladung hell aufleuchten, fluoresciren, gleichgültig ob die angestrichene oder die andere Seite des Schirmes dem Entladungsapparat zugewendet ist. Die Fluorescenz ist noch in 2 m Entfernung vom Apparat bemerkbar.

Man überzeugt sich leicht, dass die Ursache der Fluorescenz vom Entladungsapparat und von keiner anderen Stelle der Leitung ausgeht.

2. Das an dieser Erscheinung zunächst Auffallende ist, dass durch die schwarze Cartonhülse, welche keine sichtbaren oder ultravioletten Strahlen des Sonnen- oder des elektrischen Bogenlichtes durchlässt, ein Agens hindurchgeht, das im Stande ist, lebhafte Fluorescenz zu erzeugen, und man wird deshalb wohl zuerst untersuchen, ob auch andere Körper diese Eigenschaft besitzen.

Man findet bald, dass alle Körper für dasselbe durchlässig sind, aber in sehr verschiedenem Grade. Einige Beispiele führe ich an. Papier ist sehr durchlässig:[1]) hinter einem eingebundenen Buch von ca. 1000 Seiten sah ich den Fluorescenzschirm noch deutlich leuchten; die Druckerschwärze bietet kein merkliches Hinderniss. Ebenso zeigte sich Fluorescenz hinter einem doppelten Whistspiel; eine einzelne Karte zwischen Apparat

[1]) Mit „Durchlässigkeit" eines Körpers bezeichne ich das Verhältniss der Helligkeit eines dicht hinter dem Körper gehaltenen Fluorescenzschirmes zu derjenigen Helligkeit des Schirmes, welcher dieser unter denselben Verhältnissen aber ohne Zwischenschaltung des Körpers zeigt.

und Schirm gehalten macht sich dem Auge fast gar nicht bemerkbar. — Auch ein einfaches Blatt Stanniol ist kaum wahrzunehmen; erst nachdem mehrere Lagen über einander gelegt sind, sieht man ihren Schatten deutlich auf dem Schirm. — Dicke Holzblöcke sind noch durchlässig; zwei bis drei cm dicke Bretter aus Tannenholz absorbiren nur sehr wenig. — Eine ca. 15 mm dicke Aluminiumschicht schwächte die Wirkung recht beträchtlich, war aber nicht im Stande, die Fluorescenz ganz zum Verschwinden zu bringen. — Mehrere cm dicke Hartgummischeiben lassen noch Strahlen [1]) hindurch. — Glasplatten gleicher Dicke verhalten sich verschieden, je nachdem sie bleihaltig sind (Flintglas) oder nicht; erstere sind viel weniger durchlässig als letztere. — Hält man die Hand zwischen den Entladungsapparat und den Schirm, so sieht man die dunkleren Schatten der Handknochen in dem nur wenig dunklen Schattenbild der Hand. — Wasser, Schwefelkohlenstoff und verschiedene andere Flüssigkeiten erweisen sich in Glimmergefässen untersucht als sehr durchlässig. — Dass Wasserstoff wesentlich durchlässiger wäre als Luft habe ich nicht finden können. — Hinter Platten aus Kupfer, resp. Silber, Blei, Gold, Platin ist die Fluorescenz noch deutlich zu erkennen, doch nur dann, wenn die Plattendicke nicht zu bedeutend ist. Platin von 0,2 mm Dicke ist noch durchlässig; die Silber- und Kupferplatten können schon stärker sein. Blei in 1.5 mm Dicke ist so gut wie undurchlässig und wurde deshalb häufig wegen dieser Eigenschaft verwendet. — Ein Holzstab mit quadratischem Querschnitt (20 × 20 mm), dessen eine Seite mit Bleifarbe weiss angestrichen ist, verhält sich verschieden, je nachdem er zwischen Apparat und Schirm gehalten wird; fast vollständig wirkungslos, wenn die X-Strahlen parallel der angestrichenen Seite durchgehen, entwirft der Stab einen dunklen Schatten, wenn die Strahlen die Anstrichfarbe durchsetzen müssen. — In eine ähnliche Reihe, wie die Metalle, lassen sich ihre Salze, fest oder in Lösung, in Bezug auf ihre Durchlässigkeit ordnen.

3. Die angeführten Versuchsergebnisse und andere führen zu der Folgerung, dass die Durchlässigkeit der verschiedenen

[1]) Der Kürze halber möchte ich den Ausdruck „Strahlen" und zwar zur Unterscheidung von anderen den Namen „X-Strahlen" gebrauchen. Vergl. u. pag. 9.

Substanzen, gleiche Schichtendicke vorausgesetzt, wesentlich bedingt ist durch ihre Dichte: keine andere Eigenschaft macht sich wenigstens in so hohem Grade bemerkbar als diese.

Dass aber die Dichte doch nicht ganz allein massgebend ist, das beweisen folgende Versuche. Ich untersuchte auf ihre Durchlässigkeit nahezu gleichdicke Platten aus Glas, Aluminium, Kalkspath und Quarz; die Dichte dieser Substanzen stellte sich als ungefähr gleich heraus, und doch zeigte sich ganz evident, dass der Kalkspath beträchtlich weniger durchlässig ist als die übrigen Körper, die sich untereinander ziemlich gleich verhielten. Eine besonders starke Fluorescenz des Kalkspathes (vergl. u. pag. 4.) namentlich im Vergleich zum Glas habe ich nicht bemerkt.

4. Mit zunehmender Dicke werden alle Körper weniger durchlässig. Um vielleicht eine Beziehung zwischen Durchlässigkeit und Schichtendicke finden zu können, habe ich photographische Aufnahmen (vergl. u. pag. 4.) gemacht, bei denen die photographische Platte zum Theil bedeckt war mit Stanniolschichten von stufenweise zunehmender Blätterzahl; eine photometrische Messung soll vorgenommen werden, wenn ich im Besitz eines geeigneten Photometers bin.

5. Aus Platin, Blei, Zink und Aluminium wurden durch Auswalzen Bleche von einer solchen Dicke hergestellt, dass alle nahezu gleich durchlässig erschienen. Die folgende Tabelle enthält die gemessene Dicke in mm, die relative Dicke bezogen auf die des Platinbleches und die Dichte.

	Dicke	relat. Dicke	Dichte
Pt.	0,018 mm	1	21,5
Pb.	0,05 „	3	11,3
Zn.	0,10 „	6	7,1
Al.	3,5 „	200	2,6

Aus diesen Werthen ist zu entnehmen, dass keineswegs gleiche Durchlässigkeit verschiedener Metalle vorhanden ist, wenn das Produkt aus Dicke und Dichte gleich ist. Die Durchlässigkeit nimmt in viel stärkerem Masse zu, als jenes Product abnimmt.

6. Die Fluorescenz des Bariumplatincyanürs ist nicht die einzige erkennbare Wirkung der X-Strahlen. Zunächst ist zu erwähnen, dass auch andere Körper fluoresciren; so z. B. die

als Phosphore bekannten Calciumverbindungen, dann Uranglas, gewöhnliches Glas, Kalkspath, Steinsalz etc.

Von besondererer Bedeutung in mancher Hinsicht ist die Thatsache, dass photographische Trockenplatten sich als empfindlich für die X-Strahlen erwiesen haben. Man ist im Stande manche Erscheinung zu fixiren, wodurch Täuschungen leichter ausgeschlossen werden; und ich habe, wo es irgend anging, jede wichtigere Beobachtung, die ich mit dem Auge am Fluorescenzschirm machte, durch eine photographische Aufnahme controllirt.

Dabei kommt die Eigenschaft der Strahlen, fast ungehindert durch dünnere Holz-, Papier- und Stanniolschichten hindurchgehen zu können, sehr zu Statten; man kann die Aufnahmen mit der in der Cassette, oder in einer Papierumhüllung eingeschlossenen photographischen Platte im beleuchteten Zimmer machen. Andererseits hat diese Eigenschaft auch zur Folge, dass man unentwickelte Platten nicht bloss durch die gebräuchliche Hülle aus Pappendeckel und Papier geschützt längere Zeit in der Nähe des Entladungsapparates liegen lassen darf.

Fraglich erscheint es noch, ob die chemische Wirkung auf die Silbersalze der photographischen Platte direct von den X-Strahlen ausgeübt wird. Möglich ist es, dass diese Wirkung herrührt von dem Fluorescenzlicht, das, wie oben angegeben, in der Glasplatte, oder vielleicht in der Gelatineschicht erzeugt wird. „Films“ können übrigens ebenso gut wie Glasplatten verwendet werden.

Dass die X-Strahlen auch eine Wärmewirkung auszuüben im Stande sind, habe ich noch nicht experimentell nachgewiesen; doch darf man wohl diese Eigenschaft als vorhanden annehmen, nachdem durch die Fluorescenzerscheinungen die Fähigkeit der X-Strahlen, verwandelt zu werden, nachgewiesen ist, und es sicher ist, dass nicht alle auffallenden X-Strahlen den Körper als solche wieder verlassen.

Die Retina des Auges ist für unsere Strahlen unempfindlich; das dicht an den Entladungsapparat herangebrachte Auge bemerkt nichts, wiewohl nach den gemachten Erfahrungen die im Auge enthaltenen Medien für die Strahlen durchlässig genug sein müssen.

7. Nachdem ich die Durchlässigkeit verschiedener Körper von relativ grosser Dicke erkannt hatte, beeilte ich mich, zu erfahren, wie sich die X-Strahlen beim Durchgang durch ein

Prisma verhalten, ob sie darin abgelenkt werden oder nicht. Versuche mit Wasser und Schwefelkohlenstoff in Glimmerprismen von ca. 30° brechendem Winkel haben gar keine Ablenkung erkennen lassen weder am Fluorescenzschirm, noch an der photographischen Platte. Zum Vergleich wurde unter denselben Verhältnissen die Ablenkung von Lichtstrahlen beobachtet; die abgelenkten Bilder lagen auf der Platte um ca. 10 mm resp. ca. 20 mm von dem nicht abgelenkten entfernt. — Mit einem Hartgummi- und einem Aluminiumprisma von ebenfalls ca. 30° brechendem Winkel habe ich auf der photographischen Platte Bilder bekommen, an denen man vielleicht eine Ablenkung erkennen kann. Doch ist die Sache sehr unsicher, und die Ablenkung ist, wenn überhaupt vorhanden, jedenfalls so klein, dass der Brechungsexponent der X-Strahlen in den genannten Substanzen höchstens 1.05 sein könnte. Mit dem Fluorescenzschirm habe ich auch in diesem Fall keine Ablenkung beobachten können.

Versuche mit Prismen aus dichteren Metallen lieferten bis jetzt wegen der geringen Durchlässigkeit und der in Folge dessen geringen Intensität der durchgelassenen Strahlen kein sicheres Resultat.

In Anbetracht dieser Sachlage einerseits und andererseits der Wichtigkeit der Frage, ob die X-Strahlen beim Uebergang von einem Medium zum anderen gebrochen werden können oder nicht, ist es sehr erfreulich, dass diese Frage noch in anderer Weise untersucht werden kann, als mit Hülfe von Prismen. Fein pulverisirte Körper lassen in genügender Schichtendicke das auffallende Licht nur wenig und zerstreut hindurch in Folge von Brechung und Reflexion: erweisen sich nun die Pulver für die X-Strahlen gleich durchlässig, wie die cohärente Substanz — gleiche Massen vorausgesetzt — so ist damit nachgewiesen, dass sowohl eine Brechung als auch eine regelmässige Reflexion nicht in merklichem Betrage vorhanden ist. Die Versuche wurden mit fein pulverisirtem Steinsalz, mit feinem, auf electrolytischem Wege gewonnenem Silberpulver und dem zu chemischen Untersuchungen vielfach verwandten Zinkstaub angestellt; es ergab sich in allen Fällen kein Unterschied in der Durchlässigkeit der Pulver und der cohärenten Substanz, sowohl bei der Beobachtung am Fluorenscenzschirm, als auch auf der photographischen Platte.

Dass man mit Linsen die X-Strahlen nicht concentriren kann, ist nach dem Mitgetheilten selbstverständlich; eine grosse Hartgummilinse und eine Glaslinse erwiesen sich in der That als wirkungslos. Das Schattenbild eines runden Stabes ist in der Mitte dunkler als am Rande; dasjenige einer Röhre, die mit einer Substanz gefüllt ist, die durchlässiger ist als das Material der Röhre, ist in der Mitte heller als am Rande.

8. Die Frage nach der Reflexion der X-Strahlen ist durch die Versuche des vorigen Paragraphen als in dem Sinne erledigt zu betrachten, dass eine merkliche regelmässige Zurückwerfung der Strahlen an keiner der untersuchten Substanzen stattfindet. Andere Versuche, die ich hier übergehen will, führen zu demselben Resultat.

Indessen ist eine Beobachtung zu erwähnen, die auf den ersten Blick das Gegentheil zu ergeben scheint. Ich exponirte eine durch schwarzes Papier gegen Lichtstrahlen geschützte photographische Platte, mit der Glasseite dem Entladungsapparat zugewendet, den X-Strahlen; die empfindliche Schicht war bis auf einen frei bleibenden Theil mit blanken Platten aus Platin, Blei, Zink und Aluminium in sternförmiger Anordnung bedeckt. Auf dem entwickelten Negativ ist deutlich zu erkennen, dass die Schwärzung unter dem Platin, dem Blei und besonders unter dem Zink stärker ist als an den anderen Stellen; das Aluminium hatte gar keine Wirkung ausgeübt. Es scheint somit, dass die drei genannten Metalle die Strahlen reflectiren; indessen wären noch andere Ursachen für die stärkere Schwärzung denkbar, und um sicher zu gehen, legte ich bei einem zweiten Versuch zwischen die empfindliche Schicht und die Metallplatten ein Stück dünnes Blattaluminium, welches für ultraviolette Strahlen undurchlässig, dagegen für die X-Strahlen sehr durchlässig ist. Da auch jetzt wieder im Wesentlichen dasselbe Resultat erhalten wurde, so ist eine Reflexion von X-Strahlen an den genannten Metallen nachgewiesen.

Hält man diese Thatsache zusammen mit der Beobachtung, dass Pulver ebenso durchlässig sind, wie cohärente Körper, dass weiter Körper mit rauher Oberfläche sich beim Durchgang der X-Strahlen, wie auch bei dem zuletzt beschriebenen Versuch ganz gleich wie polirte Körper verhalten, so kommt man zu der Anschauung, dass zwar eine regelmässige Reflexion, wie gesagt, nicht stattfindet, dass aber die Körper sich den X-Strahlen gegenüber ähnlich verhalten, wie die trüben Medien dem Licht gegenüber.

Da ich auch keine Brechung beim Uebergang von einem Medium zum anderen nachweisen konnte, so hat es den Anschein, als ob die X-Strahlen sich mit gleicher Geschwindigkeit in allen Körpern bewegen, und zwar in einem Medium, das überall vorhanden ist, und in welchem die Körpertheilchen eingebettet sind. Die letzteren bilden für die Ausbreitung der X-Strahlen ein Hinderniss und zwar im Allgemeinen ein desto grösseres, je dichter der betreffende Körper ist.

9. Demnach wäre es möglich, dass auch die Anordnung der Theilchen im Körper auf die Durchlässigkeit desselben einen Einfluss ausübte, dass z. B. ein Stück Kalkspath bei gleicher Dicke verschieden durchlässig wäre, wenn dasselbe in der Richtung der Axe oder senkrecht dazu durchstrahlt wird. Versuche mit Kalkspath und Quarz haben aber ein negatives Resultat ergeben.

10. Bekanntlich ist *Lenard* bei seinen schönen Versuchen über die von einem dünnen Aluminiumblättchen hindurchgelassenen *Hittorf*'schen Kathodenstrahlen zu dem Resultat gekommen, dass diese Strahlen Vorgänge im Aether sind, und dass sie in allen Körpern diffus verlaufen. Von unseren Strahlen haben wir Aehnliches aussagen können.

In seiner letzten Arbeit hat *Lenard* das Absorptionsvermögen verschiedener Körper für die Kathodenstrahlen bestimmt und dasselbe u. a. für Luft von Atmosphärendruck zu 4,10, 3,40, 3,10 auf 1 cm bezogen gefunden, je nach der Verdünnung des im Entladungsapparat enthaltenen Gases. Nach der aus der Funkenstrecke geschätzten Entladungsspannung zu urtheilen, habe ich es bei meinen Versuchen meistens mit ungefähr gleichgrossen und nur selten mit geringeren und grösseren Verdünnungen zu thun gehabt. Es gelang mir mit dem *L. Weber*'schen Photometer — ein besseres besitze ich nicht — in atmosphärischer Luft die Intensitäten des Fluorescenzlichtes meines Schirmes in zwei Abständen — ca. 100 resp. 200 mm — vom Entladungsapparat mit einander zu vergleichen, und ich fand aus drei recht gut mit einander übereinstimmenden Versuchen, dass dieselben sich umgekehrt wie die Quadrate der resp. Entfernungen des Schirmes vom Entladungsapparat verhalten. Demnach hält die Luft von den hindurchgehenden X-Strahlen einen viel kleineren Bruchtheil zurück als von den Kathodenstrahlen. Dieses Resultat ist auch ganz in Uebereinstimmung mit der oben erwähnten Beobachtung, dass das Fluorescenzlicht noch in 2 m Distanz vom Entladungsapparat wahrzunehmen ist.

Aehnlich wie Luft verhalten sich im Allgemeinen die anderen Körper: sie sind für die X-Strahlen durchlässiger als für die Kathodenstrahlen.

11. Eine weitere sehr bemerkenswerthe Verschiedenheit in dem Verhalten der Kathodenstrahlen und der X-Strahlen liegt in der Thatsache, dass es mir trotz vieler Bemühungen nicht gelungen ist, auch in sehr kräftigen magnetischen Feldern eine Ablenkung der X-Strahlen durch den Magnet zu erhalten.

Die Ablenkbarkeit durch den Magnet gilt aber bis jetzt als ein characteristisches Merkmal der Kathodenstrahlen; wohl ward von *Hertz* und *Lenard* beobachtet, dass es verschiedene Arten von Kathodenstrahlen gibt, die sich durch „ihre Phosphorescenzerzeugung, Absorbirbarkeit und Ablenkbarkeit durch den Magnet von einander unterscheiden“, aber eine beträchtliche Ablenkung wurde doch in allen von ihnen untersuchten Fällen wahrgenommen, und ich glaube nicht, dass man dieses Characteristicum ohne zwingenden Grund aufgeben wird.

12. Nach besonders zu diesem Zweck angestellten Versuchen ist es sicher, dass die Stelle der Wand des Entladungsapparates, die am stärksten fluorescirt, als Hauptausgangspunkt der nach allen Richtungen sich ausbreitenden X-Strahlen zu betrachten ist. Die X-Strahlen gehen somit von der Stelle aus, wo nach den Angaben verschiedener Forscher die Kathodenstrahlen die Glaswand treffen. Lenkt man die Kathodenstrahlen innerhalb des Entladungsapparates durch einen Magnet ab, so sieht man, dass auch die X-Strahlen von einer anderen Stelle, d. h. wieder von dem Endpunkte der Kathodenstrahlen ausgehen.

Auch aus diesem Grund können die X-Strahlen, die nicht ablenkbar sind, nicht einfach unverändert von der Glaswand hindurchgelassene resp. reflectirte Kathodenstrahlen sein. Die grössere Dichte des Gases ausserhalb des Entladungsgefässes kann ja nach *Lenard* für die grosse Verschiedenheit der Ablenkbarkeit nicht verantwortlich gemacht werden.

Ich komme deshalb zu dem Resultat, dass die X-Strahlen nicht identisch sind mit den Kathodenstrahlen, dass sie aber von den Kathodenstrahlen in der Glaswand des Entladungsapparates erzeugt werden.

13. Diese Erzeugung findet nicht nur in Glas statt, sondern, wie ich an einem mit 2 mm starkem Aluminiumblech abgeschlossenen Apparat beobachten konnte, auch in diesem Metall. Andere Substanzen sollen später untersucht werden.

14. Die Berechtigung, für das von der Wand des Entladungsapparates ausgehende Agens den Namen „Strahlen“ zu verwenden, leite ich zum Theil von der ganz regelmässigen Schattenbildung her, die sich zeigt, wenn man zwischen den Apparat und den fluorescirenden Schirm (oder die photographische Platte) mehr oder weniger durchlässige Körper bringt.

Viele derartige Schattenbilder, deren Erzeugung mitunter einen ganz besonderen Reiz bietet, habe ich beobachtet und theilweise auch photographisch aufgenommen; so besitze ich z. B. Photographien von den Schatten der Profile einer Thüre, welche die Zimmer trennt, in welchen einerseits der Entladungsapparat, andererseits die photographische Platte aufgestellt waren; von den Schatten der Handknochen; von dem Schatten eines auf einer Holzspule versteckt aufgewickelten Drahtes; eines in einem Kästchen eingeschlossenen Gewichtssatzes; einer Bussole, bei welcher die Magnetnadel ganz von Metall eingeschlossen ist; eines Metallstückes, dessen Inhomogenität durch die X-Strahlen bemerkbar wird; etc.

Für die geradlinige Ausbreitung der X-Strahlen beweisend ist weiter eine Lochphotographie, die ich von dem mit schwarzem Papier eingehüllten Entladungsapparat habe machen können; das Bild ist schwach aber unverkennbar richtig.

15. Nach Interferenzerscheinungen der X-Strahlen habe ich viel gesucht, aber leider, vielleicht nur in Folge der geringen Intensität derselben, ohne Erfolg.

16. Versuche, um zu constatiren, ob elektrostatische Kräfte in irgend einer Weise die X-Strahlen beeinflussen können, sind zwar angefangen aber noch nicht abgeschlossen.

17. Legt man sich die Frage vor, was denn die X-Strahlen, — die keine Kathodenstrahlen sein können — eigentlich sind, so wird man vielleicht im ersten Augenblick, verleitet durch ihre lebhaften Fluorescenz- und chemischen Wirkungen, an ultraviolettes Licht denken. Indessen stösst man doch sofort auf schwerwiegende Bedenken. Wenn nämlich die X-Strahlen ultra-

violettes Licht sein sollten, so müsste dieses Licht die Eigenschaft haben:

a) dass es beim Uebergang aus Luft in Wasser, Schwefelkohlenstoff, Aluminium, Steinsalz, Glas, Zink etc. keine merkliche Brechung erleiden kann;

b) dass es von den genannten Körpern nicht merklich regelmässig reflectirt werden kann;

c) dass es somit durch die sonst gebräuchlichen Mittel nicht polarisirt werden kann;

d) dass die Absorption desselben von keiner anderen Eigenschaft der Körper so beeinflusst wird als von ihrer Dichte.

Das heisst, man müsste annehmen, dass sich diese ultravioletten Strahlen ganz anders verhalten, als die bisher bekannten ultrarothen, sichtbaren und ultravioletten Strahlen.

Dazu habe ich mich nicht entschliessen können und nach einer anderen Erklärung gesucht.

Eine Art von Verwandtschaft zwischen den neuen Strahlen und den Lichtstrahlen scheint zu bestehen, wenigstens deutet die Schattenbildung, die Fluorescenz und die chemische Wirkung, welche bei beiden Strahlenarten vorkommen, darauf hin. Nun weiss man schon seit langer Zeit, dass ausser den transversalen Lichtschwingungen auch longitudinale Schwingungen im Aether vorkommen können und nach Ansicht verschiedener Physiker vorkommen müssen. Freilich ist ihre Existenz bis jetzt noch nicht evident nachgewiesen, und sind deshalb ihre Eigenschaften noch nicht experimentell untersucht.

Sollten nun die neuen Strahlen nicht longitudinalen Schwingungen im Aether zuzuschreiben sein?

Ich muss bekennen, dass ich mich im Laufe der Untersuchung immer mehr mit diesem Gedanken vertraut gemacht habe und gestatte mir dann auch diese Vermuthung hier auszusprechen, wiewohl ich mir sehr wohl bewusst bin, dass die gegebene Erklärung einer weiteren Begründung noch bedarf.

Würzburg. Physikal. Institut der Universität. Dec. 1895.

Verlag der Stahel'schen k. Hof- u. Univers.-Buch- u. Kunsthandlung in Würzburg.

Zeittafel

1845, 27. März	Wilhelm Conrad Röntgen wird in Lennep, in den preußischen Rheinprovinzen geboren.
1848, 23. März	Die Eltern Friedrich Conrad Röntgen und Charlotte, geb. Frohwein, ziehen mit dem dreijährigen Sohn nach Apeldoorn in Holland und geben die preußische Staatsangehörigkeit auf. Sie erhalten als »Gleichgestellte« einen Status, der dem der niederländischen Bürgerrechte nahekommt.
1851 - 1862	Röntgen besucht in Apeldoorn die Primar- und die Sekundarschule.
1862, 18. Aug.	Besuch der Technischen Schule in Utrecht.
1864, 3. Mai	Letztes Zeugnis für Röntgen von der Technischen Schule Utrecht; vermutlich wird er der Schule verwiesen.
1865, 14. Jan.	Da er kein Abitur hat, unterzieht sich Röntgen einer Zulassungsprüfung an der Universität Utrecht; er wird ›abgewiesen‹, aber vier Tage später vorläufig immatrikuliert.
23. Nov.	Student in Zürich am Eidgenössischen Polytechnikum in der Mechanisch-Technischen Abteilung.
1866	Bekanntschaft mit Anna Bertha Ludwig, seiner späteren Frau.
1868, 6. Aug.	Studienabschluß am Polytechnikum mit dem Diplom als Ingenieur für Maschinenbau; der Professor für Physik am Polytechnikum, August Kundt, interessiert Röntgen für die Experimentalphysik.
1869, 6. Juni	Mit einer theoretischen Arbeit ›Studien über Gase‹ wird Röntgen an der Universität Zürich zum Dr. phil. promoviert. Er arbeitet im Laboratorium von Kundt.
1870, April	Röntgen geht mit Kundt als dessen Assistent an die Universität Würzburg. – Zur Habilitation wird Röntgen nicht zugelassen, da er das Abitur nicht vorweisen kann.
1870, Oktober	Röntgens erste Veröffentlichung ›Ueber die Bestimmung des Verhältnisses der spezifischen Wärmen der Luft‹ erscheint in den ›Annalen der Physik und Chemie‹.
1872, 19. Jan.	Trauung in Apeldoorn mit Anna Bertha Ludwig aus Zürich.
1. April	Röntgen geht mit Kundt als dessen Assistent an die Universität Straßburg.

1873, 13. März	Röntgen wird habilitiert.
1873 - 1875	Veröffentlichung von fünf experimentellen Arbeiten, eine davon gemeinsam mit Franz Exner.
1875, 1. Mai	Röntgen wird Professor für Mathematik und Physik an der Landwirtschaftlichen Akademie Hohenheim bei Stuttgart.
1876, 1. Okt.	Röntgen wird in Straßburg außerordentlicher Professor für Physik, was »die Beteiligung an Vorträgen über theoretische Physik erfordert«.
1876 - 1879	In Straßburg entstehen sieben Veröffentlichungen, als letzte und wichtigste gemeinsam mit A. Kundt der Nachweis der elektromagnetischen Drehung der Polarisationsebene des Lichtes in Gasen.
1879, 10. April	Ernennung zum ordentlichen Professor der Physik an der Universität Gießen.
20. Sept.	Vortrag bei der Versammlung der Gesellschaft Deutscher Naturforscher und Ärtze in Baden-Baden; dies ist Röntgen erste und letzte Teilnahme an einem wissenschaftlichen Kongreß.
1880, 8. Aug.	Röntgens Mutter stirbt in Bad Nauheim.
1884, 12. Juni	Röntgens Vater stirbt in Gießen.
1886	Ablehnung eines Rufs an die Universität Jena.
1887	Das kinderlose Ehepaar Röntgen nimmt die sechsjährige Nichte Josephine Bertha Ludwig zu sich; sie wird im Alter von 21 Jahren adoptiert.
1880 - 1888	In Gießen entstehen 18 Veröffentlichungen, die Röntgen als verläßlichen Experimentator ausweisen, als wichtigste und letzte der Nachweis der durch bewegte, polarisierte dielektrische Substanzen hervorgerufenen magnetischen Wirkung (»Röntgenstrom«).
1888, Frühjahr/ Sommer	Röntgen lehnt einen Ruf an die Universität Utrecht ab, folgt jedoch einem Ruf an die Julius-Maximilians-Universität Würzburg als Nachfolger von Friedrich Kohlrausch.
1888, 1. Okt.	Röntgen wird ordentlicher Professor für Physik und Direktor des Physikalischen Instituts in Würzburg.
1889 - 1894	Mit insgesamt 13 Veröffentlichungen festigt Röntgen sein Ansehen als solider Experimentator; seine Arbeiten finden jedoch keine größere Beachtung.
1894, Mai	Angeregt durch eine Arbeit von Philipp Lenard, beschäftigt sich Röntgen erstmals mit sog. Kathodenstrahlen; er wiederholt die einfacheren der von Lenard beschriebenen Experimente.
1894 - 1895	Röntgen amtiert als Rektor der Würzburger Universität.

1895, Feb.	Ablehnung eines Rufs an die Universität Freiburg.
9. Juni	Auszeichnung mit dem bayrischen Verdienstorden vom Hlg. Michael IV. Klasse. Verzicht auf das mit dieser Auszeichnung verbundene Adelsprädikat.
Oktober	Röntgen nimmt die Untersuchungen über Kathodenstrahlen wieder auf.
8. Nov.	Beim Experimentieren mit Kathodenstrahlen bemerkt Röntgen merkwürdige Erscheinungen, die auf eine unbekannte, Materie durchdringende Strahlung hindeuten. In den folgenden sieben Wochen arbeitet er die Konsequenzen dieser Entdeckung aus.
28. Dez.	Röntgen übergibt dem Sekretär der Physikalisch-Medicinischen Gesellschaft zu Würzburg seine Arbeit ›Über eine neue Art von Strahlen. Vorläufige Mitteilung.‹ Sie wird sofort für die Sitzungsberichte dieser Gesellschaft gedruckt.
1896, 1. Jan.	Röntgen verschickt Separatdrucke seiner ›Vorläufigen Mitteilung‹ an etwa 90 Kollegen in ganz Europa. Etwa zwölf der berühmtesten Physiker erhalten dazu einen Satz mit spektakulären ›X-Strahlen‹-Photographien, darunter einer »durchleuchteten« Hand.
4. Jan.	Die ›X-Strahlen‹-Photographien werden in einer Sitzung der Physikalischen Gesellschaft zu Berlin ausgestellt.
5. Jan.	Die ›Wiener Presse‹ berichtet über ›Eine sensationelle Entdeckung‹.
6.-9. Jan.	Alle führenden Zeitungen in Europa und Amerika berichten über die Entdeckung der ›X-Strahlen‹.
12. Jan.	Röntgen hält im Berliner Schloß Kaiser Wilhelm II. einen Vortrag. Er wird mit dem Kgl. Preußischen Kronenorden II. Klasse ausgezeichnet.
12. Jan.	Ludwig Boltzmann bezeichnet die neuen Strahlen als ›Röntgenstrahlen‹. Viele Zeitungen und wissenschaftliche Zeitschriften wählen die gleiche Namensgebung, die sich in den deutschsprachigen Ländern durchsetzt. In Frankreich und in den englischsprachigen Ländern wird später die von Röntgen gewählte Bezeichnung »X-Strahlen« vorherrschend.
23. Jan.	Den ersten und einzigen öffentlichen Vortrag über seine Entdeckung hält Röntgen vor der Physikalisch-Medicinischen Gesellschaft zu Würzburg. Alle weiteren Vortragseinladungen lehnt er ab. – Die Freude an der Entdeckung ist von Anfang an überschattet durch eine Kontroverse, ob Röntgen die Arbei-

	ten von Philipp Lenard, die ihm von großem Nutzen waren, in seiner Darstellung angemessen berücksichtigt hat. Röntgen schweigt über Einzelheiten und Hintergründe seiner Entdeckung bis ans Ende seines Lebens.
9. März	Röntgen beendet ›Eine neue Art von Strahlen. II. Mitteilung.‹
1896 ff.	Die Entdeckung der Röntgenstrahlen ist die Initialzündung zu einer Reihe wichtiger Entdeckungen über die innere Struktur der Materie wie der Radioaktivität durch Henri Bequerel 1896 und des Elektrons durch J. J. Thomson 1897. Wesentlich populärer als die physikalischen Auswirkungen sind die medizinischen Anwendungen der Röntgenstrahlen, die unverzüglich auf Röntgens erste Mitteilung folgen.
1896 ff.	Röntgen erhält viele Orden und Ehrungen, Auszeichnungen und Preise. Die angesehensten wissenschaftlichen Auszeichnungen sind die Rumford-Medaille der Royal Society London und der Prix Lacaze der Academie des Science, Paris.
1897, 10. März	Eine dritte Veröffentlichung ›Weitere Beobachtungen über die Eigenschaften der X-Strahlen‹ erscheint in den Sitzungsberichten der Kgl. Preuß. Akademie der Wissenschaften zu Berlin.
1899, 22. Juli	Röntgen nimmt einen Ruf an die Ludwig-Maximilians-Universität in München an. Ernennung am 7. Dezember mit Wirkung zum 1. April 1900. – Er wird kgl. bayrischer Geheimer Rat.
1900, Juli	Röntgen erhält die Barnard Medaille der Columbia Universität, New York.
1901, 10. Dez.	Röntgen erhält den ersten Nobelpreis für Physik. – Er hält nicht den bei dieser Gelegenheit erwarteten Vortrag.
1904, Juli	Die Reichsregierung bietet Röntgen die Präsidentschaft der Physikalisch-Technischen Reichsanstalt in Berlin an. Röntgen macht sein Verbleiben in München von der Besetzung eines Lehrstuhls für Theoretische Physik abhängig. Da ihm dieses zugesagt wird, lehnt er das Angebot ab.
1906, 8. Sept.	Arnold Sommerfeld wird zum ord. Professor für Theoretische Physik an der Universität München ernannt.
1907	Es erscheint Röntgens erste Veröffentlichung seit 1897. Er publiziert in München nur noch fünf Arbeiten, von denen die letzte 1921 erscheint.

1908, 20. Dez.	Röntgen wird vom bayrischen Prinzregenten das Prädikat ›Exzellenz‹ verliehen.
1912, Januar	Eine Anfrage, ob er eine Stelle an der Preußischen Akademie der Wissenschaften zu Berlin ohne jede Lehrverpflichtung annehmen würde, benutzt Röntgen, seine Befreiung von den Lehrverpflichtungen in München zu erreichen. Sein Gesuch wird abgelehnt.
April	An der Universität München entdecken im Sommerfeldschen Institut für Theoretische Physik Max von Laue, Walter Friedrich und Paul Knipping die Interferenz von Röntgenstrahlen an Kristallen. Dieses Experiment beweist die Natur der Röntgenstrahlen als extrem hochfrequente elektromagnetische Wellen.
1914, 3. Aug.	Ausbruch des Ersten Weltkriegs.
Oktober	Röntgen unterzeichnet gemeinsam mit 92 berühmten deutschen Gelehrten, Künstlern und Schriftstellern den chauvinistischen ›Aufruf an die Kulturwelt‹. Später bedauert er diese Unterschrift.
1915, 27. März	Die Feier von Röntgens 70. Geburtstag ist durch den Krieg beeinträchtigt. Von König Ludwig erhält er den Verdienstorden vom Hlg. Michael I. Klasse, von Kaiser Wilhelm II. das Eiserne Kreuz wegen der Bedeutung der Röntgenstrahlen für die militärische Chirurgie.
1919, 31. Okt.	Nach langer Krankheit stirbt Röntgens Frau Bertha in München.
1920, 1. April	Röntgen wird emeritiert.
Dezember	Das fünfundzwanzigjährige Jubiläum der Entdeckung der Röntgenstrahlen ist immer noch von der Kontroverse um die Entdeckungsgeschichte beeinträchtigt. – Röntgen vernichtet viele seiner Unterlagen.
1923, 10. Febr.	Röntgen stirbt in München. Seine Asche wird in Gießen neben den Gräbern seiner Eltern und seiner Frau beigesetzt.

Veröffentlichungen von W. C. Röntgen

1. Studien über Gase. 46 S. Dissertation Univ. Zürich. Zürcher & Furrer, Zürich 1869.
2. Ueber die Bestimmung des Verhältnisses der specifischen Wärmen der Luft. Ann. Phys., Bd. 141, 552 - 566; 1870.
3. Bestimmung des Verhältnisses der specifischen Wärme bei constantem Druck zu derjenigen bei constantem Volumen für einige Gase. Ann. Phys., Bd. 148, 580 - 624; 1873.
4. Über eine Anwendung des Eiskalorimeters zur Bestimmung der Intensität der Sonnenstrahlung. Mit Franz Exner. Sitz. Ber. d. Wiener Akademie d. Wiss., Bd. 69, 228; 1874.
5. Ueber das Löthen von platinirten Gläsern. Ann. Phys., Bd. 150, 331 - 333; 1874.
6. Ueber fortführende Entladung der Elektricität. Ann. Phys., Bd. 151, 226 - 249; 1874.
7. Ueber eine Variation der Senarmon'tschen Methode zur Bestimmung der isothermen Flächen in Krystallen. Ann. Phys., Bd. 151, 603 - 608; 1874.
8. Über das Verhältnis der Quercontraction zur Längendilatation bei Kautschuk. Ann. Phys., Bd. 159, 601 - 616; 1876.
9. A telephonic Alarm. Nature, Bd. 17, 164; 1877.
10. Mitteilung einiger Versuche aus dem Gebiet der Capillarität. Ann. Phys., Bd. 3, 321 - 328; 1878.
11. Ueber ein Aneroidbaromter mit Spiegelablesung. Ann. Phys., Bd. 4, 305 - 311; 1878.
12. Über eine Methode zur Erzeugung von Isothermen auf Krystallen. Zeitschr. f. Krystallographie, Bd. 3, 17; 1878.
13. Über Entladungen der Elektrizität in Isolatoren. Nachrichten der Ges. d. Wiss., Göttingen, 390; 1878.
14. Nachweis der elektromagnetischen Drehung der Polarisationsebene des Lichtes im Schwefelkohlenstoffdampf. Mit August Kundt. SBMü, Bd. 8, 546; 1878 und Ann. Phys., Bd. 6, 332 - 342; 1879.
15. Nachtrag zur Abhandlung über die Drehung der Polarisationsebene im Schwefelkohlenstoffdamf. Mit August Kundt. SBMü Bd. 9, 30; 1879.
16. Ueber die electromagnetische Drehung der Polarisationsebene des Lichtes in den Gasen. Mit August Kundt. SBMü, Bd. 9, 148; 1879 und Ann. Phys., Bd. 8, 278 - 298; 1879.
17. Ueber die von Herrn Kerr gefundene, neue Beziehung zwischen Licht und Elektricität. Ann. Phys., Bd. 10, 77 - 92; 1880.
18. Über die elektromagnetische Drehung der Polarisationsebene in

Gasen. 2. Abhandlung. Mit August Kundt. Ann. Phys., Bd. 10, 257 - 265; 1880.
19. Ueber die durch Elektricität bewirkten Form- und Volumenänderungen von dielectrischen Körpern. Ann. Phys. , Bd. 11, 771 - 786; 1880.
20. Ueber Töne, welche durch intermittierende Bestrahlung eines Gases entstehen. Ann. Phys., Bd. 12, 155 - 159; 1881.
21. Versuche über die Absorption von Strahlen durch Gase; nach einer neuen Methode ausgeführt. Ber. OhGNH, Bd. 20, 52 - 64; 1881.
22. Ueber die durch electrische Kräfte erzeugte Aenderung der Doppelbrechung der Quarzes. Ann. Phys., Bd. 18, 213 - 228 und 534 - 551; 1883.
23. Bemerkung über die Abhandlung des Herrn A. Kundt: Über das optische Verhalten des Quarzes im electrischen Feld. Ann. Phys., Bd. 19, 319 - 322; 1883.
24. Ueber die thermo-, actino- und piezo-electrischen Eigenschaften des Quarzes. Ann. Phys., Bd. 19, 513 - 518; 1883.
25. Ueber einen Vorlesungsapparat zur Demonstration des Poiseuilleschen Gesetzes. Ann. Phys., Bd. 20, 268 - 271; 1883.
26. Ueber den Einfluss des Druckes auf die Viscosität der Flüssigkeiten, speciell des Wassers. Ann. Phys., Bd. 22, 510 - 518; 1884.
27. Neue Versuche über die Absorption von Wärme durch Wasserdampf. Ann. Phys., Bd. 23, 1 - 49 und 259 - 298; 1884.
28. Versuche über die electromagnetische Wirkung der dielectrischen Polarisation. SBB, 198 - 202; 1885.
29. Ueber Compressibilität und Oberflächenspannungen von Flüssigkeiten. Mit Jakob Schneider. Ann. Phys., Bd. 29, 165 - 213; 1886.
30. Über die Compressibilität von verdünnten Salzlösungen und die des festen Chlornatriums. Mit Jakob Schneider. Ann. Phys., Bd. 31, 1000 - 1005; 1887.
31. Über die durch Bewegung eines im homogen electrischen Felde befindlichen Dielectricums hervorgerufene electrodynamische Kraft. SBB, 23 - 29; 1888. Ann. Phys., Bd. 35, 264 - 269; 1888.
32. Über die Compressibilität des Wassers. Mit Jakob Schneider. Ann. Phys. , Bd. 33, 644 - 660; 1888.
33. Über die Compressibilität des Sylvins, des Steinsalzes und der wässerigen Chlorkaliumlösungen. Ann. Phys., Bd. 34, 531 - 551; 1888.
34. Über den Einfluß des Druckes auf die Brechungsexponenten von Schwefelkohlenstoff und Wasser. Mit Ludwig Zehnder. Ber. OhGNH, Bd. 26, 58 - 60; 1889.
35. Electrische Eigenschaften des Quarzes. Ann. Phys., Bd. 39, 16 - 24; 1889.
36. Beschreibung des Apparates, mit welchem die Versuche über die electro-dynamische Wirkung bewegter Dielectrica ausgeführt wurden. Ann. Phys., Bd. 40, 93 - 108; 1890.

37. Einige Vorlesungsversuche. Ann. Phys., Bd. 40, 109 - 114; 1889.
38. Über die Dicke von cohärenten Ölschichten auf der Oberfläche des Wassers. Ann. Phys., Bd. 41, 321 - 329; 1890.
39. Über die Compressibilität von Schwefelkohlenstoff, Benzol, Äthyläther und einigen Alkoholen. Mit Ludwig Zehnder. Ann. Phys., Bd. 44, 1 - 23; 1891.
40. Über den Einfluß des Druckes auf die Brechungsexponenten von Wasser, Schwefelkohlenstoff, Benzol, Äthyläther und einigen Alkoholen. Mit Ludwig Zehnder. Ann. Phys., Bd. 44, 24 - 51; 1891.
41. Über die Constitution des flüssigen Wassers. Ann. Phys., Bd. 45, 91 - 97; 1892.
42. Kurze Mitteilung von Versuchen über den Einfluß des Druckes auf einige physikalische Erscheinungen. Ann. Phys., Bd. 45, 98 - 107; 1892.
43. Über den Einfluß der Compressionswärme auf die Bestimmung der Compressibilität von Flüssigkeiten. Ann. Phys., Bd. 45, 560 - 567; 1892.
44. Verfahren zur Herstellung reiner Wasser- und Quecksilberoberflächen. Ann. Phys., Bd. 46, 152 - 157; 1892.
45. Über den Einfluß des Druckes auf das galvanische Leitungsvermögen von Electrolyten. Nachr. der Ges. Wiss., Göttingen, 505; 1893.
46. Zur Geschichte der Physik an der Universität Würzburg. Rektoratsrede, gehalten am 2. Januar 1894. Würzburg 1894.
47. Notiz über die Methode zur Messung von Druckdifferenzen mittels Spiegelablesung. Ann. Phys., Bd. 51, 414; 1894.
48. Mitteilung einiger Versuche mit einem rechtwinkligen Glasprisma. Ann. Phys., Bd. 52, 589 - 592; 1894.
49. Über den Einfluß des Druckes auf die Dielectricitätskonstante des Wassers und des Äthylalkohols. Ann. Phys., Bd. 52, 593 - 603; 1894.
50. Ueber eine neue Art von Strahlen. Vorläufige Mitteilung. SB PhMGWü, 137 - 147; 1895; auch Separatum, Würzburg 1895; Nachdruck in Ann. Phys., Bd. 64, 1 - 11; 1898.
51. Eine neue Art von Strahlen. II. Mitteilung SB PhMGWü, 11 - 17; 1896; auch Separatum, Würzburg 1896; Nachdruck in Ann. Phys., Bd. 64, 12 - 17; 1898.
52. Weitere Beobachtungen über die Eigenschaften der X-Strahlen. SBB, 392 - 406; 1897. Auch in Ann. Phys., Bd. 64, 18 - 37; 1898.
53. Erklärung. Phys. Z., Bd. 5, 168; 1904.
54. Über die Leitung der Elektrizität in Kalkspat und über den Einfluß der X-Strahlen darauf. SBMü, Bd. 37, 113 - 121; 1907.
55. Friedrich Kohlrausch. SBMü, Bd. 40, 26; 1910.
56. Bestimmung des thermischen linearen Ausdehnungskoeffizienten von Cuprit und Diamant. SBMü, Bd. 42, 381; 1912. (Bericht über die Dissertation von Frl. Dembowska.)

57. Über die Elektrizitätsleitung in einigen Kristallen und den Einfluß der Bestrahlung darauf. Zum Teil in Gemeinschaft mit Abraham Joffé. Ann. Phys., Bd. 41, 449 - 498; 1913.
58. Pyro- und piezo-elektrische Untersuchungen. Ann. Phys., Bd. 45, 737 - 800; 1914.
59. Nachruf auf Theodor Boveri. In Erinnerung an Theodor Bovery, 161. Tübingen 1918.
60. Über die Elektrizitätsleitung in Kristallen und über den Einfluß einer Bestrahlung darauf. Zum Teil in Gemeinschaft mit Abraham Joffé. Ann. Phys., Bd. 64, 1 - 195; 1921.

Die Arbeiten Nr. 17, 20, 22, 24 und 27 sind vor dem Abdruck in den »Annalen« in den Berichten der Oberhessischen Gesellschaft für Natur- und Heilkunde (Ber OhGNH) erschienen; sie werden nach der Fassung in den »Annalen« zitiert.

Die Arbeiten Nr. 50 bis 52 – die Arbeiten über »Röntgenstrahlen« – werden nach den Nachdrucken in den »Annalen« zitiert.

Für Übersetzungen Röntgenscher Arbeiten in europäischen und amerikanischen Zeitschriften vgl. Catalogue of Scientific Papers 1800 - 1900. Royal Soc. London; 1867 - 1925.

Zur Literatur und den Zitatangaben

Die Archive, deren Quellenmaterial benutzt wurde, sind durch Siglen gekennzeichnet. Für häufiger zitierte Zeitschriften werden Abkürzungen verwendet. Einige Bücher, die Originalmaterial zu Röntgen enthalten und aus denen häufiger zitiert wird, werden durch den Namen des Verfassers und das Ersterscheinungsjahr gekennzeichnet. Veröffentlichungen von Röntgen werden entsprechend der numerierten Liste seiner Arbeiten nur als R mit der entsprechenden Nummer angegeben. Alle sonstige Literatur ist in den jeweiligen Anmerkungen nachgewiesen.

Orthographie und Interpunktion sind behutsam heutiger Schreibweise angeglichen (z. B. studiert statt des originären studirt); bei den Titeln der Veröffentlichungen von Röntgen wurde die alte Schreibweise beibehalten ebenso bei einigen Zitaten aus Röntgens Veröffentlichungen.

I. Abkürzungen und Siglen

A. Archive

ADBR	Archives Départementales du Bas-Rhin, Strasbourg.
BHSA	Bayrisches Hauptstaatsarchiv München.
DMMü	Deutsches Museum München.
DRM	Deutsches Röntgen-Museum Remscheid-Lennep.
ETH	Wissenschaftshistorische Sammlungen und Rektoratsarchiv der Eidgenössischen Technischen Hochschule Zürich.
KVAS	Kungl. Vetenskapsakademien, Centrum för Vetenskapshistoria, Stockholm.
RADH	Rijksarchiv Den Haag.
UAH	Archiv der Universität Hohenheim.
UAG	Archiv der Präs. Abt. der Universität Gießen.
UAMü	Universitätsarchiv München.
UAWü	Archiv des Rektorats und des Senats der Universität Würzburg.
UAZ	Archiv der Universität Zürich.
STKZ	Staatsarchiv des Kantons Zürich.

B. Biographische Nachschlagewerke

DSB	Dictionary of Scientific Biography, New York 1970 - 1976.
Pogg.	J. C. Poggendorff's Biographisch-Literarisches Handwörterbuch zur Geschichte der exacten Wissenschaften. Leipzig 1863 ff.

C. Zeitschriften

Ann. Phys.	Annalen der Physik und Chemie. Ab 1877 eine neue Zählung der Bände als Neue Folge. Ab 1900 Annalen der Physik, IV. Folge.
FGRS	Fortschritte auf dem Gebiet der Röntgenstrahlen
HSPS	Historical Studies in the Physical Sciences
JBRE	Jahrbuch der Radioaktivität und Elektronik
NW	Die Naturwissenschaften
Phil. Mag.	Philosophical Magazine der Royal Society, London
Phys. Bl.	Physikalische Blätter
Phys. Z.	Physikalische Zeitschrift
SBB	Sitzungsberichte der Kgl. Preußischen Akademie der Wissenschaften zu Berlin
SBMü	Sitzungsberichte der Kgl. Bayrischen Akademie der Wissenschaften zu München
VDGNA	Verhandlungen der Deutschen Gesellschaft der Naturforscher und Ärzte
VdDPhG	Verhandlungen der Deutschen Physikalischen Gesellschaft

II. Bücher, die Quellenmaterial (Briefe oder andere Dokumente) enthalten

Friedrich Dessauer: Wilhelm C. Röntgen – Die Offenbarung einer Nacht. Olten 1946. Zit. als Dessauer. – Dieses Buch enthält Auszüge der Korrespondenz mit Schweizer Freunden und Bekannten aus Röntgens späteren Jahren.

Otto Glasser: Wilhelm Conrad Röntgen und die Geschichte der Entdeckung der Röntgenstrahlen. Mit einem persönlichen Beitrag von Margret Bovery. Berlin 1931. Zit. als Glasser, 1931. – Insbesondere in dem Beitrag von Margret Boveri sind viele Briefe abgedruckt.

W. Robert Nitske: The Life of Wilhelm Conrad Röntgen – Discoverer of the X Ray. Tucson 1971. Zit. als Nitske, 1971. Nitske enthält einige sonst

nicht zugängliche Briefe von Röntgen und seiner Frau an Verwandte, die in die USA ausgewandert waren.
W. A. H. van Wylick: Röntgen en Nederland. Utrecht 1966. Zit. als van Wylick, 1966. In gekürzter Fassung auch deutsch als W. A. H. van Wylick: Röntgen und die Niederlande. Remscheid-Lennep 1975. Zit. als van Wylick, 1975.
Ludwig Zehnder: W. C. Röntgen. In Lebensläufe aus Franken, Bd. 4, Würzburg 1930. Zit. als Zehnder, 1930.
Ludwig Zehnder: W. C. Röntgen. Briefe an L. Zehnder. Zürich 1935. Zit. als Zehnder, 1935.

III: Bibliographien zu Veröffentlichungen über Röntgenstrahlen:

C. E. S. Philips, Ed.: Bibliography of x-ray literature and research. London 1897.
Otto Glasser: Verzeichnis der im Jahre 1896 veröffentlichten Bücher, Schriften und Arbeiten über Röntgenstrahlen. In Glasser, 1931, S. 296 - 337. Glasser führt 1044 Veröffentlichungen auf.
Hermann Gocht: Die Röntgen-Literatur. 5 Bände, Stuttgart 1911 - 1925. Weist hauptsächlich medizinische Arbeiten nach.
H. Klickstein: Wilhelm Conrad Röntgen. On a new kind of rays. Mallinkrodt classics of radiology, Vol. 1, St. Louis 1966. Dieses Buch enthält eine ausführliche Bibliographie vorwiegend physikalischer Arbeiten über und mit Röntgenstrahlen.
Catalogue of Scientific Papers 1800 - 1900. Vol. 1 - 19. Royal Society, London 1867 - 1925. – In diesem Katalog sind auch Abdrucke von Röntgens Arbeiten in englischen und französischen Zeitschriften erfaßt.

Anmerkungen

I. Die Praxis der Genauigkeit

1. »Glückliche Zeit« in Holland – nur in Physik »zeer slecht«

1 Henry James: Transatlantic Sketches. Boston 1875, S. 386. Zit. nach Simon Schama: Überfluß und schöner Schein. München 1988, S. 15.

2 Vgl. einige Berichte von Zehnder in Zehnder, 1931; Katja Mann in Meine ungeschriebenen Menoiren, Frankfurt 1975, S. 18 u. v. a.

3 Max Weber: Wirtschaft und Gesellschaft, Kap. IX. 6. Hrsg. Joh. Winckelmann, Köln und Berlin 1964, S. 913.

4 Diese und folgende Angaben aus der Geburtsurkunde W. C. Röntgens, Nr. 86/1845; Stadtarchiv Remscheid. – Die Poststraße wurde später in Gänsemarkt umbenannt.

5 Brockhaus 1839, Bd. III, S. 695; Artikel Rheinland.

6 Aufzeichnung von Röntgens Haushälterin Käthe Fuchs. DRM.

7 Ahnentafel W. C. Röntgen, zusammengestellt von Paul Windgassen; Stadtarchiv Remscheid.

8 Curriculum vitae, Zürich, Sommer 1869 (ohne Datum). STKZ U 110 e1.

9 z. B. Nitske, 1971, S. 12.

10 K. H. Pleiss: Die Staatsangehörigkeitsverhältnisse Wilhelm Conrad Röntgens. Röntgen- und Laboratoriumspraxis, Bd. 15, S. 123; 1961.

11 K. H. Pleiss und van Wylick, 1975, S. 38 ff.

12 Brockhaus 1839, Bd. III, S. 287.

13 Margret Boveri in Glasser, 1931, S. 85.

14 – an Frau M. Boveri, München, 10. April 1920; in Glasser, 1931, S. 145. Röntgen bezieht diese Angabe von zwei Millionen Mark auf den noch nicht durch die Kriegsfolgen gesunkenen Wert der Mark. Zum Vergleich sei auf das Höchstgehalt für ordentliche Professoren in Deutschland verwiesen: es betrug 12 000 Mark im Jahr.

15 Das Schuljahr begann für W. C. Röntgen am 18. August 1862; er hat sich in Utrecht freilich erst am 27. Dezember 1862 bei den Behörden angemeldet.

16 – an Margret Boveri, Weilheim, 3. Jan. 1918; in Glasser, 1931, S. 86.

17 ibid.

18 van Wylick, 1975, S. 17.

19 Die Zeugnisse sind abgedruckt in van Wylick, 1975, S. 103 ff.

20 Ernst Wölfflin: In memoriam W. C. Röntgen. Basler Nachrichten, 21. Februar 1923. – Wölfflin läßt die Szene an einem Gymnasium spielen und schließt an das consilium abeundi das Scheitern Röntgens bei dem

Versuch an, als Externer das Abitur zu erwerben. Obwohl Röntgen niemals ein Gymnasium besucht hat, ist Wölfflins Darstellung zuerst von Margret Boveri (in Glasser, 1931, S. 87) und dann in praktisch alle Biographien übernommen worden.

21 Curriculum vitae, Zürich, Sommer 1869 (ohne Datum). STKZ U 110 e1.

22 van Wylick, 1975, S. 21 im Faksimile.

23 van Wylick, 1975, S. 39 die Urkunde der »Nationale Militie« im Faksimile.

24 zit. nach van Wylick, 1975, S. 23.

25 »Die Natur ist unser Führer und Beschützer«. Röntgen war vom 9. Mai bis zum 31. Oktober 1865 Mitglied dieser Gesellschaft.

26 – an H. A. Lorentz, Oberstdorf, 12. April 1913. RADH.

2. Student in Zürich – auf Umwegen zur Physik

1 Gottfried Guggenbühl: Geschichte der Eidgenössischen Technischen Hochschule in Zürich. Zürich 1955.

2 – an Prof. Gustav Anton Zeuner, Direktor des Polytechnikums Zürich, Apeldoorn, 16. Nov. 1865; ETH.

3 Hans R. Schinz: Röntgen und Zürich. Acta radiologica, Vol. 15, S. 562 - 572; 1934 und Jakob Job: Röntgen und die Schweiz. Schweizer Monatshefte, Bd. 28, Heft 4, S. 1 - 12; 1948. – 1922 wurde hier auf Initiative Schweizer Ärzte eine Gedenktafel angebracht, die an Röntgens Studienzeit in Zürich erinnert.

4 W. C. Röntgen: Curriculum vitae. Sommer 1869 (ohne Datum). STKZ U 110 e1.

5 M. Schröter an G. A. Zeuner, Zürich, 23. Nov. 1865; ETH.

6 Guggenbühl, op. cit., S. 69

7 zu Semper vgl. Gottfried Semper und die Mitte des 19. Jahrhunderts. Symposion der ETH Zürich im Dezember 1974. Basel und Stuttgart 1976, und Martin Fröhlich: Sempers Hauptgebäude der ETH Zürich. Schweizerische Kunstführer. Basel 1979. – Durch spätere Umbauten und Erweiterungen insbesondere zur Rämistraße hin ist Sempers Bauwerk allerdings erheblich verändert und beeinträchtigt worden; unberührt sind lediglich die zur Stadt hingewandte Westseite und die Nordseite sowie einige Innenräume wie die Aula.

8 vgl. die »Programme« des Polytechnikums für die Jahre 1865 - 68.

9 Die Matrikel für W. C. Röntgen mit Zensuren und Bemerkungen sind für alle Studienjahre am Polytechnikum in der Eidgenössischen Technischen Hochschule, wie das Polytechnikum seit 1911 heißt, erhalten.

10 zu Clausius vgl. DSB; auch Grete Ronge: Die Züricher Jahre des Physikers Rudolf Clausius. Gesnerus, Bd. 12, S. 73 - 108; 1955.

11 R46, S. 11.

12 zu Zeuner vgl. DSB und Gustav Zeuner-Schnorf: Als junger Professor an die Hochschule berufen. Neue Zürcher Zeitung, 22. Okt. 1955.

13 Dessauer, S. 18.

14 Margret Boveri in Glasser, 1931, S. 87.

15 Der »Binnenlandsen Paspoort« des Königreichs der Niederlande war Röntgen am 14. Nov. 1863 in Apeldoorn ausgehändigt worden. Ein Faksimile bei van Wylick, 1975, S. 27.

16 – an Margret Boveri, München, 12. Juli 1919; in Glasser, 1931, S. 90.

17 ibid.

18 – an E. L. Albert, ca. 1920 (ohne Datum); in Glasser, 1931, S. 44 f.

19 – an Margret Boveri, München, 12. Juli 1919; in Glasser, 1931, S. 90. Röntgen setzt das Gespräch auf die Zeit nach seiner Promotion an, also auf Mitte 1869. Das kann nicht gut stimmen, da er ausweislich der Matrikel des Polytechnikums bei Kundt schon 1868 Kurse belegt hatte. Daher muß die Unterredung 1868 stattgefunden haben, wahrscheinlich nach Erhalt des Diploms als Maschinen-Ingenieur, als Röntgen erst 23 Jahre alt war.

20 A. Kundt: Programm für die praktischen Übungen im physikalischen Laboratorium des eidg. Polytechnikums in Zürich. Achtseitiges Manuskript vom 1. 7. 1868. ETH.

21 Das Polytechnikum erhielt 1909 das Promotionsrecht, 1911 die neue Bezeichnung als Eidgenössische Technische Hochschule.

22 Jakob Job, wie Anm. 3, S. 6.

23 R1, S. 6.

24 Die Gasgleichung $pV=RT$ modifizierte Röntgen zu $p(V-l)=RT$; l ist dabei als das Volumen der Atome bzw. der Moleküle zu interpretieren.

25 R1, S. 5.

26 – an Prof. Heer, Dekan der Sektion II der Philosophischen Fakultät der Universität Zürich, Juni 1869 (ohne Datum). STKZ U 110 e1.

27 Gutachten von A. Mousson zur Dissertation von Röntgen, STKZ U 110 e1. Was Mousson als »Mariotte-Gaylussac'sches Gesetz bezeichnet, meint die Zustandsgleichung für ideale Gase.

28 Gutachten von A. Mousson. STKZ, U 110 e1.

29 Protokoll der Sitzung der II. Sektion der Phil. Fak. der Universität Zürich vom 22. Juni 1869. UAZ AA 10. 1.

30 – an Margret Boveri, München, 12. Juli 1919; in Glasser, 1931, S. 90.

31 Das Gunning zugeeignete Exemplar der Dissertation ist in der Bibliothek der Universität Amsterdam erhalten; van Wylick, 1975, S. 35.

32 R1, S. 6.

33 van der Waals postulierte die Gleichung $(p+a/V^2)(V-b)=RT$. a/V^2 beschreibt die molekulare Anziehung.

34 zu Kundt vgl. Stefan L. Wolf: August Kundt (1839 - 1894). Die Karriere eines Experimentalphysikers. Physis, Bd. 29, S. 403 - 466; 1992.

35 z. B. Heinrich Schneebeli: Über die Schallgeschwindigkeit der Luft in Röhren. Ann. Phys., Bd. 86, S. 296 - 309; 1869.

36 van Wylick, 1975, S. 33 die amtliche Abschrift der Urkunde im Faksimile.

37 Röntgen war am Polytechnikum niemals Assistent; entsprechende Behauptungen in Glasser und in Nitske sind unzutreffend: vgl. die »Programme« des Polytechnikums der entsprechenden Jahre. Der einzige Assistent war Heinrich Schneebeli.

38 Friedrich Conrad Röntgen an einen Herrn Buscher in Lennep, Apeldoorn, 3. Okt. 1869; in Glasser, 1931, S. 88.

39 R2, S. 552.

40 F. W. Kohlrausch: Eine Bestimmung der specifischen Wärme der Luft bei constantem Volumen mit dem Metallbarometer. Ann. Phys., Bd. 86, S. 618 - 625; 1868.

41 Der Fehler lag darin, daß in Kohlrauschs Kavitäten die Ausdehnung der Luft nicht adiabatisch erfolgte.

42 R2, S. 565.

43 – an E. L. Albert; in Glasser, 1931, S. 45.

44 ibid.

45 – an Alfred Wolfer, Dekan der math. naturwissenschaftlichen Sektion der Philosophischen Fakultät der Universität Zürich, München, 2. Juli 1919. UAZ.

3. Ein Physiker ohne Latein – und doch noch Professor in Deutschland

1 Genau genommen hatte es sich um die Neugründung der Universität Würzburg durch den Fürstbischof Julius Echter im Jahre 1582 gehandelt; in Würzburg hatte schon einmal seit 1402 eine Universität bestanden.

2 Maria Reindl: Lehre und Forschung in Mathematik und Naturwissenschaften, insbesondere Astronomie, an der Universität Würzburg von der Gründung bis zum Beginn des 20. Jahrhunderts. Neustadt an der Aisch 1966, S. 223. Es handelt sich dabei um den auszugsweisen Abdruck einer Chronik von Friedrich Kohlrausch: »Das Physikalische Institut der Universität Würzburg« von 1875.

3 Jahresbericht des Rektors der Univ. Würzburg für 1870. UAWü.

4 Margret Boveri in Glasser, 1931, S. 90.

5 ibid.

6 A. Kundt: Ueber die anomale Dispersion der Körper mit Oberflächenfarben. Ann. Phys., Bd. 42, S. 163 - 171; 1871. Danach noch drei Arbeiten unter dem gleichen Titel »Ueber anomale Dispersion« in den »Annalen«, sämtlich 1871 fertiggestellt.

7 R3, S. 581.

8 R47.

9 Ph. Lenard: Erinnerungen eines Naturforschers ...; geschrieben ca. 1930; als Manuskript gedruckt Univ. Heidelberg, S. 25 f.

10 Friedrich Kohlrausch: Entwurf eines Physikalischen Instituts in Würzburg. Gedrucktes Memorandum von 13 Seiten. Würzburg 1875. UAWü.

11 Ludwig Rau an das Württembergische Kultusministerium, Karlsruhe, 24. März 1875. UAH.

12 Zur staatsbürgerlichen Stellung des Assistenten Röntgen in Würzburg finden sich feinsinnige Erörterungen aus den 1960er Jahren in den Würzburger Akten, z. B. ein sechsseitiges Gutachten von einem Regierungsrat Rettner für das Rektorat und das Staatsarchiv Würzburg vom 9. August 1961. Diese und andere Expertisen haben ergeben, daß Röntgen seine Assistentenzeit in Würzburg verbracht hat, ohne die bayrische und damit die deutsche Staatsangehörigkeit erlangt zu haben.

13 Festschrift zur Einweihung der Neubauten der Kaiser-Wilhelm-Universität Strassburg. Strassburg 1884, S. 1.

14 Stenografische Berichte über die Verhandlungen des Deutschen Reichstags, zit. nach F. R. Wollmershäuser: Das mathematische Seminar an der Universität Strassburg 1872 - 1900; in P. L. Butzer, F. Feher (Hrsg.): E. Christoffel. Basel 1901, hier S. 55.

15 A. Kundt an Roggenbach. Würzburg, 2. Jan. 1872. ADBR 103 AL 527. Der Brief von Roggenbach an Kundt vom 29. Dez. 1871 ist verschollen.

16 A. Kundt an Senat der Univ. Würzburg, Würzburg, 3. Jan. 1872. UAWü.

17 A. Kundt an Senat der Univ. Würzburg, Würzburg, 13. Jan. 1872. UAWü.

18 Sämtliche Briefe und Telegramme in ADBR, 103 AL 527.

19 A. Kundt an Roggenbach, Würzburg, 2. Jan. 1872. ADBR, 103 AL 527.

20 Telegramm von Roggenbach an Delbrück, Staatsminister im Reichskanzleramt, Straßburg, Jan. 1872 (ohne Datum); Telegramm von Delbrück an Roggenbach, Berlin, 5. Feb. 1872. ADBR, 103 AL 527.

21 Roggenbach an Kundt, Straßburg, 13. Jan. 1872. ADBR, 103 AL 527.

22 Faksimile der Hochzeitsurkunde bei van Wylick, 1975, S. 36.

23 Margret Boveri in Glasser, 1931, S. 90.

24 Festschrift, wie Anm. 13, S. 2.

25 Matrikel für den I. Jahreskurs 1865/66. ETH. – Brief an Margret Boveri, München, 12. Juli 1919; in Glasser, 1931; S. 144. – Vischer hatte zu seinem Vorlesungsthema »Goethes Faust« eine ganz besondere Beziehung: 1862 hatte er in Zürich unter dem Pseudonym Deutobold Symbolizetti Allegoriowitsch Mystifizinski die Parodie »Faust. Der Tragödie dritter Theil« geschrieben.

26 A. Kundt an Roggenbach, Würzburg, 27. Feb. 1872. ADBR, 103 AL 527.

27 A. Kundt und E. Warburg: Ueber Reibung und Wärmeleitung in verdünnten Gasen. Ann. Phys., Bd. 155, S. 337 - 366 und Bd. 156, S. 177 - 211; 1875.

28 A. Einstein: Emil Warburg als Forscher. NW, Bd. 10, S. 823; 1922.

29 R3, S. 610. Röntgens Wert k = 1,405 ist nur wenig größer als der heute angegebene Wert $k = 1{,}40 - 0{,}1\, P_{H_2O} / P_{Gas}$, wobei der letzte Ausdruck eine Korrektur für den Wasserdampfgehalt des Gases darstellt. P_{H_2O} bezeichnet den Partialdruck des Wasserdampfes, P_{Gas} den Gesamtdruck des Gases.

30 R3, S. 624.

31 R11.

32 R17, S. 88.

33 R4.

34 R5.

35 R6.

36 R7, S. 607.

37 Festschrift, wie Anm. 13, S. 23.

38 L. Rau an Württembergisches Ministerium des Kirchen- und Schulwesens, Karlsruhe, 24. März 1875. UAH.

39 ibid.

40 Die Habilitationsschrift ist nicht mehr aufzufinden; auch das Vortragsthema ist unbekannt. Aus der spärlichen Straßburger Personalakte, die erst mit Röntgens Berufung zum Extraordinarius einsetzt, ist nur das Datum der Habilitation am 13. März 1874 zu entnehmen. ADBR, 103 Al 670.

41 Diese Angaben entstammen einem Verzeichnis der Vorlesungen an der Universität Straßburg, die in einer nicht mehr identifizierbaren Zeitung abgedruckt wurden. Der Ausschnitt ist enthalten in Rep. 89, Geheimes Zivilkabinett, Akte Straßburg 1871 - 77; Geh. Staatsarchiv Preußischer Kulturbesitz, Berlin.

42 L. Rau an Ministerium, wie Anm. 38.

43 ibid.

44 ibid.

45 Ministerium des Kirchen- und Schulwesens an die Akademie-Direktion in Hohenheim, Stuttgart, 11. April 1875. Pers. Akte Röntgen. UAH.

46 Ein Aktenvorgang zur Erlangung der württembergischen Staatsangehörigkeit ist im Hauptstaatsarchiv Stuttgart nicht aufzufinden. Nach damaliger Gesetzeslage ist Röntgen aber mit der Ernennung zum Professor unzweifelhaft Staatsbürger geworden.

47 Günther Franz (Hrsg.): Universität Hohenheim 1818 - 1968. Stuttgart 1968, S. 11 ff.

48 wie Anm. 45.

49 Stundenpläne und Professorenverzeichnis der Akademie Hohenheim. UAH.

50 wie Anm. 47, S. 74.

51 wie Anm. 47, S. 75.

52 R8.

53 von Delbrück, Staatsminister im Reichskanzleramt, an Röntgen, Berlin, 17. April 1876. Amtliche Abschrift in ADBR, 103 AL 670.

54 Protokolle von Sitzungen des Lehrerkonvents der Akademie Hohenheim. UAH. Zusammenfassung in Günter Franz, wie Anm. 47, S. 76.

55 L. Rau an Röntgen, Hohenheim, 17. Juni 1876; Röntgen an Rau, Hohenheim, 20. Juni 1876; UAH.

56 – an Frau M. Boveri, Weilheim, 14. Juli 1922; in Glasser, 1931, S. 91.

57 Vater Rudolf Herrmann Kohlrausch, selbst schon Physik-Professor in Marburg und Erlangen, limitierte die Namen seiner Söhne auf das preußische Repertoire: Der ältere wurde Friedrich Wilhelm, der jüngere Wilhelm Friedrich getauft; Friedrich Wilhelm wurde der berühmtere der beiden Brüder.

58 von Delbrück an Röntgen, Berlin, 17. April 1876; wie Anm. 53.

59 Festschrift wie Anm. 13, S. 21.

60 – an Ferdinand Röntgen, einen Onkel, Straßburg, 20. Mai 1872; in Glasser, 1931, S. 49.

61 Statut der Universität Straßburg vom 24. Februar 1875. Festschrift, wie Anm. 13, S. 23

62 A. Kundt an Roggenbach, Würzburg, 27. Februar 1872; ADBR, 103 AL 527.

63 E. B. Christoffel an Roggenbach, Berlin, 26. Februar 1872. ADBR. – Herrn Dr. K. von Meyenn danke ich für die Überlassung einer Abschrift dieses Briefes.

64 Math. naturwissenschaftliche Sektion der Phil. Fakultät an das Kuratorium der Universität Straßburg 13. Juli 1872. Zit. nach F. W. Wollmerhäuser: Das mathematische Seminar an der Universität Straßburg. In P. L. Butzer und F. Feher: E. Christoffel. Basel 1981; hier S. 60 f.

65 Auch »Die mechanische Wärmetheorie« von Clausius, 2 Bände, Braunschweig 1865 - 67, war keine Monographie im strengeren Sinne, sondern eine Sammlung seiner wichtigsten Veröffentlichungen, allerdings mit später hinzugefügten Kommentaren und Ergänzungen.

66 R9, S. 77.

67 R10.

68 R12 und R13.

69 R11, S. 310 f.

70 R14 und R15; die letztere Arbeit beschreibt sehr sorgfältig den immensen apparativen Aufwand.

71 R16.

72 nach Walther Gerlach: W.C. Röntgen; in Kurt Fassmann (Hrsg.): Die Großen der Weltgeschichte, Bd. IX, Zürich 1970, S. 34 - 65; hier S. 38.

4. Von »Röntgenton« und »Röntgenstrom« – Ordinarius in Gießen

1 z. B. H. Buff: Versuche über den Stoß des Wasserstrahls. Ann. Phys., Bd. 137, S. 497 - 517; 1869. In einer Auszählung der drei Jahrgänge der »Annalen« von 1869 bis 1871 nach Häufigkeit der von deutschen Professoren publizierten Arbeiten rangiert Buff immerhin an achtbarer 12. Stelle. Vgl. Christa Jungnickel and Russel McCormmach: Intellectual Mastery of Nature, Vol. 2. Chicago 1986, S. 4 f.

2 An preußischen Universitäten waren Extraordinariate für Physik in Göttingen und Straßburg eingerichtet, seit 1877 auch in Königsberg, Breslau und Marburg.

3 Berufungsgutachten von R. Baltzer an die Phil. Fakultät der Universität Gießen. ca. Februar 1878. – Zitiert wird nach Wilhelm Lorey: Röntgens Berufung nach Gießen und seine Gießener Zeit. FGRS, Bd. 64, Teil 2, S. 59 - 72; 1941. Ergänzungen S. 353 ff. Hier S. 62 f.

Die Akten des Kultusministeriums des Großherzogtums Hessen und damit auch die Personalakte Röntgens sind im Zweiten Weltkrieg den Bomben zum Opfer gefallen. Lorey hat diese Akten noch eingesehen, jedoch in seiner Abhandlung keine genauen Belege angegeben. – Aus Baltzers Gutachten wird nicht klar, ob er Helmholtz und Kirchhoff direkt wegen der Nachfolge für Buff um eine Empfehlung gebeten hatte oder ob er nur paraphrasierte, was ihm Kundt geschrieben hatte.

4 ibid., S. 63.

5 Das Mindestgehalt für Ordinarien betrug in Gießen 4 000 Mark; vgl. Röntgen an H. Hertz, Gießen, 27. Sept. 1888. DMMü. In diesem Brief beschreibt Röntgen ausführlich seine Arbeitsbedingungen in Gießen.

6 Personal- und Vorlesungsverzeichnisse der Universität Gießen aus den Jahren 1879 bis 1888. UAG.

7 Am Eidgenössischen Polytechnikum in Zürich hatten die Chemiker seit Anfang 1865 ein eigenes Gebäude zwischen Hauptgebäude und Rämistraße; das Physikalische Institut wurde erst 1890 errichtet. – Über chemische Institute im 19. Jahrhundert in Deutschland vgl. Otto Wallach: Chemie und chemische Technologie; in W. Lexis (Hrsg.): Die Deutschen Universitäten. Berlin 1893, Bd. 2, S. 35 - 49; hier S. 36 f.

8 Berufungsgutachten wie Anm. 3; Lorey, S. 62.

9 Vorlesungsverzeichnis Univ. Gießen, WS 1879/80. Die Aufteilung der Vorlesungsinhalte konnte später geringfügig anders ausfallen.

10 R18, S. 258 und insbesondere Fußnote 1. Die Arbeit wurde am 20. März 1880 fertiggestellt.

11 Eine Kurzfassung von Röntgens Vortrag findet sich im Tageblatt der 52. Versammlung der Gesellschaft Deutscher Naturforscher und Ärzte 1879 in Baden-Baden, S. 184.

12 – an Heinrich Hertz, Gießen, 27. Sept. 1888. DMMü.

13 – an L. Zehnder, Würzburg, 29. Jan. 1892; in Zehnder, 1935, S. 24.

14 – an das Curatorium der Universität Utrecht; Florenz, 3. April 1888; in van Wylick, 1975, S. 44.

15 R26, S. 510.

16 – an Großherzogliche academische Administrationscommission, Gießen, 6. Juni 1883. UAG.

17 Lorey, wie Anm. 3, S. 66.

18 R17.

19 R19.

20 R22.

21 A. Kundt: Ueber das optische Verhalten des Quarzes im electrischen Felde. Ann. Phys., Bd. 18, S. 229 - 233; 1883.

22 ibid., S. 232 f.

23 R23.

24 R18, erste und zweite Abhandlung.

25 R20.

26 G. Bell: On the Production and Reproduction of Sound by Light. Am. J. of Science, Vol. 20, S. 305; 1880.

27 R20, S. 157.

28 W. C. Röntgen: On Tones produced by the Intermitted Irradiation of a Gas. Phil. Mag., Vol. 11, S. 5; 1881.

29 Katalog zu einer Ausstellung der Univ. Gießen 1979, S. 16.

30 – an L. Zehnder, Sorrento, 22. März 1895; in Zehnder, 1935, S. 35.

31 vgl. Lorey, wie Anm. 3.

32 in Lorey, wie Anm. 3, S. 68.

33 in Lorey, wie Anm. 3, S. 354.

34 Fromme erhielt niemals einen Ruf auf ein Ordinariat. Als »Extraordinarius perpetuus« blieb er in Gießen, wurde 1904 zum Ordinarius für Theoretische Physik und Geodäsie ernannt und 1925 emeritiert.

35 – an L. Zehnder, Würzburg, 16. Jan. 1895; in Zehnder, 1935, S. 32.

36 – an L. Zehnder, Karlsruhe, 11. Feb. 1895; in Zehnder, 1935, S. 33.

37 R26, R29, R30, R32, R33, R34.

38 R29, S. 213.

39 R26, S. 510 ff, hier auch die Darstellung, daß die Zunahme der Viskosität praktisch gleichzeitig, aber unabhängig voneinder von Warburg entdeckt wurde.

40 R27, S. 298. – Die von Röntgen »ultrarot« genannten Strahlen sind

selbstverständlich die später als »infrarot« bezeichneten langwelligen Strahlen.

41 Adolf Harnack: Geschichte der Königlich Preussischen Akademie der Wissenschaften zu Berlin. Band 2: Urkunden und Actenstücke zur Geschichte der Königlich Preussischen Akademie der Wissenschaften. S. 617, Preisaufgabe Nr. 229. Berlin 1900.

42 H. Helmholtz: Bericht betreffend Versuche über die electromagnetische Wirkung electrischer Convection ausgeführt von Hrn. Henry A. Rowland der J. Hopkins' Universität in Baltimore. SBB, S. 211 - 216; 1876; auch Ann. Phys., Bd. 158, S. 487 - 493; 1876. – H. A. Rowland: On the magnetic effect of electric convection. Am. J. of Science, Vol. 15, S. 80; 1878. – H. A. Rowland and C. T. Hutchinson: On the electromagnetic effect of convection-currents. Phil. Mag., Vol. 27, S. 445; 1889.

43 R28.

44 – an Frau Weiss, Würzburg, 14. Jan. 1892; in Glasser, 1931, S. 68.

45 R36, S. 104.

46 Zehnder, 1930, S. 325.

47 – an H. Hertz, Gießen, 1. März 1888. DMMü.

48 In Wilhelm Lorey, Anm. 3, und in der Schrift von Ulrich Hennig: Deutsches Röntgen-Museum Remscheid-Lennep. Braunschweig 1989, wird der von Röntgen nachgewiesene Strom irrtümlich mit dem Maxwellschen Verschiebungsstrom gleichgesetzt. Tatsächlich besteht in der Maxwell-Lorentzschen Theorie für bewegte Körper der Gesamtstrom der vierten Maxwellschen Gleichung aus vier Teilen: dem Verschiebungsstrom, dem Leitungsstrom, dem Konvektionsstrom und dem Strom »dielektrischer Konvektion«; diesen letzten Teil, der nichts mit dem Maxwellschen Verschiebungsstrom zu tun hat, hat Röntgen nachgewiesen und nur dieser Teil wurde von H. Poincaré und H. A. Lorentz »Röntgenstrom« genannt. Vgl. die in der folgenden Anm. 51 zitierte Literatur oder Lehrbücher zur Elektrodynamik.

49 – an H. Hertz, Gießen, 1. März 1888. DMMü.

50 H. Poincaré: Leçons professées à la Sorbonne. Paris 1901, S. 435.

51 H. A. Lorentz: Maxwells elektromagnetische Theorie; in Encyclopädie der mathematischen Wissenschaften. Bd. V, Teil 2, Leipzig 1904, S. 67 - 150; hier S. 97 f. Für eine Darstellung im historischem Kontext siehe auch E. Whittaker: A History of the Theories of Aether & Electricity, Vol. 1: The Classical Theories. London 1951, S. 397 ff.

52 H. A. Rowland and C. T. Hutchinson: On the electromagnetic effect of convection-currents. Phil. Mag., Vol. 27, S. 445; 1889.

53 R36.

54 R31, S. 267.

55 R31, S. 267.

56 A. Eichenwald: Über die magnetischen Wirkungen bewegter Ladungen. Ann. Phys., Bd. 11, S. 1 - 31; 1903. Ders.: Über die magnetischen

Wirkungen bewegter Körper in elektrostatischen Feldern. Ann. Phys., Bd. 11, S. 421 - 441; 1903.

57 A. A. Michelson: The Relative Motion of the Earth and the Luminiferous Ether. Am. J. of Science, Vol. 22; S. 120 - 129, 1881. Ein wesentlich verbessertes Experiment mit dem gleichen Nullresultat war

A. A. Michelson und E. W. Morley: On the Relative Motion of the Earth and the Luminiferous Ether. Am. J. of Science, Vol. 34, S. 333 - 345; 1877.

58 R31, S. 267.

59 R31, S. 268.

60 R31, S. 268.

61 Wilhelm Wien: Über die Fragen, welche die translatorische Bewegung des Äthers betreffen. Ann. Phys., Beilage zu Band 65, S. I-XVIII, hier S. XV; 1898.

62 Albert Einstein an Mileva Marić, Mailand, 28. Sept. 1899; in »The Collected Papers of Albert Einstein«, Vol. 1, S. 233; Princeton 1987.

63 – an H. Hertz, Gießen, 27. Sept. 1888. DMMü.

64 – an H. Hertz, Gießen, 31. Juli 1888. DMMü.

65 Großherzogl. Ministerium des Innern an Universität Gießen, Darmstadt, 26. Juli 1886. UAG.

66 vgl. Lorey, Anm. 3 und das sog. »Desiderienbuch« der Universität Gießen, UAG. – Ein eigenes Gebäude für das Physikalische Institut wurde in Gießen erst 1900 fertiggestellt.

67 – an das Kuratorium der Univ. Utrecht, Florenz, 3. April 1888; in van Wylick, 1975, S. 44. – van Wylick dokumentiert den gesamten Briefwechsel zwischen der Universität Utrecht und Röntgen.

68 vgl. Lorey, Anm. 3, S. 69.

69 Senat der Univ. Würzburg an Bayr. Staatsministerium des Innern für Kirchen- und Schulangelegenheiten, 7. März 1888. Abschrift in Pers. Akte Röntgen, Nr. 744. UAWü.

5. »dankbar und glücklich« – im Würzburger Institut

1 Urkunde zur Ernennung Röntgens durch den Prinzregenten des Königreichs Bayern. Oberstdorf, 31. August 1888. MK 17921, BHSA.

2 Nebenbezüge des Herrn Prof. Dr. Röntgen für die Zeit vom WS 1889/90 bis zum WS 1894/95 in der Personalakte Röntgens. Nr. 744 UAWü. Es wurde ein jährlicher Durchschnitt von 10 542,84 Mark errechnet.

3 F. Kohlrausch: Das physikalische Institut Würzburg. Handschriftliche Chronik, auszugsweise abgedruckt in Maria Reindl: Lehre und Forschung in Mathematik und Naturwissenschaften an der Universität Würzburg . . ., Neustadt an der Aisch 1966.

4 vgl. Paul Forman, John L. Heilbron and Spencer Weart: Physics

around 1900. Personnel, Funding and Productivity of the Academic Establishments. HSPS, Vol. 5, S. 109 ff.; 1975.

5 Zum Vergleich die Baukosten der jeweiligen Institute und das Jahr der Fertigstellung:

Würzburg	1879	164 000 Mark
Straßburg	1882	584 000 Mark
Berlin	1878	1 543 000 Mark
Zürich	1890	1 000 000 Sfr. entsprechend ca. 810 000 Mark.

6 – an J. Schneider, Würzburg, 26. Jan. 1891; der Brief ist abgedruckt in Lorey: Röntgens Berufung nach Gießen und seine Gießener Zeit. FGRS, Bd. 64, S. 67; 1941.

7 Summarische Zusammenstellung der Zuhörer des von Prof. Dr. Röntgen gelesenen Collegiums über Experimental-Physik in den Semestern 1888/89 -1894/95. Würzburg, 18. Feb. 1895. UAWü.

8 vgl. die Vorlesungsverzeichnisse der Univ. Würzburg.

9 – an L. Zehnder, Würzburg, 6. März 1894; in Zehnder, 1935, S. 28.

10 Zehnder, 1935.

11 R34.

12 R39 und R40.

13 L. Zehnder an Röntgen, Würzburg, 7. März 1899; in Zehnder, 1935, S. 6.

14 – an L. Zehnder, Neapel, 23. April 1899; in Zehnder, 1935, S. 9.

15 – an L. Zehnder, Rom, 15. April 1900; in Zehnder, 1935, S. 14.

16 – an R. Cohen, Würzburg, 19. Feb. 1890. Auktionskatalog der Fa. Bassenge, Berlin, für die Auktion am 12. Nov. 1993.

17 – an L. Zehnder, Würzburg, 27. Juli 1890; in Zehnder, 1935, S. 16.

18 – an L. Zehnder, Würzburg, 29. Dez. 189; in Zehnder, 1935, S. 18.

19 vgl. R46, S. 11, den Brief an Zehnder vom 21. Juni 1894 in Zehnder, 1935, S. 28 sowie die »Bleibeverhandlung« 1895.

20 vgl. Vorlesungsverzeichnisse der Univ. Würzburg.

21 – an L. Zehnder, Würzburg, 29. Dez. 1890; in Zehnder, 1935, S. 18.

22 R39, R40, R41, R42, R43, R44, R49.

23 – an L. Zehnder, Würzburg, 29. Dez. 1890; in Zehnder, 1935, S. 18.

24 R37 und R48.

25 R38, dazu auch R44.

26 R38, S. 327.

27 vgl. die historische Übersicht zum Problem der Molekülgröße in S. G. Brush: The Kind of Motion We Call Heat, Vol. 1, Ch. 1. Amsterdam 1976. – Maxwell hatte 1873 für die Größe des Wasserstoffmoleküls 6×10^{-8} cm angegeben.

28 – an Louise Grauel, Würzburg, 30. Dez. 1890; in Nitske, 1971, S. 77. (Rückübersetzung)

29 – an Louise Grauel, Würzburg, 30. Dez. 1890; in Nitske, 1971, S. 78. (Rückübersetzung)

30 Margret Boveri in Glasser, 1931, S. 90.

31 Frau Charlotte Röntgen an Frau Gunning, Gießen, Sommer 1879; in Nitske, 1971, S. 51.

32 – an L. Zehnder, Würzburg, 29. Jan. 1890; in Zehnder, 1935, S. 24.

33 dazu Zehnders Bericht und Röntgens Brief vom 25. Feb. 1911 in Zehnder, 1935, S. 130 und 131.

34 Margret Boveri in Glasser, 1931, S. 92.

35 – an L. Zehnder, 8. Dez. 1891; in Zehnder, 1935, S. 23.

36 Margret Boveri in Glasser, 1931, S. 92.

37 R46, S. 3. Zu Kircher vgl. insbesondere Thomas Leinkauf: Mundus combinatus. Studien zur Struktur der barocken Universalwissenschaft am Beispiel Athanasius Kirchers SJ (1602 - 1680). Berlin 1993.

38 R46, S. 13 f.

39 E. Warburg: Über den Aufschwung der modernen Naturwissenschaften. Ber. d. Naturforschenden Ges. zu Freiburg, Bd. 6, S. 18 - 29; 1892.

40 F. Kohlrausch: Antrittsrede in der Preußischen Akademie der Wissenschaften. SBB, S. 736 - 743; 1896.

41 – an L. Zehnder, Würzburg, 21. Juni 1894; in Zehnder, 1935, S. 29.

42 – an L. Zehnder, Würzburg, 19. Dez. 1894; in Zehnder, 1935, S. 30.

43 – an L. Zehnder, Würzburg, 7. Jan. 1895; in Zehnder, 1935, S. 31.

44 ibid.

45 vgl. Math. nat. Fakultät der Univ. Straßburg an das Kaiserliche Ministerium für Elsaß-Lothringen, 15. Juni 1888: »Für den Fall, daß die Verhandlungen mit Herrn Kohlrausch wider Verhoffen nicht zum Ziele führen sollten, beehrt sich die Facultät, in zweiter Linie Herrn Ferdinand Braun, ordentl. Professor an der Universität Tübingen, in Vorschlag zu bringen.« – Einen dritten Vorschlag gab es nicht. Von Röntgen war nirgends die Rede. ADBR 103 AL 245.

46 ibid.

47 Vgl. Math. nat. Fakultät der Univ. Straßburg an den Kaiserlichen Herrn Statthalter, 22. Jan. 1895: »Wir glauben, daß Herr Braun einem Rufe nach Straßburg Folge leisten wird. In zweiter Linie nennen wir Prof. Riecke in Göttingen und Prof. Dorn in Halle.« – Von Röntgen war nirgends die Rede. ADBR 103 AL 245. – Für die Mitteilung dieses und des in Anm. 45 angeführten Aktenauszugs bin ich Herrn Florian Hars, Hamburg, zu Dank verpflichtet.

48 Das Physikalische Institut in Freiburg war 1892 fertiggestellt worden; es hatte knapp 200 000 Mark gekostet.

49 – an L. Zehnder, Würzburg, 16. Jan. 1895; in Zehnder, 1935, S. 32.

50 Regierung des Großherzogtums Baden an Röntgen, Karlsruhe, 4. Feb. 1895; amtl. Abschrift in UAWü, Nr. 744.

51 Röntgen an Fakultät Würzburg, 15. Febr. 1895; Fakultät an Senat Würzburg in der Handschrift von Friedrich Prym, 17. Febr, 1895; Senat

Würzburg an Ministerium München, 25. Febr. 1895. Nr. 744 UAWü und Mk 17 921 BHSA.

52 Senat der Univ. Würzburg an Ministerium, 25. Febr. 1895. Nr. 744 UAWü.

53 – an L. Zehnder, Sorrent, 11. März 1895; in Zehnder, 1935, S. 33.

54 Bayr. Staatsministerium des Innern für Kirchen- und Schulangelegenheiten an den Senat der Univ. Würzburg, München, den 20. Mai 1895. Nr. 744 UAWü.

55 – an L. Zehnder, Würzburg, 9. April 1891; in Zehnder, 1935, S. 19.

56 R46, S. 5.

57 ibid.

58 – an L. Zehnder, Rom, 15. März 1890; in Zehnder, 1935, S. 14.

II. Eine neue Art von Strahlen

1. Im »Schattenreich« – die Physik der Gasentladungen

1 William Crookes: Strahlende Materie oder der vierte Aggregatzustand. Vortrag, gehalten auf der 49. Jahresversammlung der Britischen Association zur Förderung der Wissenschaften in Sheffield am 22. August 1879. Deutsche Übersetzung Leipzig 1879, S. 38.

2 R46, S. 9

3 vgl. die Studie Karl Eichhorn: Heinrich Geissler – Leben und Werk eines Pioniers der Vakuumtechnik. Schriftenreihe Deutsches Röntgen-Museum, Nr. 6, 1984.

4 Der erste Artikel war J. Plücker: Ueber die Einwirkung des Magneten auf die electrischen Entladungen in verdünnten Gasen. Ann. Phys., Bd. 103; 1858. Alle Artikel zur Gasentladung wurden nachgedruckt in J. Plücker: Ges. wiss. Abhandlungen, 2. Band, S. 476 - 636, Leipzig 1896.

5 wie Anm. 1, S. 7.

6 Der Begriff »Plasma« für ein aus geladenen Partikeln bestehendes Gas wurde 1928 von Irving Langmuir in die Physik eingeführt.

7 wie Anm. 1, S. 23.

8 Eine Ausnahme war Peter Guthrie Tait, ein sehr bedeutender Professor in Edinburgh, aber als Schotte war er ohnehin kein Engländer. Neben vielen wichtigen Abhandlungen hat er auch eine hochmathematische Studie über die Trajektorie des Golfballs verfaßt.

9 Voltaire: Lettres philosophique, Paris 1733.

10 H. Hertz an seinen Vater, Berlin, 29. Juli 1882; in Heinrich Hertz: Erinnerungen, Briefe, Tagebücher. Zusammengestellt von Johanna Hertz. Leipzig 1927, S. 127.

11 H. Hertz an seinen Vater, Berlin, 10. Juli 1882; wie Anm. 10, S. 127.

12 H. Hertz: Versuche über Glimmentladung. Ann. Phys., Bd. 19, S. 782 - 816; 1883.

13 Leo Graetz: Die Elektrizität und ihre Anwendungen. Stuttgart, 7. Auflage, 1898, S. 265.

14 Röntgen hatte 1888 versucht, Hertz als seinen Nachfolger für Gießen zu gewinnen; der lehnte aber ab, da ihm das Preußische Ministerium den Ruf an eine größere Universität in Aussicht gestellt hatte. Vgl. H. Hertz an Röntgen, Karlsruhe, 3. Okt. 1888. DRM.

15 H. Hertz: Ueber den Durchgang von Kathodenstrahlen durch dünne Metallschichten. Ann. Phys., Bd. 45, S. 28 - 32; 1892.

16 wie Anm. 17, Ann. Phys., S. 227.

17 Ph. Lenard: Ueber Kathodenstrahlen in Gasen von atmosphärischem Druck und im äußersten Vakuum. SBB vom 12. Januar 1894. Ausführliche Fassung Ann. Phys., Bd. 51, S. 225 - 267; 1894. Dazu gehören als Fortsetzungen auch Ueber die magnetische Ablenkung der Kathodenstrahlen in Band 52; 1894 sowie Ueber die Absorption der Kathodenstrahlen in Band 56; 1895.

18 R17, S. 89.

19 wie Anm. 17, Ann. Phys., S. 228.

20 Ph. Lenard: Erinnerungen eines Naturwissenschaftlers, geschrieben ca. 1930; als Manuskript gedruckt Univ. Heidelberg, 1986, hier S. 28.

21 ibid., S. 30.

22 Der Preis von 36,50 Mark der Röhre von Müller-Unkel ist im Würzburger Instituts-Inventar angegeben.

23 Nach Lenard (wie Anm. 20, S. 33) hatte als erster der englische Physiker Oliver Lodge eine Röhre von Müller-Unkel erhalten, sie aber wegen eines Defekts wieder zurückgeschickt. Auch mit A. Voller, dem Direktor des Physikalischen Staatslaboratoriums in Hamburg, hatte Lenard wegen der Röhre korrespondiert.

24 – an Müller-Unkel, Glastechniker, Würzburg, 4. Mai 1894. Der Brief ist abgedruckt in J. Stark: Zur Geschichte der Entdeckung der Röntgenstrahlen. Phys. Z., Bd. 36, S. 280 - 283; 1935. Hier S. 281.

25 – an Ph. Lenard, Würzburg, 4. Mai 1894, wie Anm. 20.

26 – an Ph. Lenard, Würzburg, 8. Mai 1894, wie Anm. 20.

27 – an L. Zehnder, Würzburg, 21. Juni 1894; in Zehnder, 1935, S. 28.

2. »Ich dachte nicht; ich untersuchte.« – Die Entdeckung einer »neuen Art von Strahlen«

1 Margret Boveri in Glasser, 1931, S. 93.

2 – an L. Zehnder, Würzburg, »Samstag«, ohne Datum, verm. 25. Januar 1896; in Zehnder, 1935, S. 39. – In einem 1958 aufgenommenen Tonband-Interview meint sich die Adoptivtochter Bertha Donges-Röntgen daran zu erinnern, daß am Abend des 8. November Röntgen die wesentlichen Aspekte seiner Entdeckung in großer Aufregung seiner Frau gezeigt habe.

(DRM und Nitske, 1975, S. 154 in englischer Übersetzung.) Diese mehr als sechzig Jahre nach den Ereignissen formulierten Erinnerungen müssen hinter den zeitnahen Äußerungen Röntgens zurückstehen.

3 vgl. den Brief an Zehnder vom 16. Jan. 1895, in dem es um »finanzielle Vorteile« ging, oder um Röntgens geheimes, aber doch starkes Interesse an Berufungsfragen im Brief an Zehnder vom 19. Dez. 1894. Zehnder, 1935, S. 30 und S. 32.

4 R52, S. 36.

5 vgl. Röntgen an Frau Boveri, München, 16. April 1921; in Glasser, 1931, S. 93. – Röntgens »Letztwillige Wünsche« vom 28. Juni 1921 enthalten folgende Passage: »Alle Papiere, die sich in dem zur Zeit im Korridor der Münchner Wohnung aufgestellten Mahagonischrank befinden, sollen unbesehen sofort verbrannt werden.« Dies ist geschehen, wie sich aus einem Brief von Margret Boveri an Zehnder ergibt; in Zehnder, 1935, S. 167 f.

6 R 50, S. 1.

7 Walther Gerlach: Die Entwicklung der Röntgenröhre in ihrer Bedeutung für Wissenschaft und Technik. Vortrag auf der Hauptversammlung des Vereins deutscher Chemiker in Würzburg 1933. Auszüge in Die chemische Fabrik, Bd. 6, S. 419; 1933. – Später hat Gerlach freilich das »ewige Dunkel« nicht mehr thematisiert.

8 – an L. Zehnder, Würzburg, 21. Juni 1894; in Zehnder, 1935, S. 28.

9 H. J. W. Dam: A Visit to Professor Röntgen at His Laboratory in Würzburg – His Own Account of His Great Discovery – Interesting Experiments With Cathode Rays – Practical Uses of the New Photography. McClure's Magazine, April 1896. – Das 1893 in den USA von Samuel Sidney McClure gegründete, illustrierte Magazin erschien monatlich und richtete sich an einen breiten Leserkreis; obwohl der Zeitschrift »muckraking« nachgesagt wurde, war der Artikel von Dam über Röntgen ausführlich, informativ und hervorragend illustriert. Zitiert wird nach dem Abdruck des gesamten Textes in Nitske, 1975, S. 126 - 137.

10 wie Anm. 9, S. 133 f.

11 R50, S. 1.

12 Das Gespräch zwischen Röntgen und Dam dürfte unter Verständigungsproblemen gelitten haben. Beide sprachen recht gut Französisch, Röntgen nur mäßig Englisch und Dam ebenso mäßig Deutsch. Beim Oszillieren zwischen allen drei Sprachen wird Dam nicht alles klar verstanden haben. Der angeblich von Röntgen erwähnte »schwarze Strich« (black line) auf dem Fluoreszenzpapier dürfte ebenfalls ein Verständigungsfehler gewesen sein; das Material fluoresziert nämlich grün.

13 Lenard hatte eine Zinkblech-Abschirmung verwendet, die zugleich als Erdung für das Aluminiumfenster diente. Ein anderer, viel bedeutenderer Unterschied war Lenards Verwendung eines Ketons als Fluoreszenzmaterial; später zeigte sich, daß dieses Keton auf Röntgenstrahlen

deutlich schwächer anspricht als das von Röntgen verwendete Bariumplatinzyanür.

14 Nach heutiger Nomenklatur heißt diese Substanz Bariumtetracyanoplatinat(II). Die Formel lautet $Ba(Pt(CN)_4) x 4H_2O$. Diese Substanz leuchtet in durchscheinendem Licht gelbgrün, in auffallendem Licht blauviolett. Im Ultravioletten lumineszeriert sie grün, wie auch bei Kathoden- oder Röntgenstrahlen. Sie wurde gegen Ende des 19. Jahrhunderts von kleineren Firmen hergestellt. Nach der Entdeckung der Röntgenstrahlen wurde sie in großen Mengen für Leuchtschirme in der Röntgendiagnostik verwendet.

15 R50, S. 2.

16 Daß ein Ordinarius seinen Assistenten nicht zu Experimenten heranzog und auch sonst nicht an seinen wichtigen Arbeiten teilhaben ließ, war keine Spezialität von Röntgen, sondern damals die Regel, selbst bei jüngeren Professoren wie Heinrich Hertz. Lenard hat seinen Chef ein einziges Mal experimentieren gesehen, als ihm Hertz den Versuch mit den Aluminiumblättchen zeigte. Das änderte sich erst in einigen Großinstituten nach der Jahrhundertwende.

17 – an L. Zehnder, wie Anm. 2.

18 R50, S. 9.

19 – an F. Kohlrausch, 15. Jan. 1896; Entwurf. DRM.

20 in Zehnder, 1935, S. 50.

21 An dieser Stelle sei darauf hingewiesen, daß Philipp Lenard nach dem Ersten Weltkrieg, als seine produktive Phase abgeschlossen war, als einer der übelsten Chauvinisten und Antisemiten in Erscheinung trat. Neben seinen zunehmend irrational geführten Prioritätsstreitigkeiten mit J. J. Thomson und W. C. Röntgen war sein wesentlichstes Anliegen, der als »jüdisch« denunzierten modernen Physik eine »Deutsche Physik« oder »Arische Physik« gegenüberzustellen und diese als die einzig wahre Wissenschaft zu propagieren. Lenard hat sich dadurch selbst aus der Reihe der Großen der Physik, zu denen er ursprünglich zu Recht gezählt wurde, ausgeschlossen. Die Berücksichtigung seiner Leistungen aus früheren Jahren in diesem Buch sollte nicht als Rehabilitierung des späteren Antisemiten Lenard mißverstanden werden.

22 R50, S. 3.

23 R50, S. 4.

24 R50, S. 10.

25 R50, S. 4.

26 R50, S. 5 f.

27 R50, S. 8.

28 R50, S. 9.

29 – an L. Zehnder, Würzburg, 29. Dez. 1890; in Zehnder, 1935, S. 16.

30 R50, S. 2.

31 R50, S. 11.

32 R50, S. 11.

33 – an L. Zehnder, Würzburg, »Samstag«, ohne Datum, verm. Mitte Januar 1896; in Zehnder, 1935, S. 39.

34 – an F. Kohlrausch, Würzburg, 15. Jan. 1896; Entwurf. DRM.

35 vgl. die Auflistung der Separatdruck-Empfänger in Röntgens Brief an Zehnder vom 15. Oktober 1891; in Zehnder, 1935, S. 32.

36 – an L. Zehnder, wie Anm. 33.

3. »wie im Traum« – Freuden und Leiden des Entdeckers

1 Friedrich Kurylo: Ferdinand Braun. München 1965, S. 132.

2 O. Lummer. Über die von Prof. W. C. Röntgen entdeckte neue Art von Strahlen. Der Mechaniker, 4. Jahrg., S. 17; Jan. 1896.

3 E. Warburg an Röntgen, Berlin, 3. Jan. 1896; DRM.

4 E. Warburg an Röntgen, Berlin, 5. Jan. 1896; DRM.

5 W. v. Bezold in VdDPG, Nr. 8, 1896.

6 Vossische Zeitung Berlin, Morgenausgabe, 8. Jan. 1896.

7 R4.

8 Wiener med. Wschr., Bd. 8; 1923; zitiert nach Glasser, 1931, S. 147.

9 »Die Presse«, Wien, 7. Jan. 1896. »Eine sensationelle Entdeckung«, ungezeichneter Artikel auf S. 1 und 2. – Für Material zur »Medienkarriere« der Röntgenstrahlen vgl. Glasser, 1931, Nitske, 1971 sowie eine Sammlung von Ausrissen im DRM und in der Röntgen-Gedenkstätte Würzburg.

10 Otto Glasser und alle sich auf ihn Stützenden haben z. B. nicht bemerkt, daß es sich bei den Artikeln in der »Frankfurter Zeitung« vom 7. und 8. Jan. 1896 sowie in der »Vossischen Zeitung« um Nachdrucke aus der Wiener Zeitung »Die Presse« gehandelt hat.

11 Telegramm von Kaiser Wilhelm II. an Röntgen, Berlin, 9. Jan. 1896. DRM. – Die Antwort Röntgens ist verloren.

12 Telegramm des Flügeladjutanten des Kaisers, von Arnim, an Röntgen, Berlin, 10. Jan. 1896. DRM.

13 E. Warburg an Röntgen, Berlin, 11. Jan. 1896. DRM

14 Die Zeitung »Neues Wiener Tageblatt« berichtete am 14. Januar u. a. »Röntgen konnte nicht in dem gewünschten Umfange demonstrieren, weil nicht alle erforderlichen Instrumente so schnell zu beschaffen waren. Indessen zeigte er einige Experimente, ... photographierte auch einige Gegenstände, jedoch nur leblose Objekte, nicht die menschliche Hand.« – Dieser Bericht erscheint mir nicht sehr glaubhaft.

15 Heinrich Kayser: Erinnerungen aus meinem Leben. Typoskript. Niels Bohr Library des American Inst. of Physics, New York; Kopie im Inst. für Gesch. d. Nat.wiss., Univ. Hamburg.

16 Ausriß aus der Kölnischen Zeitung. Röntgen-Gedenkstätte Würzburg.

17 – an Frau Boveri, München, 13. Jan. 1920; in Glasser, 1931, S. 125.

18 Professor Dr. Roentgens neue Strahlen. Würzburger Generalanzeiger, S. 2, 16. Jan. 1896.

19 – Ansprache an die Studenten anläßlich des Fackelzugs am 15. Jan. 1896; der volle Text in Glasser, 1931, S. 140.

20 F. Exner an Röntgen, Wien, 11. Jan. 1896; DRM.

21 ibid.

22 L. Boltzmann: Röntgens neue Strahlen. Die Freie Presse. Wien, 12. Jan. 1896, S. 3 und 4. Nachdruck in Elektro-Techniker, Bd. 14, 15. Jan. 1896, S. 395 ff. Auch in L. Boltzmann: Populäre Schriften. Leipzig 1905, S. 188 - 197. Die Taufe »Röntgensche Strahlen« hier S. 192, in der »Neuen Wiener Presse« S. 4.

23 G. G. Stokes an Röntgen, London, 3. Jan. 1896. Lord Kelvin an Röntgen, Glasgow, 6. Jan. 1896. DRM

24 Lord Kelvin an Röntgen, Glasgow, 17. Jan. 1896. DRM.

25 H. Poincaré an Röntgen, Paris, ohne Datum, verm. Mitte Januar 1896. DRM.

26 H. A. Lorentz an Röntgen, Leiden, 21. und 27. Jan. 1896. DRM.

27 F. Kohlrausch an Röntgen, Charlottenburg, 13. Jan. 1896.

28 – an F. Kohlrausch, Würzburg, 15. Jan. 1896. Entwurf. DRM.

29 L. Zehnder an Röntgen, Freiburg i. Br., 8. Jan. 1896. DRM.

30 – an L. Zehnder, Würzburg, 16. Jan. 1896; in Zehnder, 1935, S. 32.

31 Gedruckte Antwortkarte Röntgens, Würzburg, 15. Jan. 1896. DRM.

32 – an F. Kohlrausch, Würzburg, 15. Jan. 1896. Entwurf. DRM.

33 – an L. Zehnder, Würzburg, »Samstag« ohne Datum, 25. Jan. 1896. In Zehnder, 1935, S. 39 f.

34 H. J. W. Dam an Röntgen, Würzburg, Hotel Kronprinz, ohne Datum, Februar 1896. DRM.

35 H. J. W. Dam: A Visit to Professor Röntgen at His Laboratory in Würzburg etc.; McClure's Magazine, April 1896. Der volle Text ist in Nitske, 1971 abgedruckt.

36 Vossische Zeitung, Berlin, 31. Jan. 1896.

37 VdPhG, Nr. 10, 1896.

38 vgl. Das Präsidium der Kammer der Reichs-Räthe an das Kgl. Ministerium des Innern für Kirchen- und Schulangelegenheiten, München, 29. Jan. 1896. In MK 17921, BHSA.

39 Die Sitzung vom 23. Januar wurde beschrieben in a) Münchner med. Wochenschrift, Bd. 43, S. 88, 28. Jan. 1896 und S. 114, 4. Feb. 1896. b) Würzburger Generalanzeiger, 24. Jan. 1906.

40 Würzburger Generalanzeiger, 24. Jan. 1896.

41 Die Bezeichnung »Röntgensche Strahlen« hatte wohl als erster Ludwig Boltzmann per Zeitung annonciert (Neue Freie Presse, Wien, 12. Jan. 1896), darin der in den Wissenschaften üblichen Eponymie folgend. In deutschsprachigen Ländern setzte sich diese Namensgebung rasch durch,

allerdings in der Variante »Röntgenstrahlen«, die von korrekten Grammatikern als Sprachverhunzung empfunden wurde. – In den angelsächsischen und ähnlich in allen anderen Ländern wurde »Röntgen's rays« und »X-rays« parallel benutzt. Die schwierige Aussprache des Namens Röntgen hat allmählich zu einem Übergewicht für die leichter zu sprechenden »X-rays« geführt. Eines der weniger wichtigen Resultate des Ersten Weltkriegs war, daß nur noch von »X-rays« gesprochen wurde. – Röntgen ist selbstverständlich bei seiner ursprünglichen Bezeichnung »X-Strahlen« geblieben.

42 – an J. W. Gunning, Sorrent, 1. April 1896; in van Wylick, 1966, S. 1.

43 R51, S. 12.

44 Bertha Röntgen an Louise Grauel, Würzburg, 4. März 1896. In Glasser, 1931, S. 64.

45 – an L. Zehnder, Würzburg, 21. Feb. 1896; in Zehnder, 1935, S. 56.

46 ibid.

47 – an J. W. Gunning, Sorrent, 1. April 1896; in van Wylick, 1966, S. 1

48 ibid.

4. Die Welt im »Röntgenfieber«

1 J. J. Thomson: The Röntgen rays. Nature, Bd. 53, S. 391; 27. Feb. 1896.

2 Franz Exner an Röntgen, Wien, 11. Jan. 1896. DRM.

3 – an L. Zehnder, Würzburg, »Samstag«, ohne Datum, verm. 25. Jan. 1896; in Zehnder, 1935, S. 44.

4 Hohe Spannungen wurden damals in sog. »Schlagweiten« eines Funkenmikrometers angegeben; diese Schlagweiten konnten nach Tabellen in Volt umgerechnet werden. Vgl. Leo Graetz: Die Elektrizität und ihre Anwendungen. 7. Auflage, Stuttgart 1898, S. 266.

5 L. Boltzmann: Röntgens neue Strahlen. Elektro-Techniker, Bd. 14, S. 385 ff., 15. Januar 1896; zit. nach dem Abdruck in L. Boltzmann: Populäre Schriften. Leipzig 1905, S. 188 - 197, hier S. 197.

6 Otto Glassers Verzeichnis der im Jahre 1896 über Röntgenstrahlen veröffentlichten Bücher und Schriften enthält 1044 Nummern, beansprucht aber trotzdem keine Vollständigkeit. Glasser, 1931, S. 296 ff.

7 Nature, Bd. 53, S. 324; 23. Jan. 1896.

8 ibid.; Röntgens Aufnahme S. 276, Swintons Aufnahme S. 277.

9 J. M. Eder und E. Valenta: Versuche über die Photographie mittels der Röntgen'schen Strahlen. Wien und Halle a. d. Saale, Februar 1896; hier S. 3.

10 vgl. die Berichte in der Münchner med. Wochenschrift, Bd. 43, 28. Jan. und 4. Feb. 1896.

11 Es ist mir nicht gelungen, unter den mehr als tausend Veröffent-

lichungen zu den Röntgenstrahlen im Jahre 1896 auch nur eine einzige aus Würzburg zu finden, selbstverständlich mit Ausnahme der beiden Mitteilungen Röntgens.

12 Wiener klin. Wochenschrift, Bd. 9, S. 63; 23. Jan. 1896 und Scientific American, Bd. 84, Nr. 9, S. 155; 7. März 1896.

13 W. Becher: Zur Anwendung des Röntgenschen Verfahrens in der Medizin. Dtsch. med. Wochenschrift, Bd. 22, S. 202; 26. März 1896 und S. 432; 2. Juli 1896.

14 M. Levy: Die Durchleuchtung des menschlichen Körpers mittels Röntgenstrahlen zu medizinisch-diagnostischen Zwecken. Vortrag vor der Berliner Physiologischen Gesellschaft am 12. Juni 1896. Separatdruck Berlin 1896.

15 Münch. med Wochenschrift, Bd. 43, S. 86; 28. Jan. 1896.

16 Scientific American, Bd. 84, S. 184; 21. März 1896 und Science, Bd. 3, S. 236; 14. Februar 1896.

17 Münch. med. Wochenschrift, Bd. 43, S. 114; 4. Februar 1896.

18 Electrical World, Bd. 27, S. 631; 30. Mai 1896.

19 J. J. Thomson: Recollections and Reflections. London 1936, S. 402.

20 British Journal of Photography, Bd. 43, S. 179; 20. März 1896.

21 W. Petersen: Chirurgisch-photographische Versuche mit den Röntgenstrahlen. Münch. med. Wochenschrift. Bd. 43, S. 121; 11. Februar 1896.

22 R52, S. 31.

23 Max Levy an Otto Glasser, Brief vom 6. Sept. 1929; in Glasser, 1931, S. 246.

24 Die Zehndersche Erfindung der Röhre mit regulierbarem Vakuum wird beschrieben in Zehnder, 1935, S. 54 f.

25 H. Bergmüller: Pre- and early history of the X-ray tube. Medica Mundi, Bd. 35, S. 15.

26 – an Fa. Reiniger, Gebber und Schall in Erlangen, Würzburg, 27. Nov. 1896. Röntgen-Gedenkstätte Würzburg.

27 zit. nach Glasser, 1931, S. 247.

28 zu Edison vgl. Matthew Josephson: Thomas Edison. London 1961.

29 Glasser, 1931, S. 146 ff.

30 Life, New York, 6. April 1896.

31 Fliegende Blätter, 19. April 1896.

32 – an L. Zehnder, Pontresina, 30. Aug. 1896; in Zehnder, 1935, S. 60.

33 L. Zehnder an Röntgen, 5. Sept. 1896. DRM.

34 Literary Digest, New York, April 1896.

35 Science, Bd. 3, S. 566; 10. April 1896 und S. 701; 8. Mai 1896.

36 Eine beonders ausführliche frühe Beschreibung von Verbrennungen durch Röntgenstrahlen gab W. Marcuse: Dermatitis und Alopecie nach Durchleuchtungsversuchen mit Röntgenstrahlen. Dtsch. med. Wochenschrift, Bd. 22, S. 481; 22. Juli 1896 und Nachtrag S. 681; 15. Okt. 1896.

37 E. Thomson in Am. Inst. of Electr. Engineers, Bd. 13, S. 418; 1897.

38 E. Thomson: Strong Effects by X-rays on Tissue. Electrical Engeneering, Bd. 22, S. 534, 25. Nov. 1896.

39 J. M. Eder. Neue Freie Presse, Wien, 6. Jan. 1922.

40 Lancet, Bd. 74, S. 1296; 1896.

41 Glasser, 1931, S. 213.

5. Die Initialzündung – neue Strahlen, Radioaktivität und das Elektron

1 E. Rutherford an Mary Newton, Cambridge, 25. Jan. 1896. zit. nach A. S. Eve: Rutherford. Cambridge 1939, S. 26.

2 J. J. Thomson: Recollections and Reflections. London 1936, S. 403.

3 J. Perrin: Nouvelles proprietés des rayon de Röntgen. Comptes rendus, Bd. 122, S. 186; 27. Jan. 1896.

4 J. J. Thomson: On the Discharge of Electricity Produced by the Röntgen Rays. Proc. Royal Soc., Bd. 59, S. 274 ff; 1896. Vorabmitteilung: J. J. Thomson: The Röntgen Rays, Nature, Bd. 53, S. 391 f.; 27. Febr. 1896. Referat bereits in Nature, Bd. 23, S. 377 ff.; 20. Febr. 1896.

5 J. J. Thomson and J. A. McClelland: On the Leakage of Electricity Through Dielectrics Traversed by Röntgen Rays. Proc. of the Cambridge Phil. Soc., Bd. 9, S. 126 - 140; 1896.

6 J. J. Thomson and E. Rutherford: On the Passage of Electricity Through Gases Exposed to Röntgen Rays. Phil. Mag, Bd. 42, S. 392 - 407; 1896.

7 J. J. Thomson: The Röntgen Rays. Nature, Bd. 53, S. 392; 27. Febr. 1896.

8 ibid.

9 – an L. Zehnder, Würzburg, »Samstag«, ohne Datum, verm. 25. Jan. 1896; in Zehnder, 1935, S. 40.

10 – an L. Zehnder, Würzburg, 21. Febr. 1896; in Zehnder, 1935, S. 56.

11 R51, S. 12.

12 R51, S. 12.

13 H. J. W. Dam: A Visit to Professor Röntgen at His Laboratory in Würzburg ... McClure's Magazine, April 1896. Nachdruck in Nitske, 1971, hier S. 131.

14 ibid., S. 132.

15 R51, S. 13.

16 zu Henri Becquerel und der Familiengeschichte, die auch noch in der vierten Generation durch Henris Sohn Jean fortgesetzt wurde, vgl. L. Badash: »Chance favors the prepared mind«: Henri Becquerel and the discovery of radioactivity. Arch. int. d'histoire des sciences, Bd. 18, S. 55 - 66; 1965.

17 Die Terminologie für Nachleuchterscheinungen war gegen Ende des 19. Jahrhunderts noch sehr verworren. Lumineszenz, Phosphoreszenz und Fluoreszenz wurden ohne scharfe Unterscheidungen verwendet und durcheinandergeworfen. Ein Hinweis auf die heutige Terminologie scheint angebracht: Als Lumineszenz bezeichnet man jedes Leuchten, das nicht durch Erhitzen des leuchtenden Materials entsteht, sondern durch andere Einwirkungen wie elektromagnetische Energie. Als Fluoreszenz bezeichnet man instantanes Nachleuchten, als Phosphoreszenz um Sekunden, Minuten oder auch Stunden verzögertes. Auch diese Terminologie ist wegen der Fülle unterschiedlicher Lumineszenzanregungen nicht immer befriedigend.

18 H. Becquerel: Recherches sur une proprieté nouvelle de la Matière. Paris 1903, S. 3.

19 H. Becquerel: Sur les radiation émises par phosphorescence. Comptes rendus, Bd. 122, S. 420 f; 24. Feb. 1896.

20 H. Becquerel: Sur les radiations invisibles émises par les corps phosphorecents. Comptes rendus, Bd. 122, S. 501 ff, hier S. 502; 1. März 1896.

21 H. Becquerel: Émission de radiations nouvelle par l'uranium métallique. Comptes rendus, Bd. 122, S. 1086 ff, hier S. 1088; 18. Mai 1896.

22 zu Rowland vgl. J. D. Miller: Rowland's Physics. Physics Today, Juli 1976. – Das nach Leiden gelieferte Gitter hatte 14 938 Striche pro Zoll.

23 zu P. Zeeman vgl. den Artikel in DSB.

24 J. J. Thomson: Recollections and Reflections. London 1936, S. 332 - 343.

25 J. J. Thomson: Cathode Rays. Proc. of the Royal Inst., Bd. 15, S. 419 - 432; 1897. auch Phil. Mag., Bd. 44, S. 293 - 316; 1897.

26 zu Ferdinand Brauns Konstruktion der Braunschen Röhre vgl. F. Kurylo: Ferdinand Braun. München 1965, S. 135 - 140.

27 R 52.

28 vgl. den Brief von Warburg an Röntgen vom 29. Jan. 1896; DRM.

29 – an L. Zehnder, Weißbad, 18. Sept. 1896; in Zehnder, 1935, S. 61.

30 – an L. Zehnder, Würzburg, 30. Nov. 1896; in Zehnder, 1935, S. 62.

31 – an L. Zehnder, Würzburg, 23. Dez. 1896; in Zehnder, 1935, S. 63.

32 ibid.

33 – an L. Zehnder, Würzburg, 29. Januar 1897; in Zehnder, 1935, S. 66.

34 R52, S. 32.

35 R50, S. 5.

36 R52, S. 36 f.

37 R50, S. 9.

38 R52, S. 32.

39 R52, S. 33.

6. Im Zwielicht – Zufall, Glück oder Verdienst?

1 W. Crookes: Strahlende Materie. Leipzig 1879, S. 38; vgl Kap. II. 1.

2 Margret Boveri: Verzweigungen. Hrsg. Uwe Johnson. München 1977, S. 66.

3 A. Sommerfeld: Zu Röntgens siebzigstem Geburtstag. Phys. Z., Bd. 16, S. 89 - 93; 1915. Hier S. 91.

4 Lord Rayleigh: Some reminiscences of scientific workers of the past generation, and their surroundings. Proc. Phys. Soc., Bd. 48, S. 217 - 246; 1936. Hier S. 240.

5 A. W. Goodspeed in Science, Bd. 3, S. 394, 13. März 1896.

6 Würzburger Generalanzeiger, 24. Jan. 1896, Münchner med. Wochenschrift, Bd. 43, S. 88 (1896) und Frankfurter Zeitung, 25. Jan. 1896.

7 Zehnder, 1930, S. 333.

8 – an L. Zehnder, Weilheim, 15. Mai 1921; in Zehnder, 1935, S. 162.

9 W. Brandler: Persönliche Erinnerungen an Wilhelm Conrad Röntgen. Röntgen-Blätter, Mai 1948, S. 6.

10 Zehnder, 1930, S. 333.

11 Zehnder, 1935, S. 44 - 51.

12 – an Frau M. Boveri, München, 28. April 1921.

13 ibid.

14 Zehnder, 1930, S. 334.

15 vgl. etwa Robert K. Merton: The Sociology of Science. Kap. 14: Priorities in Scientific Discovery. Chicago, 1973.

16 Zehnder, 1930, S. 333.

17 Würzburger Generalanzeiger: Prof. Röntgens neue Strahlen; 16. Jan. 1896.

18 Frankfurter Zeitung: Zur Vorgeschichte der Röntgen'schen Entdeckung; 18. Januar 1896. – Würzburger Generalanzeiger: Prof. Röntgens neue Strahlen; 16. Januar 1896.

19 Ph. Lenard: Über Kathodenstrahlen in Gasen von atmosphärischem Druck und im äussersten Vakuum. Ann. Phys., Bd. 51, S. 225 - 267, 1894, hier S. 237 f. – Die Wiedergabe dieser Passage in den Zeitungen ist korrekt; nur die Auslassungen wurden nicht kenntlich gemacht, und die angegebene Seitenzahl bezog sich auf die erste Seite von Lenards Artikel und nicht auf das Zitat.

20 Ph. Lenard: Erinnerungen eines Naturwissenschaftlers. Geschrieben ca. 1930. Als Manuskript gedruckt Univ. Heidelberg 1986; hier S. 42.

21 ibid., S. 44.

22 Physics at the British Association. Nature, Bd. 54, S. 565; 8. Okt. 1896.

23 ibid.

24 Ph. Lenard: Über Kathodenstrahlen. Nobel-Vorlesung. Leipzig 1906, S. 17.

25 Ph. Lenard: Über Kathodenstrahlen. Berlin und Leipzig 1920, S. 27.
26 Würzburger Generalanzeiger, 16. Januar 1896.
27 E. Mach an Röntgen, Wien, 14. Jan. 1896. DRM
28 – an L. Zehnder, Würzburg, 7. Jan. 1895; in Zehnder, 1935, S. 31.
29 R 36, S. 108.
30 Zehnder, 1930, S. 332.
31 Zehnder, 1935, S. 44 - 51, insb. S. 50 f.
32 Frankfurter Zeitung, 25. Jan. 1896.

III. Der Unzugängliche

1. Nach dem Sturm

1 W. Brendler: Persönliche Erinnerungen an Wilhelm Conrad Röntgen. Röntgen-Blätter, 1. Mai 1948, S. 2.
2 ibid., S. 6.
3 Vorgänge zu Ordensverleihungen an Röntgen in den Personalakten Nr. 744 UAWü und MK 17921, BHSA.
4 – an Herrn Sauerbronn, Bürgermeister von Lennep, Würzburg, 13. Juni 1896. DRM.
5 Th. Boveri an Röntgen, Würzburg, 28. Nov. 1898; in Glasser, 1931, S. 97.
6 F. Baltzer: Theodor Boveri. Stuttgart 1962, S. 9f.
7 Margret Boveri: Verzweigungen. Hrsg. Uwe Johnson. München 1977, S. 14.
8 Faksimile in Glasser, 1931, S. 66.
9 – an Prof. Bruns; Würzburg, 24. Jan. 1897. Entwurf. DRM.
10 – an den Generalkommissar der Deutschen Abteilung zur Brüsseler Weltausstellung. Entwurf ohne Ort und ohne Datum, verm. Würzburg, ca. 11. Dez. 1897. DRM.
11 wie Anm. 1, S. 5.
12 wie Anm. 1, S. 5.
13 wie Anm. 1, S. 2.
14 wie Anm.1, S. 4.
15 – an H. Kammerlingh Onnes, Würzburg, 9. Jan. 1899. Original holländisch. Deutsche Übers. in van Wylick, 1975, S. 81.
16 – an L. Zehnder, Tremezzo, 7. April 1898; in Zehnder, 1935, S. 68.
17 vgl. Röntgens Brief an Zehnder vom 21. Nov. 1897; in Zehnder, 1935, S. 68.
18 – an H. Haga, Marienbad, 2. Okt. 1897; in van Wylick, 1975, S. 84.
19 R52, S. 37.
20 H. Haga und C. Wind: Die Beugung der Röntgenstrahlen. Ann.

Phys., Bd. 68, S. 884 - 895; 1899. Im Februar 1899 war schon eine holländische Originalfassung veröffentlicht worden, die Röntgen offenbar nicht erhalten hatte. – Haga und Wind gaben für die Wellenlänge der Röntgenstrahlen Werte zwischen 0,1 und 2,5 µ an.

21 – an L. Zehnder, Flims, 13. Aug. 1899; in Zehnder, 1935, S. 74.

22 – an H. Haga, Marienbad, 2. Okt. 1897; in van Wylick, 1975, S. 84.

23 – an L. Zehnder, Würzburg, 18. Nov. 1898; in Zehnder, 1935, S. 70.

24 Fakultät der Univ. Würzburg an Senat und Senat an Ministerium. Würzburg, 27. Nov. 1898. UAWü Nr. 744 und MK 17921, BHSA.

25 Bayr. Ministerium für Kirchen- und Schulangelegenheiten an Senat der Univ. Würzburg, München, 30. Nov. 1898. UAWü Nr. 744.

26 Phil. Fak., Sektion II, an den Senat der Universität. München, 19. Juli 1899. UAMü, E II 663.

27 – an L. Zehnder, Lindau, 5. Aug. 1899; in Zehnder, 1935, S. 74.

28 – an L. Zehnder, Pontresina, 10. Sept. 1899; in Zehnder, 1935, S. 76.

29 – an L. Zehnder, München, 9. Dez. 1899; in Zehnder, 1935, S. 76.

30 vgl. Röntgens Brief an L. Zehnder, Pontresina, 2. Sept. 1900; in Zehnder, 1935, S. 78.

31 G. H. Quincke an Röntgen, Heidelberg, 23. Mai 1900. DRM.

32 – an L. Zehnder, Territet, 31. März 1901; in Zehnder, 1935, S. 80.

33 K. A. von Müller (Hrsg.): Die wissenschaftlichen Anstalten der Ludwig-Maximilians-Universität zu München. München 1926. Darin Willy Wien: Das Physikalische Institut und das Physikalische Seminar, S. 207 - 211, hier S. 210 f.

34 – an Th. Boveri, Flims, 11. Aug. 1902; in Glasser, 1931, S. 96.

2. Wie Röntgen den ersten Nobelpreis erhielt, den Vortrag vermied und auch weiterhin schwieg

1 – an S. Arrhenius, München, 16. Nov. 1901. KVAS.

2 ibid.

3 – an Chr. Aurivillius, Sekretär der Schwedischen Akademie der Wissenschaften, München, 24. Nov. 1901. KVAS.

4 ibid.

5 Eine Auflistung von Röntgens Auszeichnungen – nicht ganz vollständig und nicht immer genau – ist enthalten in Glasser, 1931, S. 83 ff.

6 Das Testament Alfred Nobels ist oft abgedruckt worden, z. B. im Nobel Foundation Directory 1991 - 1992, S. 5 oder in Nobel Foundation (Hrsg.): Nobel – The Man and His Prizes. Stockholm 1950.

7 vgl. z. B. R. Sohlman: Ett Testamente. Stockholm 1950; engl. The Legacy of Alfred Nobel. London 1983.

R. Wünnenberg: Alfred Nobel. Dynamit und Frieden. München 1973.

F. Vögtle: Nobel. Reinbek 1983.

8 Das Nominierungsschreiben Röntgens für den Preis des Jahres 1901 ist nicht mehr vorhanden.

9 vgl. E. Crawford: The Beginnings of the Nobel Institution. The Science Prizes 1901 - 1915. Cambridge 1987.

G. Küppers, P. Weingart und N. Ulitzka: Die Nobelpreise in Physik und Chemie 1901 - 1929. Materialien zum Nominierungsprozeß. Science Studies Univ. Bielefeld, Report 23. Bielefeld 1982. Ich habe die für den Forschungsschwerpunkt Wissenschaftsforschung der Universität Bielfeld angefertigten Übersetzungen aus den Protokollbüchern verwenden können. Prof. G. Küppers danke ich für seine Unterstützung.

10 vgl. G. Küppers et. al., S. 19.

11 Erste Sitzung des Nobelkomitees der 4. Klasse der Schwed. Akad. d. Wiss. vom 8. Sept. 1901, Protokollbuch S. 12. KVAS.

12 Brief der Professoren Hasselberg, Angström, Thalén, Hildebrandsson und Arrhenius an die Akademie, betreffend die Nominierung von W. C. Röntgen und Ph. Lenard, Stockholm, 9. Sept. 1901. Protokollbuch S. 61 ff. KVAS.

13 ibid.

14 ibid.

15 Vorschlag von Komitee und 4. Klasse der Akademie vom 4. November 1901. Protokollbuch S. 46. KVAS.

16 Der Nobelpreis für Chemie wird ebenso wie der für Physik von der Königlich Schwedischen Akadamie der Wissenschaften verliehen, der für Medizin vom Karolinska Institut, einer großen akademischen Klinik mit den Lehr- und Forschungsaufgaben einer medizinischen Fakultät.

17 Protokollbuch S. 45. KVAS.

18 Einzelheiten der Debatten in der Akademie oder Stimmenverhältnisse bei Abstimmungen wurden gemäß den Statuten nicht protokolliert.

19 – an S. Arrhenius, München, 16. Nov. 1901. KVAS.

20 – an Bayr. Staatsministerium für Kirchen- und Schulangelegenheiten, München, 6. Dez. 1901. BHSA Mk 17921.

21 – an Bertha Röntgen, Stockholm, 9. Dez. 1901; in Glasser, 1931, S. 141.

22 ibid.

23 – an L. Zehnder, Würzburg, 19. Dez. 1894; in Zehnder, 1935, S. 30.

24 – an Th. Boveri, München, 18. Dez. 1901; in Glasser, 1931, S. 141.

25 Glasser, 1931, S. 72.

26 – an Th. Boveri, München, 18. Dez. 1901; in Glasser, 1931, S. 141.

27 Glasser, 1931, S. 73.

28 – an H.A. Lorentz, München, 22. Dez. 1901. Orig. holländisch. RADH.

29 Glasser, 1931, S. 73.

30 – an S. Arrhenius, München, 16. Nov. 1901. KVAS

31 – an Chr. Aurivillius, München, 24. Nov. 1901. KVAS.

32 – an S. Arrhenius, Florenz, 17. April 1902. KVAS.

33 – an S. Arrhenius, München, 26. April 1902. KVAS.

34 – an L. Zehnder, Pontresina, 2. Sept. 1902; in Zehnder, 1935, S. 84.

35 – an S. Arrhenius, München, 6. Okt. 1902. KVAS.

36 B. Hasselberg an Röntgen, Stockholm, 6. Okt. 1902. Von Röntgen wörtlich zitiert in seinem Brief an S. Arrhenius vom 10. Okt. 1902. KVAS.

37 – an B. Hasselberg, München, 9. Okt. 1902. Das Telegramm ist in den Stockholmer Archiven nicht mehr vorhanden. Röntgen zitiert es wörtlich in seinem Brief an Arrhenius vom 10. Okt. 1902. KVAS.

38 – an S. Arrhenius, 10. Okt. 1902. KVAS.

39 ibid.

40 vgl. den Brief Röntgens an Chr. Aurivillius, München, 26. Okt. 1902. KVAS.

41 – an Chr. Aurivillius, München, 30. Nov. 1904. KVAS.

3. »der Physik eine Pflegestätte« – Ordinarius in München

1 K. Kuhn: Erinnerungen an die Vorlesungen von W. C. Röntgen und L. Grätz. Phys. Bl., Bd. 18, S. 314 ff; 1962.

2 L. Zehnder in Zehnder, 1935, S. 77.

3 Eine von einem Kanzlisten des bayr. Ministeriums angefertigte Zusammenstellung von Röntgens Einnahmen für das akad. Jahr 1903/4 in MK 17921, BHSA. – Als Vergleichsbasis für Röntgens Jahreseinkommen von 31 000 Mark mag dienen, daß Volksschullehrer zwischen 1200 und 1500 Mark im Jahr erhielten, Gymnasialprofessoren zwischen 3 000 und 5000 Mark im Jahr.

4 S. Guggenheimer und A. Korn: Divergenz von Elektroskopblättchen im Vakuum infolge von Belichtung. Phys. Z., Bd. 5, S. 93 f; 1904.

5 R53.

6 Guggenheimer und Korn nahmen an, daß Licht nicht nur β-Strahlen, sondern auch α-Strahlen aus Metallen herausschlägt, was nicht der Fall ist.

7 Personalakte Arthur Korn. E II-N, UAMü.

8 Der Reichskanzler – Reichsamt des Innern – gez. Graf von Posodowski an das Königl. Bayrische Staatsministerium des Königlichen Hauses und des Äußeren, Berlin, 29. Juli 1904. Abschrift in MK 17921, BHSA. – Königl. Bayr. Staatsministerium für Kirchen- und Schulangelegenheiten an Röntgen, München, 3. Aug. 1904. DRM. De facto war im Reichsamt des Innern der Unterstaatssekretär Theodor Lewald als Vorsitzender des Kuratoriums für die Angelegenheiten der Reichsanstalt zuständig.

9 Königl. Bayr. Staatsministerium des Königlichen Hauses und des Äußeren an Reichskanzleramt, München, 9. Okt. 1897. MK 17921, BHSA.

10 Protokoll der Sitzung des Kuratoriums der Phys. Techn. Reichsanstalt vom 12. März 1902. Phys. Techn. Bundesanstalt, Institut Berlin.

11 – an L. Zehnder, München, 11. Okt. 1904; in Zehnder, 1935, S. 92.

12 ibid.

13 – an Minister von Wehner, Flims (Schweiz), 15. Aug. 1904. MK 17921, BHSA.

14 ibid.

15 F. Kohlrausch an Röntgen, 13. Sept. 1904. DRM.

16 Dr. Richter, Reichsamt des Innern, an Röntgen, Berlin, 26. Sept. 1904. MK 17921, BHSA.

17 – an Minister von Wehner, München, 28. Sept. 1904. MK 17921, BHSA.

18 – an das Kgl. Bayr. Staatsministerium des Innern für Kirchen- und Schulangelegenheiten, München, 4. Okt. 1904.

19 – an L. Zehnder, München, 3. Nov. 1904; in Zehnder, 1935, S. 92.

20 – an L. Zehnder, Davos, 6. Jan. 1905; in Zehnder, 1935, S. 94.

21 – an H. A. Lorentz, München, 30. Jan. 1905; in van Wylick, 1975, S. 72.

22 – an Th. Boveri, Santa Margherita (Ligurische Riviera), 31. März 1905; in Glasser, 1931, S. 98.

23 – an H. A. Lorentz, Santa Margherita, 14. März 1905; in van Wylick, 1975, S. 75.

24 ibid.

25 Kommissionsbericht der Sektion II der Phil. Fakultät an den akademischen Senat vom 20. Juli 1905. Pers. Akte Sommerfeld. E II-N, UAMü.

26 Bayr. Min. des Innern für Kirchen- und Schulangelegenheiten an Preußisches Kultusministerium, München, 30. Juli 1906. MK 17921, BHSA.

27 – an von Wiedemann, Generaladjutant des Prinzregenten, Rigi-Scheidegg, 3. Aug. 1906. Abschrift in MK 17921, BHSA.

28 – an L. Zehnder, Davos, 27. Dez. 1906; in Zehnder, 1931, S. 112.

29 – an Th. Boveri, Rigi-Scheidegg, 14. Aug. 1907; in Glasser, 1931, S. 96.

30 M. Boveri in Glasser, 1931, S. 96.

31 – an Th. Boveri, Pontresina, 20. Aug. 1908; in Glasser, 1931, S. 96.

32 in MK 17921, BHSA.

33 F. Kohlrausch, W. Wien, L. Zehnder an Sehr geehrten Kollegen, Charlottenburg, Würzburg, Berlin, im Nov. 1904; ein Exemplar im Lorentz-Nachlaß. RADH.

34 – an L. Zehnder, Santa Margherita Ligure, 31. März 1905; in Zehnder 1935, S. 101. – Die Adresse ist auf S. 100 wiedergegeben.

35 – an L. Zehnder, Davos, 27. Dez. 1906; in Zehnder, 1935, S. 112.

36 vgl. die Personalakte E II-N Korn, UAMü.

37 ibid.

38 Sekt. II der Phil. Fakultät an akad. Senat, München, 6. Dez. 1906. E II-N Graetz, UAMü.

39 Schriftwechsel zu diesem Konflikt sind: Graetz an Röntgen, 6. und 24. Mai 1908; Röntgen an Graetz, 20. Mai und 5. Juni 1908: Röntgen an Sekt. II der Phil. Fakultät, 20. Jan. 1909; alle in OCN 14, UAMü.

40 – an Minister von Wehner, Flims, 15. Aug. 1904. MK 17921, BHSA.

41 K. Kuhn: Erinnerungen an die Vorlesungen von W. C. Röntgen und L. Grätz. Phys. Bl., Bd. 18, S. 314.

42 – an L. Zehnder, Davos, 30. Dez. 1905; in Zehnder, 1935, S. 109.

43 A. Joffe: Begegnungen mit Physikern. Moskau 1962; deutsch Leipzig 1967; hier S. 23.

44 ibid.

45 – an L. Zehnder, Davos, 30. Dez. 1905; in Zehnder, 1935, S. 110.

46 A. Joffe wie Anm. 43, S. 23.

47 A. Sommerfeld an H. A. Lorentz, München, 12. Dez. 1906; Lorentz-Nachlaß. RADH.

48 – an A. Einstein, München, 18. Sept. 1906. M. J. Klein et. al.: Albert Einstein – Collected Papers, Band 5. Princeton 1993, S. 43.

49 vgl. A. Sommerfeld: Zu Röntgens siebzigstem Geburtstag. Phys. Z., Bd. 16, S. 89 - 93, hier S. 93; 1915.

50 – an L. Zehnder, Hohenschwangau, 11. Sept. 1910; in Zehnder, 1935, S. 131.

51 – an Emil Warburg; Abschrift von Röntgens Hand ohne Datum, Jan. 1912; DRM.

52 – an Minister von Wehner, München, 28. Jan. 1912. MK 17921, BHSA.

53 Preuß. Kultusministerium an Bayr. Min. des Innern für Kirchen- und Schulangelegenheiten, Berlin, 27. Jan. 1912. MK 17921, BHSA.

54 vgl. Röntgen an Th. Boveri, Weilheim, 3. Feb. 1912; in Glasser, 1931, S. 99.

55 Minister von Wehner an Prinzregent Luitpold, München, 10. Feb. 1912. Abschrift in MK 17921, BHSA.

56 – an Th. Boveri, Weilheim, 3. Feb. 1912; in Glasser, 1931, S. 99.

4. Die Beugung der Röntgenstrahlen – Schlußstein und Auftakt

1 R50, S. 11.

2 L. Boltzmann: Röntgen's neue Strahlen. Die Freie Presse, Wien, 12. Jan. 1896. Elektro-Techniker, Bd. 14, S. 385 ff. Populäre Schriften, S. 188 - 197; Leipzig 1905.

3 A. Schuster: On Röntgen's Rays. Nature, Bd. 53, S. 268; 23. Jan. 1896.

4 J. J. Thomson: Opening Address. Nature, Bd. 53, S. 471 ff, hier S. 474; 17. Sept. 1896.

5 J. J. Thomson: Recollections and Reflections. London 1936, S. 409.

6 P. Curie und G. Sagnac: Electrisation négative des rayons secondaire produits au moyen des rayons Röntgen. Compes rendus, Bd. 130. S. 1013 ff; 9. April 1900.

7 Ph. Lenard: Erzeugung von Kathodenstrahlen durch ultraviolettes Licht. Ann. Phys., Bd. 2, S. 359 - 375; 1900. – Über die lichtelektrische Wirkung. Ann. Phys., Bd. 8, S. 149 - 198; 1902.

8 A. Einstein: Über einen die Erzeugung und Verwandlung des Lichtes betreffenden heuristischen Gesichtspunkt. Ann. Phys., Bd. 17, S. 132 ff, hier, S. 145.

9 ibid., S. 404.

10 Ch. Barkla: Polarization in Röntgen rays. Nature, Bd. 69, S. 463; 1904.

11 E. Bassler: Polarisation der X-Strahlen, nachgewiesen mittels Sekundärstahlung. Ann. Phys., Bd. 28, S. 808 - 884; 1909.

12 Ch. Barkla: The nature of x-rays. Nature, Bd. 76, S. 661 f; 1907 und weitere Veröffentlichungen.

13 A. Joffe: Begegnungen mit Physikern. Moskau 1962; deutsch Leipzig 1967, S. 38.

14 ibid., S. 30.

15 ibid., S. 21.

16 ibid., S. 39 f.

17 P. P. Ewald: Erinnerungen an die Anfänge des Münchener Kolloquiums. Phys. Bl., Bd. 24, S. 538 - 542, hier S. 542; 1968.

18 A. Sommerfeld: Über die Verteilung der Intensität bei der Emission von Röntgenstrahlen. Phys. Z., Bd. 10, S. 969 - 976; 1909 und Bd. 11, S. 99 ff; 1911.

19 A. Einstein an A. Sommerfeld, Zürich, 19. Jan. 1910; in Collected Papers, Bd. 5, Princeton 1993, S. 229.

20 M. v. Laue: Mein wissenschaftlicher Werdegang; in Ges. Schriften und Vorträge, Bd. 1. Braunschweig 1961, S. XX.

21 A. Sommerfeld: Über die Beugung der Röntgenstrahlen. Ann. Phys., Bd. 38, S. 473 - 506, hier S. 506; 1912.

22 P. P. Ewald: Fifty Years of X-Ray Diffraction. Utrecht 1962, S. 35.

23 M. v. Laue: Über die Auffindung der Röntgenstrahlinterferenzen. Nobelvortag, Stockholm, 3. Juni 1920; in Ges. Schriften und Vorträge, Bd. 3. Braunschweig 1961, S. 5 - 18, hier S. 10.

24 W. Friedrich, P. Knipping, M. v. Laue: Interferenz-Erscheinungen bei Röntgenstrahlen. SBMü, S. 303 - 312; 1912.

25 wie Anm. 24.

26 M. v. Laue an P. P. Ewald, Berlin, 1. Mai 1924. DMMü.

27 vgl. den Brief von L. Zehnder an Röntgen vom 12. Okt. 1912; in Zehnder, 1935, S. 135.

28 Der Röntgenstrahl war im Experiment von Laue, Friedrich und

Knipping ein Bremsstrahlungskontinuum. Nimmt man mit Laue an, daß alle Bestandteile dieses Strahls an Atomen eines Raumgitters gebeugt werden, hätte man hinter dem Kristall wiederum ein kontinuierliches Spektrum erwarten sollen und nicht diskrete Interferenzpunkte.

Tatsächlich erinnern die Flecken oder Punkte der Laue-Diagramme an ein Linienspektrum. Daraus zogen W. H. und L. H. Bragg den Schluß, daß zu den Interferenzpunkten nur Wellen einer diskreten Wellenlänge beitragen, die von den Ebenen des Kristalls gemäß der »Bragg'schen Bedingung« aus dem »weißen Röntgenlicht« des Primärstrahls selektiert werden.

29 W. H. Bragg: X rays and crystals. Nature, Bd. 90, S. 360 f; 1912. W. H. und L. H. Bragg: The reflection of x rays by crystals. Proc. Royal Soc., Bd. 88, S. 428 - 438; 1913.

30 – an Th. Boveri, München, 13. Feb. 1914; in Glasser, 1931, S. 142.

31 KVAS. – 1910 hat Röntgen einmal eine Ausnahme gemacht und den Schweden Knut Angström »für seine hervorragenden Arbeiten auf dem Gebiet der Strahlung« vorgeschlagen.

5. Krieg und Einsamkeit

1 – an L. Zehnder, Davos, 24. Dez. 1912; in Zehnder, 1931, S. 136.

2 – an H. A. Lorentz, München, 16. Dez. 1912. RADH.

3 – an L. Zehnder, München, 4. Mai 1911; in Zehnder, 1935, S. 132.

4 – an L. Zehnder, Weilheim, 15. Juni 1913; in Zehnder, 1935, S. 136.

5 ibid.

6 – an L. Zehnder, Weilheim, 27. Dez. 1913; in Zehnder, 1935, S. 139.

7 R58.

8 R57.

9 A. Joffe: Begegnungen mit Physikern. Moskau 1962; deutsch Leipzig 1967, S. 24 f.

10 – an L. Zehnder, Weilheim, 9. Sept. 1914; in Zehnder, 1935, S. 142.

11 M. Boveri: Verzweigungen. Hrsg. Uwe Johnson. München 1977, S. 60.

12 – an L. Zehnder, Santa Margherita Ligure, 23. März 1905; in Zehnder, 1931, S. 98.

13 – an A. Sommerfeld, Cadenabbia, 12. April 1912. Sommerfeld-Nachlaß. DMMü

14 Der »Aufruf an die Kulturwelt« ist mehrfach in Dokumentensammlungen zum Ersten Weltkrieg abgedruckt worden, z. B. in Aufrufe und Reden deutscher Professoren im Ersten Weltkrieg. Stuttgart 1975, S. 47 - 49. Die lange unklare Frage der Autorschaft ist dargestellt in dem Aufsatz von B. vom Brocke: Wissenschaft und Militarismus; in W. M. Calder et. al (Hrsg.): Wilamowitz nach 50 Jahren. Darmstadt 1984, S. 649 - 719, hier S. 662 ff.

15 – an Frau Boveri, Weilheim, 8. Dez. 1920; in Glasser, 1931, S. 119.

16 Rundschreiben zur Errichtung einer W. C. Röntgen-Stiftung von A. Sommerfeld, H. Gaedeke und Willy Wien. München, ohne Datum, verm. Juli 1914. Ein maschinenschriftliches Exemplar im Lorentz-Nachlass. RADH.

17 Gedruckte Rundschreiben von A. Sommerfeld und W. Wien, München und Würzburg, Mitte Juli 1915. Ein Exemplar in OC-N-14, UAMü.

18 ibid,

19 – an Th. Boveri, Weilheim, 4. Juli 1915; in Glasser, 1931, S. 117.

20 Th. Boveri an Röntgen, Bad Kissingen, 7. Juli 1915; in Glasser, 1931, S. 117.

21 – an Th. Boveri, wie Anm. 19.

22 Th. Boveri an Röntgen und Röntgen an Th. Boveri, 7. bzw. 11. Juli 1915; in Glasser, 1931, S. 117.

23 M. Boveri in Glasser, 1931, S. 116.

24 – an Ernst Ritzmann, Weilheim, 29. April 1915; in Dessauer, S. 142.

25 – an L. Zehnder, Weilheim, 1. Mai 1915; in Zehnder, 1935, S. 145.

26 Großes Hauptquartier an Röntgen, 25. März 1915. DRM.

27 Paul von Hindenburg, Hauptquartier des Oberbefehlshabers des Ostens, an Röntgen, 27. März 1915. DRM.

28 – an P. v. Hindenburg, Entwurf ohne Datum. DRM. – Eine Antwort Röntgens an Wilhelm II. ist nicht erhalten.

29 – an H. A. Lorentz, Oberstdorf im Allgäu, 12. April 1915; in van Wylick, 1975, S. 79.

30 – an E. Ritzmann, Weilheim, 16. Okt. 1915; in Dessauer, S. 142.

31 M. Boveri: Verzweigungen. Hrsg. Uwe Johnson. München 1977, S. 71.

32 R59.

33 – an L. Zehnder, Weilheim, 29. Dez. 1916; in Zehnder, 1935, S. 147.

34 – an L. Zehnder, Weilheim, 23. Okt. 1915; in Zehnder, 1935, S. 146.

35 – an L. Zehnder, Weilheim, 29. Dez. 1916; in Zehnder, 1935, S. 147.

36 ibid.

37 Berichte von Margret Boveri in Glasser, 1931, S. 123 f.

38 vgl. den Brief Röntgens an Sommerfeld vom 28. Dez. 1918. DMMü.

39 – an Frau Boveri, München, 27. April 1918; in Glasser, 1931, S. 120.

40 – an Frau Boveri, München, 19. Nov. 1918; in Glasser, 1931, S. 121.

41 ibid.

42 – an Ernst Ritzmann, 28. Dez. 1920; in Dessauer, S. 151.

43 – an Bayr. Staatsministerium für Kirchen- und Schulangelegenheiten, München, 18. Okt. 1919; E II 663, UAMü.

44 W. Gerlach: Wilhelm Conrad Röntgen; in K. Fassmann (Hrsg.):Die Großen der Weltgeschichte, Bd. IX, Zürich 1967, S. 34 - 65, hier S. 61.

45 – an E. Ritzmann, Höfen bei Bamberg, 23. Juli 1920; in Dessauer, S. 151.

46 R60.

47 – an Frau Boveri, Weilheim, 12. Mai 1921; in Glasser, 1931, S. 95.

48 A. Sommerfeld: Zu Röntgens siebzigstem Geburtstag. Phys. Z., Bd. 16, S. 89 - 93.

49 Akademie-Adresse zum 22. Juni 1919; original in der Röntgen-Gedächtnisstätte Würzburg. Abgedruckt in Glasser, 1931.

50 Warburg, Kohlrausch, Planck, Fischer, Bezold: Wahlvorschlag für W. C. Röntgen zum Korrespondierenden Mitglied der Akademie, Berlin, 4. Feb. 1896. Archiv der Akad. der Wissenschaften zu Berlin.

51 – an E. Ritzmann, Weilheim, 8. Juni 1920; in Dessauer, S. 149.

52 – an L. Zehnder, Weilheim, 12. Dez. 1922; in Zehnder, 1935, S. 172.

53 R55.

Namensindex

Bildnachweis

Die Abbildungen auf den Seiten 17, 34, 39, 47, 107, 119, 123, 145, 187, 188, 194, 222 und 313 sind entnommen Otto Glasser: Wilhelm Conrad Röntgen und die Geschichte der Röntgenstrahlen. Berlin u.a., 2. Aufl., 1959.

S. 22, 87 und 197 Bildarchiv Stiftung Preußischer Kulturbesitz, Berlin

S. 133 und 134 aus: William Crookes: Strahlende Materie. Leipzig, 4. Aufl., 1894

S. 157, 184 und 268 Deutsches Röntgen-Museum, Remscheid-Lennep

S. 281, 300 und 301 Deutsches Museum, München

S. 154 und 319 Archiv Gerstenberg, Wietze

Danksagung

Bei der Suche nach Material für dieses Buch bin ich von den Mitarbeitern vieler Archive in dankenswerter Weise unterstützt worden. Besonders hilfreich war wie immer Dr. Beat Glaus an der ETH in Zürich und Christer Wijkström vom Zentrum für Wissenschaftsgeschichte der Schwedischen Akademie der Wissenschaften.

Prof. Günter Küppers hat mir die deutschen Übersetzungen der Protokollbücher der Schwedischen Akademie der Wissenschaften zur Verfügung gestellt, die für den Schwerpunkt Wissenschaftsforschung der Universität Bielefeld angefertigt worden sind. Prof. Anne Kox, Amsterdam und Boston, hat mir bei der Röntgen-Lorentz-Korrespondenz geholfen. Dr. Karl von Meyenn, München, und Florian Hars, Hamburg, haben mich mit Material zur Universität Straßburg unterstützt. Durch die Hilfe von Prof. Andreas Kleinert, Hamburg, konnte ich unveröffentlichte Texte von Philipp Lenard und Heinrich Kayser einsehen. Ihnen allen sei an dieser Stelle herzlich gedankt.